Konstruktive Raumgeometrie
mit Computerhilfe

Texte zur Didaktik der Mathematik

Herausgegeben von
Prof. Dr. Norbert Knoche
Universität Essen
und
Prof. Dr. Harald Scheid
Bergische Universität Gesamthochschule Wuppertal

Heinz Schwartze / Ingo Schütze /
Christine Rohde

Konstruktive Raumgeometrie mit Computerhilfe

Mit 3,5'-Diskette

Spektrum Akademischer Verlag Heidelberg · Berlin · Oxford

Die Deutsche Bibliothek – CIP-Einheitsaufnahme

Konstruktive Raumgeometrie mit Computerhilfe / Heinz Schwartze ; Ingo Schütze ; Christine Rohde. – Heidelberg ; Berlin ; Oxford : Spektrum, Akad. Verl., 1996
(Texte zur Didaktik der Mathematik)
ISBN 3-86025-701-3
NE: Schwartze, Heinz; Schütze, Ingo; Rohde, Christine

Einbandgestaltung: Kurt Bitsch, Birkenau
Druck und Verarbeitung: Strauss Offsetdruck, Mörlenbach

Vorwort

Dieses aus Hochschulveranstaltungen entstandene Buch richtet sich an Studierende des Lehramts sowie an bereits im Amt befindliche Lehrerinnen und Lehrer. Es ist didaktisch orientiert, vermittelt aber auch mathematische Voraussetzungen des Unterrichts in elementarer Raumgeometrie.

Die Darstellung ist recht ausführlich und mit zahlreichen Übungsaufgaben (in der Mehrzahl mit Lösungen) versehen. Je nach Vorkenntnissen kann eine *Auswahl* getroffen werden; beispielsweise kann Kapitel 2 verkürzt behandelt und auf die Vertiefung der Axonometrie in Abschnitt 6.1 verzichtet werden.

Die Übungen sind innerhalb eines Kapitels durchnumeriert; zugehörige Figuren tragen eine entsprechende Nummer, z. B. gehört Fig. Ü 708 zur Übung 7.08 des Kapitels 7. Die übrigen Figuren dieses Kapitels werden mit 7a, 7b usw. bezeichnet, die der anderen Kapitel analog.

Der konstruktiven Konzeption des Lehrgangs entsprechend, haben wir *Computerhilfe* vorgesehen und dem Buch hierfür die umfangreiche Software KonGeo beigegeben. Von einer *Integration* konstruktiver, analytischer und computergrafischer Elemente erhoffen wir uns eine Belebung der in Schule und Hochschule weithin vernachlässigten Raumgeometrie.

Die Programme wurden für MS-DOS-Rechner entwickelt, sind aber auch unter WINDOWS 95 und OS/2 einsetzbar (Näheres über Soft- und Hardware s. S. 6). Zur effektiven Softwarenutzung wird eine gründliche Einarbeitung in das *Grundprogramm* KOERPER empfohlen, dessen Bildmenues auch in den anderen Programmen ablaufen. Die *Programmbeschreibungen* im Anhang leiten auch zur Einarbeitung an.

Wertvolle Anregungen für die Programmierung von 3D-Grafik erhielten wir von Herrn Prof. Dr. K. ENDL, besonders durch sein Buch „Computergrafik"*, und danken ihm für die Genehmigung der Übernahme von 2D-Prozeduren und Plotterunterstützung. Wir danken ferner Frau Kerstin LENK für die sorgfältige Erstellung des umfangreichen Satzes, wobei sie von Frau Katja ROTH und Frau Sonja SCHÜTZE unterstützt wurde.

Gießen – Biebertal – Rinteln,
im Februar 1996 Die Autoren

*Endl, K. und R.: Computergrafik 1. Eine Software zur Geometrie in TURBO-PASCAL. Biebertal-Vetzberg 1989. – Inzwischen erschien ferner:
Endl, K.: Computergrafik 2. Biebertal-Vetzberg 1991

Hinweise zur Software/Hardware

Die Software KonGeo ist auf einem normalen PC unter **MS-DOS** ab Version 3.22 ablauffähig. Zum *Installieren* sind nach Einlegen der Diskette in das Laufwerk unter MS-DOS die Befehle

a:
install

einzugeben. Während der Installation wird der Benutzer nach einem Verzeichnis gefragt, in welches die Software installiert werden soll.

Die Programme können auch unter **WINDOWS 95** und unter **OS/2** eingesetzt werden. Bei einer *Installation* unter *WINDOWS 95* ist auf folgendes zu achten: Das MS-DOS-Fenster, welches eines der Programme ausführen soll, darf keinen „MS-DOS-Modus" vorschlagen. Dies ist eine Standardeinstellung, die auf folgendem Wege deaktiviert werden muß:

- Klick mit der rechten Maustaste auf das MS-DOS-Symbol
- Klick auf „Eigenschaften"
- Auswählen „Programm"
- Auf Schaltfläche „Erweitert ..." klicken
- Alle drei Kästchen sollten keine Häkchen haben.

Soll eines der Programme von der Oberfläche aus gestartet werden, muß das Arbeitsverzeichnis auf das KonGeo-Installations-Verzeichnis zeigen.

Die Software unterstützt **HPGL-Plotter** und **PostScript-Drucker** und gestattet das Speichern von entsprechenden Bilddateien. Soll ein Plotter an den Computer angeschlossen werden, so sollte die serielle Schnittstelle korrekt eingerichtet werden. Dazu muß in der AUTOEXEC.BAT der Befehl

MODE COM1 <Schnittstellenparameter>

vorhanden sein. Diese Schnittstellenparameter müssen mit den Merkmalen des eingesetzten Plotters übereinstimmen.

Andere Drucker können nur verwendet werden, um eine Hardcopy des Bildschirminhalts auszugeben. Die dafür notwendigen Schritte können der Hilfe zu dem MS-DOS-Kommando GRAPHICS entnommen werden.

Inhaltsverzeichnis

1 Raumgeometrie im Unterricht

1.1 Behandlung der räumlichen Geometrie. Inhaltliche Entwicklung

Überblickt man die Anteile der räumlichen Geometrie am Geometrieunterricht in ihrer Entwicklung etwa im Zeitraum der letzten hundert Jahre*, so stellt man fest, daß sie in einem Maße abgenommen haben, das der Bedeutung der Raumgeometrie nicht angemessen ist. In grober Einteilung umfassen die tradierten raumgeometrischen Anteile des Unterrichts:

- Räumliche Lagebeziehungen (Inzidenz von Punkten, Geraden und Ebenen sowie Winkelbegriff im Raum);
- Zeichnerische Darstellung von räumlichen Figuren, insbesondere Körpern;
- Berechnung von Körpern (Strecken, Oberflächeninhalt, Volumen).

Ohne hier auf regionale Unterschiede einzugehen, läßt sich aufs ganze gesehen feststellen, daß die Behandlung der *räumlichen Lagebeziehungen* aus dem Schul- (Hochschul-)Unterricht weitgehend verschwunden ist. Auch die *zeichnerische Darstellung* räumlicher Elemente ist heute, vor allem im Gymnasium, gegenüber früher stark reduziert und zumeist auf das Anfertigen einfacher Schrägbilder beschränkt.

Am wenigsten ist von der Verkümmerung raumgeometrischer Anteile der *rechnerische Teil* betroffen. Die Verengung der Raumgeometrie auf reines geometrisches Rechnen bringt aber, ganz abgesehen von der Vernachlässigung wichtiger geometrischer Inhalte, die Gefahr der *Beziehungslosigkeit* mit sich: Die Schüler sollen Körper berechnen, für deren Eigenschaften ihnen jedoch Kenntnisse sowie Vorstellungs- und Darstellungsvermögen fehlen.

Die Behandlung der Körperberechnung ist nicht Gegenstand dieses Buches. Dagegen geht es um die Verbesserung des Unterrichts hinsichtlich der räumlichen Lagebeziehungen sowie der zeichnerischen Darstellung; diese beiden Anteile sollten nicht isoliert voneinander, sondern ineinander *integriert* gesehen werden (s. u.). Diese Integration entspricht der Behandlung der Kongruenzgeometrie der *Ebene*, bei welcher Lagebeziehungen und Gesetzmäßigkeiten geometrischer Figuren eingehend erörtert werden und dies selbstverständlich in Verbindung mit Konstruktionsaufgaben geschieht.

Nachstehend geben wir einen Überblick über die möglichen Inhalte der räumlichen Geometrie im Unterricht der Sekundarstufe I:

---

*H. Schwartze: Was ist „Stereometrie“? Didaktische Betrachtung einer Begriffsentwicklung. In: Postel-Kirsch-Blum (Hrsg.): Mathematik lehren und lernen. Hannover 1991. S. 180-188.

1. (a) Geometrische Körper und ihre Eigenschaften
   (b) Lagebeziehungen im Raum (Punkte, Geraden, Ebenen, Winkel). Zusatz: Kongruenzabbildungen des Raumes; Symmetrien von Körpern

2. (a) Zeichnerische Darstellung von Körpern (Schrägbild- sowie Grundriß-Aufriß-Verfahren)
   (b) Begründung zeichnerischer Darstellungsverfahren durch Eigenschaften der Parallelprojektion. Konstruktive Lösung raumgeometrischer Aufgaben

3. Inhaltslehre: Berechnung von Strecken an Körpern, Oberflächeninhalt und Volumen.

Hierbei umfassen die Stichworte unter (a) jeweils die elementarere Stufe; entsprechende Inhalte sind bei niedrigeren Lernniveau ausreichend und stellen für das höhere Leistungsniveau die „propädeutische Stufe" dar.

1.(a) entspricht der Behandlungsform, die in der Hauptschuldidaktik mit „Formbetrachtung" bezeichnet werden kann.

1.(b) enthält als Zusatz anspruchsvollere Inhalte, die selbstverständlich auch im Gymnasium nicht vollständig behandelt werden können*. Eine abbildungsgeometrische Behandlung der Raumgeometrie kann sicher nicht ausschließliche, sondern nur *konkurrierende* Behandlungsform sein.

Zu 2.(a) Hier ist an ein „Minimum" der Körperdarstellung gedacht, wobei die Abbildungsregeln empirisch gefunden werden. Je nach Schulform sollte dieser Teil mehr oder weniger anwendungsbezogen sein.

Zu 2.(b) Absichtlich ist hier die Bezeichnung „darstellende Geometrie" vermieden. Sofern dabei Elemente der darstellenden Geometrie zur Anwendung kommen, ist an einen rein *geometrischen Zuschnitt* gedacht, keinesfalls an ein professionelles Konzept.

Zu 3. Diese Teile gelten für alle Schulformen; je nach Bildungskonzept vollzieht sich die Behandlung mehr oder weniger anspruchsvoll bzw. anwendungsbezogen.

Schließlich ist an eine enge *Verzahnung* der Teile gedacht, insbesondere von Teil 1. mit 2. sowie von Teil 2. mit 3. —

Es versteht sich von selbst, daß durch die im Unterricht verfügbare Zeit Grenzen gesetzt sind, die Abstriche vom Gesamtkonzept erfordern. Wichtig erscheint es jedoch, wieder die theoretische und praktische *Bedeutung*

*s. dazu z. B.: H. Schwartze, Elementarmathematik aus didaktischer Sicht. Band 2: Geometrie. Bochum 1989. S. 225 ff., S. 230 ff.

der räumlichen Geometrie ins Bewußtsein zu bringen. Um sich auf das Wesentliche der zeichnerisch-konstruktiven Darstellung zu konzentrieren, sollte nicht über ein Minimum an Begriffen und Sätzen hinausgegangen werden.

Ferner sollte durch Vereinfachung der Terminologie verhindert werden, daß die konstruktive Raumgeometrie in der Schule zu einem begrifflich überfrachteten, isolierten Teilgebiet wird. Entscheidend für eine erfolgreiche Behandlung ist, daß die konstruktive Raumgeometrie nicht erst im 9. oder 10. Schuljahr einsetzt, sondern über die einzelnen Schuljahre hinweg ein *spiraliger Aufbau* vorgesehen wird. Hierbei sollte je nach Schulform bzw. Differenzierungsstufe zunehmend auch über den mathematischen Hintergrund der Abbildungsverfahren (Parallelprojektion) reflektiert werden. Wünschenswert wäre für Realschul- und Gymnasialklassen eine Einführung in das Schrägbildverfahren in Verbindung mit einem *räumlichen Koordinatensystem* („*Axonometrie*"; vgl. 3.3).

Schließlich sollten in der *gymnasialen Oberstufe* raumgeometrische Inhalte vertieft werden. Dabei bietet es sich vor allem an, die Behandlung der analytischen Geometrie mit den Mitteln der konstruktiven Raumgeometrie zu unterstützen. —

Die vorstehenden inhaltlichen Vorschläge spiegeln in dieser Form nicht die Realität in deutschen Schulen wider und bedürften zu ihrer Realisierung bestimmter Lehrplanänderungen im Sinne einer intensiveren Behandlung der Raumgeometrie. Die Vorschläge stimmen jedoch weitgehend überein mit den Lehrplanforderungen der *ehemaligen DDR*, die eine ausführliche Behandlung der räumlichen Geometrie bei spiraligem, mehrere Jahrgangsstufen umfassenden Aufbau vorsahen. Insbesondere enthielt der Lehrgang mehrere Abschnitte zur darstellenden Geometrie. Neben der „Methodik der Darstellenden Geometrie" von M. GIMPEL sowie einem Beitrag von P. KNABE* erwähnen wir hier zur Literatur nur, daß in der Zeitschrift „Mathematik in der Schule" (wie auch für die übrigen Lehrplanabschnitte) verschiedene didaktisch-methodische Beiträge zu raumgeometrischen Lehrplanabschnitten erschienen sind (s. auch 1.3).

Weit über die deutschen Schulen hinausgehend wird auch in *Österreich* das raumgeometrische Zeichnen behandelt, und zwar je nach Schulform mehr oder weniger intensiv, teilweise auch im Rahmen eines vom Mathematikunterricht abgetrennten Lehrgangs. Als bemerkenswerten didaktischen Beitrag nennen wir „Darstellende Geometrie im Schulunterricht" von H. BRAUNER**. — Wie beispielsweise dem Heft 2/1988 des in der Fußnote

*M. Gimpel: Zur Methodik der darstellenden Geometrie. Berlin 1973. S. 33; S. 140. P. Knabe: Darstellende Geometrie im Schulkurs und im Mathematiklehrerstudium der DDR. In: IBDG (vgl. nächste Fußnote) 1987, Heft 2, S. 3ff.

**In: Der Mathematikunterricht, 1981, Heft 3, S. 5ff.– Ein *spezieller Fachorgan* zur Darstellenden Geometrie sowie dem „geometrischen Zeichnen" und ihrer Didaktik ist: In-

genannten Fachorgans IBDG zu entnehmen ist, gehören bereits zum Kernunterricht an österreichischen Gymnasien im 7./8. Schuljahr die ausführliche Behandlung der Axonometrie, der Schnitte durch Pyramiden und Kegel, der Zentralprojektion usw. —

Den oben beschriebenen Mängeln im raumgeometrischen Unterricht an deutschen Schulen entsprechen auch Defizite im *Hochschulunterricht.* Raumgeometrisches Wissen wird dort vor allem in der Linearen Algebra/Analytischen Geometrie vermittelt; Darstellende Geometrie wird i. allg. für angehende Lehrer nicht mehr gelehrt. Auch eigentliche geometrische Lehrveranstaltungen mit synthetischen Behandlungsmethoden finden, insbesondere bei der Gymnasiallehrerausbildung, kaum noch statt. Der hauptsächliche Mangel der Geometrieausbildung an Hochschulen ist in Hinblick auf die spätere Lehraufgabe, daß das in verschiedenen Zusammenhängen erworbene raumgeometrische Wissen *nicht integriert* wird. Eine solche Integration herzustellen, ist daher ein *besonderes Anliegen dieses Buches,* um Lehrerstudenten wieder für den Unterricht in konstruktiver Raumgeometrie kompetenter zu machen (Näheres dazu in 1.2).

Zur Rolle der Darstellenden Geometrie. Die darstellende Geometrie ist ein von G. MONGE (1746-1818) begründeter Zweig der Mathematik, in welchem Konstruktionen zur Darstellung räumlicher Objekte theoretisch untersucht und praktisch angewandt werden. Sie bildet auch die theoretische Grundlage für das Technische Zeichnen. Die darstellende Geometrie hat sich zu einem umfangreichen Spezialgebiet entwickelt, dessen Inhalt weit über das hinausgeht, was in der Lehrerausbildung und in allgemeinbildenden Schulen sinnvollerweise vermittelt werden kann und sollte. Unter den sehr zahlreichen Lehrbüchern der darstellenden Geometrie weisen wir hier nur auf das Buch von GRAF-BARNER* hin, welches in gedrängter Form einen Überblick über das Gebiet gibt.

Wenn auch die Darstellende Geometrie nicht mehr als lebendiger, in der Entwicklung befindlicher Zweig der Wissenschaft gilt und sie für den nicht speziell damit Befaßten überflüssigen begrifflichen und terminologischen Ballast enthält, kann auf ihre Verfahren nicht ohne nachteilige Folgen voll verzichtet werden.

G. PICKERT hat aufgezeigt, daß darstellende Geometrie durchaus innerfachliche Bedeutung für das Studium der Mathematik haben kann, weil sie auch für andere Gebiete der Mathematik Hilfen zur Veranschaulichung

---

formationsblätter für Darstellende Geometrie der österreichischen Fachvertreter (IBDG); geschäftsführend: Prof. J. P. Tschupik, Univ. Innsbruck.

*V. Graf-M. Barner: Darstellende Geometrie. Heidelberg 1978[11].

anbietet*. Darüber hinaus sind zahlreiche Methoden der darstellenden Geometrie unentbehrlich, wenn auch die räumliche Geometrie – ebenso wie die ebene Geometrie (wo dies selbstverständlich ist) – konstruktiv betrieben werden soll. Auf eine solche Konzeption deutet der Begriff „Konstruktive Geometrie" hin, den H. BRAUNER – nach E. KRUPPA (1953) – im Titel seines Lehrbuchs der darstellenden Geometrie verwendet**.

Mit dem Attribut „*konstruktiv*", an welchem sich auch das vorliegende Buch orientiert, bringen wir zum Ausdruck, daß jedes in der Raumgeometrie eingeführte Objekt nicht nur gedanklich reflektiert, sondern auch *hergestellt* wird. Als Beispiel nennen wir die Einführung der *Senkrechten zu einer Ebene*. Zur vollen Erfassung dieses Begriffes sollten Lernende in der Lage sein, zu einer gegebenen Ebene durch einen gegebenen Punkt die Senkrechte zu konstruieren. Wie in 4.3 gezeigt wird, läßt sich dazu eine von der *darstellenden Geometrie* angegebene Grundriß-Aufriß-Konstruktion anwenden.

Für die am Anfang dieses Abschnitts festgestellte fortschreitende Dezimierung der Raumgeometrie im Unterricht ist sehr wahrscheinlich eine der Ursachen, daß das Erfassen räumlicher Zeichnungen schwierig und ihre Anfertigung sehr zeitraubend ist. Dieses Problem erscheint heute durch die zunehmende Verbreitung des *Computers* im Schul- und Hochschulunterricht in einem neuen Licht. Wir erhoffen uns vom Computereinsatz gerade in der räumlichen Geometrie einen Auftrieb. Deshalb wurde als Hilfe für den Lehrgang dieses Buches umfangreiche Software entwickelt. Sie entstand im Rahmen einer mehrfach gehaltenen Vorlesung „Konstruktive Raumgeometrie". Dabei darf nicht übersehen werden, daß die Arbeit mit dem Computer im raumgeometrischen Unterricht neue didaktische Probleme aufwirft, deren Lösung weithin noch offen ist.

1.2 Computereinsatz. Intentionen dieses Buches

Das geometrische Konstruieren erlebt gegenwärtig eine Revolutionierung durch das Angebot immer neuer Programme, die die Konstruktionsarbeit übernehmen. Soweit es darum geht, durch die Verbindung von gedanklicher Leistung und geometrischem Konstruieren *Raumgeometrie mit Verständnis zu erlernen*, erscheinen hochperfektionierte Programme nicht als das geeignetste Mittel.

Die diesem Buch beigegebenen Programme sind aus einer für Lehramtsstudenten wiederholt gehaltenen Veranstaltung über konstruktive Raumgeometrie heraus erwachsen, und zwar hauptsächlich aus folgenden drei Motiven:

---

*G. Pickert: Die Bedeutung der Darstellenden Geometrie für die Mathematikausbildung. In: Schriftenreihe des IDM (Inst. f. Didaktik der Mathematik, Universität Bielefeld). 1974, Heft 3. s. 131 ff.

**H. Brauner: Lehrbuch der Konstruktiven Geometrie. Wien 1986.

- Es erschien unredlich, Zeichenleistungen unter Hinweis auf berufliche Anforderungen zu verlangen. Vielmehr sollten Lernende – schon aus Gründen der Wirklichkeitsnähe – wissen, daß zunehmend Konstruktionsprogramme zum Einsatz kommen.

- Ähnlich wie man Routinerechnungen dem Taschenrechner überläßt, sollten wiederholt auszuführende, vor allem komplizierte Konstruktionsverfahren mit Computerhilfe ausgeführt werden. Hierdurch läßt sich – vor allem in der Raumgeometrie – Frustration abbauen. Auch läßt sich die Freude an der Arbeit erhöhen, besonders auch durch ansprechende, mit Plotter oder Drucker erzeugte Bilder, denn es fehlt im Unterricht an der Zeit – und vielen Studenten oder Schülern auch das Geschick – Konstruktionsbilder ansprechend zu gestalten.

- Beim Zeichnen eines Schrägbildes erkennt man oft erst nach Fertigstellung, daß eine ungünstige Lage gewählt wurde, weil sich z. B. Punkte überdecken, die getrennt hätten dargestellt werden sollen. Dagegen läßt sich – was unter den positiven Argumenten zumeist an erster Stelle genannt wird – die Bildeinstellung mit geeigneten Programmen mühelos verändern, also die *Figur beweglich machen*. Damit hängt auch die (im vorliegenden Buch häufig genutzte) Möglichkeit zusammen, Von-Hand-Zeichnungen durch computererzeugte Bilder *zu kontrollieren*. Insbesondere läßt sich bei unseren Programmen jederzeit zwischen Schrägbild und Rißzeichnung oder Zwei- bzw. Dreitafelbild umschalten.

Da uns wegen des „operativen Prinzips“, nach welchem Denken durch Verinnerlichen von Handlungen entsteht, auch in Zukunft beim Erlernen der (Raum-)Geometrie das Zeichnen mit der Hand unerläßlich erscheint, sollten unsere Programme im wesentlichen nur **manuelle Zeichenprozesse simulieren**. Die vorgelegten Programme fertigen daher *„Strichzeichungen“* (ohne Flächentönungen und ähnliches) an, wobei selbstverständlich der Vorteil der farbigen Darstellbarkeit genutzt wird. So weit, wie es möglich und sinnvoll ist, folgt die Bilderzeugung der Handkonstruktion.

Mit den Programmen lassen sich alle elementaren Aufgaben der Konstruktiven Raumgeometrie nachvollziehen. So wurden auch alle Abbildungen in diesem Buch mit unserer Software KonGeo erzeugt. Die zehn Programme haben die nachstehend angegebenen Funktionen. Näheres ist aus der jeweiligen Einführung des Programms im Text sowie der *Programmbeschreibung im Anhang* (A.1) ersichtlich.

Darstellende Programme:

KOERPER	(Räumliche Figuren aus Strecken und Vielecken, wahlweise mit Zufügung von Kreisen/Kegelschnitten)
KegGraph	(Kreis, Ellipse, Parabel oder Hyperbel)
RundKoer	(Zylinder, Kegel, Kegelstumpf oder Kugel)

Konstruktive Programme:

EbOrthGe	(Senkrechte zu einer Ebene oder senkrechte Ebene zu einer Geraden)
SEbGer	(Lagebeziehung zwischen zwei Geraden, zwei Ebenen oder zwischen Gerade und Ebene)
SPoly	(Durchdringung eines Polyeders mit einer Geraden oder einer Ebene oder gegenseitige Durchdringung von Polyedern)
SEbZyl	(Zylinderschnitte)
SEbKeg	(Kegelschnitte)
DANDELIN	(Beweisfigur für Zylinder- bzw. Kegelschnitte mit „DANDELIN-Kugeln")

Theoretisches Programm:

KOOSYST	(veranschaulicht das axonometrische Abbildungsverfahren).

Intentionen des Buches. Die Konzeption des Buches ist **konstruktiv** und **integrativ**. Der Begriff der *konstruktiven* Raumgeometrie wurde bereits in 1.1 besprochen: Ebenso wie in der ebenen Geometrie werden in der räumlichen Geometrie alle eingeführten Objekte nicht nur reflektiert, sondern auch *hergestellt*.

Dies geschieht *zeichnerisch* (mit der Hand), fallweise auch mit dem *Computer* bzw. auf *analytischem* Wege; durch den wechselseitigen Bezug dieser verschiedenen Herstellungsmöglichkeiten ist der Lehrgang *integrativ*. (Der Computer tritt dabei als Integrationsfaktor auf, weil er zeichnerisch ausgibt, was ihm durch Algorithmen, also analytische Mittel, eingegeben ist.)

Die in PASCAL geschriebenen Programme sind als ausführbare Programme auf MS-DOS-Rechnern lauffähig und auch unter WINDOWS 95 und OS/2 einsetzbar (Näheres s. S. 6). Das Buch berücksichtigt, daß Studierende wegen der Kompliziertheit von 3D-Grafikprogrammen diese als *Anwender* benutzen. Allerdings ist es für das Verständnis wünschenswert, das *Grundsätzliche* eines Programmaufbaus zu kennen. Hierfür gibt das Buch an verschiedenen Stellen Hinweise.

Ohne Programmierkenntnisse ist es möglich und auch lehrreich, einen *mathematischen Algorithmus* als Hintergrund einer Programmprozedur zu entwerfen, z. B. für das in 7.4 eingeführte Programm DANDELIN. Bei der außerordentlich großen Anzahl solcher Algorithmen (allein schon für „simple" Prozeduren wie etwa das Zeichnen einer Pfeilspitze) ist es völlig unmöglich, sie allesamt mit zu publizieren. Wir beschränken uns auf die Wiedergabe weniger Algorithmen in A.2.

Solche Algorithmen sind nützliche Anwendungen der *Analytischen Geometrie.* Da nach unseren Erfahrungen einige Teilnehmer an raumgeometrischen Veranstaltungen ganz unzureichend hiermit vertraut sind, enthält der Abschnitt 2.2 des Kapitels 2, das einführenden Charakter hat, ein knappes „Repetitorium" der Elemente der räumlichen analytischen Geometrie. Es dient zugleich der Integration mit der „synthetischen Behandlung" der raumgeometrischen Begriffe. —

Inhaltlich gesehen, sind folgende Leitthemen des Buches zu nennen:

- *Parallelprojektion* als wichtige mathematische Abbildung, die der Körperdarstellung zugrunde liegt (Kapitel 3). Auf die Zentralprojektion wird aus Umfangsgründen verzichtet.
- *Axonometrie* als Verfahren, das als Grundlage der Computergrafik besondere Bedeutung erlangt hat (3.5, 6.1);
- *Grundbeziehungen im Raum* (Kap. 4). Dieses Kapitel stellt die eigentliche (Kongruenz-)Geometrie des Raumes dar und bildet deshalb das Zentrum des Lehrgangs. Eine abbildungsgeometrische Orientierung* lag nicht in unserer Absicht; dementsprechend werden *Bewegungen* nur speziell im „Animationsmodus" des Bildmenues durchgeführt;
- *Raumgeometrische Konstruktionen:* Als Anwendung der Grundkonstruktionen aus Kap. 4 werden in Kapitel 5 komplexere Konstruktionsaufgaben erarbeitet, die auch praktische Bedeutung haben.
- Darstellende und konstruktive Probleme mit *„runden Körpern"* sind im Kapitel 7 zusammengefaßt.

1.3 Didaktische Fragestellungen

Ergänzend zu den didaktischen Aussagen in 1.1 sollen hier einige weitere Probleme der Raumgeometrie im Schulunterricht angesprochen werden.

*s. dazu z. B.: H. Schwartze, Elementarmathematik aus didaktischer Sicht. Band 2: Geometrie. Bochum 1984. S. 225-233.

Nochmals sei betont, daß Raumgeometrie in der Schule sich nicht in der Körperberechnung erschöpfen darf, sondern in möglichst enger Verbindung damit auch die zeichnerische Körperdarstellung sowie – in einer dem Leistungsniveau entsprechenden Weise – Grundbeziehungen des Raumes behandelt werden sollten.

Wozu Raumgeometrie? Vor allem wohl deshalb, weil die räumliche Geometrie ein so wesentlicher Teil der Geometrie ist, daß sie mindestens mit demselben Recht ihren Platz im Unterricht hat wie die ebene Geometrie. (Wir *leben* schließlich nicht „in der Ebene", sondern *im Raum*!).

Wiederholt wurde die „*Fusion*" von ebener und räumlicher Geometrie gefordert, besonders von dem Mathematiker Felix KLEIN (1849-1925), der entscheidenden Einfluß auf den Mathematikunterricht genommen hat. Als ideale Forderung sollte dieser Grundsatz sicher bestehen bleiben. *Eine* Gelegenheit zu seiner Realisierung besteht darin, daß der Anfangsunterricht in Geometrie mit Körpern beginnt und die Eigenschaften ebener Figuren hieraus durch Abstraktion entspringen.

Ein ganz wesentliches Argument für Raumgeometrie in der Schule ist die Ausbildung des *räumlichen Vorstellungsvermögens.* Hierunter versteht man die Fähigkeit, geometrische Gebilde des Raumes ohne unmittelbare Vorlage eines räumlichen Originals oder Modells oder entsprechender Zeichnung reproduzieren zu können. Es scheint heute festzustehen, daß dieser wichtige *Intelligenzfaktor* durch gezielte raumkundliche Maßnahmen *trainierbar* ist*.

Als *fachspezifische Ziele* nennt der österreichische Gymnasiallehrplan 1988 für darstellende Geometrie:

- Erfassen, Analysieren und sprachlich angemessenes Beschreiben geometrischer Formen und Strukturen, insbesondere der für technische Anwendungen wichtigen Kurven und Flächen.
- Lösen räumlicher Probleme unter Verwendung einer Konstruktionszeichnung.
- Präzises Verstehen der benützten geometrischen Begriffsbildungen.
- Anfertigen von Handskizzen räumlicher Objekte.
- Erkennen notwendiger Objektabmessungen und Herstellen von Entwürfen.
- Zeichnerisches Darstellen räumlicher Objekte durch geeignete Abbildungsverfahren.

---

*P.H. Maier: Räumliches Vorstellungsvermögen. Frankfurt am Main 1994.

- Lesen zeichnerischer Darstellungen räumlicher Gebilde.

- Beherrschen von Zeichentechniken.

Wir geben diese Ziele hier mit dem Vorbehalt wieder, daß sie eine intensive Beschäftigung mit der konstruktiven Geometrie verlangen. Wichtiger als solche speziellen sind übergeordnete *allgemeinbildende Ziele**. Als solche sind bei der Raumgeometrie die *Fähigkeit zum Anwenden* sowie das *Entwickeln von Problemlösevermögen* zu nennen, wozu gerade Konstruktionsprobleme in hohem Maße beitragen können.

Muß in *allgemeinbildenden Schulen darstellende Geometrie* getrieben werden? Dies ist wohl zu *verneinen*. Darstellende Geometrie hat gewisse fachbezogene Komponenten, die den Mathematikunterricht überfrachten würden, insbesondere Zeichennormen, Bemaßungs- und Beschriftungsvorschriften sowie terminologische Festsetzungen, die außerhalb der geometrischen Terminologie liegen. Solche Vorschriften zu vermitteln, ließe sich bei den geringen Wochenstundenzahlen für den (Kern-)Unterricht in Mathematik nur in berufsvorbereitenden Lehrgängen, etwa in Wahlpflichtkursen an Realschulen, rechtfertigen.

Konstruktive Raumgeometrie in dem von uns intendierten Sinne verwendet zwar notwendigerweise Konstruktionsmethoden der darstellenden Geometrie (vgl. 1.1), beschränkt sich aber im wesentlichen auf die allgemeine geometrische Terminologie. So ist auch das vorliegende Buch nicht der darstellenden Geometrie und ihrer Didaktik zuzurechnen.

Für die *Ausführung von Zeichnungen* fordern wir Genauigkeit und Sorgfalt (vgl. 2.1); von außergeometrischen Normvorschriften sollte jedoch aus ökonomischen Gründen hier sparsam Gebrauch gemacht werden. —

Wann sollte bei räumlichen Abbildungen ein *Koordiantensystem* eingeführt werden? H. BRAUNER vertrat uneingeschränkt die Meinung, daß Koordinatensysteme als Hilfsmittel zur Erfassung durchgehend im Unterricht verwendet werden sollten**, und spricht sich für die Verwendung der Axonometrie im Unterricht von Anfang an aus. Im Prinzip kann dieser Meinung wohl zugestimmt werden, da Koordinaten bei der Körperdarstellung sehr hilfreich und insbesondere bei der Computergrafik unentbehrlich sind. So empfiehlt es sich auch, Grund-, Auf- und Seitenriß mit Koordinatenachsen zu versehen. Den Terminus „axonometrische Abbildung“ (vgl. 3.5) wird man aber sicher nicht an den Anfang stellen, sondern (dem Inhalt nach) allmählich entwickeln.

---

*Eine sehr eingehende Darlegung der Bildungsziele der Darstellende Geometrie erfolgt in folgendem Beitrag: H. Brauner, Darstellende Geometrie in der AHS ... In: IBDG (vgl. S. 11/12 Fußnote), 1987, Heft 1, S. 3 ff.

**H. Brauner: Zur Methodik der Darstellenden Geometrie II. In: IBDG (vgl. S. 11/12, Fußnote), 1985, Heft 2, S. 17.

Weitere didaktische Fragen zur Konstruktiven Raumgeometrie ergeben sich unter dem *Gesichtspunkt des Computereinsatzes.* Wir beschränken uns auf wenige Bemerkungen zu der noch im Fluß befindlichen Diskussion. Es scheint uns außer Zweifel zu sein, daß unter den für die Verwendung des Computers möglichen Themenbereichen die Raumgeometrie an bevorzugter Stelle zu stehen verdient, da hierfür der Computer wirksame Hilfen bieten und motivierend wirken kann (vgl. 1.2). Eine naheliegende Gefahr ist, daß Lernende „verwöhnt“ werden und die Anstrengung des Konstruierens scheuen, wo doch der Computer perfekte Konstruktionen liefert. Noch ernsthafter ist die Gefahr, daß die *Grenzen zwischen Induktion und Deduktion verwischt* werden können. Wir schneiden beispielsweise mit dem Computerprogramm drei Ebenen, wobei weder zwei Ebenen noch zwei Schnittgeraden parallel sind (4.2, Fig. 4m). Stets ergibt sich genau ein gemeinsamer Punkt der drei Ebenen. Diese Beobachtung verleitet zu der Meinung, daß es für den Satz über den Schnitt dreier Ebenen keines *gedanklichen Beweises* mehr bedarf. — Auf jeden Fall erscheint es uns didaktisch höchst bedenklich, wenn im Geometrieunterricht nur am Bildschirm gearbeitet wird, weil dann mangels *aktiver* Betätigung der Lernzuwachs zweifelhaft ist.

In der Didaktik sind natürlich *Vor- und Nachteile* des Computereinsatzes im Geometrieunterricht kritisch abzuwägen. Eine solche Gegenüberstellung enthält z. B. ein Beitrag von H. SCHUMANN*. Als Nachteile werden unter anderem genannt

- Verlust an routinehaften Fertigkeiten im Umgang mit den traditionellen Konstruktionsinstrumenten,
- Defizite im Begreifen geometrischer Begriffe,
- Zurückgang des Beweisens.

Vorteilhaft sind dagegen nach SCHUMANN unter anderem

- Dynamische Visualisierung,
- hohe Konstruktionsgenauigkeit,
- beliebige Reproduzierbarkeit,
- beliebige Korrigierbarkeit und Modifizierbarkeit.

Der Aufsatz enthält auch einen Forderungskatalog für Softwareerstellung, der für Grafiksysteme zum geometrischen Konstruieren spezialisiert ist.

Beim heutigen Stand der Diskussion kann es nur noch um differenzierte Aussagen darüber gehen, welche Aufgaben dem Computer im Geometrieunterricht, speziell in der Konstruktiven Raumgeometrie, übertragen werden

*H. Schumann: Der Computer als Werkzeug zum Konstruieren im Geometrieunterricht. In: ZDM (Zentralblatt für Didaktik der Mathematik), 1988, Heft 6, S. 248 ff.

können*. Eine Zuspitzung auf die Frage „Computer: Ja oder Nein?“ wird bisherigen Erkenntnissen nicht mehr gerecht. Ein Aussperren des Computers aus der Raumgeometrie ist abzulehnen. Ähnlich absurd wäre jedoch die Ansicht, im Zeitalter des Computers sei das Konstruieren mit der Hand überflüssig geworden.

---

*Siehe dazu z. B. H. Brauner: Zur Methodik der Darstellenden Geometrie VI ... In: IBDG (vgl. S. 11/12, Fußnote). 1987, Heft 2. S. 11-18.

2 Konstruieren und Rechnen in der Raumgeometrie.

Eine „*Konstruktive Raumgeometrie*“ verlangt das *Herstellen* der geometrischen Objekte im Raum. Dazu werden in diesem Lehrgang der Raumgeometrie Methoden der *Konstruktion,* der *analytischen Behandlung* sowie der Darstellung mit dem *Computer* integriert.

Für räumliche Konstruktionen werden in begrenztem Maße Verfahren der *Darstellenden Geometrie* herangezogen. Ihrem Zweck entsprechend, wurden in der Darstellenden Geometrie umfangreiche Begriffsbildungen sowie eine spezielle Terminologie entwickelt (vgl. 1.1). Einige Verfahren der Darstellenden Geometrie sind unentbehrlich, um die räumliche Geometrie konstruktiv zu betreiben. Insoweit greifen wir auf diese Spezialdisziplin zurück, vermeiden jedoch so weit wie möglich solche Fachausdrücke, deren Einführung sich nur bei intensivem Studium der Darstellenden Geometrie auszahlt.

Die Aufgaben der Konstruktiven Raumgeometrie lassen sich grob einteilen in solche zur *Darstellung* geometrischer Objekte sowie Aufgaben zur konstruktiven Lösung *raumgeometrischer Probleme* (z. B., eine Ebene mit einer Geraden zu schneiden). In Abschnitt 2.1 werden Darstellungsaufgaben einführend behandelt. Abschnitt 2.2 stellt die (in späteren Kapiteln fortgesetzten) Voraussetzungen aus der Analytischen Geometrie dar. Schließlich werden in 2.3 raumgeometrische Aufgabenstellungen einführend besprochen und teils auf konstruktivem, teils auf rechnerischem Wege gelöst.

2.1 Räumliche Darstellungsverfahren (Einführung). Programm KOERPER

In diesem Abschnitt werden einige einführende Aufgaben zur Darstellung geometrischer Objekte in Grund- und Aufriß („*Zweitafelverfahren*“), Grund-, Auf- und Seitenriß („*Dreitafelverfahren*“) sowie im Schrägbild behandelt. An Hand dieser einführenden Beispiele soll an das Vorwissen angeknüpft und ein Problemverständnis erzielt werden; die Verfahren werden in Kapitel 3 systematisch eingeführt und begründet. Auch an den Computereinsatz wird hier zunächst unreflektiert herangegangen. Im vorliegenden Abschnitt kann von dem Programm KOERPER, dem *Grundprogramm* zur Körperdarstellung Gebrauch gemacht werden, um das Lösen der Darstellungsaufgaben zu unterstützen und die jeweilige zeichnerische Lösung zu kontrollieren, wozu der Text jeweils Hinweise gibt.

Im Vordergrund steht hier wie an zahlreichen anderen Stellen dieses Buches die *zeichnerische Lösung mit Zeichengeräten* („Von-Hand-Zeichnung“). Der Computer soll im allgemeinen nur unterstützend eingreifen.

Vorbemerkungen zu den folgenden Konstruktionsaufgaben:
1) Für die Darstellung von Punkten, Strecken, Ebenen sowie der aus ihnen gebildeten räumlichen Figuren („Körper") legen wir von vornherein ein *räumliches Koordinatensystem* zugrunde, auf welches die abzubildenden Körper bezogen werden. Dies erleichtert die Darbietung der Aufgabenstellung, die zeichnerische Lösung und die Erzeugung des computergraphischen Bildes. Der Bezug eines geometrischen Objekts, insbesondere eines einzelnen Punktes P, auf das Koordinatensystem ist aus Fig. 2a ersichtlich (vgl. dazu auch Fig. 2b in Abschnitt 2.2):

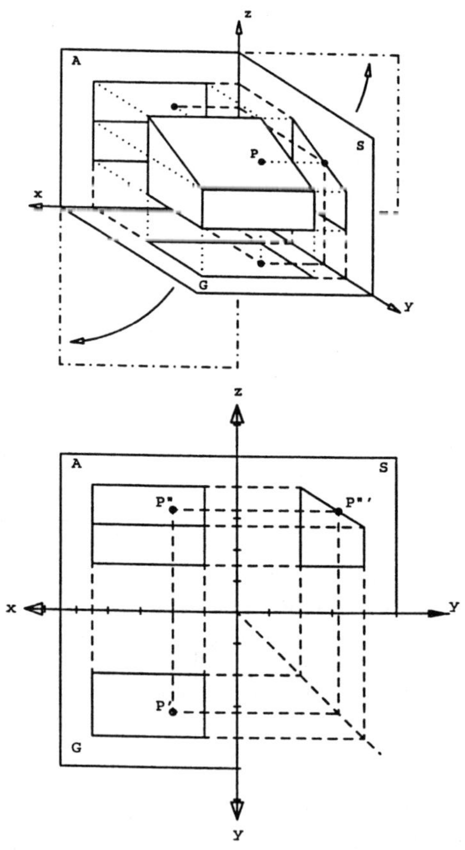

Fig. 2a

In Übereinstimmung mit der Festlegung in der Darstellenden Geometrie für die räumliche Anordnung der Rißtafeln werden definiert:

- die *Grundrißebene* als x-y-Ebene,
- die *Aufrißebene* als x-z-Ebene,
- die *Seitenrißebene* als y-z-Ebene.

Die Koordinatenachsen stellen wir zu Meßzwecken für gewöhnlich auch im Zwei- bzw. Dreitafelbild mit dar (vgl. z. B. Fig. Ü 201).

2) An eine geometrische Zeichnung wird grundsätzlich die Forderung nach *Genauigkeit* und *ästhetisch ansprechender Ausführung* gestellt. Aus zeitökonomischen Gründen kann man sich hier mit *Bleistiftzeichnungen* begnügen. Um eine genaue und ansprechende Zeichnung zu erzielen, sollte man einen gut gespitzten, genügend harten Bleistift sowie intakte Zeichengeräte (Geodreieck, Zirkel) verwenden.

3) Figuren, die durch Zeichnungen oder Maßzahlen vorgegeben sind, sind auf dem Zeichenpapier in einem „geeigneten" *Maßstab* darzustellen. Auf die Angabe des Maßstabs zur Ausführung einer Zeichnung werden wir in Anbetracht des fortgeschrittenen Leserkreises verzichten. Beim Schulunterricht allerdings benötigen die Lernenden i. allg. Hinweise für den zu wählenden Zeichenmaßstab.

4) Räumliche Zeichnungen werden in Geometrie und Technik mehr und mehr vom Computer erstellt. Daher kann redlicherweise eine Forderung nach „perfekter" Gestaltung nicht mehr mit beruflichen Ausbildungszielen begründet werden. Wir hoffen, daß durch die „schönen" Zeichnungen, die man durch *Plotten* oder (qualitativ hochwertiges) *Drucken* der mit unserer Software erzeugten Grafiken erhält, die Freude an der Raumgeometrie und damit die Lernmotivation erhöht wird.

An der Forderung, räumliche Zeichnungen auch *von Hand* auszuführen, halten wir grundsätzlich fest, weil nach dem Prinzip der operativen Didaktik *Einsichten* nur durch *Handeln* zu erzielen sind. Wichtigstes Ziel beim Lehren des räumlichen Konstruierens ist, daß Zeichnungen mit *Verständnis* ausgeführt werden, d. h. es sollte erkannt werden, auf welchen Definitionen und Sätzen die einzelnen Zeichenschritte beruhen.

Die ersten beiden Übungen zielen auf den Zusammenhang zwischen Grund-, Auf- und Seitenriß ab:

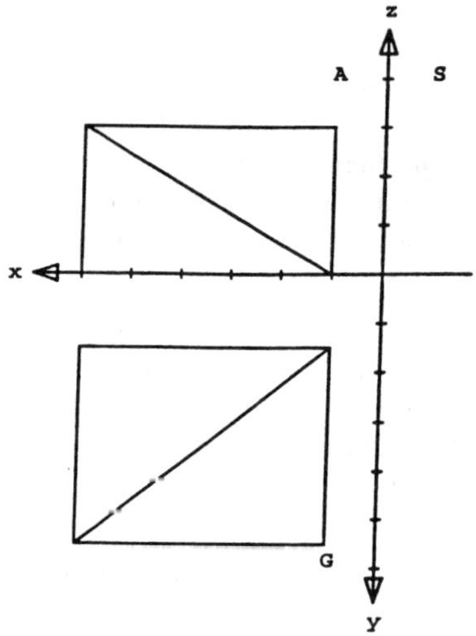

Fig. Ü 201

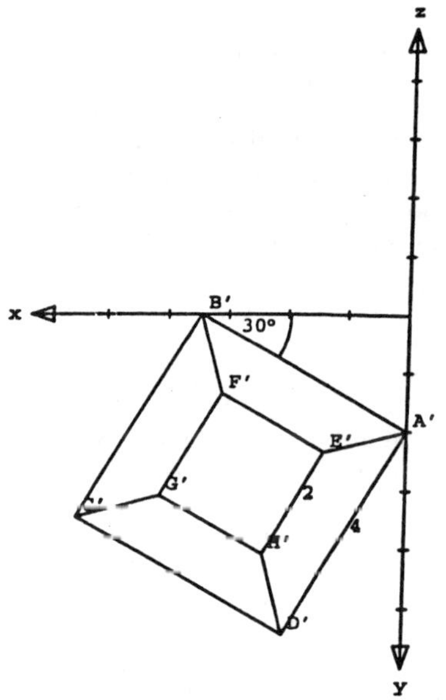

Fig. Ü 202_1

Übung 2.01

Gegeben sind Grund- und Aufriß eines Quaders mit einer Raumdiagonalen (Fig. Ü 201; Maße in cm)

a) Man beschreibe die Lage der Seitenflächen des Quaders bezüglich der Grund-, Auf- und Seitenriß-Ebene sowie den Verlauf der Raumdiagonalen.

b) Man stelle Quader und Raumdiagonale auch im Seitenriß dar. (Es braucht nicht berücksichtigt zu werden, welche Linien sichtbar, welche verdeckt sind.)

Mögliche Lösungskontrolle mit dem *Computer*: Hierzu kann man das Programm KOERPER verwenden (Programmbeschreibung siehe Anhang); man ermittele anhand der Figur Ü 201 die Koordinaten der Eckpunkte des Quaders und lese im Eingabemodus „Körper punktweise eingeben“ die 8 Eckpunkte sowie die 12 Punktverbindungen ein. Für die begrenzenden Flächen kann „0“ eingegeben werden, weil die Berücksichtigung der Sichtbarkeit nicht verlangt ist. Zeichenmodus im Bildmenue: Seitenriß oder Grund-, Auf- und Seitenriß (Dreitafelbild).

In der folgenden Aufgabe liegen die Kanten des Körpers schräg zu den Koordinatenachsen. Der Aufriß läßt sich jedoch unter Berücksichtigung der Höhenangabe auch hier aus dem Grundriß konstruieren.

Übung 2.02

Gegeben ist der Grundriß eines geraden, quadratischen Pyramidenstumpfes mit der Höhe 3 cm. Die Grundfläche liegt in der Grundrißebene (Fig. Ü 202_1). Man konstruiere den Aufriß des Körpers. Dabei sollen verdeckte Kanten gestrichelt gezeichnet werden.

Zur Lösungskontrolle mit dem Programm KOERPER: Die Koordinaten der Eckpunkte lassen sich aus den Körperabmessungen sowie der Winkelangabe „30°“ berechnen oder näherungsweise ablesen. Punkte („Ortsvektoren“; vgl. 2.2.1):

$$\begin{aligned} A &= (0|2|0), & B &= (3.46|0|0), \\ C &= (5.46|3.46|0), & D &= (2|5.46|0), \\ E &= (1.37|2.37|3), & F &= (3.10|1.37|3), \\ G &= (4.10|3.10|3), & H &= (2.37|4.10|3). \end{aligned}$$

Zur Berücksichtigung der „Verdeckungsberechnung“ (d. h. der richtigen Wiedergabe verdeckter Linien) im Computerbild sind außer Punkten und Verbindungen auch die begrenzenden Flächen des Körpers einzulesen. Einstellung vor Zeichenstart: „mit Verdeckungsberechnung“ sowie „konvex“.

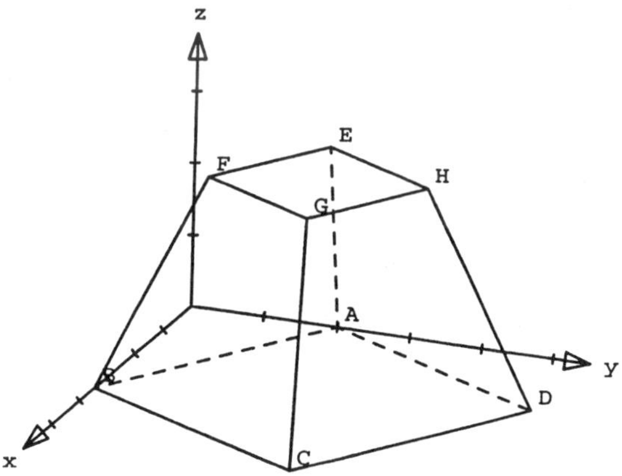

Fig. Ü 202_2

Das Bild des Körpers kann durch entsprechende Wahl im Bildmenue in allen gewünschten Rissen (auch Zwei- bzw. Dreitafelbild) erzeugt werden. Zur Beschriftung der Eckpunkte wähle man im Untermenue „Grundeinstellungen“ des Bildmenues für Beschriftung „automatisch“. — Auch kann ein Schrägbild („axonometrisches Bild“) eingestellt werden. Fig. Ü 202_2 zeigt die Darstellung in „dimetrischer Projektion“. (Nicht alle Buchstaben sind in optimaler Position, weil diese für *jede* Bildeinstellung *gleichmäßig* einprogrammiert ist; dies ist ein generelles Problem der 3D-Grafik.)

Zur *Lösungskontrolle* zu den Übungen 2.01 und 2.02 und weiteren Übungsaufgaben: Punktweise (oder tabellarisch) eingegebene Körper lassen sich im Computer *speichern* und durch „*Körper/KMK lesen*“ wieder abrufen. Dazu ist im Untermenue „Körper/KMK lesen“ das Verzeichnis einzustellen, in dem sich der gesuchte Körper befindet.

Zu einigen konstruktiven Übungsaufgaben sind die *Lösungsfiguren* abrufbar, die durch das angehängte „L“ im *Körpernamen* zu erkennen sind. Sie sind stets im **Verzeichnis K2** gespeichert. Lösungsfiguren für *Übung 2.01* und *Übung 2.02* lassen sich unter dem Namen Ü 201 L bzw. Ü 202 L abrufen (Zeichenmodi s. Aufgabentexte).

In den beiden folgenden Aufgaben ist an Hand einer gegebenen *Schrägbilddarstellung* ein Körper im *Mehrtafelbild* zu zeichnen bzw. aus einem Mehrtafelbild ein Schrägbild zu entwickeln:

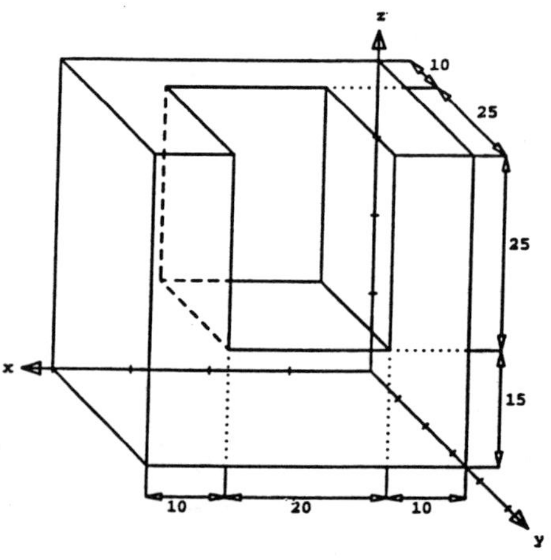

Fig. Ü 203

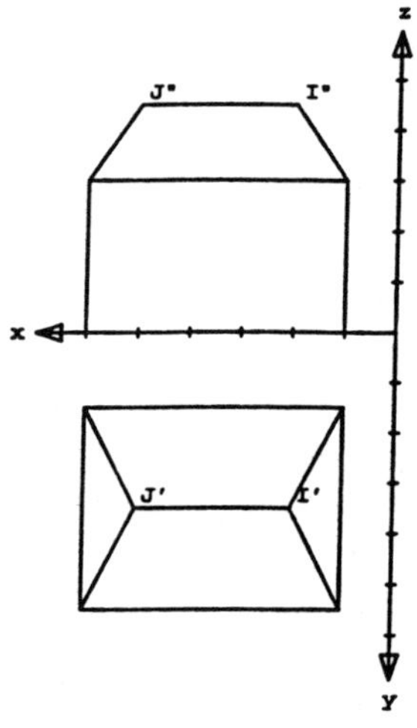

Fig. Ü 204

Übung 2.03

Gegeben ist das Schrägbild eines Körpers (Fig. Ü 203, Maße in mm).

a) Man zeichne Grund- und Aufriß des Körpers. Dabei soll die Rückfläche des Körpers in die Aufrißebene, die Grundfläche in die Grundrißebene gelegt werden.

b) Man zeichne auch den Seitenriß des Körpers, wobei die rechte Seitenfläche in der Seitenrißebene liegen soll. Man berücksichtige verdeckte Kanten.

Zur Lösungskontrolle mit KOERPER: Der Körper läßt sich wie im Falle der Übung 2.02 einlesen. Zwecks korrekter Verdeckungsberechnung sind *nichtkonvexe* Begrenzungsflächen durch geeignete Diagonalen in konvexe zu zerlegen (Deckfläche, Vorderfläche).

Alle Körperdaten dieses Körpers sind (im Verzeichnis K2) unter dem Körpernamen „Ü 203 L“ gespeichert. (Die Körperdaten können durch Wahl der Option „tabellarisch“ des Hauptmenues angezeigt und ggf. berichtigt werden.)

Die obige Figur Ü 203 (Schrägbild) erhält man als axonometrisches Bild unter „[a]“ (allgemeine Axonometrie), „[4]“ (gespiegelte Kavalierprojektion). Vor dem Zeichenstart ist auf „mit Verdeckungsberechnung“, dann auf „nichtkonvex“ zu schalten. Die Lösungen zu Aufgabenteil a) und b) kontrolliert man durch Wahl der entsprechenden Risse im Bildmenue. Teil a) läßt sich übrigens auch kontrollieren durch Wahl von Option [9] im Bildmenue, worauf Grund- und Aufriß (getrennt) sowie axonometrisches Bild auf dem Bildschirm *zusammen* erscheinen.

Übung 2.04

Auf einen Quader mit den Abmessungen wie in Übung 2.01 ist ein „Walmdach“ mit dem „Dachfirst“ IJ aufgesezt, so daß ein einfaches Hausmodell entsteht (Fig. Ü 204). Die Koordinaten der Ecken des Modells lassen sich aus dem gegebenen Grundriß- Aufriß-Bild ablesen. Man stelle das Hausmodell im Schrägbild dar, und zwar in „gespiegelter Kavalierprojektion“. Dazu bilde man die Koordinatenachsen wie in Fig. Ü 203 ab, d. h.: Das Bild der y-Achse bildet mit der negativen x-Achse einen 45°*-Winkel; Strecken in x- und z-Richtung werden unverkürzt, in y-Richtung mit* $\frac{1}{2}$ *verkürzt abgebildet.*

Zur Lösungsdarstellung mit KOERPER: Es sei hier nur die Möglichkeit beschrieben, die Daten eines Körpers *tabellarisch* zu verändern:
Die Daten des Quaders der Übung 2.01 seien punktweise eingegeben (ohne die Raumdiagonale). Danach wird im Hauptmenue die Möglichkeit der tabellarischen Veränderung gewählt. Man ändere dann nacheinander unter [p] Punkte, [v] Verbindungen und zur korrekten Verdeckungsberechnung auch unter [g] Begrenzungsflächen den Quader so ab, daß das Hausmodell der Fig. Ü 204 entsteht. —

Das Hausmodell kann selbstverständlich auch *ohne* vorheriges Einlesen des Quaders der Übung 2.01 *unmittelbar* eingegeben werden, und zwar durch punktweise oder tabellarische Neueingabe oder auch, falls der Körper bereits gespeichert war, durch die Eingabeart „Körper lesen“, wozu wieder das betreffende Verzeichnis zu wählen und der Körpername einzugeben ist. — Ein Schrägbild des Hausmodells zeigt Fig. Ü 226_1 in 2.3.

2.2 Voraussetzungen aus der Analytischen Geometrie

Zum Verständnis der Algorithmen, die der Computergrafik zugrunde liegen, ist hinreichende Vertrautheit mit der *Analytischen Geometrie des Raumes* erforderlich. Daher werden die wichtigsten Voraussetzungen aus der Analytischen Geometrie jeweils in knapper Form dargestellt. Hierbei sollen auch die in diesem Buch verwendeten Bezeichnungsweisen bekannt gemacht werden. Einige rechnerische *Übungsaufgaben* sollen, soweit erforderlich, dabei helfen, einschlägige Kenntnisse zu reaktivieren.

In diesem Abschnitt werden *Vektoren* und Vektoroperationen, *lineare Gleichungssysteme* sowie die Gleichungsdarstellung von *Geraden* und *Ebenen* behandelt. Dabei werden auch zwei- und dreireihige *Determinanten* als zweckmäßige Hilfsmittel für Grafik-Algorithmen besprochen.

2.2.1 Punkte, Punktepaare. Vektoren

Zur Festlegung von Punkten und Punktmengen im Raum legen wir wie üblich ein räumliches *kartesisches Koordinatensystem* zugrunde, bei welchem x-, y- und z-Achse paarweise zueinander senkrecht und mit gleichlangen Einheiten versehen sind (Fig. 2b). Wir verwenden ausschließlich ein *Rechtssystem*; bei diesem entsprechen die positive x-, y- und z-Richtung (in dieser Reihenfolge) Daumen, Zeigefinger und Mittelfinger der gespreizten rechten Hand.

Punkte bezeichen wir mit *Großbuchstaben*. Ein Symbol A, B, C usw. bedeutet dabei den betreffenden Punkt als Element des (als Punktmenge aufgefaßten) Raumes. Zugleich wird ein solches Symbol zur Bezeichnung des *geordneten Tripels* der *Koordinaten* des betreffenden Punktes verwendet.

Beispiele: $P = (2, 1.3, 3)$, $P_1 = (-2.25, 1.8, -2)$ (Fig. 2b).

Bei Beschränkung auf eine in einer *Koordinatenebene* enthaltene *ebene Figur* kann ein Punktsymbol ein geordnetes Koordinaten-*Paar* vertreten, z. B. $P' = (2, 1.3)$ in bezug auf die x-y-Ebene (vgl. wieder Fig. 2b). Mit Großbuchstaben bezeichnen wir ferner *Vektoren* (s. u.). Als Variable für *Zahlen* verwenden wir stets *Kleinbuchstaben*.

Beispiele: $x_1 = -2$; $y_1 = 1$; die Variablen x, y, z in „$P = (x, y, z)$“.

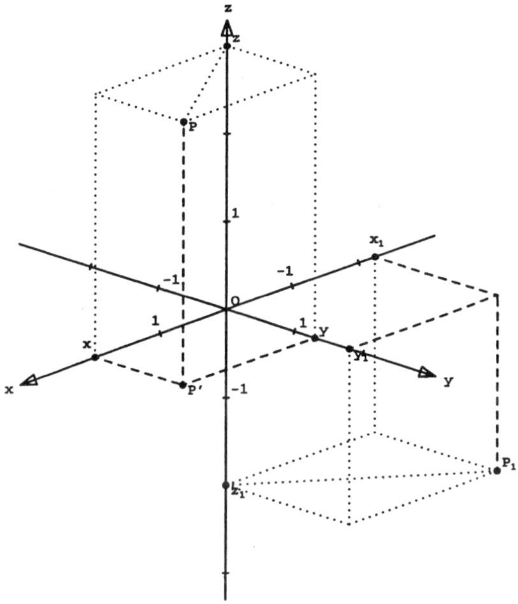

Fig. 2b

Punktepaare. Durch ein Paar (P_1, P_2) verschiedener Punkte ist eine *Gerade g* bestimmt (Fig. 2c). Zur unmißverständlichen Bezeichnung dieser Punktmenge schreiben wir „*Gerade* P_1P_2“. Entsprechend verwenden wir für eine *Strecke* mit den zur Strecke gehörenden Endpunkten P_1, P_2 i. allg. die Schreibweise „*Strecke* P_1P_2“. Für die *Halbgeraden* auf der Geraden P_1P_2 mit Anfangspunkt P_1 bzw. P_2 schreiben wir „*Halbgerade* P_1P_2“ bzw. „*Halbgerade* P_2P_1“.

(Die hiermit bezeichneten Punktmengen sind somit verschieden, während gilt: Gerade P_1P_2 = Gerade P_2P_1, Strecke P_1P_2 = Strecke P_2P_1.) Die *Länge einer Strecke* drücken wir im allgemeinen als Vektorbetrag aus (s. u.), verwenden jedoch wie üblich für die Länge einer Strecke P_1P_2 auch die Bezeichnung „$|P_1P_2|$“.

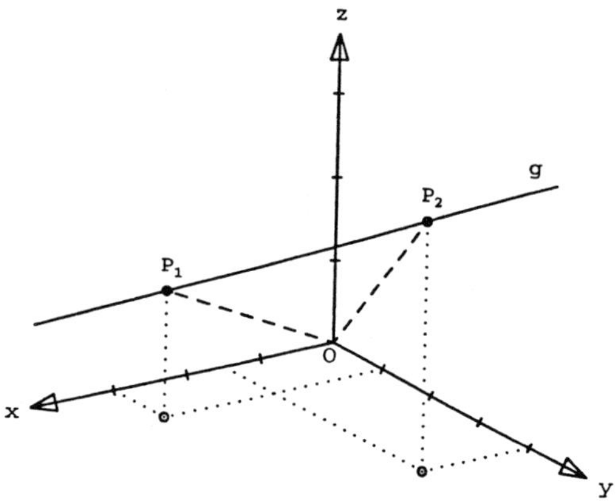

Fig. 2c

Vektoren. Unter einem *dreidimensionalen Vektor* V verstehen wir ein geordnetes *Tripel* (unter einem *zweidimensionalen* ein geordnetes *Paar*) reeller Zahlen, der *Komponenten* des Vektors. Solche Komponenten können insbesondere *Koordinatendifferenzen* eines Punktepaars sein:

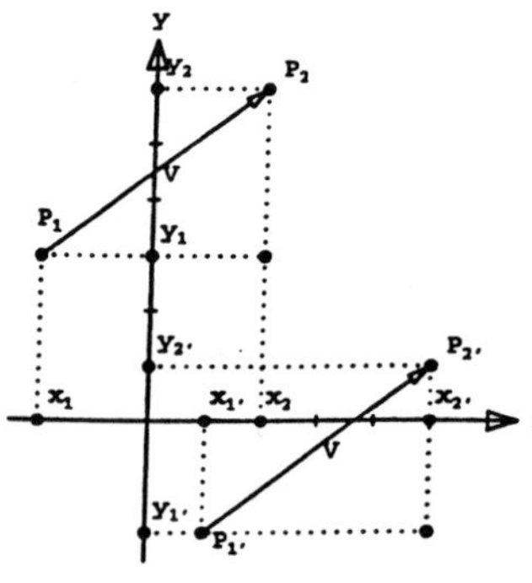

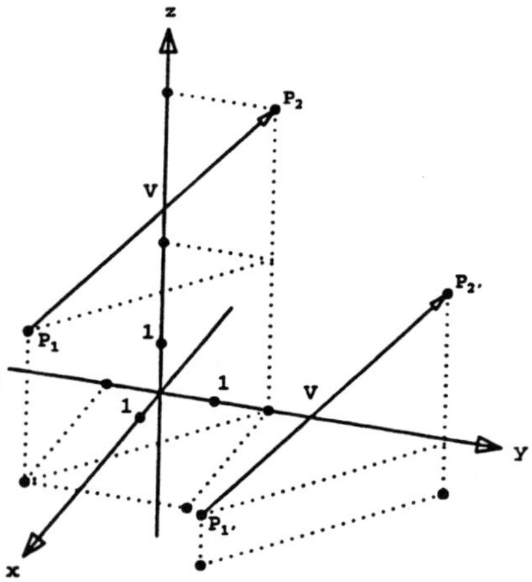

Fig. 2d Fig. 2e

In Figur 2d sind zwei Punktepaare $(P_1, P_2), (P_1', P_2')$ mit übereinstimmenden Koordinatendifferenzen dargestellt:

$$x_2 - x_1 = x_2' - x_1' = 4 \text{ und } y_2 - y_1 = y_2' - y_1' = 3$$

Durch beide Punktpaare ist somit *derselbe zweidimensionale Vektor* $V = (4|3)$ *bestimmt.* Ebenso bestimmen in Figur 2e die beiden Punktepaare (P_1, P_2), (P_1', P_2') denselben *dreidimensionalen* Vektor $V = (-4|3|3)$.

Man kann nun den *Vektor* $V = (-4|3|3)$ mit der *Menge aller Punktepaare*, deren Koordinatendifferenzen $(-4, 3, 3)$ betragen, *identifizieren.* Bei dieser geometrischen Deutung des Vektorbegriffs ist ein Vektor eine *unendliche Menge von Punktepaaren* mit übereinstimmenden Koordinatendifferenzen. (Gleichwertig hiermit ist die Deutung eines Vektors als *Verschiebung,* im Falle der Figur 2e mit den Verschiebungs-Komponenten $(-4, 3, 3)$).

Jedes zu einem Vektor V gehörende Punktepaar heißt ein *Repräsentant* von V, der auch als gerichtete Strecke („*Pfeil* “) aufgefaßt werden kann. Alle Repräsentanten ein und desselben Vektors, z. B. (P_1, P_2) und (P_1', P_2'), sind untereinander *gleichlang und parallel.* (Viereck $P_1'P_2'P_2P_1$ ist ein Parallelogramm).

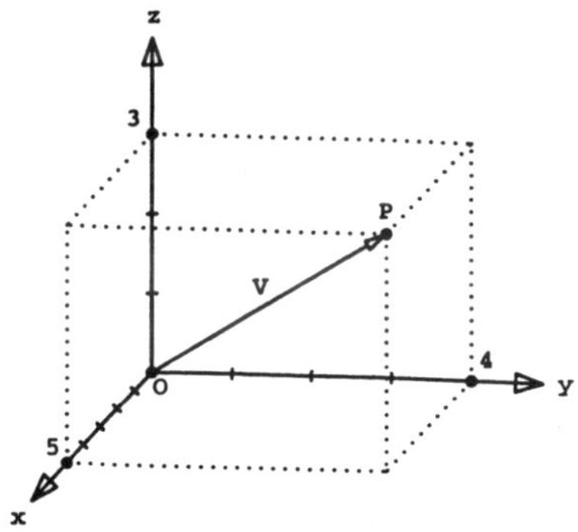

Fig. 2f

Auch durch das *Koordinatentripel eines Punktes* ist ein Vektor bestimmt, z. B. der Vektor $V = P = (5|4|3)$ in Figur 2f. Man nennt V in diesem Zusammenhang „*Ortsvektor*“ von P. Um die Auffassung eines Vektors V als Ortsvektor eines Punktes P zum Ausdruck zu bringen, schreiben wir den Namen P an den *Ort* des Punktes, den Vektornamen V dagegen an den von 0 nach P weisenden „*Pfeil*“ (vgl. wieder Figur 2f). Aufgrund der Identifizierung von Koordinaten-Tripeln(-Paaren) mit Vektoren kann ein Punktname wie „P“ auch an den betreffenden Vektorrepräsentanten (Pfeil) herangeschrieben werden.

In einer Figur kann ein Vektorname, z. B. „V“, „P_1“, naturgemäß immer nur an einzelnen Vektorrepräsentanten vermerkt werden. Um anzudeuten, daß ein Vektor durch ein bestimmtes Punktepaar (A, B) gegeben ist, bezeichnen wir ihn gelegentlich mit „$V(A, B)$“. Die lästige Pfeilschreibweise wie „$\overrightarrow{AB}$“, „$\vec{v}$“ usw. vermeiden wir.

Vektoroperationen. Die folgende knappe Darstellung der Vektoroperationen beziehen wir im allgemeinen auf dreidimensionale Vektoren; sie ist auf zweidimensionale Vektoren leicht übertragbar.

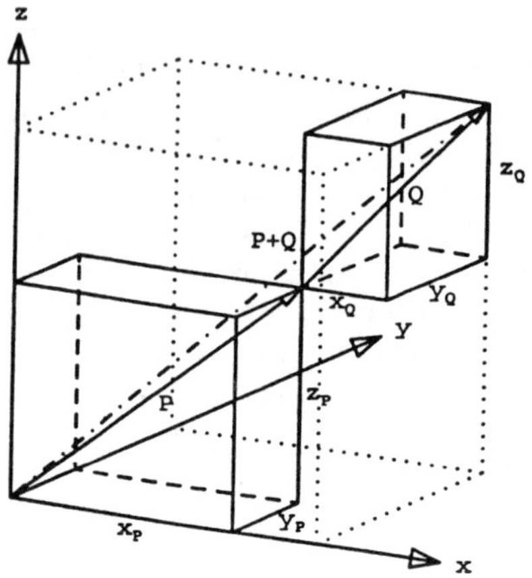

Fig. 2g

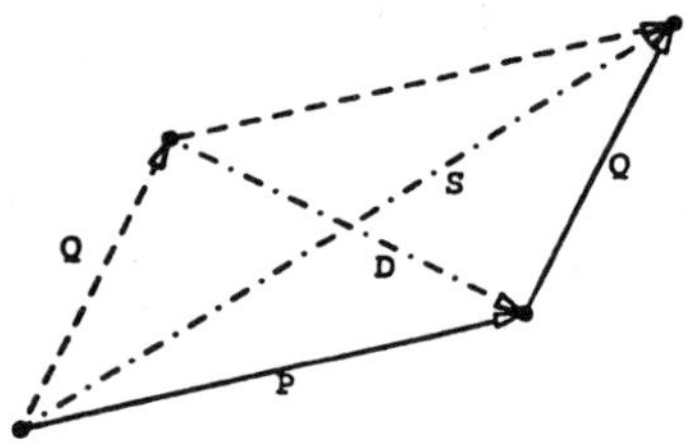

Fig. 2h

Summe *und* **Differenz** *von Vektoren.* Die *Summe (Differenz)* zweier Vektoren $P = (x_P|y_P|z_P)$, $Q = (x_Q|y_Q|z_Q)$ wird definiert durch

$$P \pm Q = (x_P \pm x_Q|y_P \pm y_Q|z_P \pm z_Q) \qquad \text{(Fig. 2g)}$$

Die Figur 2h erläutert die vereinfachende Redeweise „aus zwei Vektoren gebildetes Parallelogramm". In diesem Sinne hat der Summen- bzw. Differenzvektor aus P, Q Richtung und Länge je einer der Diagonalen in dem „aus P und Q gebildeten Parallelogramm". Da wir im Folgenden sehr häufig mit einer Differenz *zweier Vektoren* zu rechnen haben, welche mit „$P_1 = (x_1|y_1|z_1)$", „$P_2 = (x_2|y_2|z_2)$", usw. bezeichnet sind, führen wir hierfür folgende vereinfachende Schreibweise ein (vgl. Fig. 2i): $\boxed{P_{ij} := P_i - P_j}$. Analog hierzu werden die Komponenten von P_{ij} bezeichnet; für sie soll gelten:

$$(x_{ij}|z_{ij}|z_{ij}) = (x_i - x_j|y_i - y_j|z_i - z_j).$$

(Hierbei wird vorausgesetzt, daß $i < 10$, $j < 10$, daß also keine Vektoren mit zwei- oder mehrstelligem Index auftreten.)

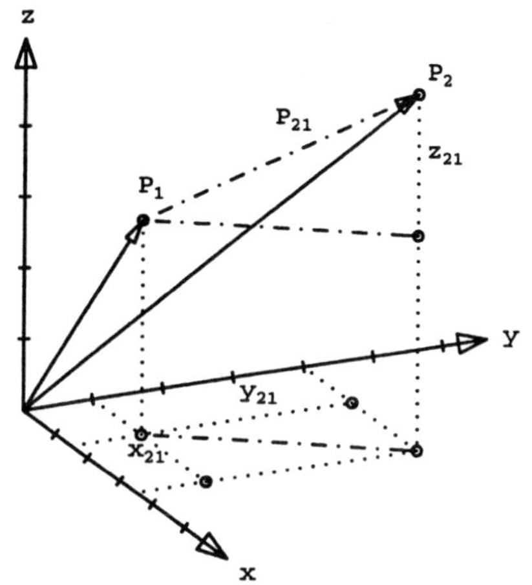

Fig. 2i

Im Beispiel der Figur 2i gilt: $P_1 = (1.5|1|3)$, $P_2 = (3.5|4|5)$, somit $P_{21} = (2|3|2)$ sowie $P_{12} = (-2|-3|-2) = -P_{21}$.

Unter dem *Nullvektor* V_0 versteht man $V_0 = (0|0|0)$. (Gemäß der vorher eingeführten vereinfachten Schreibweise für die Differenz von Vektoren gilt somit: $P_{ii} = V_0$.)

Unter dem *Betrag* $|P|$ eines Vektors $P = (x|y|z)$ versteht man $|P| = \sqrt{x^2 + y^2 + z^2}$. $|P|$ ist gemäß dem „räumlichen Pythagoras-Satz" die *Länge* jedes Repräsentanten des Vektors P (vgl. Fig. 2f). Insbesondere bezeichnen wir die *Länge der Strecke* P_1P_2 mit $|P_{21}|$ oder mit $|P_{12}|$, wobei P_1, P_2 die Ortsvektoren der Strecken-Endpunkte sind.

Vektor-Vervielfachung („S-Multiplikation"). Gegeben seien ein Vektor $P = (x|y|z)$ und eine reelle Zahl („Skalar") r. Dann heißt folgende Operation, die den Vektor rP erzeugt, *„Vektor-Vervielfachung"*: $rP := (rx|ry|rz)$.

Offensichtlich hat rP den r-fachen Betrag von P. Die Vervielfachung der Komponenten von P mit derselben Zahl r bewirkt, daß der „Koordinatenquader" von rP zu dem von P ähnlich ist (vgl. wieder Fig. 2f). Der Vektor rP ist somit bei $r > 0$ mit P gleichgerichtet, bei $r < 0$ zu P entgegengerichtet. Jeder Repräsentant von rP ist also zu jedem Repräsentanten von P parallel. Vereinfachend nennt man auch die *Vektoren* rP und P selbst *zueinander parallel* (sofern $r \neq 0$). Losgelöst von der geometrischen Interpretation bezeichnet man diese Beziehung als „voneinander linear abhängig".

Vektoren P, Q heißen genau dann voneinander **linear abhängig** (sonst **linear unabhängig**), wenn es eine reelle Zahl $r \neq 0$ gibt, so daß $Q = rP$.

Hierzu gleichwertig ist die Bedingung, daß es *reelle Zahlen* k, l gibt, die nicht beide Null sind, so daß $kP + lQ = V_0$ (Nullvektor). Zum Beispiel sind $P = (3|1.5|-2.4)$ und $Q = (-4|-2|3.2)$ linear abhängig, da z. B. $4P + 3Q = V_0$ oder $Q = \frac{-4}{3}P$. Auf die lineare Abhängigkeit zweier und mehrerer Vektoren kommen wir in 2.2.2 und 2.2.3 zurück.

Für $r = 1$ erhält man $Q = P$: *Vektoren* $P = (x_P|y_P|z_P)$, $Q(x_Q|y_Q|z_Q)$ heißen genau dann *gleich*, wenn $x_P = x_Q$ und $y_P = y_Q$ und $z_P = z_Q$.

Vervielfacht man einen Vektor $P = (x|y|z)$ mit -1, so entsteht der Vektor $-P = (-x|-y|-z)$. P und $-P$ heißen zueinander *Gegenvektoren*. Wir betrachten schließlich die Vervielfachung eines Vektors P mit dem Kehrwert seines Betrages. Der entstehende Vektor $\frac{1}{|P|}P$ hat den Betrag 1. Ein Vektor mit dem Betrag 1 heißt *Einheitsvektor*.

Vorbemerkung zu den folgenden *Übungsaufgaben*: In der Regel sollte eine *Skizze* angefertigt werden. Die *Ergebnisse* von *rechnerischen* Übungen sind im Teil A.3 des *Anhangs* enthalten.

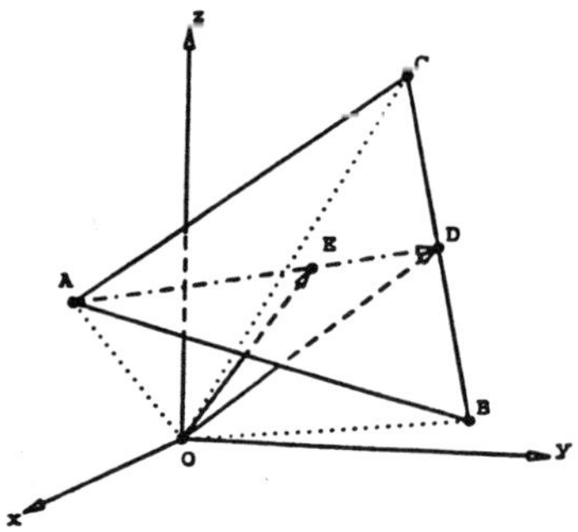

Fig. Ü 205

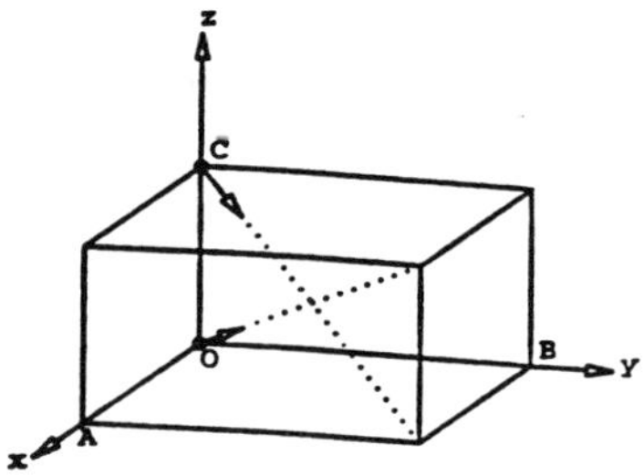

Fig. Ü 206

Übung 2.05

Gegeben sind die Ecken A, B, C eines Dreiecks im Raum:

$$A = (1.5|-1|2),\ B = (3|5|1),\ C = (0|3|5).$$

a) Man bestimme den Ortsvektor des Mittelpunkts D der Seite BC sowie den durch die Seitenhalbierende AD bestimmten Vektor $V(A, D)$.

b) Man bestimme den Ortsvektor des Schwerpunkts E des Dreiecks.

(Der Schwerpunkt eines Dreiecks ist der Schnittpunkt der drei Seitenhalbierenden und teilt diese im Verhältnis 2:1).

Übung 2.06

Ein Quader ist bestimmt durch vier seiner Ecken mit den Ortsvektoren $O = (0|0|0)$; $A = (3|0|0)$; $B = (0|4|0)$; $C = (0|0|2)$. *Man bestimme den Einheitsvektor in Richtung*
a) der von O, *b) der von* C *ausgehenden Raumdiagonale.*

Skalarprodukt. Winkel zwischen Vektoren. Das *Skalarprodukt* $P \cdot Q$ zweier Vektoren $P = (x_P|y_P|z_P)$, $Q = (x_Q|y_Q|z_Q)$ ist so definiert:

$$P \cdot Q = x_P x_Q + y_P y_Q + z_P z_Q \quad (1)$$

Ein Skalarprodukt ist somit eine *Zahl.*

Geometrische Bedeutung: Aus P und Q sei wie in Fig. 2j „ein Dreieck ABC gebildet", so daß die von C nach B gerichtete Dreiecksseite CB den Vektor $P-Q$ repräsentiert. Das Quadrat ihrer Länge läßt sich auf zwei Arten ausdrücken:

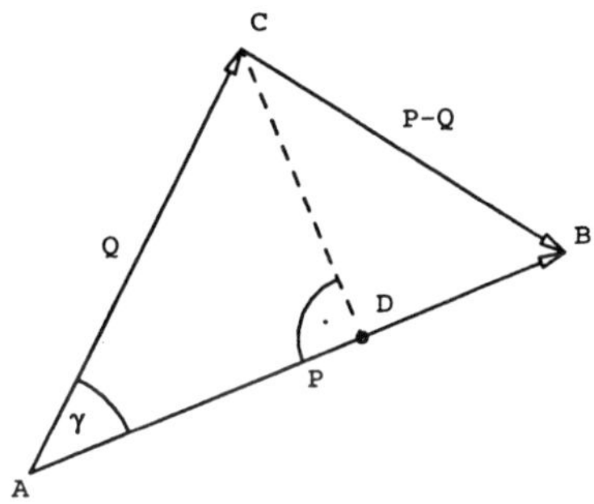

Fig. 2j

$$|P-Q|^2 = |P|^2 + |Q|^2 - 2|P||Q|\cos\gamma \text{ (Kosinussatz)} \quad (2)$$

$$|P-Q|^2 = (x_P - x_Q)^2 + (y_P - y_Q)^2 + (z_P - z_Q)^2 \text{ (Vektorbetrag)} \quad (3)$$

In (3) läßt sich die rechte Seite umformen in

$$(x_P^2 + y_P^2 + z_P^2) + (x_Q^2 + y_Q^2 + z_Q^2) - 2(x_P x_Q + y_P y_Q + z_P z_Q);$$

somit folgt aus (3)

$$|P-Q|^2 = |P|^2 + |Q|^2 - 2P \cdot Q. \quad (4)$$

Durch Vergleich von (2) und (4) erhält man:

$$P \cdot Q = |P||Q|\cos\gamma. \quad (5)$$

P und Q seien *vom Nullvektor verschieden* und *nicht parallel.* Durch einen beliebig gewählten Punkt A sowie die Repräsentanten (A, B) und (A, C) von P bzw. Q ist dann eine Ebene bestimmt (Fig. 2j). In dieser Ebene ist γ der kleinere der beiden Winkel zwischen den Halbgeraden AB und AC $(0° < \gamma < 180°)$.

Aus (4) ergibt sich

$$\cos\gamma = \frac{P \cdot Q}{|P||Q|}, \quad (6)$$

womit sich aus den Beträgen sowie dem Skalarprodukt von P und Q Winkel γ, der „*Winkel zwischen den Vektoren P, Q*", berechnen läßt. Formel (6) zeigt, daß $\cos\gamma$ gleich dem Produkt der beiden Einheitsvektoren ist.

In Gleichung (5) ist $|Q|\cos\gamma$ die Länge der senkrechten Projektion von Q auf P (Strecke AD in Fig. 2j). Somit ist das *Skalarprodukt* $P \cdot Q$ gleich dem *Betrag von* P mal der *Länge der senkrechten Projektion* von Q auf P.

Aus (4) folgt ferner: Das *Skalarprodukt* zweier vom Nullvektor verschiedener Vektoren ist *genau dann Null, wenn sie zueinander orthogonal* sind ($\gamma = 90°$).

Zwei Vektoren P und Q seien nun *linear abhängig* („parallel"). Es gebe also ein $r \neq 0$, so daß $Q = rP$, somit bei $r > 0$: $|Q| = r|P|$, bei $r < 0: |Q| = -r|P|$. Aus der Definition (1) des Skalarprodukts folgt dann: $P \cdot Q = r|P||P|$, daher gilt:

$$P \cdot Q = |P||Q| \text{ für } \textit{gleichgerichtete} \text{ Vektoren}$$
$$P \cdot Q = -|P||Q| \text{ für } \textit{entgegengesetzte} \text{ Vektoren.}$$

Setzt man für gleichgerichtete Vektoren $\gamma = 0°$, für entgegengesetzte Vektoren $\gamma = 180°$ fest, so behält also die Formel (5) auch für linear abhängige Vektoren Gültigkeit.

Ein *Sonderfall* des Skalarprodukts gleichgerichteter Vektoren ist schließlich das *Skalarprodukt* eines Vektors P mit sich selbst, wofür sich ergibt: $P \cdot P = |P|^2$. Es ist üblich, anstelle von „$P \cdot P$" auch „P^2" zu schreiben, so daß auch gilt

$$P^2 = |P|^2, \text{ also } |P| = \sqrt{P^2}$$

(Alle vorstehenden Terme sind begrifflich wohl zu unterscheiden; man beachte insbesondere: „P^2" bezeichnet – im Gegensatz zu „$|P|^2$" – nicht das Quadrat einer Zahl, so daß beispielsweise der Term „$\sqrt{P^2}$ " nicht einfach durch Weglassung des Exponenten radiziert werden kann.)

Aus der Definition (1) des Skalarprodukts sowie der Kommutativität der Multiplikation reeller Zahlen folgt die *Kommutativität* des Skalarprodukts. (Die Frage nach der Assoziativität ist sinnlos, da es kein Skalarprodukt von mehr als zwei Vektoren gibt.) Es gilt jedoch das *Distributivgesetz* des Skalarprodukts bezüglich der Addition von Vektoren (vgl. Übung 2.08).

Übung 2.07

a) Gegeben sind die Vektoren $P_1 = (2|3|1)$, $P_2 = (1|-1|2)$. *Man bestimme den Winkel zwischen den beiden Vektoren.*

b) Gegeben ist der zur x-y-Ebene parallele Vektor $P_1 = (3|4|0)$. *Man bestimme einen zu* P_1 *senkrechten und gleichlangen Vektor* P_2, *der ebenfalls zur x-y-Ebene parallel ist.*

Übung 2.08

Man zeige, z. B. mit Hilfe der Komponentenschreibweise der jeweiligen Vektoren, die Gültigkeit des folgenden Distributivgesetzes für das Skalarprodukt bezüglich der Addition:

$$P_1 \cdot (P_2 + P_3) = P_1 \cdot P_2 + P_1 \cdot P_3$$

(Man beachte: Links bezeichnet das Pluszeichen eine Vektorsumme, rechts eine Zahlensumme.)

2.2.2 Lineare Abhängigkeit (Unabhängigkeit) von Vektoren

I. Abhängigkeit (Unabhängigkeit) von drei Vektoren

In Verallgemeinerung der Definition der linearen Abhängigkeit von *zwei* Vektoren (vgl. 2.2.1) wird definiert:

> Drei Vektoren P, Q, R heißen genau dann **linear abhängig** (sonst: linear unabhängig), wenn es *reelle Zahlen* k, l, m gibt, die *nicht alle Null* sind, so daß $kP + lQ + mR = V_0$ (Nullvektor).

Drei von V_0 verschiedene Vektoren seien linear abhängig, und es gelte in der letzten Gleichung $m \neq 0$. Dann folgt $R = -\frac{k}{m}P - \frac{l}{m}Q$, also mit $-\frac{k}{m} = a, -\frac{l}{m} = b$:

$R = aP + bQ$: R ist als „*Linearkombination*" von P, Q dargestellt.

Wir setzen jetzt voraus, daß P und Q voneinander *unabhängig* sind. Durch je einen Repräsentanten der beiden Vektoren mit gemeinsamem Anfangspunkt A ist dann eine *Ebene* **E** bestimmt (Fig. 2k).

Zufolge der Gleichung $R = aP+bQ$ ist der Repräsentant von R mit Anfangspunkt A eine Diagonale in dem „aus aP und bQ gebildeten Parallelogramm $ABCD$", sofern $a, b \neq 0$. (Andernfalls liegt der Endpunkt C des Repräsentanten von R auf einer der Geraden AB, AD, jedoch wegen $R \neq V_0$ nicht in A). Ist, umgekehrt, C ein beliebiger, von A verschiedener Punkt der Ebene **E**, so läßt sich mit der Strecke AC als Diagonale eindeutig ein Parallelogramm $ABCD$ bestimmen, dessen Seiten AB und AD Repräsentanten von Vektoren aP bzw. bQ sind (sofern C nicht auf einer der durch A und P bzw Q bestimmten Geraden liegt). Für den durch (A, C) bestimmten Vektor R gilt dann: $R = aP + bQ$.

Zusammenfassend läßt sich feststellen: Sind P, Q *linear unabhängige* Vektoren und **E** die durch P, Q sowie einen Punkt A bestimmte *Ebene*, so ist ein *Vektor* R genau dann „*zu* **E** *parallel*", wenn P, Q, R linear abhängig sind, also R eine *Linearkombination* von P und Q ist ($R = aP + bQ$). („R ist zu **E** parallel", soll bedeuten: Jeder Repräsentant von R ist zu **E** parallel.)

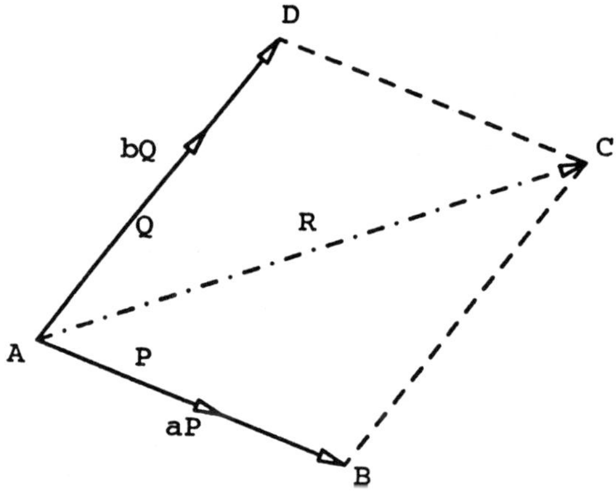

Fig. 2k

Ein Paar (P, Q) unabhängiger Vektoren heißt **Basis** aller Vektoren R, die Linearkombinationen von P, Q sind, das bedeutet geometrisch: für alle Ebenen, zu denen P und Q parallel sind.

Hiervon wird beispielsweise Gebrauch gemacht bei der Aufstellung einer *Ebenengleichung* in Parameterform (vgl. 2.2.6).

(P, Q) sei eine Vektorbasis, und P, Q, R seien linear *unabhängig*, d. h. die Gleichung $kP + bQ + mR = V_0$ ist nur durch $(k, l, m) = (0, 0, 0)$ lösbar. Wie aus dem Vorangegangenen folgt, ist dann R nicht als Linearkombination von P und Q darstellbar. Geometrisch bedeutet das: Die Repräsentanten von P, Q und R mit gemeinsamem Anfangspunkt A liegen nicht in einer Ebene, vielmehr bestimmen sie einen *Spat*. Dieser Fall wird nachstehend weiter betrachtet.

Übung 2.09

Gegeben sind die Vektoren

$$A = (2|-6|-4);\ B = (-3|9|6);\ C = (8|6|-12).$$

Man prüfe, ob folgende Vektorpaare parallel (linear abhängig) sind:
a) A und B; b) A und C

Übung 2.10

Gegeben sind die Vektoren

$$P_1 = (1|-1|2);\ P_2 = (2|3|1);\ P_3 = (4|1|5).$$

a) Man weise nach, daß P_1 und P_2 linear unabhängig und P_1, P_2, P_3 linear abhängig sind.

b) Man stelle P_3 als Linearkombination von P_1 und P_2 dar.

II. Abhängigkeit von mehr als drei Vektoren

Gegeben seien drei linear unabhängige Vektoren P, Q, R, deren Repräsentanten mit gemeinsamem Anfangspunkt A wir nun betrachten (Fig. 21). Keiner dieser Repräsentanten liegt in der durch die beiden anderen bestimmten Ebene. Es sei E ein von A verschiedener Punkt. Liegt E in einer der aus je zwei Repräsentanten von P, Q, R gebildeten Ebene, so ist der durch (A, E) bestimmte Vektor S eine Linearkombination von P, Q und R. Dies gilt aber auch bei anderer Lage von E. Denn man kann durch E die Parallele zum R-Repräsentanten ziehen, die die aus dem P- und dem Q-Repräsentanten gebildete Ebene in C schneide. Dadurch ist der in Figur 21 dargestellte Spat (Parallelflach) mit AE als Raumdiagonale bestimmt.

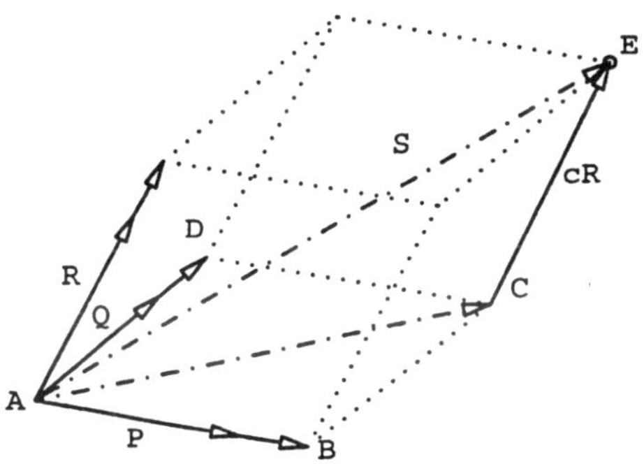

Fig. 21

Aufgrund dieser Konstruktion gibt es drei nicht sämtlich verschwindende Zahlen a, b, c, so daß $V(C, E) = cR$ und $V(A, C) = aP + bQ$. Somit gilt, wie behauptet stets: $S = aP + bQ + cR$. Hieraus folgt:

Es gibt reelle Zahlen k, l, m, n, die nicht alle Null sind, so daß die Gleichung $kP + lQ + mR + nS = V_0$ erfüllt ist.

Analog zur Definition der linearen Abhängigkeit von drei Vektoren werden daher die Vektoren P, Q, R, S als linear abhängig bezeichnet. Zusammengefaßt ergibt sich: Sind P, Q, R linear unabhängig, so ist jeder weitere Vektor S hiervon linear abhängig. Für diese Aussage ist wesentliche Voraussetzung, daß die Vektoren *dreidimensional* sind. (Höherdimensionale Vektoren werden hier ausgeschlossen.) Es gilt dann:

Mehr als drei Vektoren des dreidimensionalen Raumes sind stets linear abhängig.

Mit Hilfe der Lösungstheorie für lineare Gleichungssysteme, die wir erst später behandeln (2.2.3, 2.2.4), läßt sich die vorstehend nur anschaulich gegebene Begründung des Satzes rechnerisch erbringen.

Daß jeder Vektor S (eindeutig) als Linearkombination dreier linear unabhängiger Vektoren dargestellt werden kann, läßt sich auch so ausdrücken: *Drei linear unabhängige Vektoren P, Q, R bilden eine Basis des (dreidimensionalen) Raumes.*

Mit Hilfe von *Determinanten* lassen sich leicht handhabbare Kriterien zur Überprüfung der linearen Abhängigkeit von Vektorpaaren und -tripeln angeben (s. u.).

2.2.3 Lineare Systeme mit zwei Gleichungen und zwei Variablen. Zweireihige Determinanten

Gegeben seien die beiden linear unabhängigen, zweidimensionalen Vektoren $P_1 = (4|1.5)$ und $P_2 = (-1.5|2)$.

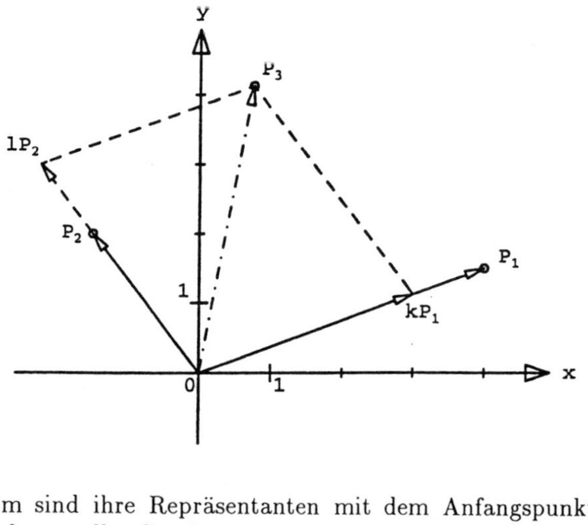

Fig. 2m

In Figur 2m sind ihre Repräsentanten mit dem Anfangspunkt 0 in der x-y-Ebene dargestellt. Gegeben sei ein weiterer zweidimensionaler Vektor $P_3 = (0.75|4.125)$. Der Vektor P_3 soll als Linearkombination von P_1 und P_2 dargestellt werden. Dazu hat man zwei Zahlen k, l so zu bestimmen, daß die Vektorgleichung $P_3 = kP_1 + lP_2$ gilt. Aufgrund der Definition der Gleichheit von Vektoren ist somit das lineare Gleichungssystem

$$\begin{aligned} 4k &- 1.5l = 0.75 \\ 1.5k &+ 2l = 4.125 \end{aligned}$$

nach (k,l) aufzulösen. Als eindeutig bestimmte Lösung des Gleichungssystems ergibt sich $(k,l) = (0.75, 1.5)$ (s. u.), so daß gilt: $P_3 = 0.75P_1 + 1.5P_2$.

Wir gehen jetzt von drei beliebigen zweidimensionalen Vektoren $P_1 = (x_1|y_1)$, $P_2 = (x_2|y_2)$, $P_3 = (x_3|y_3)$ aus, für welche zunächst keine Voraussetzungen darüber gemacht werden, ob je zwei dieser Vektoren abhängig oder unabhängig sind. Die Frage nach der Darstellbarkeit von P_3 als Linearkombination von P_1 und P_2 führt auf folgende allgemeine Problemstellung:

Ein lineares Gleichungssystem

$$\begin{array}{llcl} (1) & x_1k + x_2l & = & x_3 \\ (2) & y_1k + y_2l & = & y_3 \end{array}$$

sei nach k und l aufzulösen, das heißt: Gegeben sind reelle Zahlen (Koeffizienten) $x_1, x_2, x_3; y_1, y_2, y_3$. Gesucht sind Paare (k,l) reeller Zahlen, die simultan die Gleichungen (1), (2) erfüllen.

Bekanntlich läßt das System (1), (2) sich so lösen: Multiplikation beider Seiten von (1) mit y_2 sowie beider Seiten von (2) mit x_2 und anschließendes „Subtrahieren" der entstehenden Gleichungen ergibt:

$$(3) \quad (x_1y_2 - x_2y_1)k = (x_3y_2 - x_2y_3).$$

Entsprechend erhält man, wenn man beide Seiten von (1) mit y_1 und beide Seiten von (2) mit x_1 multipliziert sowie anschließend subtrahiert:

$$(4) \quad (x_1y_2 - x_2y_1)l = (x_1y_3 - x_3y_1).$$

Für Terme wie in den Klammern (3) und (4) führt man folgende abkürzende Schreibweise ein:

$$\begin{vmatrix} a_{11} & a_{12} \\ a_{21} & a_{22} \end{vmatrix} = a_{11}a_{22} - a_{12}a_{21}$$

und nennt diesen Term eine „*zweireihige* **Determinante**". (Bei den Gliedern a_{ij} der Determinante zählt der erste Index i die – waagerechte – *Zeile*, der zweite Index j die – senkrechte – *Spalte*.

In Determinantenschreibweise erhält man aus (3) und (4):

$$(3') \quad \begin{vmatrix} x_1 & x_2 \\ y_1 & y_2 \end{vmatrix} \cdot k = \begin{vmatrix} x_3 & x_2 \\ y_3 & y_2 \end{vmatrix}; \qquad (4') \quad \begin{vmatrix} x_1 & x_2 \\ y_1 & y_2 \end{vmatrix} \cdot l = \begin{vmatrix} x_1 & x_3 \\ y_1 & y_3 \end{vmatrix}$$

Die jeweils auf der linken Seite stehende Determinante ist die *Koeffizienten-Determinante* der zu bestimmenden Variablen k, l in (1), (2). Die jeweils rechts stehende Determinante erhält man, indem man in der Koeffizienten-Determinante im Fall der *Gleichung* (3') die *linke* Spalte, bei *Gleichung* (4') die *rechte* Spalte durch die in (1), (2) rechts des Gleichheitszeichens stehenden Glieder ersetzt.

Über mögliche *Lösungen* des Gleichungssystems (1), (2) läßt sich aus (3'), (4') folgendes ablesen.

1. Fall: $\begin{vmatrix} x_1 & x_2 \\ y_1 & y_2 \end{vmatrix} = 0$: *Die Koeffizienten-Determinante verschwindet.*

Ist dann $\begin{vmatrix} x_3 & x_2 \\ y_3 & y_2 \end{vmatrix} \neq 0$ oder $\begin{vmatrix} x_1 & x_3 \\ y_1 & y_3 \end{vmatrix} \neq 0$, so gibt es *keine Lösung.*

Ist dagegen auch $\begin{vmatrix} x_3 & x_2 \\ y_3 & y_2 \end{vmatrix} = \begin{vmatrix} x_1 & x_3 \\ y_1 & y_3 \end{vmatrix} = 0$, so sind (3') und (4') durch jedes Paar (k, l) erfüllt. Dies ist insbesondere der Fall bei $x_3 = y_3 = 0$ („homogenes Gleichungssystem"). Hierbei ist zu beachten, daß die Lösungsmenge des Systems (1), (2) gesucht ist, die zwar eine Teilmenge der Lösungsmenge von (3'), (4') ist, nicht aber mit dieser übereinstimmen muß . Die gesuchten Lösungen erhält man aus dem System (1), (2) unmittelbar (s. unten stehendes Beispiel).

Zahlenbeispiele zu den beiden Unterfällen von Fall 1.:

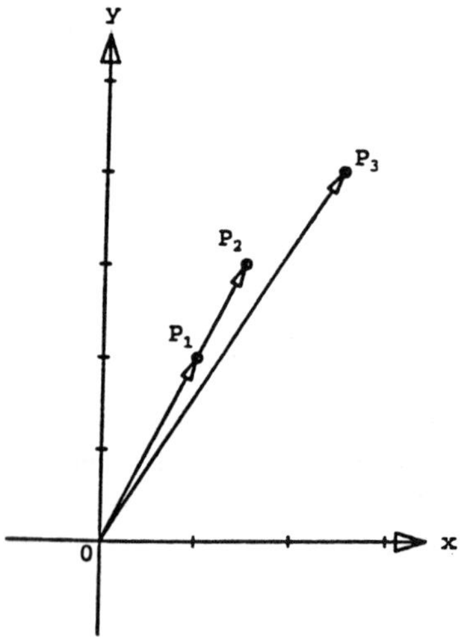

Fig. 2n

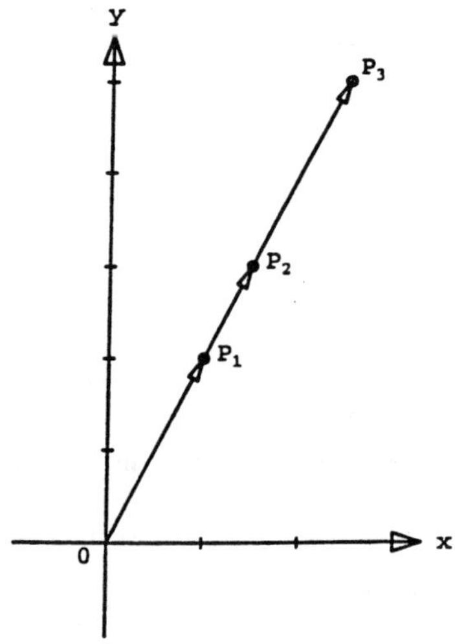

Fig. 2o

1. Unterfall: Gegeben seien die Vektoren $P_1 = (1|2)$, $P_2 = (1.5|3)$, $P_3 = (2.5|4)$ (Fig. 2n). Es soll rechnerisch gezeigt werden, daß sich P_3 nicht als Linearkombination von P_1, P_2 darstellen läßt. Der Ansatz $P_3 = kP_1 + lP_2$ führt auf

$$\begin{array}{lrcrcl} (1) & 1 \cdot k & + & 1.5 \cdot l & = & 2.5 \\ (2) & 2 \cdot k & + & 3 \cdot l & = & 4 \end{array}$$

Es ist $\begin{vmatrix} x_1 & x_2 \\ y_1 & y_2 \end{vmatrix} = 0$, *aber* $\begin{vmatrix} x_3 & x_2 \\ y_3 & y_2 \end{vmatrix} = 1.5 \neq 0$, $\begin{vmatrix} x_1 & x_3 \\ y_1 & y_3 \end{vmatrix} = -1 \neq 0$,

somit ist keine Lösung für (k, l) zu erwarten.

In der Tat führt beidseitiges Vervielfachen von (1) auf die Gleichung $2k + 3l = 5$, was zu (2) im Widerspruch steht.

2. Unterfall: Es seien P_1, P_2 wie vorher und $P_3 = (2.5|5)$ gegeben (Fig. 2o), so daß man folgendes Gleichungssystem erhält:

$$\begin{array}{lrcl} (1) & k + 1.5 \cdot l & = & 2.5 \\ (2) & 2k + 3 \cdot l & = & 5 \end{array}$$

Die im 1. Unterfall genannten Determinanten sind sämtlich Null, so daß unendlich viele Lösungen zu erwarten sind.

Beidseitiges Vervielfachen von (1) mit 2 führt auf (2), d. h. zur Bestimmung von (k, l) existiert nur eine Gleichung. Somit kann z. B. l beliebig gewählt werden, wonach k bestimmt ist zu $k = 2.5 - 1.5l$. Die Lösungsmenge ist daher die Menge aller Paare $(2.5 - 1.5l, l)$ mit beliebigem l. Der Vektor P_3 kann, wie auch Fig. 2o zeigt, auf unendlich viele Arten als Linearkombination von P_1 und P_2 dargestellt werden, etwa in den Formen $P_3 = P_1 + P_2$, $P_3 = 2.5P_1 + 0 \cdot P_2$ und $P_3 = -0.5P_1 + 2P_2$.

2. Fall: $\begin{vmatrix} x_1 & x_2 \\ y_1 & y_2 \end{vmatrix} \neq 0.$

Während im 1. Fall nie eine eindeutig bestimmte Lösung (k, l) existiert, läßt sich das Gleichungssystem (1),(2) im vorliegenden Falle *stets eindeutig lösen.* Diese Lösung ergibt sich nämlich aus (3') und (4') in folgender Form:

$$(5) \quad \boxed{k = \frac{d_k}{d},\ l = \frac{d_l}{d}} \qquad \text{mit } d_k = \begin{vmatrix} x_3 & x_2 \\ y_3 & y_2 \end{vmatrix}, d_l = \begin{vmatrix} x_1 & x_3 \\ y_1 & y_3 \end{vmatrix},$$

$$d = \begin{vmatrix} x_1 & x_2 \\ y_1 & y_2 \end{vmatrix} \text{(Koeffizienten-Determinante)}$$

(Daß hiermit auch das System (1), (2) erfüllt ist, läßt sich durch Einsetzungsprobe bestätigen).

Die Formeln (5) nennt man *CRAMERsche Regel.* Sie gilt entsprechend für alle linearen Gleichungssysteme mit n Gleichungen und n Variablen ($n = 2, 3, 4, \ldots$), worauf wir in 2.2.4 zurückkommen.

Zahlenbeispiel zu Fall 2.: Für das Eingangsbeispiel, in welchem der Vektor $P_3 = (0.75|4.125)$ als Linearkombination von $P_1 = (4|1.5)$, $P_2 = (-1.5|2)$ darzustellen ist, soll das zugehörige Gleichungssystem

$$\begin{array}{lrcl} (1) & 4k + 1.5l & = & 0.75 \\ (2) & 1.5k + 2l & = & 4.125 \end{array}$$

mit Determinanten gelöst werden.

Wegen $\begin{vmatrix} x_1 & x_2 \\ y_1 & y_2 \end{vmatrix} = 10.25 \neq 0$ ist eine eindeutig bestimmte Lösung zu erwarten. Für die weiteren Determinanten gilt $d_k = 7.6875$, $d_l = 15.375$. Somit ergibt sich mit der Cramerschen Regel die Lösung $(k, l) = (0.75, 1.5)$.

Determinanten werden hauptsächlich dazu benutzt, um allgemeine Aussagen über Lösungen von Gleichungssystemen zu machen. Bei der Software-Entwicklung für dieses Buch wurde zum Programmieren raumgeometrischer Konstruktionsverfahren sehr häufig von Determinanten Gebrauch gemacht. — Hat man dagegen einzelne Gleichungssysteme rechnerisch aufzulösen, so verwendet man in der Regel die bekannten Lösungsmethoden wie „Additionsverfahren" oder „GAUSSsches Verfahren".

Im Zusammenhang des vorliegenden Kapitels dienen die Rechenbeispiele vor allem dem (Wieder-) Vertrautwerden mit den Regeln zum Berechnen von Determinanten und mit der Anwendung von Determinantensätzen.

Übung 2.11

Man löse mit Hilfe von Determinanten das Gleichungssystem

$$\begin{aligned} 3k &- 1.5l = 2.5 \\ k &+ 2.5l = -3 \end{aligned}$$

Lösungshinweis: Zunächst ist die Koeffizienten-Determinante zu bestimmen.

Determinantensätze. Nachstehend werden einige Sätze über Determinanten genannt, die sich beim Rechnen mit Determinanten als nützlich erweisen. Die Sätze sind im Falle zweireihiger Determinanten sehr leicht zu begründen, was wir exemplarisch zeigen. Sie gelten auch für Determinanten mit drei oder mehr Reihen, was wir jedoch unter Verweis auf Lehrbücher der Linearen Algebra *nicht* beweisen werden. (Dreireihige Determinanten werden in 2.2.4 definiert.)

(1) *Eine Determinante behält ihren Wert beim Vertauschen von Zeilen und Spalten, dem sogenannten „Spiegeln an der Hauptdiagonalen".*

Begründung für zweireihige Determinanten: Nach (5) gilt definitionsgemäß $\begin{vmatrix} a_{11} & a_{12} \\ a_{21} & a_{22} \end{vmatrix} = a_{11}a_{22} - a_{12}a_{21}$. Die gespiegelte Determinante lautet $\begin{vmatrix} a_{11} & a_{21} \\ a_{12} & a_{22} \end{vmatrix}$. Definitionsgemäß ist der Wert der gespiegelten Determinante $a_{11}a_{22} - a_{21}a_{12}$, also gleich dem Wert der ursprünglichen Determinante.

(2) *Besteht eine Spalte (Zeile) einer Determinante nur aus Nullen, so hat die Determinante den Wert Null.*

Der Satz folgt für zweireihige Determinanten sofort aus ihrer Definition.

(3) Stimmen zwei Spalten (Zeilen) einer Determinante gliedweise überein, so hat die Determinante den Wert Null.

Begründung für zweireihige Determinanten im Falle gliedweise übereinstimmender Zeilen:

$$\begin{vmatrix} a_{11} & a_{12} \\ a_{11} & a_{12} \end{vmatrix} = a_{11}a_{12} - a_{11}a_{12} = 0$$

Bei den folgenden Sätzen sei die Begründung für zweireihige Determinanten den Lesenden überlassen.

(4) Vertauscht man in einer Determinante zwei benachbarte Spalten (Zeilen), so bleibt ihr Betrag erhalten und wird ihr Vorzeichen geändert.

(5) Man kann eine Determinante mit einer reellen Zahl multiplizieren, indem man jedes Glied einer Spalte (Zeile) mit der Zahl multipliziert.

Für zweireihige Determinanten gilt somit zum Beispiel

$$r \cdot \begin{vmatrix} a_{11} & a_{12} \\ a_{21} & a_{22} \end{vmatrix} = \begin{vmatrix} ra_{11} & ra_{12} \\ a_{21} & a_{22} \end{vmatrix} = \begin{vmatrix} ra_{11} & a_{12} \\ ra_{21} & a_{22} \end{vmatrix}$$

Eine Folge von (5) und (3) ist: Sind die Glieder einer Spalte (Zeile) gliedweise denen einer anderen Spalte proportional, so hat die Determinante den Wert Null. — *Zahlenbeispiel* für zweireihige Determinanten:

$$\begin{vmatrix} 9 & 7.5 \\ 6 & 5 \end{vmatrix} = \begin{vmatrix} 1.5 \cdot 6 & 1.5 \cdot 5 \\ 6 & 5 \end{vmatrix} = 1.5 \cdot \begin{vmatrix} 6 & 5 \\ 6 & 5 \end{vmatrix} = 0$$

(6) Unterscheiden sich zwei Determinanten nur in einer Spalte (Zeile), so kann man sie addieren oder subtrahieren, indem man die beiden verschiedenen Spalten (Zeilen) gliedweise addiert bzw. subtrahiert und die übrigen Spalten (Zeilen) ungeändert dazusetzt.

Allgemein läßt sich der Satz für zweireihige Determinanten in folgender Formel ausdrücken (und so auch beweisen):

$$\begin{vmatrix} a_{11} & a_{12} \\ a_{21} & a_{22} \end{vmatrix} \pm \begin{vmatrix} a_{11} & a'_{12} \\ a_{21} & a'_{22} \end{vmatrix} = \begin{vmatrix} a_{11} & a_{12} \pm a'_{12} \\ a_{21} & a_{22} \pm a'_{22} \end{vmatrix}$$

Man beachte, daß man durch Anwendung dieser Formel „von rechts nach links" eine Determinante „additiv zerlegen" kann, wie es folgendes *Zahlenbeispiel* zeigt:

$$\begin{vmatrix} 3 & 8 \\ -4 & 9 \end{vmatrix} = \begin{vmatrix} 3 & 4+4 \\ -4 & 3+6 \end{vmatrix} = \begin{vmatrix} 3 & 4 \\ -4 & 3 \end{vmatrix} + \begin{vmatrix} 3 & 4 \\ -4 & 6 \end{vmatrix}$$

Determinantenkriterium für die Abhängigkeit zweidimensionaler Vektoren.

Mit Hilfe von Determinanten lassen sich Vektoren leicht auf *lineare Abhängigkeit* (Unabhängigkeit) überprüfen. Wir leiten ein entsprechendes Kriterium für *zweidimensionale Vektoren* ab. (Für dreidimensionale Vektoren erfolgt dies in 2.2.4).

Um zwei von V_0 verschiedene Vektoren auf lineare Unabhängigkeit zu überprüfen, ist festzustellen, ob die Vektorgleichung $kP_1 + lP_2 = V_0$ nur mit $(k,l) = (0,0)$ lösbar ist. Dazu ist das homogene Gleichungssystem

$$\begin{array}{ll} (1) & x_1 k + x_2 l = 0 \\ (2) & y_1 k + y_2 l = 0 \end{array}$$

zu lösen.

Im Falle $d = \begin{vmatrix} x_1 & x_2 \\ y_1 & y_2 \end{vmatrix} \neq 0$ existiert nach der CRAMERschen Regel wegen $d_k = d_l = 0$ die eindeutig bestimmte Lösung $(k,l) = (0,0)$, d. h. P_1 und P_2 sind *linear unabhängig*.

Dagegen gibt es im Falle $d = 0$, da auch $d_k = d_l = 0$, unendlich viele Lösungen (k,l). Hierunter sind z. B. die Lösungen $(x_2, -x_1)$ und $(y_2, -y_1)$, was man durch Einsetzungsproben unter Berücksichtigung von $d = x_1y_2 - x_2y_1 = 0$ bestätigt. Da wegen der Voraussetzung $P_1 \neq V_0$ die Komponenten x_1 und y_1 nicht beide Null sind, gibt es somit mindestens eine Lösung (k,l) mit $k^2 + l^2 \neq 0$. Aus $d = 0$ folgt also die *lineare Abhängigkeit* der Vektoren P_1 und P_2. Zusammengefaßt ergibt sich:

> Zwei *zweidimensionale Vektoren* $P_1 = (x_1|y_1)$, $P_2 = (x_2|y_2)$ sind *linear abhängig*, wenn $d = \begin{vmatrix} x_1 & x_2 \\ y_1 & y_2 \end{vmatrix} = 0$, sonst *linear unabhängig*.

Mit diesem Kriterium bestätigt man zum Beispiel, daß die beiden Vektoren $P_1 = (4|1.5)$, $P_2 = (-1.5|2)$ des Eingangsbeispiels linear unabhängig sind.

Schließlich läßt sich zeigen, daß *mehr als zwei zweidimensionale Vektoren* stets *linear abhängig* sind.

2.2.4 Dreireihige Determinanten. Lineare Systeme mit drei Gleichungen und drei Variablen

I. Dreireihige Determinanten

Beim Lösen linearer Gleichungssysteme mit drei Variablen (s. II.) treten Terme folgender Gestalt auf:

$$a_{31} \cdot \begin{vmatrix} a_{12} & a_{13} \\ a_{22} & a_{23} \end{vmatrix} - a_{32} \cdot \begin{vmatrix} a_{11} & a_{13} \\ a_{21} & a_{23} \end{vmatrix} + a_{33} \cdot \begin{vmatrix} a_{11} & a_{12} \\ a_{21} & a_{22} \end{vmatrix},$$

worin die Variablen a_{ik} für reelle Zahlen stehen. Man schreibt einen solchen Term in der Form $\begin{vmatrix} a_{11} & a_{12} & a_{13} \\ a_{21} & a_{22} & a_{23} \\ a_{31} & a_{32} & a_{33} \end{vmatrix}$ und nennt diese Schreibfigur eine *dreireihige Determinante.*

Der Wert der Determinante ist durch die obige Formelzeile definiert. Das nachstehende Rechenbeispiel zeigt die Berechnung einer bestimmten dreireihigen Determinante aufgrund vorstehender Definition sowie der Definition zweireihiger Determinanten:

$$\begin{vmatrix} 1 & 2 & 0.5 \\ 2 & -1 & 1.5 \\ -2 & 1 & 3 \end{vmatrix} = (-2) \cdot \begin{vmatrix} 2 & 0.5 \\ -1 & 1.5 \end{vmatrix} - 1 \cdot \begin{vmatrix} 1 & 0.5 \\ 2 & 1.5 \end{vmatrix} + 3 \cdot \begin{vmatrix} 1 & 2 \\ 2 & -1 \end{vmatrix}$$
$$= -2 \cdot 3.5 - 1 \cdot 0.5 + 3 \cdot (-5) = -22.5.$$

Zur Berechnung der dreireihigen Determinante wurde diese „nach der 3. (waagerechten) Zeile *entwickelt*". Dazu wurde jedes Glied der 3. Zeile mit einer bestimmten zweireihigen „*Unterdeterminante*" multipliziert, wobei das für das Glied a_{32} gebildete Produkt mit (-1) zu multiplizieren ist. Die Unterdeterminante zu a_{ik} erhält man durch Streichen der i-ten Zeile und der k-ten Spalte (i = Zeilennummer, k = Spaltennummer).

Aufgrund der Determinantensätze (1) und (4) in 2.2.3 erhält man den Wert der Determinante auch durch Entwickeln nach der *1. oder 2. Zeile* oder nach einer *beliebigen* (senkrechten) *Spalte*, wenn folgende generelle Vorzeichenregelung beachtet wird: Das Produkt aus einem Glied a_{ik} und der zugehörigrn Unterdeterminante ist genau dann mit (-1) zu multiplizieren, wenn $i+k$ *ungerade* ist, was auf folgendes Schema führt:

$$\begin{vmatrix} + & - & + \\ - & + & - \\ + & - & + \end{vmatrix}$$

Beispielsweise ergibt sich für die Determinante des letzten Zahlenbeispiels durch *Entwickeln* nach der *2.Spalte*:

$$-2 \cdot \begin{vmatrix} 2 & 1.5 \\ -2 & 3 \end{vmatrix} + (-1) \cdot \begin{vmatrix} 1 & 0.5 \\ -2 & 3 \end{vmatrix} - 1 \cdot \begin{vmatrix} 1 & 0.5 \\ 2 & 1.5 \end{vmatrix}$$
$$= -2 \cdot 9 - 4 - 0.5 = -22.5.$$

II. Lineare Gleichungssysteme mit drei Gleichungen und drei Variablen

Folgendes lineare Gleichungssystem mit reellen Konstanten x_i, y_i, z_i ($i = 1, 2, 3, 4$) sei nach k, l, m aufzulösen:

$$\begin{aligned} &(1) \quad x_1k + x_2l + x_3m = x_4 \\ &(2) \quad y_1k + y_2l + y_3m = y_4 \\ &(3) \quad z_1k + z_2l + z_3m = z_4 \end{aligned}$$

Gesucht sind also Tripel (k, l, m) reeller Zahlen, die die Gleichungen (1), (2), (3) simultan erfüllen. Analog zur Lösung eines Systems mit zwei Gleichungen und zwei Variablen (vgl. 2.2.3) lassen sich schrittweise die Variablen k, l, m isolieren, und es entsteht z. B. für k eine Gleichung, die sich auf folgende Form bringen läßt:

$$\left[x_1 \cdot \begin{vmatrix} y_2 & y_3 \\ z_2 & z_3 \end{vmatrix} - y_1 \cdot \begin{vmatrix} x_2 & x_3 \\ z_2 & z_3 \end{vmatrix} + z_1 \cdot \begin{vmatrix} x_2 & x_3 \\ y_2 & y_3 \end{vmatrix}\right] \cdot k =$$

$$\left[x_4 \cdot \begin{vmatrix} y_2 & y_3 \\ z_2 & z_3 \end{vmatrix} - y_4 \cdot \begin{vmatrix} x_2 & x_3 \\ z_2 & z_3 \end{vmatrix} + z_4 \cdot \begin{vmatrix} x_2 & x_3 \\ y_2 & y_3 \end{vmatrix}\right].$$

Nach der Definition am Anfang von I. lassen sich die Terme in den eckigen Klammern als *dreireihige Determinanten* schreiben. Ganz entsprechende Gleichungen erhält man für l und m. Wir stellen alle drei Gleichungen nachstehend mit dreireihigen Determinanten dar:

$$(4) \qquad \begin{vmatrix} x_1 & x_2 & x_3 \\ y_1 & y_2 & y_3 \\ z_1 & z_2 & z_3 \end{vmatrix} \cdot k = \begin{vmatrix} x_4 & x_2 & x_3 \\ y_4 & y_2 & y_3 \\ z_4 & z_2 & z_3 \end{vmatrix}$$

$$(5) \qquad \begin{vmatrix} x_1 & x_2 & x_3 \\ y_1 & y_2 & y_3 \\ z_1 & z_2 & z_3 \end{vmatrix} \cdot l = \begin{vmatrix} x_1 & x_4 & x_3 \\ y_1 & y_4 & y_3 \\ z_1 & z_4 & z_3 \end{vmatrix}$$

$$(6) \qquad \begin{vmatrix} x_1 & x_2 & x_3 \\ y_1 & y_2 & y_3 \\ z_1 & z_2 & z_3 \end{vmatrix} \cdot m = \begin{vmatrix} x_1 & x_2 & x_4 \\ y_1 & y_2 & y_4 \\ z_1 & z_2 & z_4 \end{vmatrix}$$

Links steht jeweils die „*Koeffizienten-Determinante*“, die wir wie in 2.2.3 im folgenden *mit d bezeichnen*. Die rechts stehenden Determinanten erhält man jeweils, indem man in der Koeffizienten-Determinante bei der Gleichung (4) (für k) die *1. Spalte*, bei der Gleichung (5) (für l) die *2. Spalte* und bei der Gleichung (6) (für m) die *3. Spalte* durch die in (1), (2), (3) jeweils rechts stehenden Konstanten x_4, y_4, z_4 („absolute Glieder“) ersetzt. Die so entstandenen Determinanten bezeichnen wir mit d_k, d_l, d_m, so daß die vorstehenden Gleichungen kurz so geschrieben werden können:

$$(4') \quad d \cdot k = d_k \qquad (5') \quad d \cdot l = d_l \qquad (6') \quad d \cdot m = d_m.$$

Hieraus lassen sich analog zu den Lösungen bei zwei Gleichungen und zwei Variablen in 2.2.3 folgende Aussagen über mögliche *Lösungen* des Gleichungssystems (1), (2), (3) machen:

1. Fall: $d = 0$.

Ist dann $d_k \neq 0$ oder $d_l \neq 0$ oder $d_m \neq 0$, so gibt es *keine Lösung*. Ist nämlich z. B. $d_k \neq 0$, so daß (4') jetzt lautet: $0 \cdot k = d_k$, so gibt es offensichtlich kein k, das diese Gleichung erfüllt. Ist dagegen $d_x = d_y = d_z = 0$, so ist das Gleichungssystem (4'), (5'), (6') für jedes (k, l, m) erfüllt. Es gibt dann unendlich viele Lösungen, die aus dem Gleichungssystem (1), (2), (3) zu bestimmen sind. Der Fall tritt insbesondere dann ein, wenn das Gleichungssystem *homogen* ist, d. h. die absoluten Glieder x_4, y_4, z_4 sämtlich Null sind, woraus stets $d_x = d_y = d_z = 0$ folgt (Satz (2) in 2.2.3).

2. Fall: $d \neq 0$.

Aus (4'), (5'), (6') läßt sich in diesem Fall die Lösung eindeutig in folgender Form bestimmen:

$$(7) \quad \boxed{k = \tfrac{d_k}{d}; \quad l = \tfrac{d_l}{d}; \quad m = \tfrac{d_m}{d}}$$ Hierin sind:

$$d_k = \begin{vmatrix} x_4 & x_2 & x_3 \\ y_4 & y_2 & y_3 \\ z_4 & z_2 & z_3 \end{vmatrix}, \quad d_l = \begin{vmatrix} x_1 & x_4 & x_3 \\ y_1 & y_4 & y_3 \\ z_1 & z_4 & z_3 \end{vmatrix}, \quad d_m = \begin{vmatrix} x_1 & x_2 & x_4 \\ y_1 & y_2 & y_4 \\ z_1 & z_2 & z_4 \end{vmatrix},$$

$$d = \begin{vmatrix} x_1 & x_2 & x_3 \\ y_1 & y_2 & y_3 \\ z_1 & z_2 & z_3 \end{vmatrix}.$$

(7) ist die *CRAMERsche Regel* für ein Gleichungssystem mit drei Gleichungen und drei Variablen (vgl. Formeln (6) in 2.2.3).

Nachstehend geben wir je ein Beispiel für ein Gleichungssystem mit leerer bzw. unendlicher Lösungsmenge:

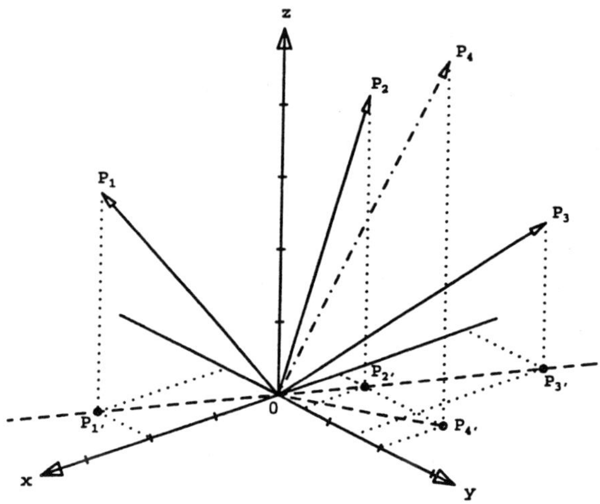

Fig. 2p

Beispiel 1

Gegeben sind die Vektoren

$$P_1 = (2|-1|3), \qquad P_2 = (-1|0.5|4),$$
$$P_3 = (-3|1.5|2), \qquad P_4 = (-1|2|5),$$

deren Repräsentanten mit Anfangspunkt 0 in Fig. 2p gezeichnet sind. Es soll, wenn möglich, P_4 als Linearkombination von P_1, P_2, P_3 dargestellt werden. Gesucht sind also Zahlentripel (k, l, m), so daß $P_4 = kP_1 + lP_2 + mP_3$. Solche Zahlentripel müßten folgendes Gleichungssystem erfüllen:

$$\begin{array}{rcrcrcr} 2k & - & l & - & 3m & = & -1 \\ -k & + & 0.5l & + & 1.5m & = & 2 \\ 3k & + & 4l & + & 2m & = & 5. \end{array}$$

Um Lösungen dieses Systems zu erhalten, bestimmen wir gemäß der voranstehenden Theorie zunächst die Koeffizienten-Determinante:

$$d = \begin{vmatrix} 2 & -1 & -3 \\ -1 & 0.5 & 1.5 \\ 3 & 4 & 2 \end{vmatrix} = 2 \cdot \begin{vmatrix} 0.5 & 1.5 \\ 4 & 2 \end{vmatrix} + \begin{vmatrix} -1 & -3 \\ 4 & 2 \end{vmatrix} + 3 \cdot \begin{vmatrix} -1 & -3 \\ 0.5 & 1.5 \end{vmatrix} = 0.$$

Es liegt also der *1. Fall* vor, wobei noch festzustellen ist, ob $d_k = d_l = d_m = 0$ oder mindestens eine dieser Determinanten von Null verschieden ist:

$$d_k = \begin{vmatrix} -1 & -1 & -1 \\ 2 & 0.5 & 1.5 \\ 5 & 4 & 2 \end{vmatrix} = (-1) \cdot (-5) - 2 \cdot 2 + 5 \cdot (-1) = -4.$$

d_l und d_m brauchen demnach nicht mehr bestimmt zu werden (es ergäbe sich $d_l = 19.5$, $d_m = -16.5$). Aus $d = 0$, $d_k \neq 0$ folgt bereits, daß *obiges Gleichungssystem nicht lösbar* ist: P_4 läßt sich *nicht* als Linearkombination der übrigen Vektoren darstellen.

Anschaulich ergibt sich das aus Fig. 2p: Die Ortsvektoren P_1, P_2 und P_3 liegen in *einer* Ebene, welcher der Ortsvektor P_4 nicht angehört. Das Vektortripel (P_1, P_2, P_3) ist keine Basis des dreidimensionalen Raumes.

Beispiel 2
Gesucht ist die Lösungsmenge des Gleichungssystems

$$\begin{array}{lrrrcr} (1) & 2k & -l & -3m & = & -2.5 \\ (2) & -k & +0.5l & +1.5m & = & 1.25 \\ (3) & 3k & 4l & +2m & = & 5. \end{array}$$

Dieses System unterscheidet sich von dem in Beispiel 1 nur durch die absoluten Glieder $x_4 = -2.5$, $y_4 = 1.25$, $z_4 = 5$. Es ist somit $d = 0$, d.h. es liegt wieder der *1.Fall* vor, doch gibt es für das vorliegende Gleichungssystem *Lösungen*, was die folgende Rechnung erweist:

$$d_k = \begin{vmatrix} 2.5 & -1 & -3 \\ 1.25 & 0.5 & 1.5 \\ 5 & 4 & 2 \end{vmatrix} = 0; \qquad d_l = \begin{vmatrix} 2 & -2.5 & -3 \\ -1 & 1.25 & 1.5 \\ 3 & 5 & 2 \end{vmatrix} = 0;$$

$$d_m = \begin{vmatrix} 2 & -1 & -2.5 \\ -1 & 0.5 & 1.25 \\ 3 & 4 & 5 \end{vmatrix} = 0$$

Da $d = d_k = d_l = d_m = 0$, sind unendlich viele Lösungen zu erwarten, die wir folgendermaßen aus (1), (2), (3) bestimmen:

Zunächst führt Multiplikation von (2) mit -2 auf Gleichung (1). Wir können daher z. B. Gleichung (1) *ausscheiden*. Addiert man nun die mit 3 multiplizierte Gleichung (2) zu (3), folgt

$$(2') \qquad 5.5l + 6.5m = 8.75.$$

Addiert man dagegen zu (3) die mit -8 multiplizierte Gleichung (2), so ergibt sich:

$$(2'') \qquad 11k - 10m = -5.$$

Durch Auflösung von (2') und (2") nach l bzw. k erhält man:

$$(4) \qquad l = \frac{-13m + 17.5}{11}, \quad k = \frac{10m - 5}{11}.$$

Durchläuft etwa m alle reellen Zahlen und werden dabei jeweils k und l durch (4) bestimmt, so ergibt sich die unendliche Menge der Lösungen

(k, l, m) des Gleichungssystems (1),(2),(3). Eine dieser Lösungen ist z. B. $(0, 1, 0.5)$.

Zurückkommend auf den *geometrischen* Ausgangspunkt in Beispiel 1, können wir die Zahlen $x_4 = -2.5$, $y_4 = 1.25$, $z_4 = 5$ als Komponenten eines Vektors P_4 und die Koeffizienten auf den linken Seiten von (1),(2),(3) als Komponenten derselben Vektoren P_1, P_2, P_3 wie in Beispiel 1 deuten. Der Lösung $(k, l, m) = (0, 1, 0.5)$ entspricht dann die Darstellung

$$P_4 = P_2 + 0.5P_3$$

von P_4 als *Linearkombination* von P_1, P_2, P_3. Eine solche Darstellung ist jetzt möglich, da der Ortsvektor $P_4 = (-2.5|1.25|5)$ offensichtlich mit den Ortsvektoren P_1, P_2 und P_3 in *einer* Ebene liegt. (Man denke sich dazu P_4 in Fig. 2p eingezeichnet). Der unendlichen Menge der Lösungen (k, l, m) entsprechen die unendlich vielen Möglichkeiten, P_4 als Linearkombination von P_1, P_2 und P_3 darzustellen.

Übung 2.12

Man löse das homogene Gleichungssystem

$$\begin{array}{rcrcrcr} 3k & - & l & + & 0.5m & = & 0 \\ k & + & 2l & - & m & = & 0 \\ 5k & + & 3l & - & 1.5m & = & 0 \end{array}$$

unter Verwendung von Determinanten.

Übung 2.13

Gesucht ist die Lösungsmenge des folgenden inhomogenen Gleichungssystems:

$$\begin{array}{rcrcrcr} 2k & + & l & - & 4m & = & -2 \\ k & - & 2l & + & 2m & = & 6 \\ 3k & - & l & - & 4m & = & 3 \end{array}$$

III. Determinantenkriterien für die Abhängigkeit dreidimensionaler Vektoren

Wie im Falle zweidimensionaler Vektoren (s. 2.2.3, Ende) läßt sich auch über die lineare Abhängigkeit bzw. Unabhängigkeit *dreidimensionaler Vektoren* auf rationelle Weise mittels Determinantenkriterien entscheiden.

Abhängigkeit von zwei Vektoren. Zwei Vektoren $P_1 = (x_1|y_1|z_1)$ und $P_2 = (x_2|y_2|z_2)$ seien vom Nullvektor verschieden. Sie sind genau dann linear abhängig, wenn die Vektorgleichung $kP_1 + lP_2 = V_0$ durch ein Zahlenpaar $(k, l) \neq (0, 0)$ lösbar ist. Wir untersuchen daher die Lösbarkeitsbedingungen für folgendes System dreier linearer Gleichungen mit den Variablen k, l:

$$(1) \quad x_1k + x_2l = 0, \qquad (2) \quad y_1k + y_2l = 0, \qquad (3) \quad z_1k + z_2l = 0.$$

Mit der Lösung des Systems gleichwertig ist die *simultane* Auflösung folgender dreier (homogener) Systeme von je zwei Gleichungen mit zwei Variablen:

$$\begin{array}{lrcrcl} (1) & x_1k & + & x_2l & = & 0 \\ (2) & y_1k & + & y_2l & = & 0 \end{array};\quad \begin{array}{lrcrcl} (1) & x_1k & + & x_2l & = & 0 \\ (3) & z_1k & + & z_2l & = & 0 \end{array};\quad \begin{array}{lrcrcl} (2) & y_1k & + & y_2l & = & 0 \\ (3) & z_1k & + & z_2l & = & 0 \end{array}.$$

Über die Existenz von Lösungen (k,l) lassen sich aufgrund der Sätze für die Auflösung von Systemen von zwei linearen Gleichungen mit zwei Variablen (vgl. 2.2.3) folgende Aussagen machen, wobei für die *Koeffizienten-Determinanten* der drei Teilsysteme folgende Bezeichnungen eingeführt werden:

$$d_x = \begin{vmatrix} y_1 & y_2 \\ z_1 & z_2 \end{vmatrix}, \qquad d_y = \begin{vmatrix} x_1 & x_2 \\ z_1 & z_2 \end{vmatrix}, \qquad d_z = \begin{vmatrix} x_1 & x_2 \\ y_1 & y_2 \end{vmatrix}.$$

Es sei zunächst (mindestens) eine der drei Determinanten d_x, d_y, d_z von Null verschieden; z. B. gelte $d_y \neq 0$ (sonst entsprechende Überlegungen). Dann hat das System (1),(3) die eindeutig bestimmte Lösung $k = l = 0$, und damit sind auch die Systeme (1),(2) und (2),(3) erfüllt. Somit sind die *Vektoren* P_1, P_2 *linear unabhängig.*

Gilt dagegen $d_x = d_y = d_z = 0$, so gibt es für die (homogenen) Teilsysteme *unendlich viele Lösungen* (k,l) mit $k^2 + l^2 \neq 0$, und die Gleichungen (1)-(3) werden alle von *denselben* Lösungen erfüllt: Da $P_2 \neq V_0$, ist mindestens eine der Komponenten von Null verschieden, z. B. $x_2 \neq 0$. (Für $y_2 \neq 0$ bzw.$z_2 \neq 0$ gilt Entsprechendes). Aus (1) folgt dann $l = -k\frac{x_1}{x_2}$, somit gilt in (2):

$$ky_1 - k\frac{x_1y_2}{x_2} = \frac{k}{x_2}(x_2y_1 - x_1y_2) = -\frac{k}{x_2}d_z.$$

Wegen $d_z = 0$ ist also durch eine Lösung von (1) auch (2) erfüllt; ebenso läßt sich zeigen, daß wegen $d_y = 0$ durch eine Lösung von (1) auch (3) erfüllt ist. Da somit Lösungen $(k,l) \neq (0,0)$ existieren, sind P_1 und P_2 linear *abhängig.*

> Insgesamt gilt: Zwei Vektoren P_1, P_2 sind *genau dann linear abhängig*, wenn $d_x = d_y = d_z = 0$, was gleichwertig ist mit $d_x^2 + d_y^2 + d_z^2 = 0$.

Beispielsweise sind $P_1 = (2|-3|1)$ und $P_2 = (-1.5|2.25|-0.75)$ abhängige, dagegen P_1 und $P_3 = (1.5|2.25|0.75)$ unabhängige Vektoren.

Abhängigkeit von drei Vektoren. Zur Feststellung der Abhängigkeit bzw. Unabhängigkeit dreier Vektoren $P_1 = (x_1|y_1|z_1)$, $P_2 = (x_2|y_2|z_2)$, $P_3 = (x_3|y_3|z_3)$ ist folgendes Gleichungssystem nach k, l, m aufzulösen:

$$\begin{array}{rcrcrcl} x_1k & + & x_2l & + & x_3m & = & 0 \\ y_1k & + & y_2l & + & y_3m & = & 0 \\ z_1k & + & z_2l & + & z_3m & = & 0 \end{array}$$

Aufgrund der Sätze über die Auflösung von Systemen dreier linearer Gleichungen mit drei Variablen (vgl. II.) ergeben sich im vorliegenden Falle eines homogenen Gleichungssystems folgende Lösungsbedingungen, wobei die *Koeffizienten-Determinante* wieder mit d bezeichnet ist.

Es sei zunächst $d \neq 0$. Dann hat das System die eindeutig bestimmte Lösung $(k, l, m) = (0, 0, 0)$: Die Vektoren P_1, P_2, P_3 sind *linear unabhängig.*

Es sei nun $d = 0$. Dann ergibt sich aus der Homogenität des Systems, daß *unendlich viele* Lösungen $(k, l, m) \neq (0, 0, 0)$ existieren. Die Vektoren P_1, P_2, P_3 sind somit *linear abhängig.*

> *Insgesamt gilt: Drei Vektoren P_1, P_2, P_3 sind genau dann linear abhängig* , wenn
>
> $$d = \begin{vmatrix} x_1 & x_2 & x_3 \\ y_1 & y_2 & y_3 \\ z_1 & z_2 & z_3 \end{vmatrix} = 0.$$

Übung 2.14

Man weise für die Vektoren P_1, P_2, P_3, P_4 in Beispiel 1. zu 2.2.4,II folgendes nach:

a) P_1, P_2, P_3 sind linear abhängig ,

b) P_1, P_2, P_4 sind linear unabhängig .

Dazu verwende man das vorstehende Determinantenkriterium.

2.2.5 Vektorprodukt. Spatprodukt

Vektorprodukt. Für ein Vektorpaar $P_1 = (x_1|y_1|z_1)$, $P_2 = (x_2|y_2|z_2)$ wurden in 2.2.4, III, folgende Determinanten definiert:

$$d_x = \begin{vmatrix} y_1 & y_2 \\ z_1 & z_2 \end{vmatrix}; \qquad d_y = \begin{vmatrix} x_1 & x_2 \\ z_1 & z_2 \end{vmatrix}; \qquad d_z = \begin{vmatrix} x_1 & x_2 \\ y_1 & y_2 \end{vmatrix}.$$

Man definiert hiermit folgende weitere Verknüpfung zweier Vektoren P_1, P_2:

$$P_1 \times P_2 = (d_x| - d_y|d_z)$$

und nennt den so gebildeten Vektor $P_3 = P_1 \times P_2$ *Vektorprodukt* aus P_1 und P_2.

Zur *geometrischen Bedeutung:* Ist P_1 oder P_2 Nullvektor oder sind P_1, P_2 linear abhängig , so ist $d_x = d_y = d_z = 0$, also $P_3 = P_1 \times P_2$ *Nullvektor.*

P_1 und P_2 seien jetzt vom Nullvektor verschieden und *linear unabhängig.* Dann ist $P_3 = P_1 \times P_2$ vom Nullvektor verschieden und zu P_1 und zu P_2 *orthogonal.* Zum Nachweis der Orthogonalität betrachten wir die Skalarprodukte $P_1 \cdot P_3$ und $P_2 \cdot P_3$. Es gilt

$$P_1 \cdot P_3 = P_1 \cdot (P_1 \times P_2) = x_1 d_x - y_1 d_y + z_1 d_z.$$

Dieser Term ist identisch mit $\begin{vmatrix} x_1 & x_1 & x_2 \\ y_1 & y_1 & y_2 \\ z_1 & z_1 & z_2 \end{vmatrix}$, wie man durch Entwickeln der Determinante nach der 1. Spalte unter Berücksichtigung der Definitionen von d_x, d_y, d_z feststellt. Diese Determinante hat aber nach Determinantensatz (3) in 2.2.3 den Wert Null, somit auch $P_1 \cdot P_3$: Der Vektor $P_1 \times P_2$ ist zu P_1 orthogonal. Ebenso zeigt man, daß $P_1 \times P_2$ zu P_2 orthogonal ist.

In Fig. 2q sind die Repräsentanten von P_1, P_2 und P_3 mit gemeinsamem Anfangspunkt A dargestellt. Aus dem Vorangegangenen ergibt sich, daß $P_1 \times P_2$ ein *Normalenvektor* zu der durch A, P_1, P_2 bestimmten Ebene ist. — Wegen der linearen Unabhängigkeit von P_1 und P_2 kann vorausgesetzt werden, daß der Winkel zwischen P_1 und P_2 weder 0° noch 180° beträgt.

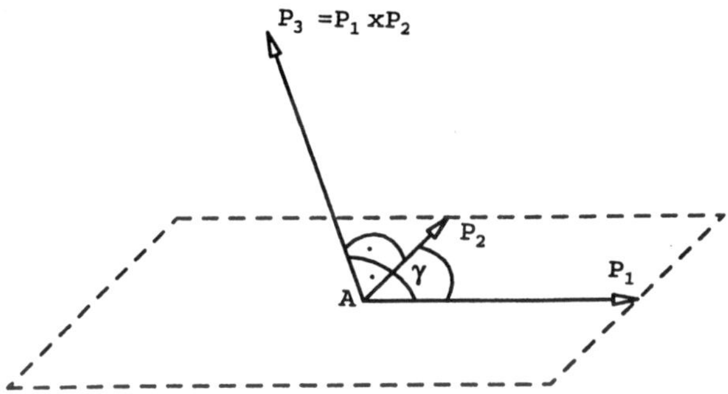

Fig. 2q

Mit γ sei der kleinere der beiden von den Vektoren P_1 und P_2 gebildeten Winkeln bezeichnet. Für den Betrag des Vektorproduktes gilt dann

$|P_1 \times P_2| = |P_1||P_2| \sin\gamma$ (vgl. Übung 2.16).

Die Repräsentanten von P_1, P_2 und $P_3 = P_1 \times P_2$ bilden in dieser Reihenfolge ein *Rechtssystem*. Man betrachte dazu als Beispiel die Einheitsvektoren $P_1 = (1|0|0)$ und $P_2 = (0|1|0)$ auf der x- bzw. y-Achse, deren Vektorprodukt den Einheitsvektor $P_3 = (0|0|1)$ auf der z-Achse ergibt. Durch Vertauschen von P_1 und P_2 wird die Richtung des Produktvektors umgedreht. Dem entspricht, daß das Vektorprodukt *nicht kommutativ* ist; vielmehr gilt $P_2 \times P_1 = -(P_1 \times P_2)$, was sich aus der Definition des Vektorprodukts leicht ergibt.

Übung 2.15

a) *Man bestimme folgendes Vektorprodukt, d. h. man gebe die Komponenten des als Vektorprodukt entstehenden Vektors V an:*

$V = P_1 \times P_2 = (2|1|1) \times (1|2|2)$

b) Man berechne den Betrag von $P_1 \times P_2$.

Übung 2.16

Man beweise: Der Betrag des Vektorprodukts $P_1 \times P_2$ ist gleich dem Flächeninhalt des aus den beiden Vektoren P_1, P_2 gebildeten Parallelogramms. Anleitung: Der Flächeninhalt des genannten Parallelogramms beträgt $|P_1| \cdot |P_2| \sin\gamma$ (vgl. Fig. Ü 216). Man drücke $(P_1 \times P_2)^2$ in Komponentenschreibweise aus und forme den entstehenden Term geeignet um. Dabei berücksichtige man die Definitionen des Vektorprodukts und des Skalarprodukts.

Spatprodukt. Gegeben seien Vektoren P_1, P_2 und P_3. Wir bilden das *Skalarprodukt* aus dem Vektorprodukt $P_1 \times P_2$ und dem Vektor P_3. Dieses Produkt heißt „*Spatprodukt*“ aus P_1, P_2 und P_3. Es ergibt sich aufgrund obiger Darstellung des Vektorprodukts in Komponentenschreibweise sowie der Definition des Skalarprodukts:

$$(P_1 \times P_2) \cdot P_3 = x_3 \cdot \begin{vmatrix} y_1 & z_1 \\ y_2 & z_2 \end{vmatrix} - y_3 \cdot \begin{vmatrix} x_1 & z_1 \\ x_2 & z_2 \end{vmatrix} + z_3 \cdot \begin{vmatrix} x_1 & y_1 \\ x_2 & y_2 \end{vmatrix}.$$

Der rechts stehende Term läßt sich darstellen in der Form $\begin{vmatrix} x_1 & y_1 & z_1 \\ x_2 & y_2 & z_2 \\ x_3 & y_3 & z_3 \end{vmatrix}$.

Führt man ferner die übliche Bezeichnung „$(P_1P_2P_3)$“ für das Spatprodukt aus den Vektoren P_1, P_2, P_3 (in dieser Reihenfolge) ein, so ergibt sich nach Spiegeln obiger Determinante an der Hauptdiagonale folgende Formel:

$$(P_1P_2P_3) = (P_1 \times P_2) \cdot P_3 = \begin{vmatrix} x_1 & x_2 & x_3 \\ y_1 & y_2 & y_3 \\ z_1 & z_2 & z_3 \end{vmatrix} \qquad \text{Spatprodukt}$$

Ein Spatprodukt ist somit eine *Zahl*. Es läßt sich zeigen, daß $(P_1P_2P_3)$ gleich dem *Volumen* des „aus P_1, P_2, P_3 gebildeten *Spats*“ ist (Übung 2.18).

Aufgrund der letzten Formel läßt sich eine dreireihige Determinante abgekürzt notieren. Faßt man nämlich die Glieder der 1., 2. und 3. Spalte als Komponenten von Vektoren P_1, P_2 und P_3 auf, so läßt sich die Determinante einfach als Spatprodukt „$(P_1P_2P_3)$“ darstellen. Von dieser Möglichkeit einer Vereinfachung werden wir wiederholt Gebrauch machen.

Übung 2.17 *Gegeben sind die Vektoren $P_1 = (3|1|0)$; $P_2 = (1|2.5|0)$; $P_3 = (2|2|2)$.*
a) Man berechne das Spatprodukt $(P_1P_2P_3)$.
b) Man berechne auch die Spatprodukte $(P_2P_3P_1)$ und $(P_2P_1P_3)$ und vergleiche sie mit $(P_1P_2P_3)$.

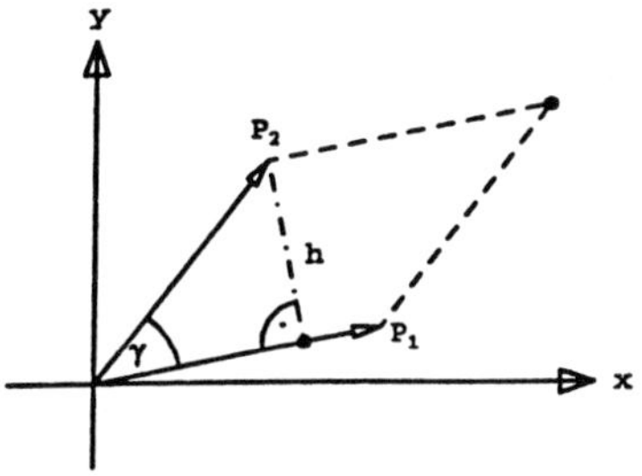

Fig. Ü 216

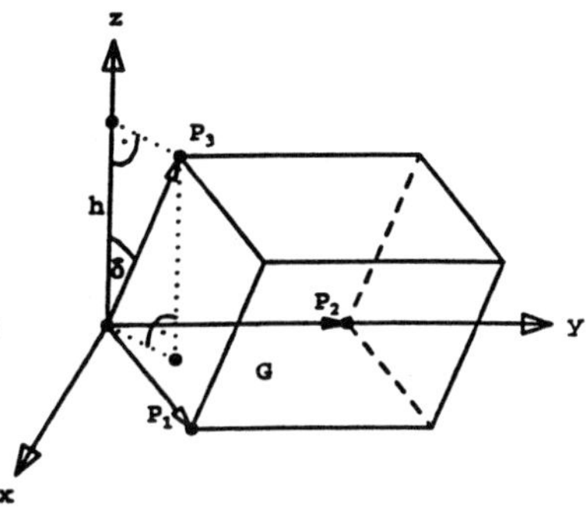

Fig. Ü 218

Übung 2.18

Man beweise: Das Spatprodukt $(P_1P_2P_3)$ *ist gleich dem Volumen des aus den Vektoren* P_1, P_2, P_3 *gebildeten Parallelflachs („Spats") (vgl. Fig. Ü 218).*

Anleitung: Man berücksichtige den in der Übung 2.16 zu beweisenden Satz sowie die Definition des Spatprodukts und des Skalarprodukts.

Schließlich läßt sich mit dem Spatprodukt dreier Vektoren feststellen, ob sie abhängig oder unabhängig sind. Aus dem Kriterium am Ende von 2.2.4, III, sowie der Definition des Spatprodukts ergibt sich nämlich: *Drei* Vektoren P_1, P_2, P_3 sind genau dann linear abhängig , wenn $(P_1P_2P_3) = 0$.

Entsprechend ergibt sich: *Zwei* Vektoren P_1, P_2 sind genau dann linear abhängig , wenn $P_1 \times P_2 = 0$.

2.2.6 Gleichungsdarstellung von Geraden und Ebenen

Gleichung einer Geraden im Raum. Gegeben sei eine Gerade g durch zwei verschiedene Punkte (Ortsvektoren) P_1, P_2. Der Vektor $P_{21} = P_2 - P_1$ heißt *Richtungsvektor* der Geraden. Den Ortsvektor eines beliebigen Punktes P der Geraden erhält man als Summe aus P_1 und einem Vielfachen des Richtungsvektors (s. Fig. 2r):

$$P = P_1 + k \cdot P_{21} : \textit{Parameterdarstellung der Geraden durch } P_1 \textit{und } P_2;$$

hierin durchläuft k alle reellen Zahlen. Der Parameter k gibt jeweils an, welches Vielfache der Vektor $V(P_1, P)$ vom Vektor $V(P_1, P_2) = P_{21}$ ist.

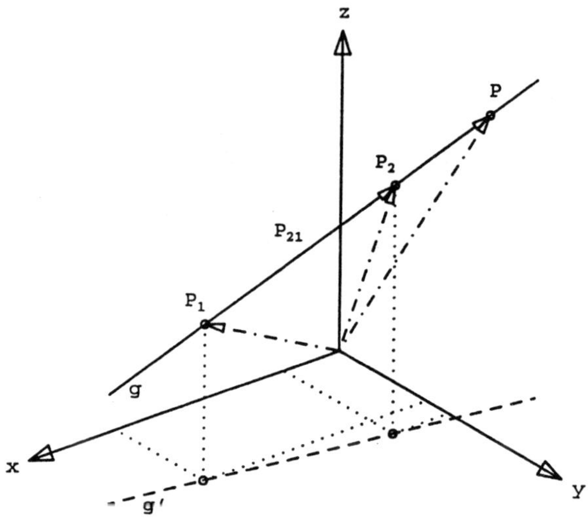

Fig 2r

Übung 2.19

Gegeben sind die Punkte $P_1 = (1|-1.5|1)$ *und* $P_2 = (2.5|3|3.5)$.

a) *Man stelle die Gleichung der Geraden durch* P_1 *und* P_2 *auf (Parameterform)*

b) *Man bestimme den Mittelpunkt* P_3 *der Strecke* P_1P_2 *sowie zwei weitere Punkte der Geraden.*

c) *Welcher Punkt der Geraden hat die x-Koordinate* $x_3 = 4$?

d) *Liegt der Punkt* $P_4 = (-0.5|-6|-1.5)$ *[*$P_4' = (4|5|6)$*] auf der Geraden?*

Übung 2.20

Die Grundfläche eines regelmäßigen Tetraeders hat die Eckpunkte $P_1 = (0|1|0)$, $P_2 = (0|-1|0)$; $P_3 = (\sqrt{3}|0|0)$; *die Spitze* P_4 *liegt oberhalb der x-y-Ebene (Fig. Ü 220).*

a) *Man stelle die Gleichung der Kantengeraden* P_1P_3 *auf.*

b) *Man stelle die Gleichung der Kantengeraden* P_2P_4 *auf.*

(Zunächst sind die Koordinaten des Punktes P_4 *zu bestimmen, der senkrecht über dem Schwerpunkt der Grundfläche liegt. Man beachte, daß das regelmäßige Tetraeder lauter gleichlange Kanten hat.)*

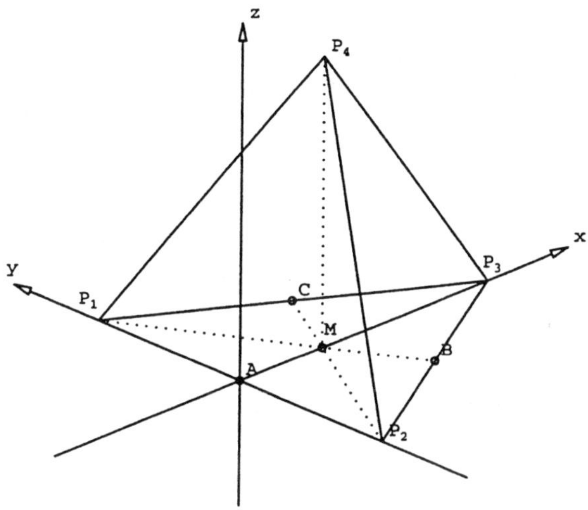

Fig. Ü 220

Übung 2.21

Eine Gerade g geht durch die Punkte $P_1 = (0|2|1.2)$ *und* $P_2 = (3|-1|2.2)$. *Man bestimme die Gleichung der Parallelen h zu g durch den Punkt* $P_3 = (1.5|0.5|1)$.

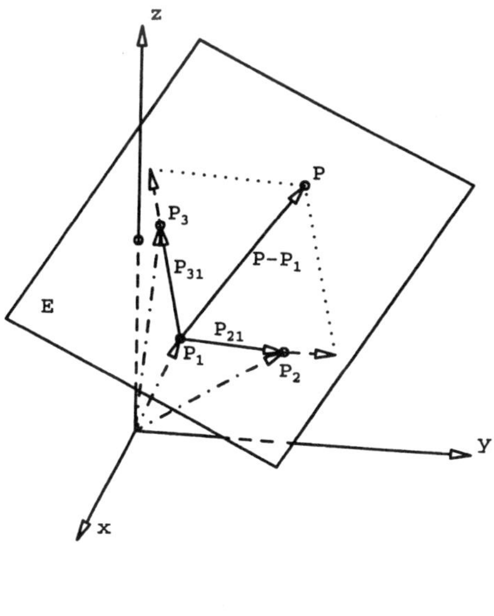

Fig. 2s

Gleichung einer Ebene. Eine Ebene **E** sei durch drei nichtkollineare Punkte P_1, P_2, P_3 gegeben, d. h. P_{21} und P_{31} sind voneinander linear unabhängig. Die beiden Vektoren P_{21} und P_{31} heißen *Richtungsvektoren* der Ebene. Für jeden Punkt P der Ebene läßt sich dann der Vektor $P - P_1$ als *Linearkombination der Richtungsvektoren* darstellen (Figur 2s). Es gilt somit für den Ortsvektor eines Ebenenpunktes:

$$P = P_1 + kP_{21} + lP_{31} \text{ mit } k \in \mathbb{R}, l \in \mathbb{R}$$

Ebenengleichung in Parameterform.

Übung 2.22

Gegeben sind die Punkte $P_1 = (3|0|1)$, $P_2 = (0|2|3)$, $P_3 = (2|4|2)$.

a) *Man stelle die Gleichung der Ebene durch* P_1, P_2 *und* P_3 *auf (Parameterform).*

b) *Man bestimme durch Wahl von Parametern zwei weitere Punkte der Ebene.*

Übung 2.23

Gegeben sei eine Ebene **E** *durch die Gleichung*

$$P = (1|1|1) + k(-2|1.5|0) + l(2.5|0|2)$$

a) *Liegt der Punkt* $P_4 = (-3|4|1)$ $[P_4' = (5.5|2|3)]$ *auf der Ebene?*

b) *Ein Punkt* P_5 *mit* $x_5 = -8$; $y_5 = 4$ *liegt auf* **E**. *Man bestimme* z_5.

Eine Gleichung einer Ebene läßt sich durch folgende Überlegung auch als *lineare Gleichung zwischen den Koordinaten* x, y, z *eines Punktes* P der Ebene gewinnen: Die Ebene sei wieder durch drei nichtkollineare Punkte P_1, P_2, P_3 gegeben, und P_4 sei ein weiterer Punkt des Raumes. Da das Spatprodukt $(P_{21}P_{31}P_{41})$ gleich dem Volumen des aus den Richtungsvektoren P_{21}, P_{31} und dem Vektor P_{41} gebildeten Spats ist (s. o.), ist dieses Volumen *genau dann Null*, wenn $P_4 = P$ ein *Punkt der Ebene* ist. Daher ist die Gleichung

$$(1) \qquad (P_{21}P_{31}(P - P_1)) = 0$$

die gesuchte Beziehung zwischen den Koordinaten eines Punktes $P = (x|y|z)$ und stellt somit eine *Gleichung der Ebene* durch die Punkte $P_1 = (x_1|y_1|z_1)$, $P_2 = (x_2|y_2|z_2)$, $P_3 = (x_3|y_3|z_3)$ dar. Die Ebenengleichung (1) läßt sich aufgrund des Determinantensatzes (6) in 2.2.3 auch schreiben in der Form

$$(2) \qquad (P_{21}P_{31}P) - (P_{21}P_{31}P_1) = 0, \text{ was gleichwertig ist mit}$$

$$(3) \qquad (P_{21}P_{31}P) = (P_{21}P_{31}P_1).$$

In Komponentenschreibweise lautet die Gleichung (1):

$$(4) \qquad \begin{vmatrix} x_{21} & x_{31} & x - x_1 \\ y_{21} & y_{31} & y - y_1 \\ z_{21} & z_{31} & z - z_1 \end{vmatrix} = 0 : \text{„\textit{Dreipunkteform} der Ebenengleichung“}$$

Zahlenbeispiel: $P_1 = (0|2|1)$; $P_2 = (1|-1|0)$; $P_3 = (2|2|2)$.
Die Differenzvektoren $P_{21} = (1|-3|-1)$, $P_{31} = (2|0|1)$ sind offensichtlich linear *unabhängig, somit mögliche Richtungsvektoren* der Ebene $P_1P_2P_3$.
Gleichungsansatz für die Ebene:

$$\begin{vmatrix} 1 & 2 & x \\ -3 & 0 & y-2 \\ -1 & 1 & z-1 \end{vmatrix} = 0.$$

Durch Ausrechnen der Determinante erhält man

$$x + y - 2z = 0 \text{ oder damit gleichwertig: } z = \frac{1}{2}(x+y).$$

(Man erkennt am Fehlen des absoluten Gliedes, daß die *Ebene durch den Nullpunkt* geht.)

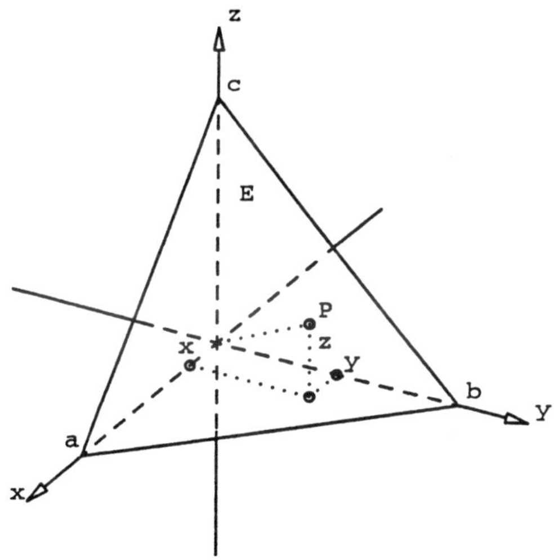

Fig. 2t

„*Achsenabschnittsform*" der Ebenengleichung (vgl. Fig. 2t): Gegeben seien die „Achsenabschnitte" a, b, c der Ebene. Wir wählen als Ebenenpunkte $P_1 = (a|0|0)$; $P_2 = (0|b|0)$; $P_3 = (0|0|c)$ und setzen dies in (4) ein:

$$\begin{vmatrix} -a & -a & x-a \\ b & 0 & y \\ 0 & c & z \end{vmatrix} = 0 \rightarrow bc(x-a) + acy + abz = 0.$$

Es sei $a, b, c \neq 0$. Dann ergibt Division durch abc:

$$\frac{x}{a} + \frac{y}{b} + \frac{z}{c} = 1 : \text{„}\textit{Achsenabschnittsform}\text{" der Ebenengleichung.}$$

Diese Gleichungsform entspricht der „*Achsenabschnittsform der Geradengleichung*“, nämlich der Gleichung $\frac{x}{a} + \frac{y}{b} = 1$ für eine Gerade in der x-y-Ebene mit den „Achsenabschnitten“ a und b.

Übung 2.24

Gegeben ist das regelmäßige Tetraeder $P_1P_2P_3P_4$ der Übung 2.20, dessen Spitze P_4 bereits bestimmt sei (vgl. Fig. Ü 220). Man stelle (in beliebiger Form) die Gleichung folgender Ebenen auf:

a) Ebene durch die Grundfläche $P_1P_2P_3$;

b) Ebene durch die Seitenfläche $P_1P_3P_4$;

c) Ebene durch die Seitenfläche $P_1P_2P_4$.

2.3 Lösung raumgeometrischer Aufgaben durch Konstruktion und Rechnung. Programm KegGraph

Während in Abschnitt 2.1 elementare Aufgaben zur *Darstellung* geometrischer Objekte einführend besprochen wurden, sollen hier, ebenfalls nur einführend, einige einfache Aufgaben zur *Lösung raumgeometrischer Problemstellungen* wie Ermittlung der Länge einer Strecke und der Größe eines Winkels behandelt werden. Hierbei soll exemplarisch das Ineinandergreifen von konstruktiver und rechnerischer Lösung sowie der Lösungskontrolle mit dem Computer aufgezeigt werden.

Wir beginnen mit einer ganz elementaren Übung, mit welcher der Übergang von der Grundriß - Aufriß - Darstellung zur Darstellung im Seitenriß bzw. Schrägbild mit Hilfe der Koordinaten bewußt gemacht werden soll.

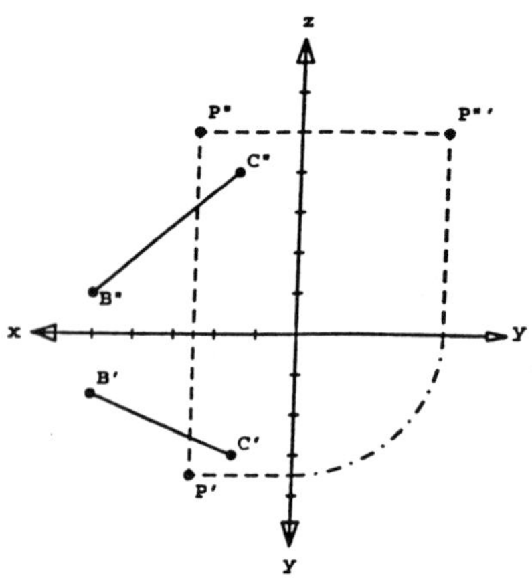

Fig. Ü 225_1

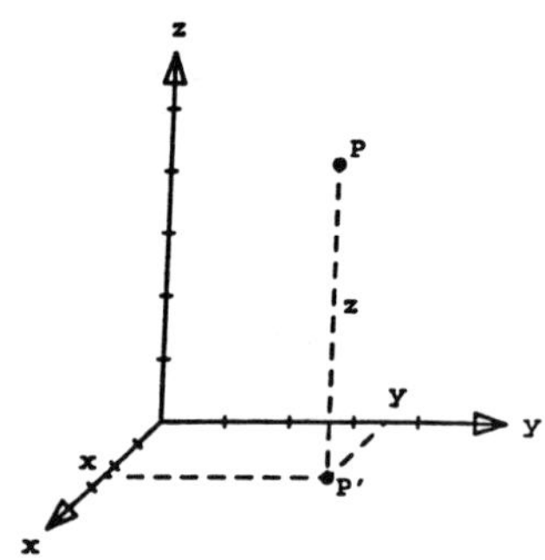

Fig. Ü 225_2

Übung 2.25

Ein Punkt P ist in Fig. 225_1 in G-,A- und S-Riß dargestellt. Die Figur Ü 225_2 zeigt denselben Punkt im Schrägbild, und zwar in folgender **Kavalierprojektion**: *Das Bild der x-Achse bildet mit dem Bild der negativen y-Achse einen 45°-Winkel; Strecken in y- und z-Richtung werden unverkürzt, in x-Richtung mit $\frac{1}{2}$ verkürzt dargestellt.*

a) Man bestimme mit dem G-A-Bild die Koordinaten von P und kontrolliere sie im Schrägbild. (Man beachte dabei die Verkürzung der x-Koordinate sowie die unterschiedlichen Abbildungsmaßstäbe der beiden Figuren Ü 225_1 und Ü 225_2!).

b) Eine Strecke BC ist durch G- und A-Riß gegeben (Fig. Ü 225_1). Man stelle sie im S-Riß sowie in Kavalierprojektion dar.

Hinweis: Die Lösung zu b) läßt sich mit dem Programm KOERPER kontrollieren.

Die folgenden beiden Übungen knüpfen an die Übung 2.04 an, in welcher das Modell eines Walmdachhauses darzustellen ist. Nachstehend sind anhand der Darstellung des Modells die *Länge einer Strecke* sowie die *Größe von Winkeln* zu ermitteln.

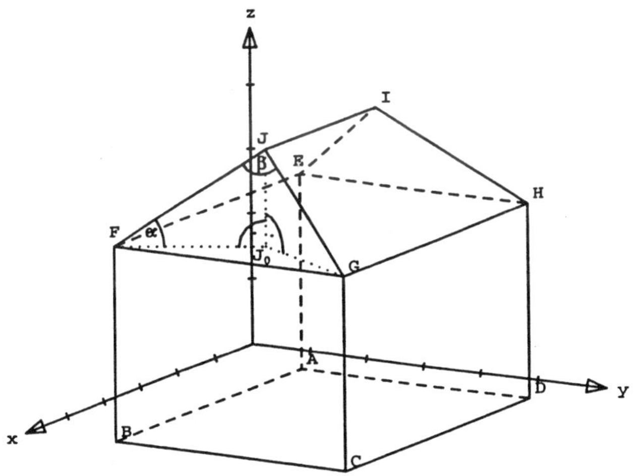

Fig. Ü 226_1

Übung 2.26

Von dem Hausmodell in Fig. Ü 226_1 (vgl. Übung 2.04) soll die Länge der Kante FJ sowie der Neigungswinkel α dieser Kante in wahrer Größe ermit-

telt werden. Der Winkel α ist Innenwinkel einer Seitenfläche der Pyramide FGJ_0J, die in Fig. Ü 226_2 (in verschobener Lage) dargestellt ist.

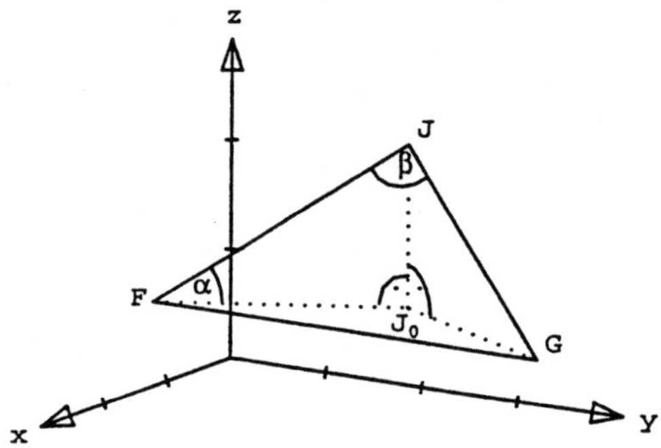

Fig. Ü 226_2

a) **Konstruktive Lösung:** *Man führe die Konstruktion im G-A-Bild der Pyramide durch (Fig. Ü 226_4). Anleitung (vgl. die Ansichtsfigur Ü 226_3): Man drehe das Dreieck FJ_0J um die Gerade J_0J in die zur A-Ebene parallele Lage F^0J_0J. (Welche Bahnen beschreibt dabei der Grund- bzw. Aufriß von F?)*

b) **Rechnerische Lösung:** *Man berechne die gesuchten Größen am Dreieck FJ_0J mit Hilfe der Koordinaten der Ecken des Dreiecks.*

c) **Computerlösung:** *Mit dem Bildmenue unserer Programme läßt sich ein Körper so orthogonal auf die Bildebene projizieren, daß eine beliebig gewählte Ebene zur Bildebene parallel ist, wodurch Figuren dieser Ebene kongruent abgebildet werden („Projektion in wahrer Gestalt"; gemäß Untermenue zu [8] „Axonometrisches Bild").*

Man gebe zunächst unter KOERPER die Pyramide FGJ_0J mit Hilfe der im G-A-Bild ersichtlichen Ecken-Koordinaten ein; hierbei ist das *Beschriften* der Ecken zweckmäßig (vgl. Programmbeschreibung). Nach Wahl von [8] Axon. Bild und [w] Wahre Gestalt können die Ecken des Dreiecks FJJ_0 durch ihre Punktnummern eingegeben werden. Man erhält das Bild der Figur Ü 226_5.

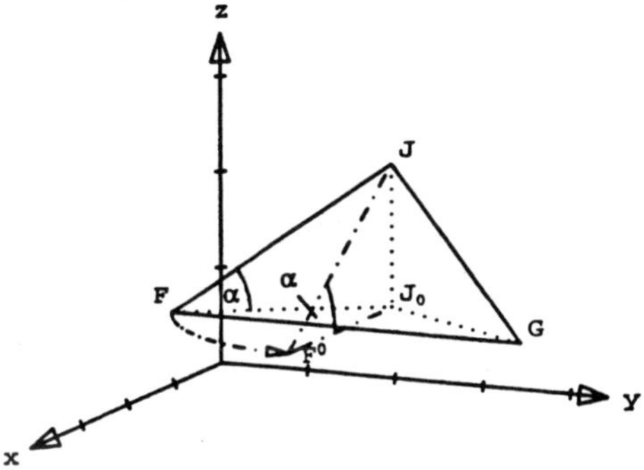

Fig. Ü 226_3

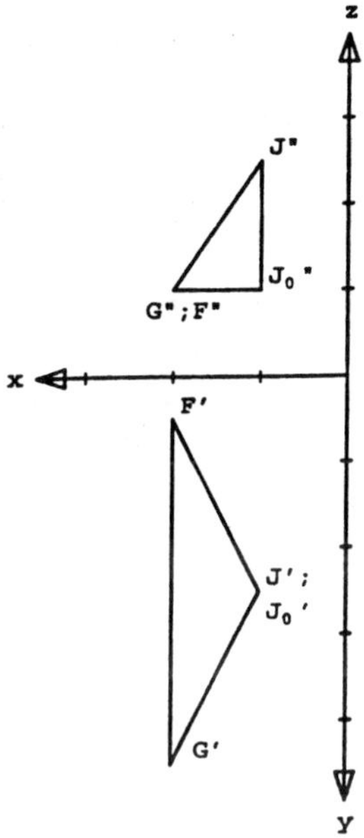

Fig. 226_4

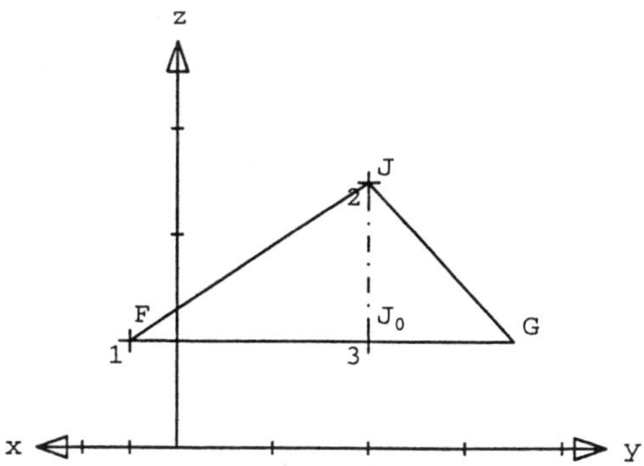

Fig. Ü 226_5

In der Kopfzeile des Bildschirms („Statuszeile") erscheinen die Seitenlängen und Winkelgrößen des Dreiecks. Für die *gesuchten Größen* ergibt sich gerundet: $|FJ| = 2.7$; $|\alpha| = |\sphericalangle JFJ_0| = 33.9°$.

Übung 2.27

Hierzu vergleiche man Übung 2.26.

Von dem Hausmodell in Fig. Ü 226_1 soll der Winkel β zwischen den Kanten JF und JG in wahrer Größe bestimmt werden.

a) *Man löse die Aufgabe* **konstruktiv** *im G-A-Bild der Pyramide* FGJ_0J *(Fig. Ü 226_4). Anleitung (vgl. Fig. Ü 227): Man drehe das Dreieck FGJ um die Gerade FG in die zur G-Ebene parallele Lage* FGJ^0*. (M ist der Mittelpunkt der Strecke FG).*

b) *Man löse die Aufgabe* **rechnerisch** *am gleichschenkligen Dreieck FGJ.*

c) *Man löse die Aufgabe mit dem* **Programm KOERPER:** *Die Pyramide* FGJ_0J *ist so abzubilden, daß der gesuchte Winkel in wahrer Gestalt projiziert wird.*

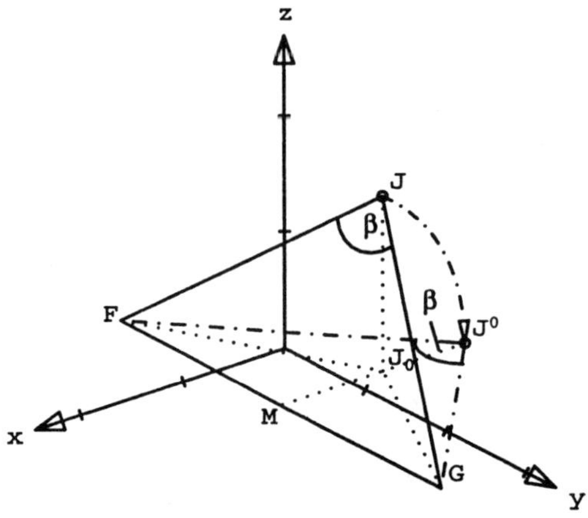

Fig. Ü 227

Auch zur *Lösungskontrolle* der *konstruktiven Lösungen* der beiden vorangegangenen Aufgaben kann wieder das Programm KOERPER benutzt werden. Dieses Programm gestattet es, auch Körper darzustellen, die durch *Kreis-/ Kegelschnittlinien ergänzt* sind. Beispiele hierzu sind die Figuren Ü 226_3 und Ü 227. Hierbei werden in KOERPER dieselben Prozeduren angewandt wie im Spezialprogramm **KegGraph**, auf das in 7.1 näher eingegangen wird. (Zur Eingabe von Kreisen/Kegelschnitten s. die Programmbeschreibungen von KOERPER und KegGraph.)

Die konstruktiven Lösungen sind (im Verzeichnis K2) gespeichert. Man gebe hierzu folgende Körpernamen ein:

- Ü 226 L für die Übung 2.26,
- Ü 227 L für die Übung 2.27.

Als Zeichenmodus wird empfohlen:

[8] Axonometrisches Bild – [a] Allgemeine Axonometrie – [6] Militärprojektion ($\alpha = 0$).

Übung 2.28

Gegeben ist das Dreieck ABC mit $A = (4|0.3|3.8)$, $B = (6|1.2|1.2)$, $C = (1.8|3.8|0.7)$. *Gesucht ist der Durchdringungspunkt der Geraden AB mit der G-Ebene.*

a) *Man zeichne G- und A-Riß des Dreiecks (Fig. Ü 228_2) und konstruiere den gesuchten Durchdringungspunkt D. Die Figur Ü 228_1 gibt dazu die Anleitung. (Darin ist der Aufriß der Strecken AC und BC zwecks größerer Übersichtlichkeit weggelassen).*

b) *Man ermittle Punkt D rechnerisch mit Hilfe der Gleichung der Geraden AB.*

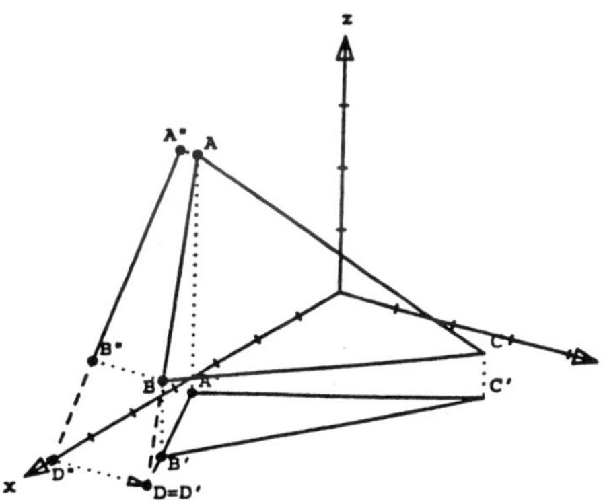

Fig. Ü 228_1

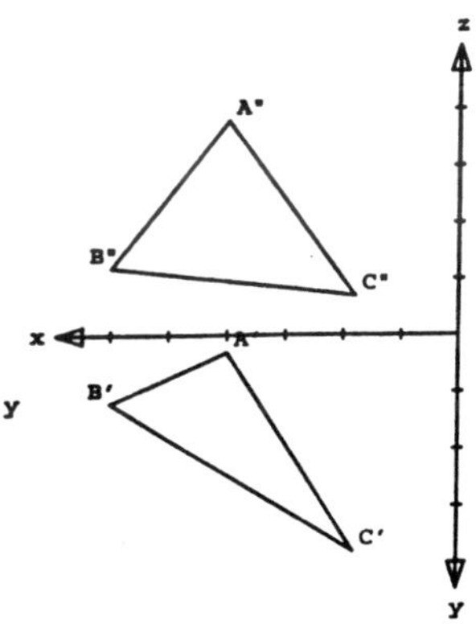

Fig. Ü 228_2

Übung 2.29

Die Konstruktion zu a) in Übung 2.28 soll folgendermaßen erweitert werden:

a) *Man konstruiere auch von der Geraden AC den Durchdringungspunkt E mit der G-Ebene. Danach zeichne man die Verbindungsgerade DE.*

   In dieser Geraden durchdringt die durch A, B, C bestimmte Ebene (kurz „Ebene ABC“) die G-Ebene. Sie heißt **„Grundrißspur“** *der Ebene (vgl. die Ansichtsfigur Ü 229_1).*

b) Man konstruiere die Durchdringungen F, G der Geraden AC und BC mit der Aufrißebene und zeichne ihre Verbindungsgerade, die **Aufrißspur** *der Ebene ABC (vgl. Fig. 229_2).*

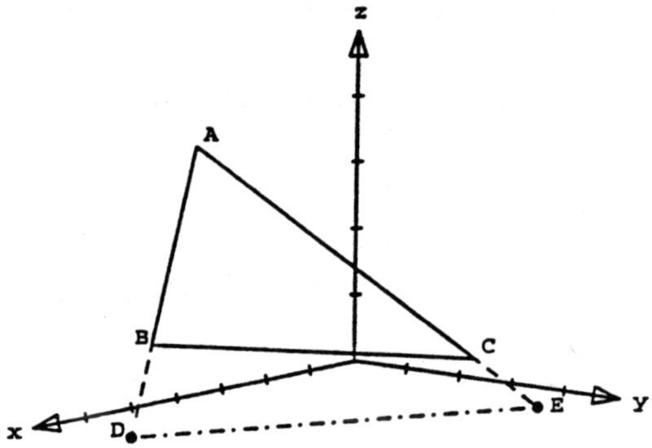

Fig. Ü 220_1

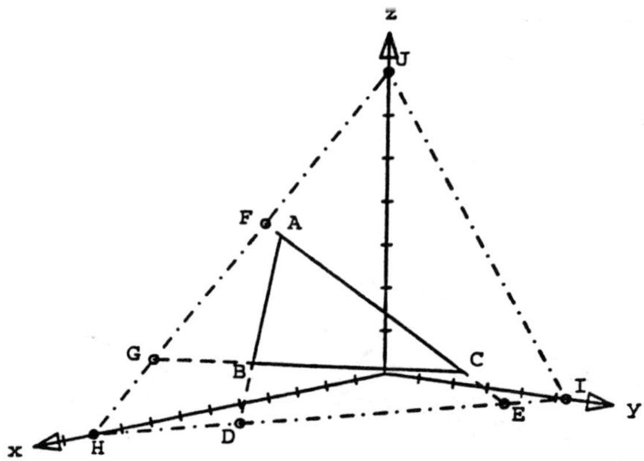

Fig. Ü 229_2

Hinweise: G- und A-Spur der Ebene schneiden sich in einem Punkt H der x-Achse (Zeichenkontrolle!).
Figur Ü 229_2 zeigt außer der G- und A-Spur auch die Seitenrißspur IJ. Das Dreieck HIJ heißt **Spurdreieck** der Ebene ABC. —
Die konstruktive Lösung der Teile a) von den Übungen 2.28 und 2.29 kann mit KOERPER abgerufen werden, und zwar durch den gespeicherten Körper Ü 229 L (Zeichenmodus: [8] – [a] – [6]).

3 Parallelprojektion, Anwendung auf räumliche Darstellungsverfahren

3.1 Parallelprojektion: Definition und Eigenschaften

Die Parallelprojektion bildet – neben der Zentralprojektion – die wichtigste Grundlage für die Darstellung räumlicher Objekte. Nachstehend werden Definition und Eigenschaften der Parallelprojektion entwickelt. Wir gehen dazu vom Ansichtsbild eines Projektionsvorgangs aus (Fig. 3a), welches den Schattenwurf bei einem Gegenstand schematisch darstellt:

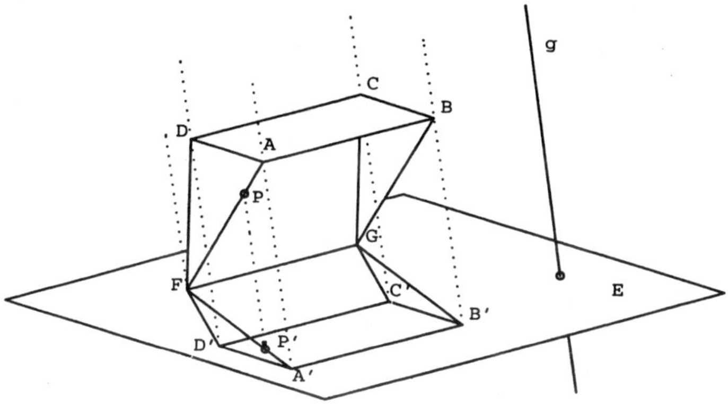

Fig. 3a

Gegeben seien eine Ebene **E** und eine zu **E** nicht parallele Gerade g im Raum. Unter einer **Parallelprojektion** versteht man diejenige *Abbildung des Raumes auf die Ebene* **E**, die jedem Punkt P des Raumes den Schnittpunkt P' von **E** mit der durch P verlaufenden *Parallele* zu g zuordnet.

Die Figur 3a zeigt Paare einander zugeordneter Punkte der Abbildung, z. B. (A, A') und (B, B'); aus der Figur sowie der Definition der Parallelprojektion ergibt sich ferner, daß *alle Punkte der Bildebene* **E** und *nur diese* mit ihrem Bild *zusammenfallen* (Fixpunkte), z. B. die Punkte F und G. Die Parallelprojektion des Raumes auf eine Ebene ist eine *nicht umkehrbare* Abbildung: Jeder Punkt von **E** ist Bild von unendlich vielen Punkten des Raumes, nämlich von allen Punkten der Parallele zu g durch den betr. Ebenenpunkt.

Die Parallelprojektion hat folgende **Eigenschaften**, die zur Bildkonstruktion beim Mehrtafelverfahren (3.2) sowie bei der Schrägbilddarstellung (3.4) angewandt werden:

(1) *Geraden*, die *nicht zu g parallel* sind (also nicht in Projektionsrichtung liegen), werden auf *Geraden* abgebildet, zu *g parallele Geraden* („projizierende Geraden") auf *Punkte*.

(2) Zueinander *parallele Geraden*, die nicht in Projektionsrichtung liegen, werden auf zueinander *parallele Geraden* abgebildet.

(3) *Zur Bildebene parallele* Figuren werden auf dazu *kongruente* Figuren abgebildet.

(4a) *Strecken*, die nicht auf projizierenden Geraden liegen, werden auf *Strecken* abgebildet.

(4b) *Teilverhältnisse* auf einer Strecke *bleiben erhalten*. Insbesondere gilt: *Mitte bleibt Mitte*.

(4c) Strecken *auf parallelen Geraden* werden *in demselben Längenverhältnis* abgebildet.

Zur *Begründung* der Eigenschaften: Wir werden hier exemplarisch Satz (1) beweisen und die übrigen Sätze sowie Möglichkeiten ihrer Begründung nur anhand von Fig 3a erläutern.*

Zum *Beweis* der vorstehend genannten Eigenschaften der Parallelprojektion benötigt man – neben Sätzen der ebenen Kongruenz- und Ähnlichkeitsgeometrie – Sätze der *räumlichen* Kongruenzgeometrie. Diese werden in Kapitel 4 behandelt. Wir setzen hier für den nachstehenden Beweis folgende raumgeometrischen Sätze voraus:

(5) *Drei verschiedene nichtkollineare Punkte bestimmen genau eine Ebene.*

(6) *Zwei parallele, voneinander verschiedene Geraden bestimmen genau eine Ebene.*

(7) *Zwei zueinander nicht parallele Ebenen schneiden sich in einer Geraden.*

Beweis von Satz (1):

Der zweite Teil des Satzes, daß nämlich projizierende Geraden auf Punkte abgebildet werden, z. B. die Gerade AA' in Fig. 3a auf A', folgt sofort aus der Definition der Parallelprojektion.

Wir setzen jetzt *nicht projizierende* Geraden als Urbildgeraden voraus. Zunächst sei die Urbildgerade *nicht zur Bildebene* **E** *parallel*, z. B. AF. Die Bilder von A und F sind A' bzw. F, und es ist zu zeigen, daß die Gerade $A'F$ das Bild der Geraden AF ist, mit anderen Worten, daß *jeder Punkt von AF sein Bild auf $A'F$* hat. Dies begründen wir folgendermaßen:

1. Die Punkte F, A und A' bestimmen nach Satz (5) genau eine Ebene $\mathbf{E_1}$.

*Zur ausführlichen Begründung siehe z. B. Schwartze, H.: Elementarmathematik aus didaktischer Sicht. Band 2: Geometrie. Bochum 1984. S. 235-236

2. P sei ein beliebiger, jedoch von F und A verschiedener Punkt auf AF (vgl. Fig. 3a). Dann liegt – außer A und A' – auch P auf $\mathbf{E_1}$.
3. Ist P' das Bild von P, so gilt nach Definition der Parallelprojektion: $PP' \| AA'$. Somit bestimmen, da $PP' \neq AA'$, die parallelen Geraden AA' und PP' nach Satz (6) genau eine Ebene $\mathbf{E_2}$. Diese Ebene enthält – außer A, A' und P – auch den Punkt P'.
4. Wie in 2. bzw. 3. festgestellt, enthält sowohl $\mathbf{E_1}$ als auch $\mathbf{E_2}$ die drei verschiedenen Punkte A, A' und P; die beiden Ebenen sind somit nach Satz (5) gleich. Hieraus sowie aus 3. folgt also, daß auch P' auf der durch F, A und A' bestimmten Ebene $\mathbf{E_1}$ liegt; dasselbe gilt für die Gerade PP'.

   Da P ein beliebiger Punkt von AF ist, *enthält* $\mathbf{E_1}$ *die projizierenden Geraden aller Punkte der Urbildgeraden.*
5. Zufolge der Definition der Parallelprojektion besteht somit das Bild der Geraden AF aus dem Schnittgebilde der „projizierenden Ebene" $\mathbf{E_1}$ und der Bildebene $\mathbf{E}$. Nach Satz (7) ist dies eine *Gerade*. Sie muß durch F und A' gehen, d. h. $A'F$ ist wie behauptet das *Bild* von AF. —

Die *Urbildgerade* sei jetzt *zur Bildebene parallel*, z. B. die Gerade AD. Man kann dann aufgrund der Definition der Parallelprojektion aus den Sätzen (5) und (6) schließen, daß A, D, D' und A' in *einer Ebene* $\mathbf{E_1}$ liegen. Wie vorher nimmt man einen beliebigen, von A und D verschiedenen Punkt P auf der Geraden AD an und führt den weiteren Beweis dafür, daß die Gerade AD auf die Gerade $A'D'$ abgebildet wird, analog zum vorstehenden Beweis für eine zur Bildebene *nicht* parallele Urbildgerade.

Erläuterung der *weiteren Eigenschaften* der Parallelprojektion:

Zu (2): In Fig. 3a sei $AF \| BG$. Der Satz sagt aus, daß dann auch gilt: $A'F \| B'G$. Zur Begründung dieses anschaulich einleuchtenden Sachverhalts denkt man sich die Gerade AF mit ihrer projizierenden Ebene so *räumlich verschoben*, daß F auf G und somit die projizierende Ebene von FA auf diejenige von GB abgebildet wird.

Zu (3): Als Urbildfigur betrachte man etwa das Viereck $ABCD$, das zu $\mathbf{E}$ parallel sei. Die Kongruenz zum Viereck $A'B'C'D'$ kann man durch den Nachweis begründen, daß die Parallelprojektion einer Ebene auf eine dazu parallele Ebene eine räumliche *Verschiebung* ist.

Zu (4a) - (4c): Die in (4a) ausgesprochene „Streckentreue" erschließt man aus der „Geradentreue" (Satz (1)).

Nach (4b) gilt zum Beispiel in Fig. 3a, daß sich die Längen der Strecken AP und PF wie die der Strecken $A'P'$ und $P'F$ verhalten; dies folgt aus dem 1. Strahlensatz.

Zu (4c) schließlich betrachte man das Längenverhältnis einerseits der Strecken FA' und FA, andererseits der Strecken GB' und GB. Es sei wieder $FA \| GB$ vorausgesetzt, so daß nach (2) auch $FA' \| GB'$ gilt. Daß die genannten Längenverhältnisse gleich sind, läßt sich durch Anwendung einer *Verschiebung* und des *1. Strahlensatzes* begründen.

3.2 Senkrechte Parallelprojektion. Zwei- und Dreitafelprojektion

Sind die Abbildungsgeraden (projizierenden Geraden) *zur Bildebene senkrecht*, d. h., ist eine Abbildungsgerade zu *jeder* Geraden der Bildebene senkrecht (vgl. 4.3), so spricht man von **Senkrechter Parallelprojektion**. Die Figur 3b zeigt die Abbildung einer Strecke AB bei dieser Projektionsart:

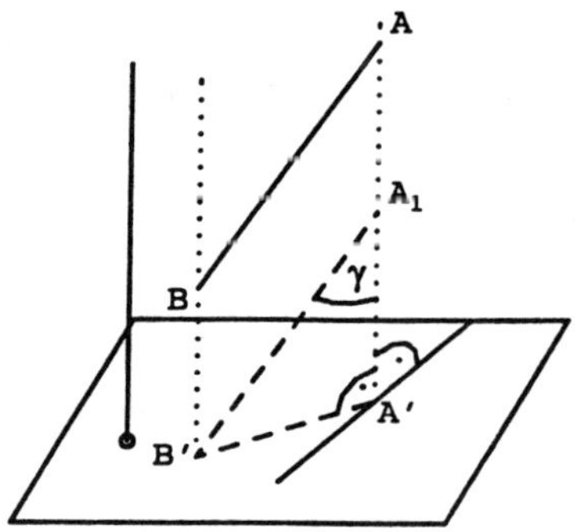

Fig. 3b

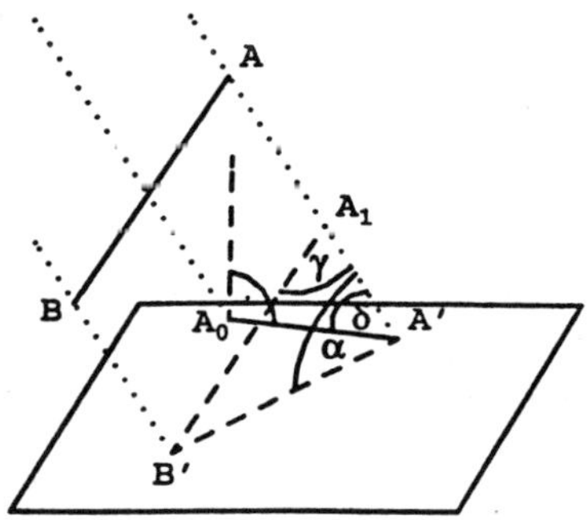

Fig. 3c

Für eine Senkrechte Parallelprojektion gelten alle in 3.1 genannten Gesetze für Parallelprojektionen. Darüberhinaus gilt: Bei Senkrechter Parallelprojektion wird eine zur Bildebene nicht parallele Strecke *stets verkürzt* abgebildet. Man erkennt dies aus Fig. 3a, in welcher die Strecke A_1B' durch Verschiebung von AB entstanden ist: Die Bildstrecke $A'B'$ ist eine *Kathete* im rechtwinkligen Dreieck mit einer Hypotenuse von der Länge der Urbildstrecke AB.

Zum Vergleich ist in Fig. 3c derselbe Vorgang wie in Fig. 3b bei einer nicht senkrechten oder *„schiefen Parallelprojektion"* dargestellt. Eine Abbildungsgerade bildet hierbei mit der Bildebene (d. h. mit ihrer senkrechten Projektion in die Bildebene, vgl. 4.3) einen vom rechten Winkel verschiedenen Winkel δ. Bildet eine Abbildungsgerade mit $A'B'$ den (von δ i. allg. verschiedenen) Winkel α und mit AB den Winkel γ, so ist das Dreieck $A'B'A_1$ i. allg. schiefwinklig. Weil im Dreieck dem größeren Winkel die größere Seite gegenüberliegt, ist die Bildstrecke länger oder kürzer als die Urbildstrecke oder mit ihr gleichlang je nachdem, ob $\gamma > \alpha$, $\gamma < \alpha$ oder $\gamma = \alpha$. (Bei schiefer Parallelprojektion kann also eine ***zur Bildebene nicht parallele*** Strecke mit ***gleicher Länge*** abgebildet werden, was bei senkrechter Parallelprojektion nicht möglich ist!). —

Die Senkrechte Parallelprojektion wird sehr häufig angewandt. Vor allem findet sie bei den *„Rissen"* (Darstellung in Grund-, Auf- oder Seitenriß) Anwendung. Die Figur 3d veranschaulicht die senkrechte Projektion des Körpers der Figur 3a in eine waagerechte Ebene (Grundriß):

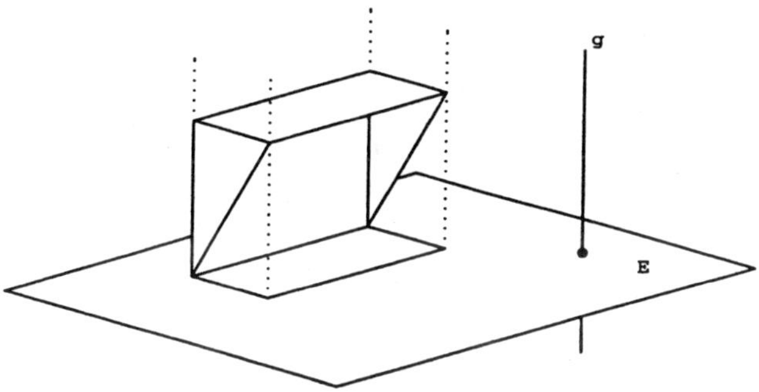

Fig. 3d

Wie in diesem Beispiel wählt man i. allg. für einen Riß eine möglichst einfache Lage des abzubildenden Gegenstandes bezüglich der Bildebene, um dem Bild wichtige Abmessungen in wahrer Größe entnehmen zu können. Bei einer solchen Lage vermittelt das Bild jedoch zumeist einen wenig anschaulichen Eindruck vom Gegenstand.

Ein anschaulicheres Bild desselben Gegenstandes erhält man zum Beispiel bei der in Fig. 3e gewählten Lage zur Bildebene:

In diesem Falle wird der Körper schräg von hinten projiziert. Die Abbildungsgeraden sind auch hier zur Bildebene senkrecht gewählt; es liegt also ein durch *Senkrechte* Parallelprojektion vermitteltes Bild vor, kein „Schrägbild" (schiefe Parallelprojektion). In Fig. 3f ist die Bildebene in unsere „Zeichenebene" gelegt, so daß das – in Fig. 3e verzerrt dargestellte – Projektionsbild „in wahrer Gestalt" erscheint.

Auch für Ansichten dieser Art zieht man i. allg. die Darstellung durch Senkrechte Parallelprojektion einem eigentlichen Schrägbild vor, weil der Bildeindruck dabei *natürlicher* ist. Hierauf wird bei der Einführung der Axonometrie weiter eingegangen (3.5).

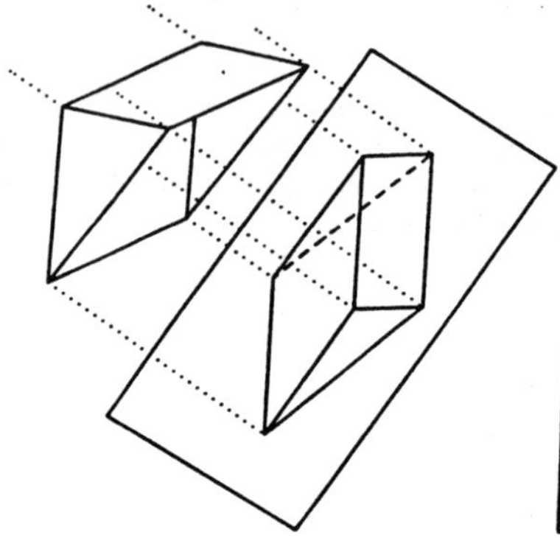

Fig. 3e

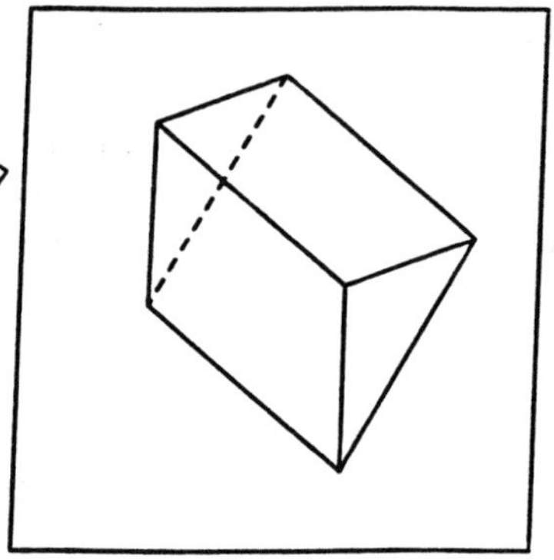

Fig. 3f

Zwei- und Dreitafelprojektion. Da ein Gegenstand aus seiner senkrechten Projektion auf eine einzelne Bildebene sich i. allg. nicht wiedererkennen läßt (vgl. Fig. 3d), projiziert man ihn auf zwei bzw. drei paarweise zueinander senkrechte Bildebenen (Senkrechte *„Zwei“*- bzw. *„Dreitafelprojektion“*). In Fig. 3g ist die Abbildung eines Punktes P in Dreitafelprojektion veranschaulicht:

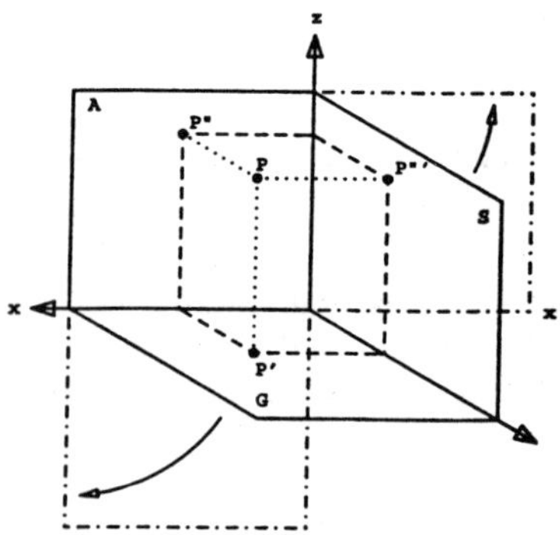

Fig. 3g

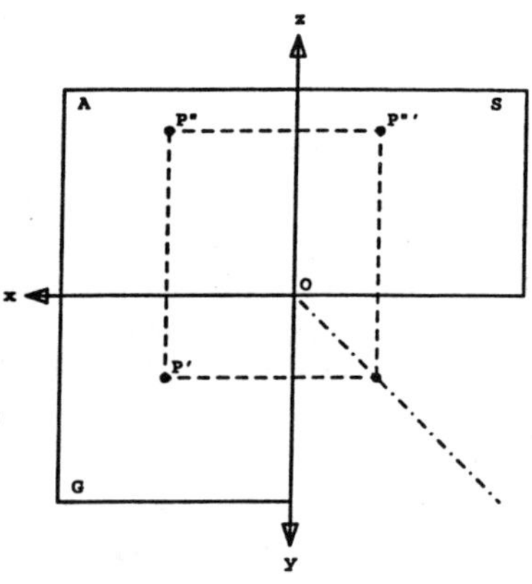

Fig. 3h

Wir denken uns ein räumliches kartesisches Koordinatensystem festgelegt (vgl. Fig. 2b). Die durch x- und y-Achse bestimmte „waagerechte“ Ebene

(„x-y-Ebene") nennen wir **Grundriß***ebene*, die „lotrechte" x-z-Ebene **Aufriß***ebene* und die ebenfalls lotrechte y-z-Ebene **Seitenriß***ebene* (vgl. „Vorbemerkungen" in 2.1). Für einen auf der Grundrißebene stehenden Betrachter mit Blick zur Aufrißebene wird der Gegenstand (hier P) „von oben", „von vorn" und „von links" projiziert. Die entstehenden Bilder heißen *„Grundriß" (P'), „Aufriß" (P'')* und *„Seitenriß" (P''')*. Bei der Abbildung eines Gegenstandes kann eine Linie durch eine „darüber" bzw. „davor" bzw. „weiter links" liegende Fläche *„verdeckt"* sein. Diese Linie wird in dem betr. Riß für gewöhnlich *gestrichelt* dargestellt.

Man gelangt nun zu einem **Zweitafelbild**, indem man die Grundrißebene mit dem Grundriß des Gegenstandes um die x-Achse in die Aufrißebene dreht (vgl. Fig. 3g) und diese als *Bildebene* („Zeichenebene") betrachtet. Man betrachte hierzu das links der z-Achse liegende Bild in Fig. 3h. Jeder Punkt P des Raumes wird dadurch auf genau ein Punktepaar (P', P'') abgebildet, und zu jedem solchen Punktepaar gehört genau ein Punkt des Raumes: Es besteht eine *umkehrbar eindeutige Zuordnung* zwischen dem *Raum* und der *Zweitafelbild-Ebene*. Demgegenüber hatten wir in 3.1. festgestellt, daß eine Parallelprojektion auf eine einzelne Ebene *nicht* umkehrbar ist.

Zufolge der *senkrechten* Projektionen eines Punktes P in die Grund- und Aufrißebene liegen P, P' und P'' in einer zur x-Achse senkrechten Ebene. Diese wird im Zweitafelbild als Senkrechte zur x-Achse abgebildet. Die *Verbindungsstrecke PP'* (eine *„Ordnungslinie"*) ist also *zur x-Achse senkrecht.* Jedes Punktepaar (P', P'') der Zweitafelbild-Ebene mit dieser Eigenschaft ist Bild eines Raumpunktes. (Zu Punkten P der x-Achse gehören Punktepaare mit $P' = P''$).

Dreht man auch die Seitenrißebene mit dem Seitenrißbild des Gegenstandes in die Bildebene, nämlich um die z-Achse, so erhält man ein **Dreitafelbild** (Figuren 3g und h). Die „Ordnungslinie" $P''P'''$ ist *zur z-Achse senkrecht.* Zur eindeutigen Festlegung eines Raumpunktes genügen zwei Risse. Sind zwei der drei Risse P, P', P''' gegeben, so läßt sich der dritte aufgrund der Orthogonalitäts-Eigenschaft der Ordnungslinien konstruieren. Die Figur 3h läßt erkennen, wie bei gegebenem P'' aus P' der Riß P''' (oder umgekehrt) zu gewinnen ist; statt dessen kann auch ein Kreisbogen um den Ursprung verwendet werden.

Wichtig ist, daß die einzelnen Risse nicht auf die entsprechenden Quadranten der Dreitafelbild-Ebene beschränkt sind. Vielmehr können in *jedem* der vier Quadranten Grund-, Auf- und Seitenrißpunkte erscheinen. Sofern der Grundriß eines Punktes in dem von positiver x- und y-Achse gebildeten Quadranten liegt (vgl. Fig. 3h), schreiben wir oft zur Vereinfachung z. B. „P" statt „P'". Entsprechendes gilt für die Schreibweise des Auf- bzw. Seitenrisses eines Punktes.

Zwar bestimmen Grund- und Aufriß eines Punktes eindeutig die Lage dieses Punktes im Raum. Schon bei *Linien* ist aber die Gestalt aus Grund- und Aufriß nicht eindeutig zu erkennen. Als Beispiel zeigt Fig. 3i eine Strecke und einen Viertelkreisbogen, jeweils in einer zur G- und A-Ebene senkrechten Ebene, deren G- und A-Bilder offensichtlich kongruent sind.

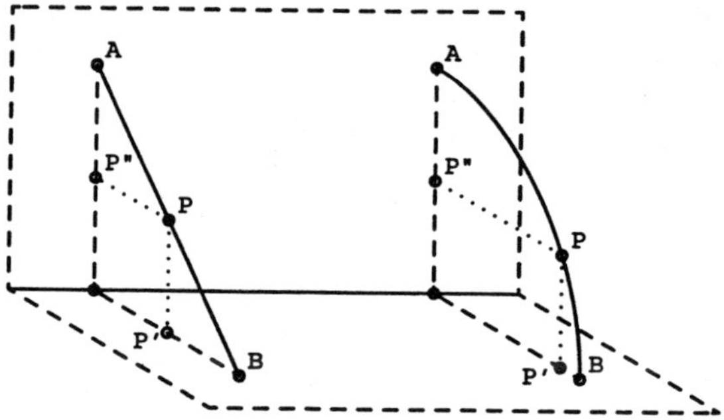

Fig. 3i

P sei jeweils ein Punkt der beiden Linien in halber Höhe. An den Punktepaaren (P', P'') ließe sich zwar die verschiedene Gestalt beider Linien erkennen; mit G- und A-Bild der Linien sind aber Paare (P', P'') von Zwischenpunkten i. allg. nicht gegeben, so daß die Linien nicht eindeutig bestimmt sind.

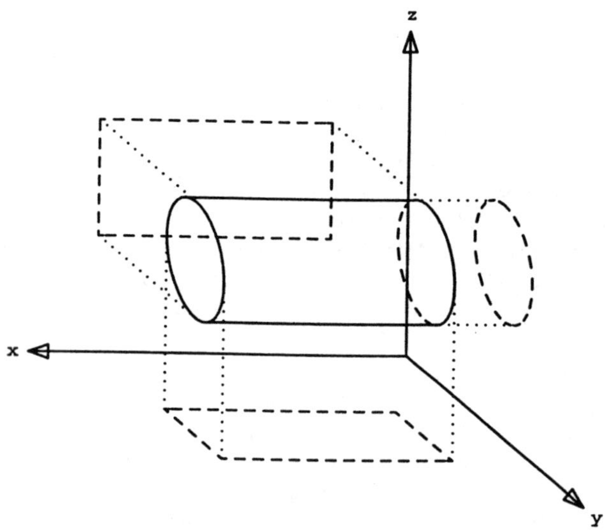

Fig. 3j

Das für die Abbildung von Linien Gesagte gilt erst recht für *Flächen.* Grund- und Aufriß des Zylindermantels in Fig. 3j könnten z. B. auch einen Quader darstellen. Durch diese Vieldeutigkeit ist die *Einführung eines dritten Risses* motiviert. Es lassen sich jedoch leicht Beispiele dafür finden, daß auch G-, A- und S-Riß eine Fläche nicht eindeutig bestimmen. Praktisch lassen sich aber Mehrdeutigkeiten zumeist ausschließen, sofern nicht überhaupt ein Zweitafelbild dafür schon ausreicht.

Aufgaben zur Anwendung der Zwei- und Dreitafelprojektion zur Darstellung von Raumelementen sowie von einfachen Körpern werden im Abschnitt 3.3 behandelt.

Risse von Geraden und Ebenen (analytische Behandlung).

Eine **Gerade** g durch die Punkte

$$P_1 = (x_1|y_1|z_1) \text{ und } P_2 = (x_2|y_2|z_2)$$

werde in die x-y-Ebene *senkrecht projiziert (Fig. 3k).* Vom entstehenden *Grundriß*, der Geraden g', soll die *Gleichung* bestimmt werden.

Hierzu kann von der Gleichung der Geraden g ausgegangen werden: Die Parameterdarstellung dieser Gleichung lautet (vgl. 2.2.6):

$$P = P_1 + kP_{21}, \text{ wobei } k \text{ alle reellen Zahlen durchläuft.}$$

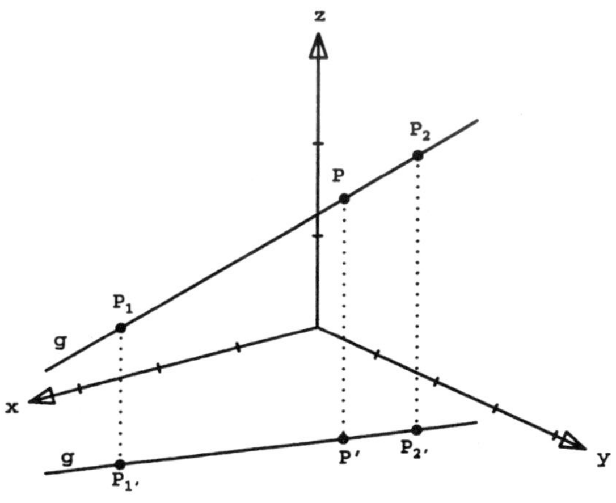

Fig. 3k

Der Projektion der Geraden in die x-y-Ebene entspricht das Nullsetzen aller z-Komponenten, so daß sich als *Gleichung* von g' ergibt:

$$P' = (x_1|y_1|0) + k(x_{21}|y_{21}|0) \quad (k \in R).$$

Beispiel: Gegeben seien $P_1 = (4|2|1.5)$, $P_2 = (1|3|3)$ (Fig 3k).

Man erhält: $P' = (4|2|0) + k(-3|1|0)$. –
Wird g' nicht in bezug auf den Raum, sondern nur *bezüglich der x-y-Ebene* beschrieben, kann die Gleichung der Geraden g' mit *zweidimensionalen Vektoren* dargestellt werden. Sie lautete dann in Parameterform: $P' = (4|2) + k(-3|1)$, also in *Komponentenschreibweise:*

$$x' = 4 - 3k; \qquad y' = 2 + k.$$

Bei Beschränkung auf die x-y-Ebene kann die Gleichung einer Geraden auch als *Funktionsgleichung* zwischen den Variablen x und y geschrieben werden. Mit Hilfe der *Zweipunkteform* der Geradengleichung,

$$\frac{y - y_1}{x - x_1} = \frac{y_{21}}{x_{21}}$$

erhält man im vorliegenden Beispiel mit $P_1' = (4|2)$, $P_2' = (1|3)$ nach Auflösen nach y: $y = \frac{10}{3} - \frac{1}{3}x$. Diese Gleichung erhält man auch, indem man aus obiger Parameterdarstellung in Komponentenschreibweise den *Parameter k eliminiert*, d. h. in die erste Gleichung für k den aus der zweiten Gleichung erhaltenen Term $(k =) y - 2$ einsetzt. Ganz entsprechend wie der Grundriß lassen sich auch *Auf-* und *Seitenriß* einer Geraden analytisch darstellen. In Fig. 31 sind die senkrechten Projektionen einer Geraden in die Koordinatenebenen zusammen als *Dreitafelbild* dargestellt. Man löse hierzu die folgende Übungsaufgabe.

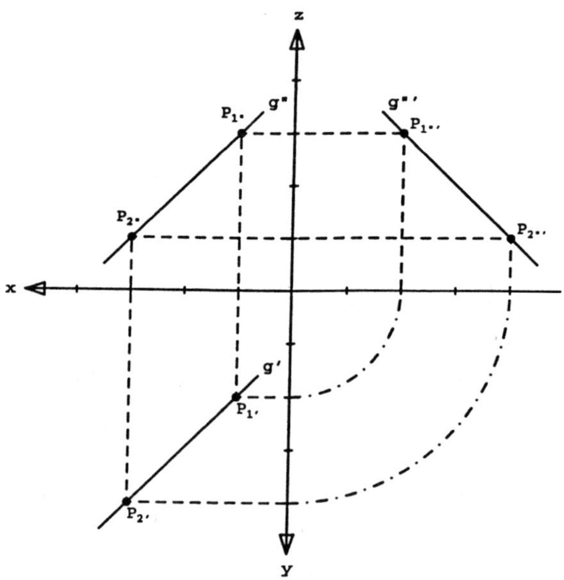

Fig. 31

Übung 3.01

Gegeben ist eine Gerade g durch zwei Punkte $P_1 = (1|2|3)$; $P_2 = (3|4|1)$. *Man gebe die Gleichungen folgender Geraden an, und zwar jeweils als Raumgerade (Parameterdarstellung in drei Koordinaten) und als Gerade in der jeweiligen Ebene (Funktionsgleichung zwischen zwei Koordinaten):*

a) Projektion von g in die Aufriß -(x-z-)Ebene;

b) Projektion von g in die Seitenriß -(y-z-)Ebene.

Um die Lage einer **Ebene** aus ihren Rissen zu erkennen, kann man drei nichtkollineare Punkte der Ebene in die Rißebene projizieren. In Fig. 3m ist als Beispiel die Ebene eines Dreiecks $P_1P_2P_3$ in die G-Ebene projiziert; man erhält so „ihren Grundriß " $P_1'P_2'P_3'$:

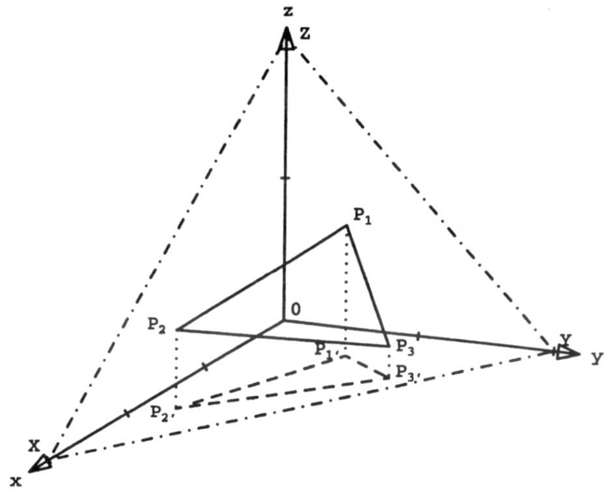

Fig. 3m

Für das Folgende wird vorausgesetzt, daß die darzustellende Ebene weder waagerecht noch lotrecht ist, noch durch den Ursprung geht. Sie schneidet dann alle drei Achsen, und die Schnittpunkte X, Y, Z sind vom Nullpunkt verschieden. Die Gerade XY, Schnittgerade der Ebene mit der G-Ebene, ist die *„Grundrißspur"*, und Entsprechendes gilt für die Geraden XZ und YZ; XYZ ist das *Spurendreieck* der Ebene (vgl. Übung 2.29 in 2.3), dessen Risse durch die Dreiecke OXY, OXZ und OYZ gegeben sind. (Durch zwei dieser Risse ist die Ebene bereits bestimmt). —

Gegeben sei ein weiterer Punkt $P_4 = (x_4|y_4|z_4)$ auf der Ebene (Fig. 3n). Die Ebene werde mit der zur x-y-Ebene parallelen Ebene durch P_4 geschnitten. *Jeder Punkt* der Schnittgeraden h hat demnach *denselben Abstand* $|z_4|$ von der Grundrißebene. Eine solche Linie heißt **Höhenlinie**; h ist somit die „Höhenlinie der Ebene durch P_4“.

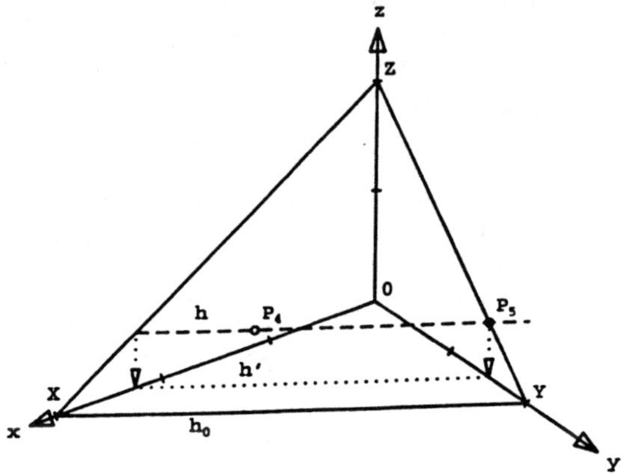

Fig. 3n

Wir bestimmen die *Gleichung* des Grundrisses h' der Höhenlinie h. Dazu gehen wir von der Gleichungsform (3) in 2.2.6 für eine durch die Punkte $P_1 = (x_1|y_1|z_1)$, $P_2 = (x_2|y_2|z_2)$, $P_3 = (x_3|y_3|z_3)$ gegebene Ebene aus. Bezeichnet man das Spatprodukt (die dreireihige Determinante) $(P_{21}P_{31}P_1)$ mit d_E, so erhält man in Komponentenschreibweise:

$$\begin{vmatrix} x_{21} & x_{31} & x \\ y_{21} & y_{31} & y \\ z_{21} & z_{31} & z \end{vmatrix} = d_E \tag{1}$$

Durch Entwickeln der Determinante nach der letzten Spalte ergibt sich

$$x d_x - y d_y + z d_z = d_E, \text{ wobei gesetzt wurde:} \tag{2}$$

$$d_x = \begin{vmatrix} y_{21} & y_{31} \\ z_{21} & z_{31} \end{vmatrix}, \quad d_y = \begin{vmatrix} x_{21} & x_{31} \\ z_{21} & z_{31} \end{vmatrix}, \quad d_z = \begin{vmatrix} x_{21} & x_{31} \\ y_{21} & y_{31} \end{vmatrix}. \tag{3}$$

(Mit (3) gilt auch: $d_E = x_1 d_x - y_1 d_y + z_1 d_z$).
Für die Punkte der Höhenlinie h durch P_4 ist in (2) $z = z_4$ zu setzen. Man erhält:

$$x d_x - y d_y = d_E - z_4 d_z. \tag{4}$$

Diese Beziehung stellt, *räumlich* betrachtet, eine Gleichung für alle Punkte der *zur x-y-Ebene senkrechten Ebene durch* h dar. *Auf die x-y-Ebene bezogen* ist (4) die Gleichung des *Höhenlinien-Grundrisses* h'.

Um andere waagerechte Geraden auf der zur x-y-Ebene senkrechten, durch h verlaufenden Ebene zu beschreiben, ist der Gleichung (4) die Gleichung $z = c$ hinzuzufügen, wobei c der konstante z-Wert ist. Insbesondere gilt: Eine Gleichungsdarstellung der Höhenlinie h ist (4) zusammen mit $z = z_4$ (5). Aus (4) erkennt man, daß alle Höhenlinien-Grundrisse einer Ebene *dieselbe Steigung* $m = \frac{d_x}{d_y}$ haben. Da sie zu den Höhenlinien selbst parallel sind, gilt:

Alle Höhenlinien einer Ebene sind zueinander parallel.

Setzt man in (4) $z_4 = 0$, so erhält man die *Gleichung* der *G-Spur* h_0 *der Ebene*, einer speziellen Höhenlinie.

In Fig. 3o ist das Spurendreieck einer Ebene zusammen mit der Höhenlinie durch einen Ebenenpunkt im *Zweitafelbild* dargestellt (vgl. dazu Fig. 3n). Ist – außer den Spurgeraden – nur einer der beiden Risse von P_4 gegeben, läßt sich anhand dieser Figur der andere mit Hilfe der Höhenlinie *konstruieren* (siehe Übung 3.08). Sind beide Risse von P_4 gegeben, kann man anhand der Figur überprüfen, ob P_4 auf der durch die Spuren gegebenen Ebene liegt.

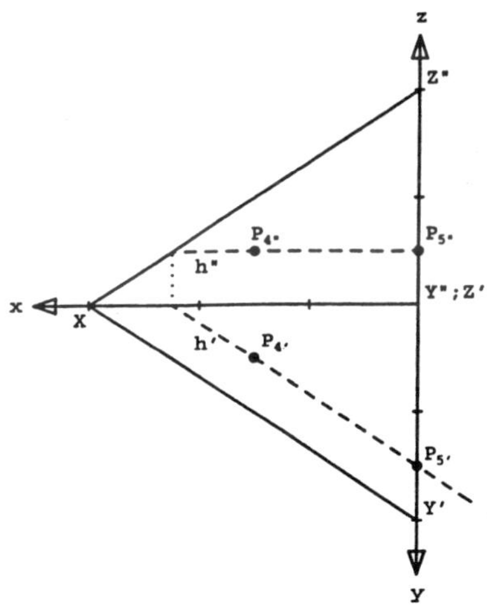

Fig. 3o

Die Ebene XYZ denken wir uns nun mit der *zur x-z-Ebene parallelen* Ebene durch P_4 geschnitten (Fig. 3p). Jeder Punkt der Schnittgeraden f hat somit *von der Aufrißebene denselben Abstand* $|y_4|$. Eine solche Linie heißt **Frontlinie**; f ist „die Frontlinie der Ebene durch P_4".

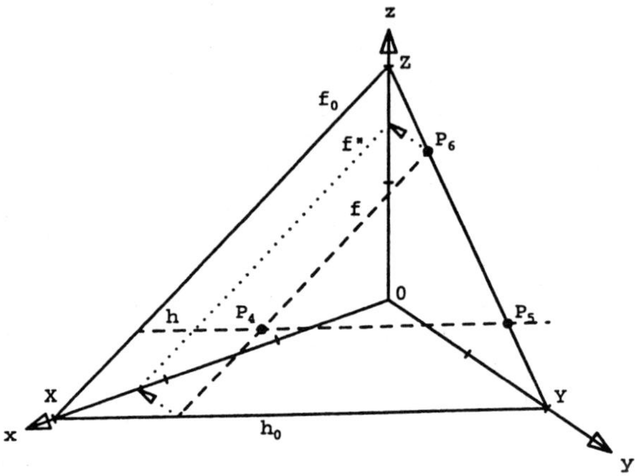

Fig. 3p

Die *Gleichung* des Frontlinien-Aufrisses f'' läßt sich analog zu der des Höhenlinien-Grundrisses bestimmen (s. o.). Ausgehend von der Ebenengleichung (2) erhält man mit

$$y = y_4 : \tag{5}$$

$$xd_x + zd_z = d_E + y_4 d_y . \tag{6}$$

(6) und (7) geben zusammen eine Gleichungsdarstellung für die Höhenlinie f durch P_4. Bezogen auf die x-z-Ebene stellt (7) die *Gleichung des Frontlinien-Aufrisses* f'' dar. (Wegen der Determinanten d_E, d_x, d_y, d_z siehe (1) bzw. (3)).

Zufolge (7) haben alle Frontlinien-Aufrisse dieselbe Steigung $-\frac{d_x}{d_z}$. Daher gilt auch:

Alle Frontlinien einer Ebene sind zueinander parallel.

Mit $y_4 = 0$ erhält man die Gleichung der *A-Spur* f_o *der Ebene,* einer speziellen Frontlinie.

In Fig. 3q ist in das Zweitafelbild des Spurendreiecks der Ebene (vgl. Fig. 3o) auch die Frontlinie eingezeichnet. Mit Grund- und Aufriß einer Frontlinie lassen sich ähnliche Konstruktionen ausführen, wie oben für die Höhenlinie beschrieben. Mit Hilfe der Risse von Front- *und* Höhenlinie läßt sich auf einfache Weise eine *Senkrechte zu einer Ebene* konstruieren (Übungen 4.06 und 4.07).

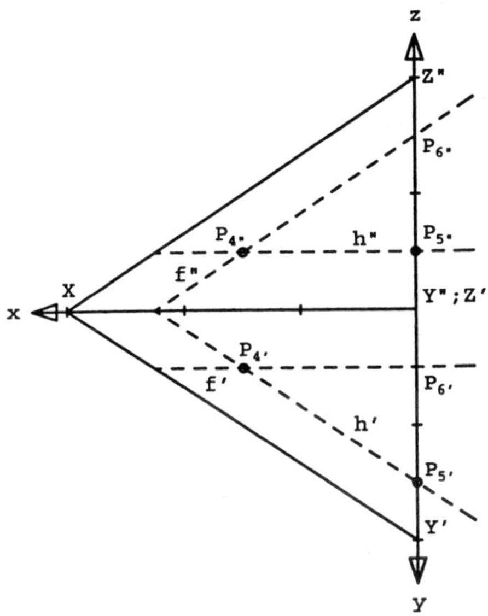

Fig. 3q

Übung 3.02

Gegeben ist eine Ebene durch drei Punkte

$$P_1 = (1|1|\frac{1}{2}); \quad P_2 = (\frac{1}{2}|\frac{9}{4}|0); \quad P_3 = (\frac{3}{2}|\frac{1}{2}|\frac{1}{4}).$$

Man bestimme die Gleichung

a) für die Grundrißspur; b) für die Aufrißspur der Ebene.

Übung 3.03

Gegeben sind die Achsenpunkte $P_1 = (3|0|0)$, $P_2 = (0|2|0)$, $P_3 = (0|0|3)$. *Eine Ebene* **E** *hat als Grundrißspur die Gerade* P_1P_2 *und als Aufrißspur die Gerade* P_1P_3.

a) Man stelle die Gleichung von **E** *auf („Dreipunkteform" oder „Achsenabschnittsform").*

b) Gegeben ist der Punkt $P_4 = (1|\frac{1}{2}|\frac{5}{4})$ *auf* **E**. *(Man prüfe, daß* P_4 *auf* **E** *liegt!). Gesucht sind die Gleichungen*
I) der Höhenlinie, II) der Frontlinie von **E** *durch* P_4.

Eine Anschauungsfigur kann (im Verzeichnis K2) mit dem Namen Ü 303 L abgerufen werden. (Rechnerische Lösung im Anhang).

3.3 Darstellung in Mehrtafelprojektion

Dieser Abschnitt dient – vor allem für Lesende mit wenig Vertrautheit mit dem Mehrtafelverfahren – zur Einübung in die praktische Anfertigung von Grund-Aufriß- (Seitenriß-) Darstellungen. Auch ermöglicht der Abschnitt weitere Anwendungen des Programms KOERPER.

3.3.1 Darstellung der Elemente des Raumes

„Elemente" oder *„Grundgebilde"* des Raumes sind Punkte, Geraden und Ebenen. Zur Darstellung einzelner **Punkte** in zwei bzw. drei Rissen vergleiche man die Figuren 3g und 3h.

Zur Darstellung einer **Geraden** bildet man die Verbindungsstrecke zweier Punkte der Geraden ab. Ein Beispiel für das Dreitafelbild einer Geraden zeigt Fig. 3l. – Ebenso wichtig wie das Zeichnen ist das *„Lesen" eines Mehrtafelbildes*. Dabei sollten auch *besondere Lagen* einer Geraden erkannt und beschrieben werden; eine Gerade kann etwa *zu einer Rißebene senkrecht* bzw. *parallel* sein:

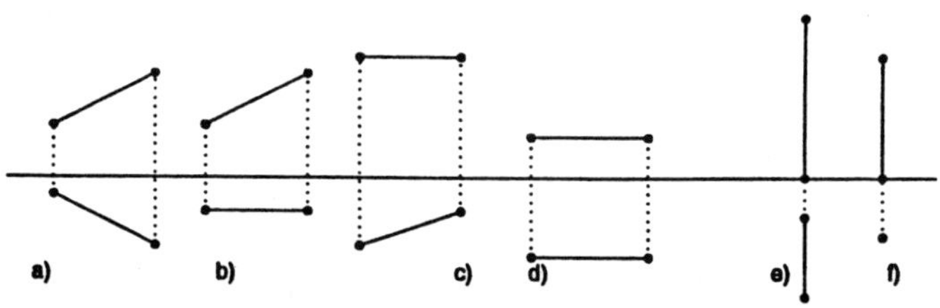

Fig. Ü 304_1

Übung 3.04

In Fig. Ü 304_1 sind verschiedene Geraden jeweils durch eine Teilstrecke im G- und A-Riß dargestellt.

Man beschreibe in besonderen Fällen die Lage der Geraden bezüglich der Grund- bzw. Aufriß- bzw. Seitenrißebene.

Wo handelt es sich um eine Höhenlinie, eine Frontlinie bzw. eine Höhen- und Frontlinie (vgl. 3.2)?

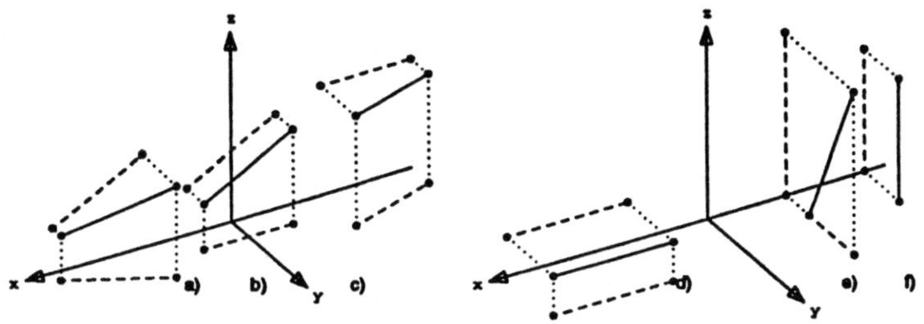

Fig. Ü 304_2

Zusatz zu Übung 3.04:

Die Lösung läßt sich dadurch kontrollieren, daß man einen Stab jeweils in die betr. Lage bezüglich eines Modells der Grund- und Aufrißebene hält. Dies ist in Fig. Ü 304_2 mit Hilfe des Programms KOERPER nachgebildet. Dazu wurden außer den Endpunkten der Strecken auch ihre Risse eingegeben.

Koordinaten der Endpunkte:

a) $(6|0.5|1.5), (3|2|3)$ b) $(1.5|1|1.5), (-1.5|1|3)$ c) $(-3|2|3.5)$, $(-6|1|3.5)$
d) $(5|2|1), (2|2|1)$ e) $(-2|1|0)$, $(-2|3|4)$ f) $(-4|1.5|0), (-4|1.5|3)$

Zwei Geraden können *sich schneiden*, zueinander *parallel* oder zueinander *windschief* sein (4.2). Welche dieser drei Lagebeziehungen vorliegt, läßt sich, sofern die dargestellten Teilstrecken genügend lang sind, aus zwei Rissen erkennen:

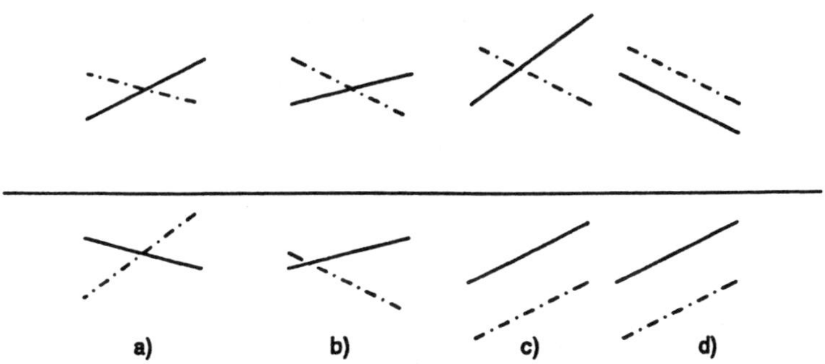

Fig. Ü 305

Übung 3.05

In Fig. Ü 305 sind verschiedene Geradenpaare in G- und A-Riß dargestellt. (Grund- und Aufriß derselben Geraden sind jeweils in derselben Strichart gezeichnet).

Welche Lagebeziehung haben die beiden Geraden jeweils? Die Antworten sollen auch begründet werden.

Hinweis: Die obige Figur ist unter dem Namen Ü 305 L abrufbar.

Eine **Ebene** kann auf verschiedene Weise bestimmt (4.2) und dementsprechend im Zwei- bzw. Dreitafelbild dargestellt werden.

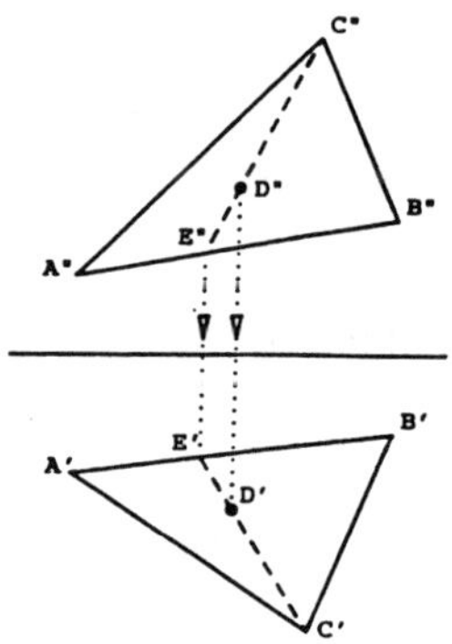

Fig. 3r

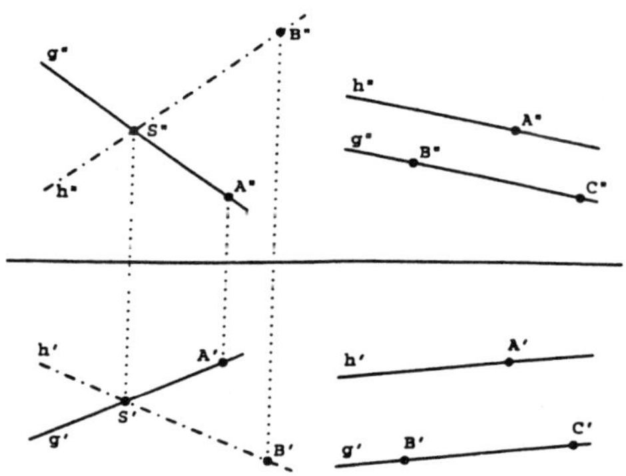

Fig. 3s

Das G-A-Bild einer durch drei nichtkollineare Punkte A, B, C bestimmten Ebene sei gegeben (Fig. 3r). Man kann dann weitere Punkte der Ebene konstruktiv bestimmen (selbstverständlich auch solche, die nicht im Inneren des Dreiecks ABC liegen). Dazu wählt man einen der beiden Risse des zu bestimmenden Punktes und konstruiert den anderen Riß. In Fig. 3r sei D'' als Aufriß eines Ebenenpunktes D gewählt; um D' zu erhalten, nimmt man die (in der Ebene liegende!) Gerade CD zu Hilfe, die AB in E schneide. Auch diese Konstruktion beruht auf der Orthogonalität zwischen „Ordnungslinien“ und Schnittgeraden von G- und A-Ebene (3.2).

Ist die Ebene wie in Figur 3s durch ein Paar sich schneidender (a) oder paralleler (b) Geraden gegeben (vgl. auch Fig. Ü 305), so kann man jeweils drei Punkte festlegen, die die Ebene bestimmen, so daß sich mit einer solchen Darstellung der Ebene dieselben Konstruktionsaufgaben wie im vorangehenden Falle lösen lassen.

Eine Ebene ist im Zwei- bzw. Dreitafelbild auch durch *ein Paar Spurgeraden* darstellbar. Ist die Ebene nicht durch ein Spurgeradenpaar, sondern durch drei Punkte gegeben, lassen sich die Spurgeraden hieraus konstruieren (Übungen 2.28/2.29 mit zugehörigen Figuren). Aus den Spurgeraden lassen sich leicht *besondere Lagen* einer Ebene erkennen. Als „Leseübung“ hierzu kann folgende Aufgabe dienen:

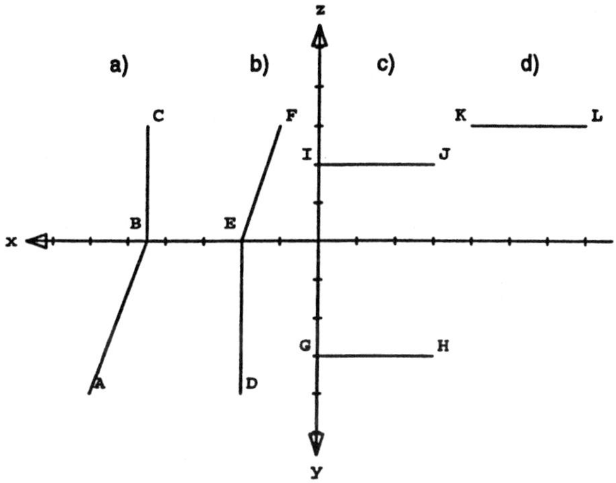

Fig. Ü 306_1

Übung 3.06

In Fig. Ü 306_1 sind verschiedene Ebenen mit besonderen Lagen durch ihre G-Spur (unterhalb) und ihre A-Spur (oberhalb der x-Achse) dargestellt; im Fall d) schneidet die Ebene die G-Ebene nicht. Man beschreibe die Lage der einzelnen Ebenen bezüglich der Rißebenen.

Anmerkungen:

1. Da vorausgesetzt ist, daß die bezeichneten Punkte der Spurgeraden in bestimmten Rißebenen liegen, brauchen ihre zweiten Risse nicht dargestellt zu werden. (Wo liegen sie jeweils?) Die Figur Ü 306_1 ist daher kein „Zweitafelbild“ der Ebenen!
2. Zur *Lösungskontrolle* kann mit KOERPER ein *Schrägbild* erzeugt werden; die Koordinaten der bezeichneten Punkte sind aus Fig. Ü 306_1 ersichtlich. Zur Erhöhung der Anschaulichkeit sollten die gegebenen Spurstrecken in a), b) zu einem Dreieck, in c), d) zu einem Rechteck vervollständigt werden.

Ein mögliches Ergebnis zu 2. zeigt Fig. Ü 306_2. Sie kann unter dem Körpernamen Ü 306 L aufgerufen werden.

Zur „Verschönerung“ wurde in den Grundeinstellungen des Bildmenues die „Ticks“ auf den Achsen ausgeschaltet und „Achsen halb“ gewählt. Die negativen x- und y-Halbachsen wurden als Strecken des Körpers definiert. Gewählte Achsenverkürzungen vor dem Bildstart:

$$x = 0.77, \quad y = 0.45, \quad z = 0.61.$$

Urbildparameter: [a]-[2]: 70|20|35|15.

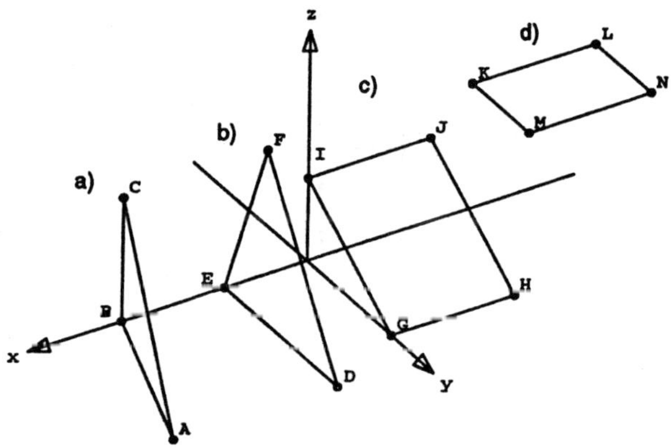

Fig. Ü 306_2

Um zu einer im Zweitafelbild dargestellten Ebene weitere Punkte zu gewinnen, kann eine beliebige Gerade zu Hilfe genommen werden (in Fig. 3r: Gerade CD). Als besondere Gerade kann man eine *Höhen-* bzw. *Frontlinie* wählen. Dies ist in den beiden folgenden Aufgaben durchzuführen.

Ist die Ebene durch ihre *G-* und *A-Spur* dargestellt, so sind Höhen- und Frontlinien besonders einfach zu zeichnen, weil die *Höhenlinien zur G-Spur*, die *Frontlinien zur A-Spur parallel* sind. (vgl. 3.2, insbes. Fig. 3q):

Übung 3.07

Eine Ebene hat als G- bzw. A-Spur die Geraden AB und AC mit $A = (7|0|0)$, $B = (0|4.5|0)$, $C = (0|0|5.5)$. *Ein Punkt D der Ebene hat die Aufrißkoordinaten* $x_D = 1$, $z_D = 2$. *Man zeichne die Spuren sowie* D'' *und löse folgende Konstruktionsaufgaben:*

a) Mit Hilfe der Höhenlinie der Ebene durch D ist D' *zu bestimmen.*

b) Der in a) erhaltene Punkt D' *ist mit Hilfe der Frontlinie durch D zu konstruieren.*

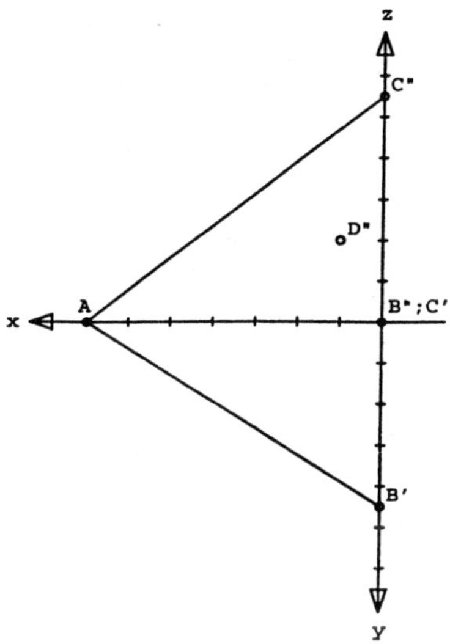

Fig. Ü 307

Zusatz: Zur Kontrolle kann das Konstruktionsbild zu a) und b) mit KOERPER unter dem Körpernamen Ü 307 L abgerufen werden. Zeichenparameter: [a]-[6] (Militärprojektion mit $\alpha = 0$). –

Ist eine Ebene nicht durch Spurgeraden, sondern *durch drei ihrer Punkte* in zwei Rissen *gegeben*, lassen sich weitere Ebenenpunkte ebenfalls mit einer Front- bzw. Höhenlinie finden. Dies ist in der folgenden Aufgabe durchzuführen. (Man vergleiche dazu auch die Konstruktion gemäß Fig. 3r).

Übung 3.08

Eine Ebene ist durch die Punkte $A = (5|2|1)$, $B = (0|4.5|2)$, $C = (2|1.5|4)$ *gegeben. Ein weiterer Punkt D der Ebene hat die G-Koordinaten* $x_D = y_D = 2.5$ *(Fig. Ü 308_1).*

Man stelle die Ebene in Grund- und Aufriß sowie den Grundrißpunkt D' *dar. Danach bestimme man mit Hilfe der Frontlinie der Ebene durch D den Aufrißpunkt* D''.

Eine Anleitung gibt die axonometrische Ansichtsfigur Ü 308_2, in welcher G- und A-Riß der Ebene mit eingezeichnet sind.

Zusatz: Das Konstruktionsbild kann mit KOERPER unter dem Körpernamen Ü 308 L abgerufen werden. Zeichenparameter: [a]-[6].

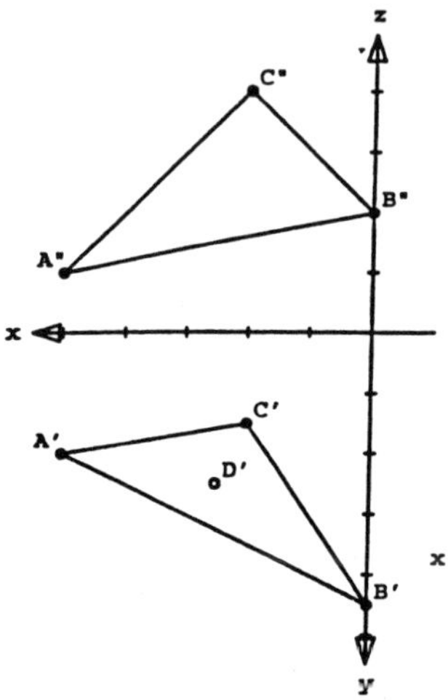

Fig. Ü 308_1

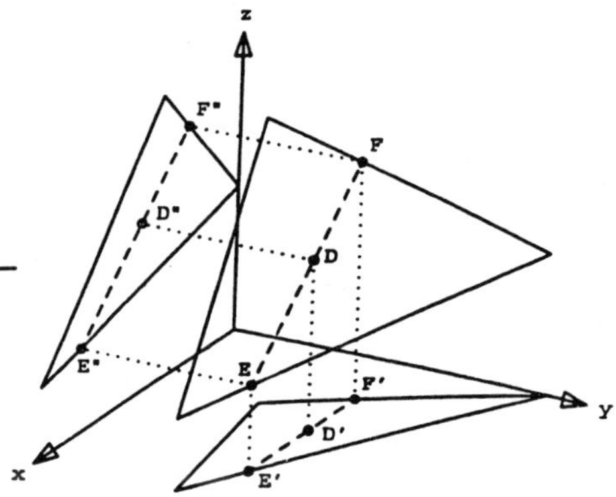

Fig. Ü 308_2

3.3.2 Darstellung räumlicher Objekte

In Fortführung der Einführungsbeispiele in 2.1 folgen jetzt weitere Aufgaben zur Darstellung räumlicher Objekte in Zwei- bzw. Dreitafelprojektion. Beim Lösen sollten die *Vorbemerkungen* zu den Konstruktionsaufgaben des Abschnitts 2.1 beachtet werden, insbesondere zur Form der Ausführung.

Beim Zeichnen räumlicher Figuren sind die Ausführungen in 3.3.1 zur Darstellung von *Punkten, Geraden* (Strecken) und *Ebenen* anzuwenden. *Verdeckte Kanten* bzw. Kantenstücke werden ebenso wie bei einem Schrägbild (s. Fig. Ü 309) auch bei Mehrtafelbildern i. allg. *gestrichelt* dargestellt. Wichtig ist, daß *sämtliche* verdeckten Kanten *mit darzustellen* sind, sofern sie nicht, um ein ansprechenderes Bild zu erhalten, *sämtlich weggelassen* werden; bei Nichtbeachtung dieser zur Auffassung eines Objektes notwendigen Verabredung ist eine Zeichnung fehlerhaft.

Die den Aufgaben beigefügten Zusätze zur Lösungskontrolle mit dem *Computer* betrachten wir keinesfalls als „obligatorisch", sondern nur als *Angebot.* Zeichenkontrollen sind im übrigen auch „bei Handbetrieb" möglich, wie es etwa der Teil b) von Übung 3.07 zeigte.

Als Vorlage zur Anfertigung eines Mehrtafelbildes dient im folgenden meistens eine gegebene Zeichnung. Daneben sollten im Schul- und Hochschulunterricht auch reale *Gegenstände (Modelle)* zur Vorlage genommen werden.

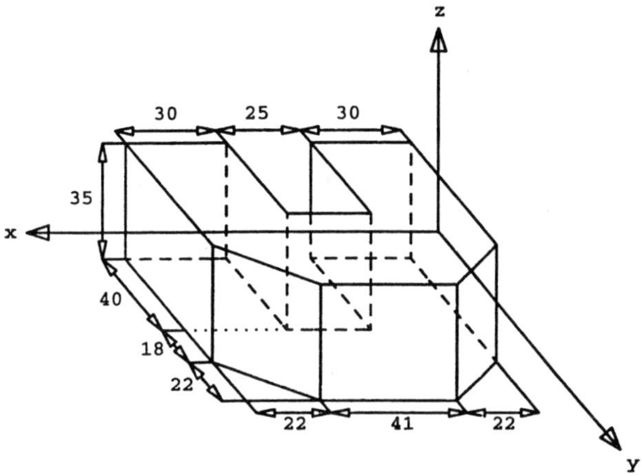

Fig. Ü 309

Übung 3.09

Ein prismenförmiges Werkstück ist durch ein bemaßtes Schrägbild gegeben (Fig. Ü 309). Man stelle den Körper in G-, A- und S-Riß (Dreitafelbild) dar. Er soll dabei auf der G-Ebene (x-y-Ebene) stehen und von der A-Ebene (x-z-Ebene) sowie der S-Ebene (y-z-Ebene) je 15 mm Abstand haben.

Zusatz: Der Körper ist (ohne Bemaßung) mit dem Namen Ü 309 L gespeichert. Zeichenparameter in obiger Figur: [a]-[1]: 1|0.7|1|0|50. Die Lösung erhält man mit KOERPER durch den Zeichenmodus [3]: G-, A-, S-Riß . Man erprobe auch andere Zeichenmodi, insbesondere [9]. *Wichtig:* Vor Aufruf der Zeichnung mit [v] auf *Verdeckungsberechnung* stellen; [k] muß hier auf *nichtkonvex* stehen, sonst Sichtbarkeitsfehler!

Übung 3.10

In Figur Ü 310_1 ist das schematisierte Modell einer Kirche in einem Zweitafelbild dargestellt. Man zeichne dieses ab und füge den Seitenriß hinzu. — Die Maße entnehme man der Figur, soweit erforderlich durch Messen und maßstäbliches Umrechnen.

Hinweis: Die an den Turm grenzende Giebelfläche hat außer den Rändern keine weitere Kante, während die Kante zwischen entgegengesetzter Giebelfläche und schräger Dachfläche im Seitenriß (verdeckt!) mit darzustellen ist. Deutlich ist dies in den beiden Schrägbildern von Fig. Ü 310_2 zu erkennen.

Zusatz: Der Körper ist als „Ü 310 L“ gespeichert und kann mit KOERPER in beliebigem Zeichenmodus ausgegeben werden; insbesondere erhält man mit [3] (G-, A-, S-Riß) die Lösungsfigur.

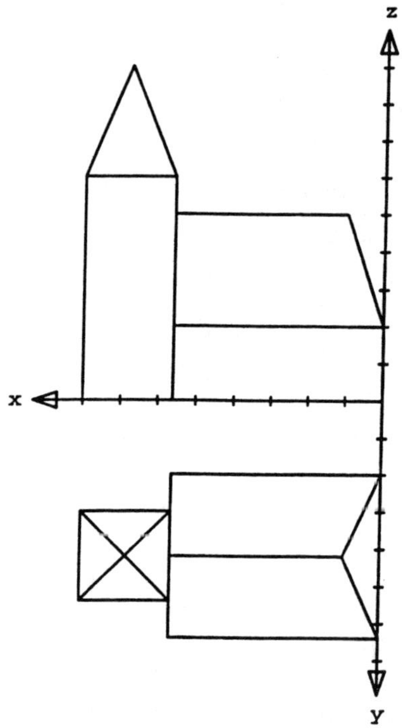

Fig. Ü 310_1

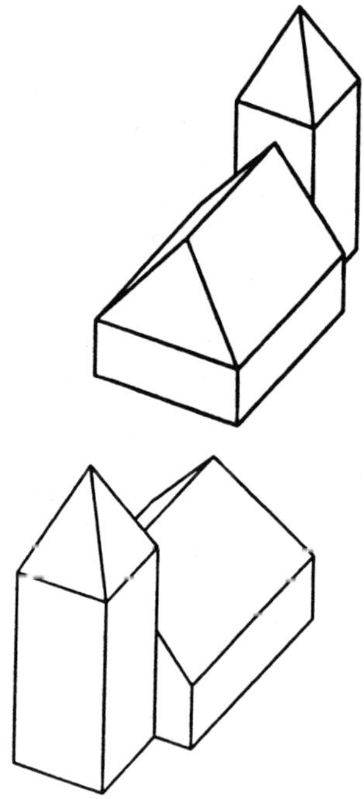

Ü 310_2

Übung 3.11

Ein massiver Gegenstand hat folgende Form: Auf einen quadratischen Pyramidenstumpf ist ein quadratisches Prisma aufgesetzt, aus dem ein dazu ähnliches quadratisches Prisma ausgespart ist (Fig. Ü 311; Maße in mm). Man stelle den Gegenstand in Grund- und Aufriß dar.

Dabei lege man eine Seitenfläche parallel zur Aufrißebene, zweckmäßigerweise in gewissem Abstand (z. B. 20 mm).

Zusatz: Der Körper ist unter dem Namen „Ü 311 L“ abrufbar.

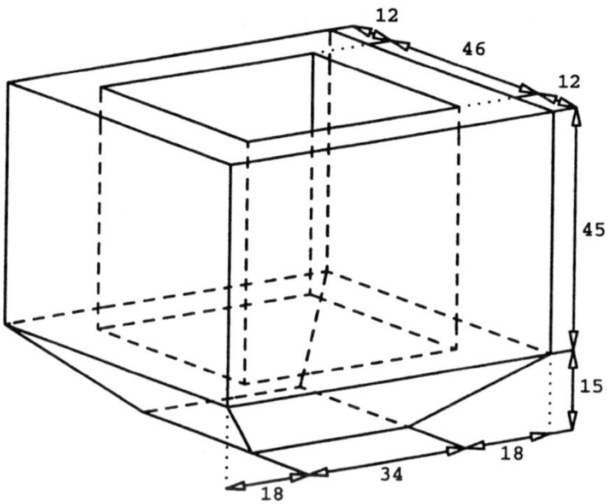

Fig. Ü 311

3.4 Allgemeine Parallelprojektion. Schrägbildkonstruktion

Ein Eintafelbild, das durch Parallelprojektion erzeugt wird, wird i. allg. *„Schrägbild“* genannt. Dabei denkt man an ein „schräges“, d. h. *nicht senkrechtes* Auftreffen der Abbildungsgeraden auf die Bildebene. Ist der abzubildende Gegenstand auf ein räumliches Koordinatensystem bezogen, welches durch die Parallelprojektion mit abgebildet wird, spricht man von *„axonometrischem* Verfahren“ (3.5). Bei elementarer Behandlung des Schrägbildes in der Schule verzichtet man i. allg. auf die Einführung eines Koordinatensystems. Man orientiert sich statt dessen an der Abbildung eines *Würfels*, an welchem drei paarweise zueinander orthogonale *„Hauptrichtungen“* zu erkennen sind. Anhand dieser Hauptrichtungen läßt sich die Lage eines abzubildenden Würfels bezüglich der Bildebene beschreiben.

In Fig. 3t sind die beiden Hauptrichtungen $0Y$ und $0Z$ und somit zwei Seitenflächen des Würfels zur Bildebene parallel. Eine solche Projektion heißt *Kavalierprojektion.* Aus den allgemeinen Gesetzen der Parallelprojektion lassen sich die *Regeln* für die Anfertigung eines *Schrägbildes bei Kavalierprojektion* gewinnen:

- Kongruentes Abbilden *zur Bildebene paralleler* Figuren;

- Abbilden *zur Bildebene senkrechter* Strecken, und zwar mit dem „*Verzerrungswinkel*“ α gegen die Bildebene geneigt, mit dem „*Verzerrungsmaßstab*“ k verkürzt bzw. verlängert.
- *Vervollständigen* des Bildes durch geeignetes Verbinden von Bildpunkten.

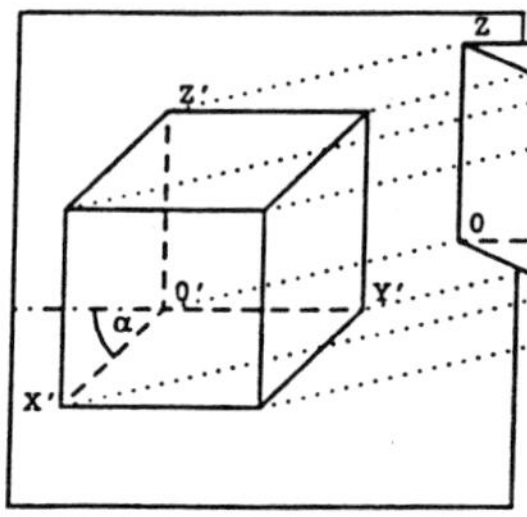

Fig. 3t

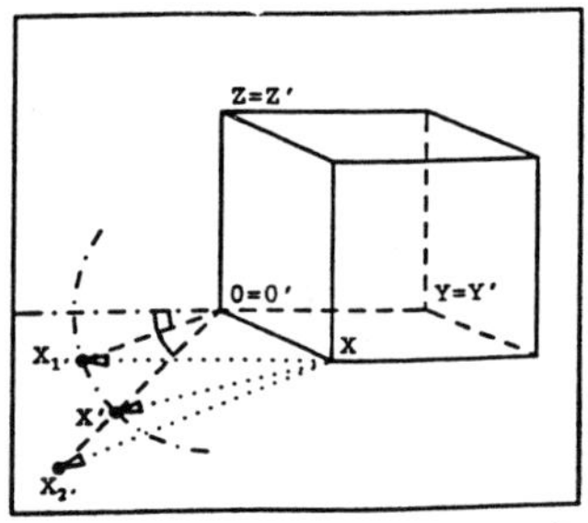

Fig. 3u

Beim ersten Zeichenschritt wird Eigenschaft (3) der Parallelprojektion angewandt (vgl. 3.1), beim zweiten Schritt (1), (2), (4a), (4c). Weiterhin ist bei der Schrägbilddarstellung verschiedentlich die Erhaltung von Teilstreckenverhältnissen (Eigenschaft (4b)) anzuwenden. Der für alle zur Bildebene senkrechten Strecken gleiche *Verzerrungswinkel* α wird in der jeweiligen Aufgabenstellung für gewöhnllich vorgegeben, ebenso der allen diesen Strecken gemeinsame *Verzerrungmaßstab* $k = \frac{|0'X'|}{|0X|}$.

Die Werte von α und k hängen von der Einfallsrichtung der Abbildungsgeraden ab. Mit der Figur 3u, in welcher die hintere Würfelfläche in die Zeichenebene gelegt ist, läßt sich erklären, daß α und k *unabhängig voneinander* jeden Wert annehmen können: Wählt man irgendein Paar (α, k), so gehört dazu, wie die Figur zeigt, stets genau ein Punkt X' der Bildebene, wodurch die zugehörige Strahlenrichtung XX' eindeutig bestimmt ist. – Man wählt für α und k jeweils solche Werte, bei denen das Schrägbild einen einigermaßen *natürlichen Eindruck* vom Gegenstand vermittelt, z. B. $\alpha = 45°$, $k = 0.5$.

Das auf *Kavalierprojektion* beruhende *Schrägbild* reicht für sehr elemantare Zwecke im allgemeinen aus und wird daher in der Schule bevorzugt. Man darf die beiden Begriffe „Kavalierprojektion“ und „Schrägbild“ jedoch nicht miteinander identifizieren. Liegt der abzubildende Gegenstand so im Raum, daß *nur eine* seiner „Hauptrichtungen“ oder sogar *keine* zur Bildebene parallel ist, so gehören zum Schrägbild statt nur eines Verzerrungswinkels bzw. -maßstabs i. allg. *mehrere*. Am zweckmäßigsten beschreibt man solche

Abbildungen als axonometrische Projektionen, nachdem man in geeigneter Lage ein räumliches Koordinatensystem eingeführt hat, dessen Achsen drei „Hauptrichtungen" des Objekts repräsentieren.

Mit Rücksicht auf Anwendungen im elementaren Schulunterricht sollen sich jedoch die abschließenden Bemerkungen dieses Abschnitts ausdrücklich auf Schrägbilder in Kavalierprojektion beziehen, d. h. es wird vorausgesetzt, daß sich am Objekt ein Paar zueinander senkrechter „Hauptrichtungen" finden lassen, die zur Bildebene parallel gelegt werden. Der Schüler hat dann, um die oben aufgeführten „Schrägbildregeln" anwenden zu können, geeignete Teilfiguren herauszufinden, die zur Bildebene parallel bzw. senkrecht gelegt werden.

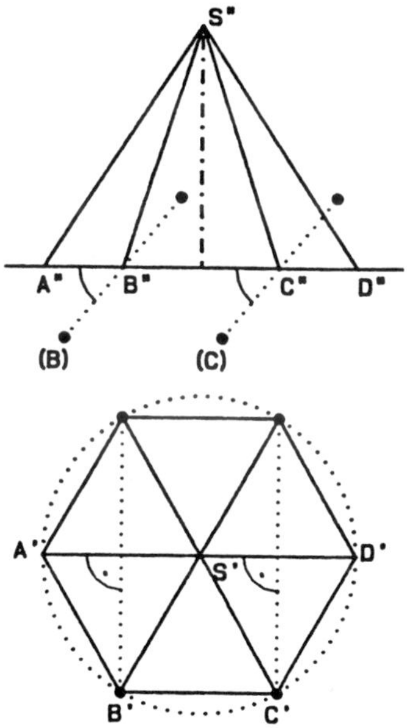

Fig. 3v

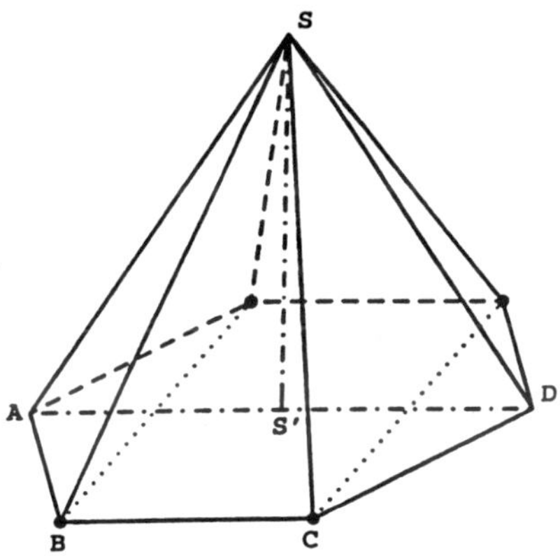

Fig. 3w

Ein Beispiel zeigen die vorstehenden Figuren: Mit Fig. 3v sind Grund- und Aufriß einer regelmäßigen, sechsseitigen Pyramide gegeben. In Fig. 3w ist ein *Schrägbild* in Kavalierprojektion ausgeführt, wobei die Zeichenebene zum Längsschnitt ADS der Pyramide parallel gelegt ist. In der Aufrißzeichnung von Fig. 3v sind Hilfslinien durch B'' und C'' gelegt, um die Punkte B und C gemäß den vorgegebenen Werten von α und k abbilden zu können (hier: $\alpha = 45°$, $k = \frac{2}{3}$).

Bei dem Beispiel wird deutlich, daß der Grundriß unerläßlich ist, um Strecken in einer zur Bildebene senkrechten „Hauptrichtung“ messen zu können. Man sollte den Schülern auch empfehlen, zunächst in dünnem Bleistiftstrich zu zeichnen, da sich erst nach Verbinden aller Bildpunkte mit Gewißheit entscheiden läßt, welche Strecken *verdeckt*, also gestrichelt darzustellen sind.

Abschließend ein ähnliches Aufgabenbeispiel:

Übung 3.12

Gegeben ist ein prismenförmiger Körper durch Grund- und Aufriß (Maße siehe Fig. Ü 312). Man zeichne Schrägbilder des Körpers. Die Bildebene soll
a) in die Aufrißebene,
b) in die Seitenrißebene gelegt werden.
Senkrecht zur Bildebene verlaufende Strecken sollen mit dem Verzerrungsmaßstab $k = 0.5$ *und unter dem Verzerrungswinkel*
in a) $\alpha = 45°$, *in b) mit* $\alpha = 35°$
dargestellt werden. Verdeckte Kanten sind zu stricheln.

Zusatz: Der Körper ist als „Ü 312 L“ gespeichert. Damit lassen sich die Lösungen zu a) und b) kontrollieren.

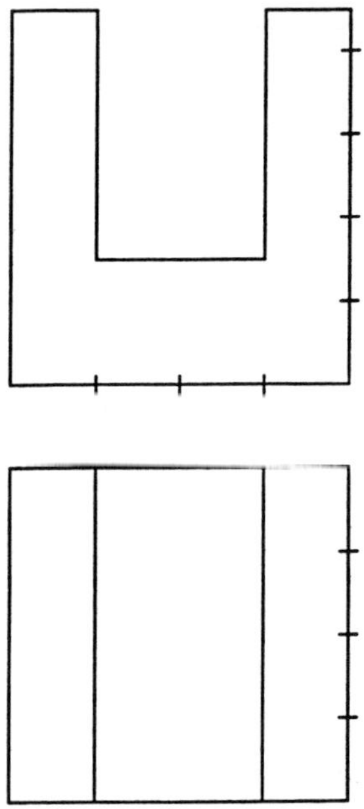

Fig. Ü 312

3.5 Axonometrische Darstellung. Programm KOOSYST

Zur Einführung in das axonometrische Abbildungsverfahren sowie zu seinem konstruktiven und rechnerischen Nachvollzug dient das Programm KOOSYST, dessen Einführung an dieser Stelle empfohlen wird (vgl. Programmbeschreibung in A.1.3). – Das Programm beruht auf folgenden Überlegungen:

Wir legen ein Grund-, Auf-, Seitenriß-System im Raum zugrunde (Fig. 3x; dort Seitenrißebene nicht eingezeichnet), so daß bei Geraden bzw. Ebenen auch von „waagerecht“ (zur G-Ebene *parallel*) und „lotrecht“ (zur G-Ebene *orthogonal*) gesprochen werden kann. In diesem System wird ein x-y-z-Koordinatensystem eingeführt, dessen z-Achse stets lotrecht ist. Wir legen ferner jeweils eine *Bildebene* (B.E.) fest, die stets zur A-Ebene senkrecht gewählt wird (was für den konstruktiven Nachvollzug vorteilhaft ist).

Schließlich denken wir uns eine Gerade im Raum gegeben, durch deren Richtung eine *Parallelprojektion* festgelegt ist. Durch diese Parallelprojektion sollen der Ursprung O und die Einheitspunkte X, Y, Z der Koordinatenachsen auf die Punkte O', X', Y', Z' der Bildebene abgebildet werden. Man erhält so mit $O'X'$, $O'Y'$, $O'Z'$ *das Bild des Koordinatensystems.*

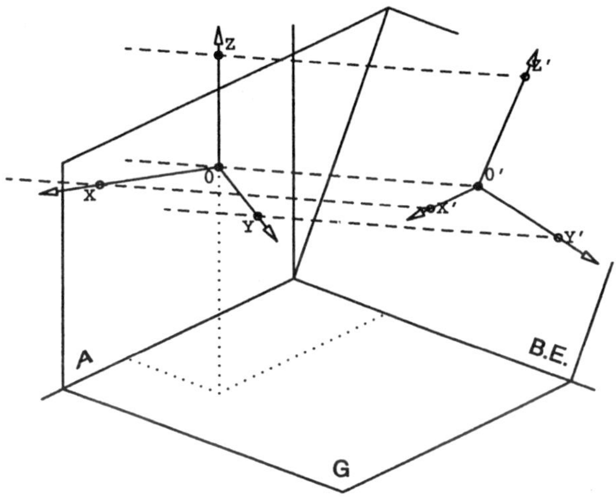

Fig. 3x

Im Programm KOOSYST kann durch Veränderung von γ das Koordinatensystem um die z-Achse gedreht und durch Variieren von δ die Neigung der Bildebene gegenüber der S-Ebene verändert werden. Die Winkel ε und η bestimmen die Neigung der Abbildungsgeraden bezüglich der G- bzw. A-Ebene. —

Wir denken uns auf das x-y-z-System irgendeinen Körper bezogen. Auch dieses läßt sich mit dem KOOSYST-Programm ausführen; in Fig. 3y wird beispielsweise ein Einheitswürfel eingezeichnet:

Das *axonometrische Verfahren,* kurz: die **Axonometrie**, beruht auf folgendem Prinzip: Kennt man das Bild des Koordinatensystems, auf welches ein Objekt bezogen ist, so findet man das Bild P' eines jeden Raumpunktes P mit Hilfe seiner Koordinaten, die auf den Bildachsen in entsprechendem Maßstab abgetragen werden.

Zur quantitativen Beschreibung axonometrischer Abbildungen dienen urbildseitig die *Urbildparameter* γ, δ, ε, η und bildseitig die Bildparameter a, b, c, α, β. Ihre Bedeutung geht aus der Figur 1g in der Programmbeschreibung KOERPER (A.1.1) hervor.

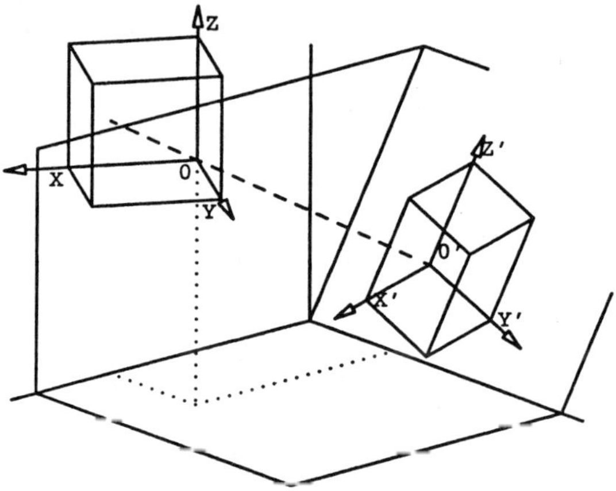

Fig. 3y

Auf die komplizierten rechnerischen Zusammenhänge zwischen Urbild- und Bildparametern gehen wir in 6.1 näher ein. Hier werden wir lediglich einige *speziellen Axonometrien* definieren. In folgendem Aufgabenbeispiel ist ein bereits axonometrisch abgebildeter einfacher Gegenstand erneut axonometrisch abzubilden, wobei das neue Bild des Koordinatensystems vorgegeben ist.

Übung 3.13

Gegeben ist ein axonometrisches Bild eines Prismas (Fig. Ü 313_1). Die Ecken A, B, C, D haben folgende Koordinaten:
$A = (2|0|0)$; $B = (2|3|0)$; $C = (2|3|2)$; $D = (2|0|5)$.

Gegeben ist ein weiteres axonometrisches Bild des Koordinatensystems mit $a = b = c = 1$; $\alpha = \beta = 30°$ *(Fig. Ü 313_2). In dieses zeichne man das zugehörige Bild des Prismas ein. Dazu sind die Koordinaten der übrigen Ecken des Prismas zu bestimmen.*

Zusatz: Mit Hilfe der Programme KOERPER und KOOSYST stelle man den Körper auf weitere Arten axonometrisch dar.

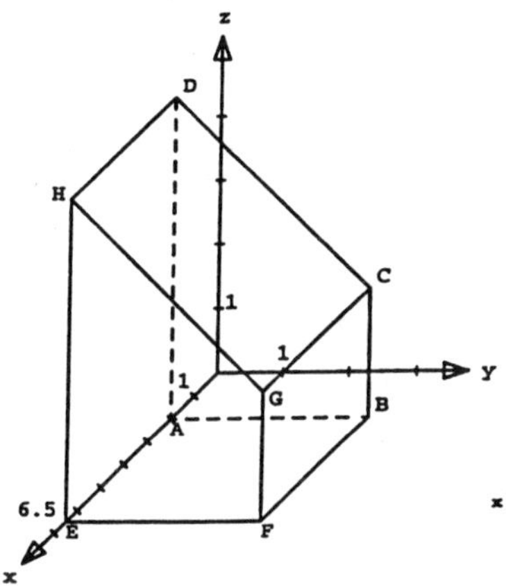

Fig. Ü 313_1

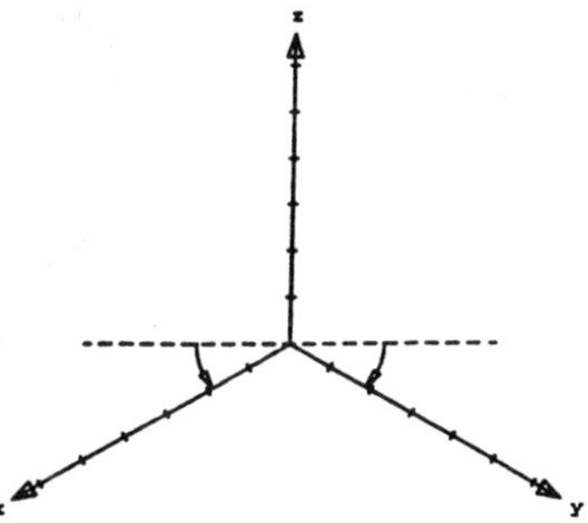

Fig. Ü 313_2

Spezielle Axonometrien. In der Praxis haben sich einige spezielle axonometrische Verfahren herausgebildet, die je nach Zweck einer bestimmten Abbildung vorteilhaft sind. Treffen die Abbildungsgeraden auf die Bildebene *senkrecht* auf, spricht man von *orthogonaler Axonometrie.* Im Abschnitt 3.2 wurde bereits erwähnt, daß zwecks Erzielung eines möglichst natürlichen Bildeindrucks die Abbildung durch senkrechte Parallelprojektion bevorzugt wird. Wir werden zwei standardisierte Spezialfälle der orthogonalen Axonometrie einführen (s. u.).

Wird ausdrücklich vorausgesetzt, daß die Abbildungsgeraden nicht zur Bildebene senkrecht sind, so spricht man von *schiefer Axonometrie.* Zwei besonders einfache Sonderfälle sind **Kavalier-** und **Militärprojektion,** die die wir im Vorangegangenen bereits verschiedentlich angewandt haben.

In der Figur 3za – wie auch in den drei folgenden – ist jeweils links der axonometrische Abbildungsvorgang perspektivisch dargestellt; der rechte Teil der Figur zeigt das Prisma aus der Übung 3.13 so, wie es bei der jeweiligen speziellen Axonometrie erscheint.

Bei *Kavalierprojektion* ist die Bildebene zur y-z-Ebene (bzw. x-z-Ebene) parallel, also *lotrecht* (Fig. 3za). Hieraus ergibt sich:

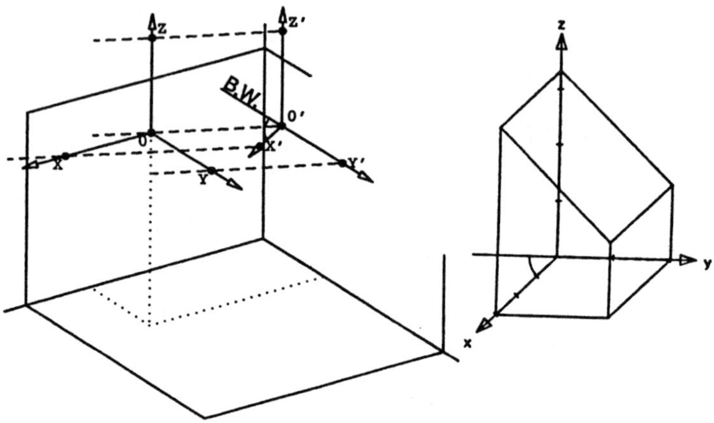

Fig. 3za

Die Bilder der y- und der z-Achse sind zueinander senkrecht. Das Bild der x-Achse ist gegen das Bild der y-Achse („Bildwaagerechte") unter einem frei wählbaren Winkel geneigt. Strecken in y- und z- Richtung werden unverkürzt, Strecken in x- Richtung mit einem frei wählbaren Faktor verkürzt bzw. verlängert. (Ist statt der y-z- Ebene die x-z-Ebene zur Bildebene parallel, sprechen wir von „gespiegelter Kavalierprojektion"). Bei *Militärprojektion* ist die Bildebene zur x-y- Ebene parallel, also *waagerecht* (Fig. 3zb). Hieraus ergibt sich:
Die Bilder der x- und y- Achse sind zueinander senkrecht; der Winkel zwischen der Bildwaagerechten und der x- Achse (oder der y- Achse) ist frei wählbar. Strecken in x- und y- Richtung werden unverkürzt abgebildet, in z- Richtung mit einem frei wählbaren Faktor, z. B. 1.
Anmerkung: Offensichtlich lassen sich Gegenstände in Militärprojektion besonders einfach abbilden (man betrachte dazu das Bild des Prismas in Fig. 3zb): Man bildet die Grundfläche *kongruent* ab und trägt Höhenstrecken unter beliebigem Winkel an, wobei diese Strecken ebenfalls unverkürzt gezeichnet werden können. (Dem entspricht ein Auftreffen der Abbildungsgeraden auf die Bildebene unter 45°).

Orthogonale Axonometrien. Als wichtige Sonderfälle beschreiben wir die – ebenfalls bereits aufgetretenen – Fälle des **dimetrischen** und der **isometrischen Projektion**.

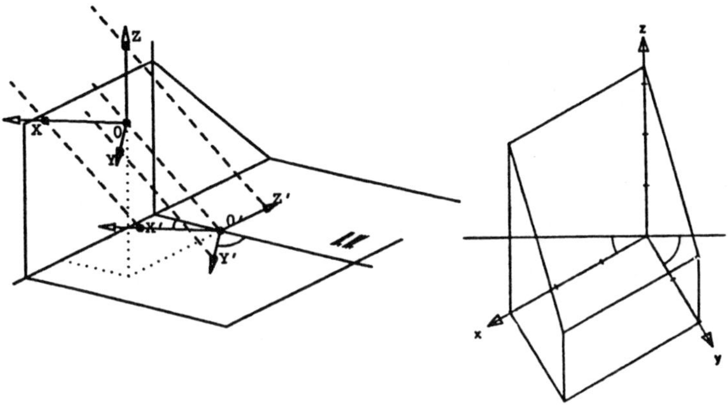

Fig. 3zb

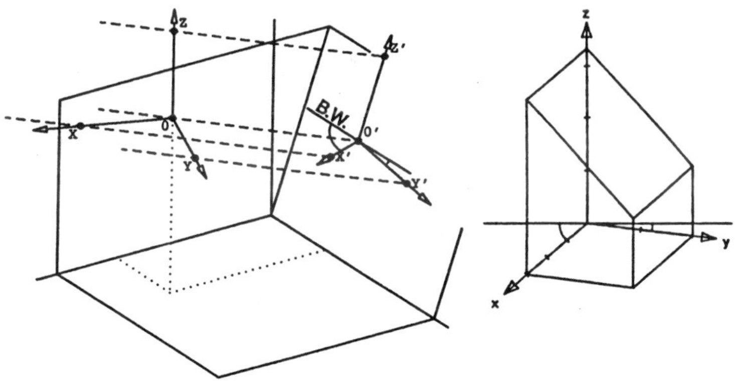

Fig. 3zc

Bei *dimetrischer Projektion* ist die Bildebene unter einem bestimmten Winkel gegen die Seitenrißebene geneigt; das gleiche gilt für die y- Achse (und somit auch für die x- Achse). Es ergeben sich bestimmte, durch DIN-Norm festgelegte Werte für die Bildparameter. Die Bilder der x- und der y- Achse bilden mit der Bildwaagerechten Winkel von 42° und 7°. Die Verkürzungen von Strecken in x-, y- und z- Richtung verhalten sich wie $\frac{1}{2} : 1 : 1$.
Anmerkung: Die dimetrische Projektion findet wegen ihrer besonders natürlichen Bildwirkung häufige Anwendung in der Praxis.

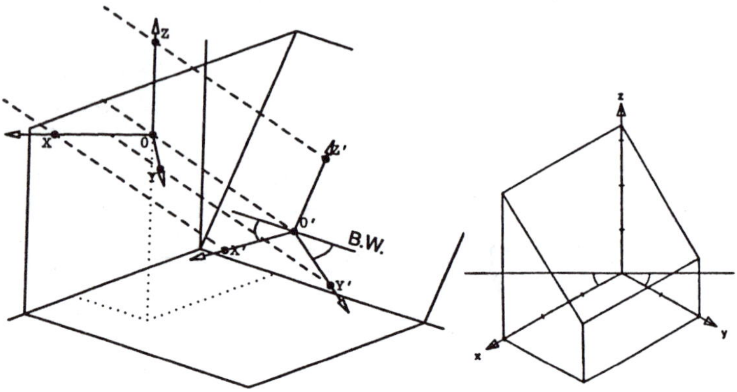

Fig. 3zd

Bei *isometrischer Projektion* ist die y- Achse um 45° gegen die Seitenrißebene gedreht. Die Bildebene ist zu der Ebene, die durch die Einheitspunkte X, Y, Z auf den Achsen bestimmt ist, parallel. Hieraus ergibt sich:
Die Bilder der x- und der y- Achse bilden mit der Bildwaagerechten Winkel von 30°. Die Verkürzungen von Strecken in x-, y- und z- Richtung verhalten sich wie 1 : 1 : 1.
Anmerkungen: Von der Gleichheit der Verkürzungen in den drei Achsenrichtungen stammt der Name dieser Projektionsart: „isos" (griech.) = gleich; „metron" = Maß . — Ein Beispiel für ein isometrisches Bild des Koordinatensystems zeigt Fig. Ü 313_2.

Wir werden in Kapitel 6 auf die Axonometrie nochmal vertiefend eingehen und weitere Anwendungen behandeln. Beispielsweise geht es um die Frage, ob axonometrische Bilder eines räumlichen Koordinatensystems beliebig vorgegeben werden können oder ob es für die Wahl der Bildparameter bestimmte Beschränkungen gibt (6.1).
Wir schließen diesen Abschnitt mit zwei Aufgaben zur axonometrischen Körperabbildung im Zusammenhang mit der Mehrtafelprojektion.

Übung 3.14

Auf ein gerades Prisma mit gleichseitigem Dreieck als Grundfläche ist eine Pyramide aufgesetzt, deren Spitze G senkrecht über dem Schwerpunkt S des Grunddreiecks liegt. Der Körper ist in Fig. Ü 314 axonometrisch dargestellt.

a) *Man stelle den Körper in Dreitafelprojektion dar (x-z-Ebene als Aufriß-, y-z-Ebene als Seitenrißebene).*

b) *Man bestimme die Koordinaten der Ecken des Körpers und gebe ihn mit dem Programm KOERPER ein (einschließlich der begrenzenden*

Flächen). Dann stelle man ein axonometrisches Bild des Körpers in dimetrischer Projektion *her.*

(Abruffigur zur Lösungskontrolle: Ü 314 L.)

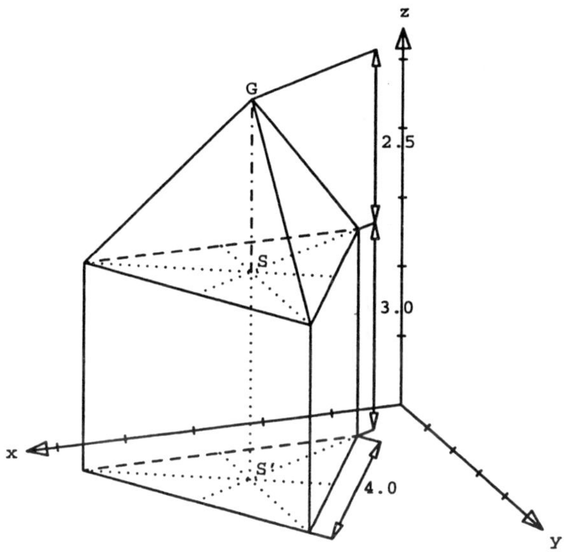

Fig. Ü 314

Übung 3.15

a) Das Modell eines Walmdach-Bungalows ist auf ein Koordinatensystem bezogen, das zusammen mit dem Modell in G- und A-Riß dargestellt ist (Fig. Ü 315_1). Man zeichne auch den Seitenriß ein.

b) Gegeben ist ferner ein axonometrisches Bild des Koordinatensystems (Fig. Ü 315_2). Man zeichne das zugehörige axonometrische Bild des Bungalow-Modells.

Bildparameter der Axonometrie:
Verkürzungsfaktoren in x-, y-, z- Richtung:
$a : b : c = 0.75 : 1 : 1$
Bildwinkel: $\alpha = 35°$, $\beta = 10°$
(Abruffigur zur Lösungskontrolle: Ü 315 L.)

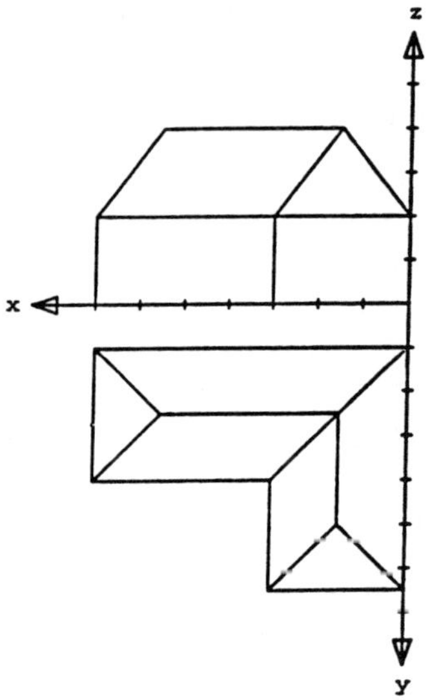

Fig. Ü 315_1

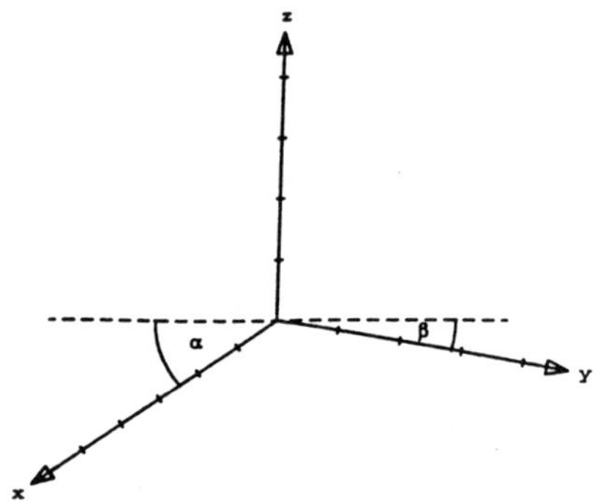

Fig. Ü 315_2

3.6 Raumabbildung durch den Computer

Die Bilderzeugung durch Grafikprogramme folgt im wesentlichen dem Prinzip der axonometrischen Abbildung. Das Grundsätzliche dieses Weges soll hier kurz beschrieben werden.

Der Bildschirm ist in kleine rechteckige Felder („Pixels") eingeteilt, und jedes Pixel kann so angesteuert werden, daß dort jeweils „Lichtpunkte" entstehen. Man kann also auf dem Bildschirm *Punkte erzeugen*; außerdem lassen sich zwei Punkte so durch eine Folge weiterer Punkte verbinden, daß angenähert eine *Verbindungsstrecke* entsteht.

Zum Adressieren der darzustellenden Punkte ist *intern* ein ebenes u-v-*Koordinatensystem* eingeführt, dessen Ursprung wir in die Bildschirmmitte legen. Ein Beispiel für die Darstellung zweier Punkte $Q_1(u_1|v_1), Q_2(u_2|v_2)$ und ihrer Verbindungsstrecke zeigt Fig. 3ze. (Die Breite, zugleich auch Höhe der Quadranten wird durch unsere Programme automatisch an den maximalen Koordinatenbetrag angepaßt.)

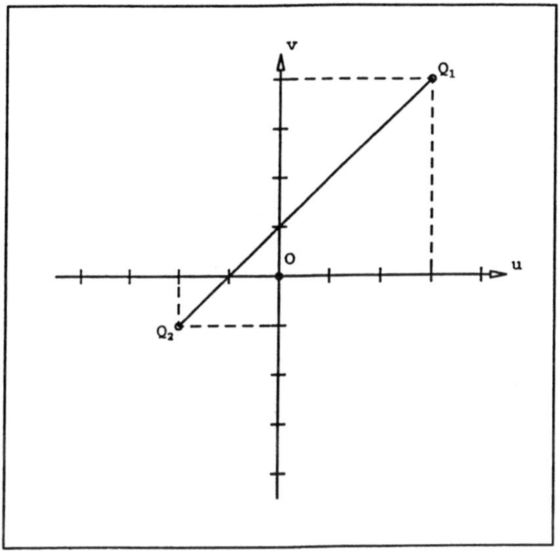

Fig. 3ze

Wie werden nun Punkte des *dreidimensionalen Raumes* auf dem Bildschirm abgebildet? Dazu wird ein *räumliches* x-y-z-Koordinatensystem eingeführt, auf welches die Punkte bezogen werden, z. B. der Punkt $P = (x|y|z)$ in Fig. 3zf.

X, Y, Z seien die Einheitspunkte auf den Achsen und P_x, P_y, P_z die den Koordinaten von P entsprechenden Achsenpunkte. Für die Abbildung seien die *Bildparameter* gegeben; im Beispiel betragen sie $a = 0.7$, $b = 0.85$, $c = 1$; $\alpha = 40°$, $\beta = 25°$.

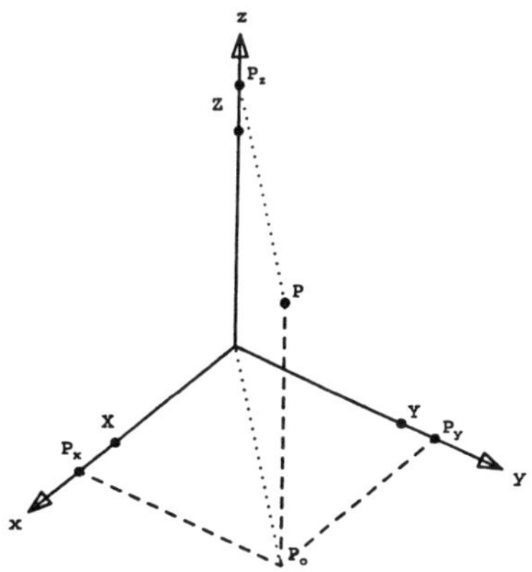

Fig. 3zf

Man stelle sich die Figur 3zf räumlich vor. Damit sie auf dem ebenen Bildschirm entsteht, muß das *dreidimensionale* Gebilde *in ein zweidimensionales transformiert* werden. Diese 3D ⟶ 2D-Transformation stellen wir gemäß dem axonometrischen Prinzip in zwei Schritten dar. Zunächst zur Transformation des *Koordinatensystems* (Fig. 3zg):

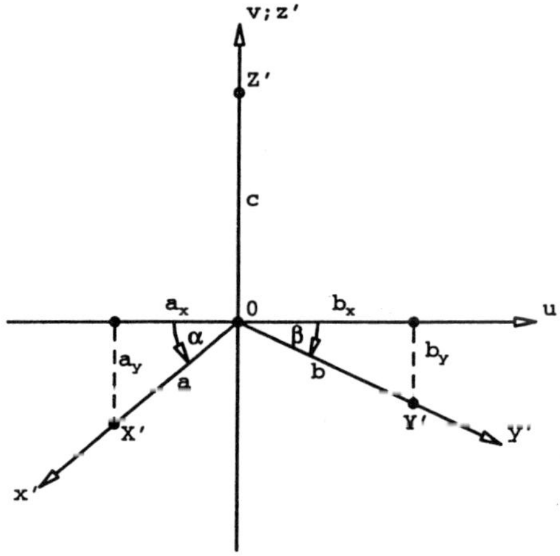

Fig. 3zg

Das Bild des Koordinatenursprungs soll auf den des u-v-Systems und das Bild z' der z-Achse auf die v-Achse fallen. Unter dieser Voraussetzung sowie unter Berücksichtigung der gegebenen Bildparameter sind nun für die Bilder X', Y', Z' der Einheitspunkte die u-v-Koordinaten zu bestimmen. Hierfür ergibt sich:

$$\begin{aligned} X' &= (-a_x|-a_y) \text{ mit } a_x = a\cos\alpha, \quad a_y = a\sin\alpha \\ Y' &= (b_x|-b_y) \text{ mit } b_x = b\cos\beta, \quad b_y = b\sin\beta \\ Z' &= (0|c). \end{aligned}$$

Hiermit läßt sich gemäß Fig. 3zg das Bild (x', y', z') der Achsen mit Einheitspunkten auf dem Bildschirm darstellen. (u und v als Achsen eines nur internen Koordinatensystems sind „unsichtbar".)

Es sind jetzt die u-v-Koordinaten für die Bildschirmdarstellung des *Punktes P* gemäß Fig. 3zf zu bestimmen. Dazu kombinieren wir diese Figur mit Fig. 3zg und erhalten die Figur 3zh, in welche Hilfslinien zur Koordinatenberechnung eingezeichnet sind.

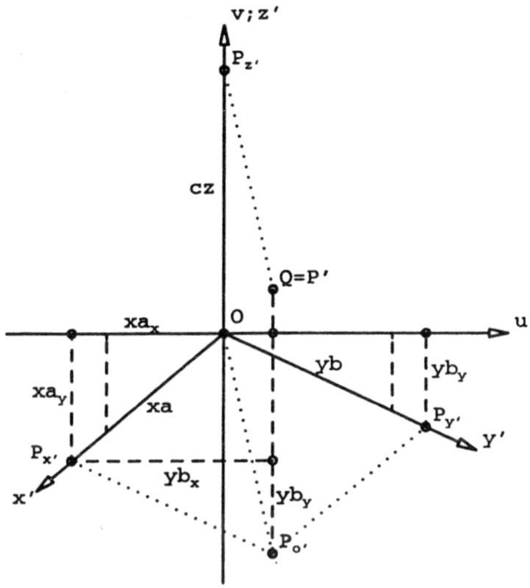

Fig. 3zh

Aufgrund der Bildmaßstäbe a, b, c haben die Bilder der Punkte P_x, P_y, P_z die Abstände xa, yb, zc vom Ursprung. Zufolge der Ähnlichkeit entsprechender Dreiecke (vgl. Fig. 3zh) ergeben sich folgende Koordinaten:

$$P_x' = (-xa_x| - xa_y); \quad P_y' = (yb_x| - yb_y);$$

ferner ist $P_z' = (0|cz)$.
Damit erhält man für $P' = Q$ folgende Darstellung (s. Fig. 3zh):

$$Q = (yb_x - xa_x|cz - [xa_y + yb_y]).$$

Durch Ersetzen von a_x durch $a \cos \alpha$ usw. erhalten wir schließlich folgende 3D $\longrightarrow$ 2D-Transformation für einen Punkt $P = (x|y|z)$:

$$P' = Q = (by \cos \beta - ax \cos \alpha|cz - [ax \sin \alpha + by \sin \beta]).$$

Diese Formel ist in die Prozeduren zur Abbildung von Körpern einprogrammiert.

Gewisse Sonderfälle stellen die *senkrechten Projektionen* in die *Koordinatenebenen* („Risse“) dar. Fig. 3zi zeigt den *Grundriß* in der zur Bildschirmebene parallel gelegten x-y-Ebene:

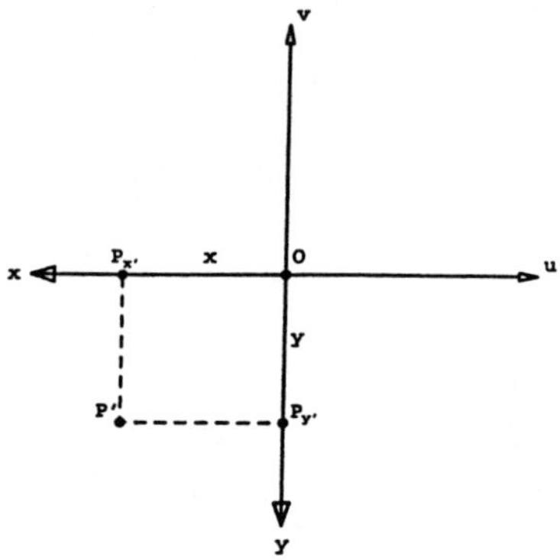

Fig. 3zi

Dieser Darstellung entsprechen die Bildparameter $a = b = 1$, $c = 0$; $\alpha = 0°$, $\beta = 90°$. Damit ergibt sich aus obigen Formeln übereinstimmend mit der Anschauung die Transformation
$P' = Q = (-x| - y)$.

4 Grundbeziehungen im Raum. Konstruktive Grundaufgaben

Auch in diesem zentralen Kapitel, das die *räumliche Kongruenzgeometrie* zum Inhalt hat, sollen – der Grundintention dieses Buches entsprechend – Begriffsentwicklungen und Konstruktionen miteinander verbunden werden. Weil zur Begründung von Konstruktionsverfahren Sätze der räumlichen Kongruenzgeometrie vorauszusetzen sind, wurde in den vorangegengenen Teilen an einigen Stellen auf das vorliegende Kapitel verwiesen. —

Die aus der ebenen Geometrie bekannten *Lagebeziehungen* zwischen Punkten und Geraden bzw. Halbgeraden sowie von Geraden (Halbgeraden) untereinander sind zu Beziehungen zwischen Punkten, Geraden (Halbgeraden) und *Ebenen* im **Raum** auszubauen. Dabei erfahren die Begriffe *Inzidenz* und *Parallelität* (4.2), *Orthogonalität* (4.3) und *Winkel* (4.4) eine Definitionserweiterung. Zuerst sollen in 4.1 als Anwendung der Analytischen Geometrie gewisse Algorithmen angesprochen werden, die zur Computerunterstützung bei der Behandlung von Grundbeziehungen im Raum nützlich sind.

4.1 Einige Anwendungen der Analytischen Geometrie

Anwendungen auf Inzidenz, Parallelität und Orthogonalität. Vor der *„synthetischen"* Behandlung dieser Begriffe in 4.2 und 4.3 weisen wir wiederholend auf ihre Beschreibung mit den Hilfsmitteln der *Analytischen Geometrie* hin.

Zur rechnerischen Darstellung der **Inzidenz** von Punkt und Gerade sowie Punkt und Ebene dient die *Gleichungsdarstellung* von Gerade bzw. Ebene (vgl. 2.2.6). So ist in Übung 2.23 mit Hilfe einer Ebenengleichung festzustellen, ob sich ein gegebener Punkt auf einer gegebenen Ebene befindet.

Ebenso verwendet man die Gleichungsdarstellungen von Geraden und Ebenen zur Entscheidung, ob eine Gerade zu einer anderen Geraden bzw. eine Ebene zu einer anderen Ebene *parallel* ist. So ist in Übung 2.21 zu einer gegebenen Geraden durch einen gegebenen Punkt die Parallele zu bestimmen. Ist die Parallelität einer Geraden zu einer Ebene zu prüfen, so ist festzustellen, ob ein Richtungsvektor der Geraden von einem Paar Richtungsvektoren der Ebene linear abhängig ist.
Auch die **Orthogonalität** wurde in Kapitel 2 bereits analytisch erfaßt. Wir beschränken uns hier auf die Orthogonalität *zwischen Geraden*. (Orthogonalität zwischen Gerade und Ebene sowie zwischen zwei Ebenen kann man, wie wir in 4.3 feststellen werden, auf die Orthogonalität zwischen Geraden zurückführen.) Die Orthogonalität zwischen Geraden läßt sich durch *Vektoroperationen* ausdrücken: Man bestimmt das *Skalarprodukt* aus je einem Richtungsvektor der beiden Geraden und wendet den Satz an, daß Vektoren

genau dann orthogonal sind, wenn ihr Skalarprodukt Null ist (vgl. 2.2.1). Ferner wurde in 2.2.3 festgestellt: Sind P_1, P_2 vom Nullvektor verschiedene Vektoren und linear unabhängig, so ist das *Vektorprodukt* $P_3 = P_1 \times P_2$ zu P_1 und P_2 orthogonal. Hierdurch läßt sich zu zwei gegebenen (nicht parallelen) Geraden die *gemeinsame Senkrechte* bilden.

Projektion einer Ebene in wahrer Gestalt. In einem axonometrischen Bild erscheinen Teilfiguren eines Gegenstandes wie Strecken und Winkel i. allg. verzerrt, so daß ihre Größen dem Bild nicht ohne weiteres entnommen werden können. Dementsprechend ist es eine wichtige Grundaufgabe der konstruktiven Raumgeometrie, (ebene) Teilfiguren *„in wahrer Gestalt darzustellen"*.

In der Darstellenden Geometrie werden Verfahren angegeben, um ein beliebig im Raum liegendes Dreieck in wahrer Gestalt zu *konstruieren*, so daß dem Bild die wahre Größe von Strecken und Winkeln entnommen werden kann. Eine solche allgemeine Methode wird in Verbindung mit Übung 5.07 eingeführt und angewandt. Da solche Konstruktionsmethoden i. allg. sehr aufwendig sind, haben wir stattdessen im Rahmen der *Programme* einen Abbildungsmodus bereitgestellt, um einen Körper so zu projizieren, daß dabei eine beliebig zu wählende Ebene in wahrer Gestalt abgebildet wird.

Die **Option „wahre Gestalt"** des Bildmenues unserer Software beruht auf folgendem Ansatz:

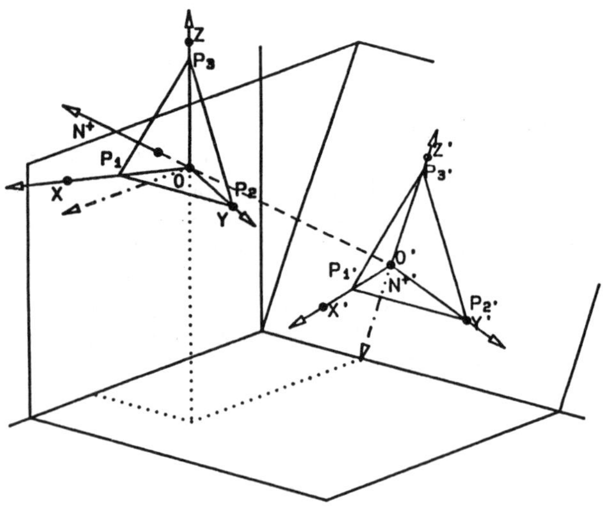

Fig. 4a

Die in wahrer Gestalt darzustellende Ebene sei durch ein Dreieck $P_1P_2P_3$ (mit Ecken auf den Koordinatenachsen) festgelegt. Die Figur 4a, die mit dem Programm KOOSYST (3.5) erzeugt ist, stellt in einem Schrägbild dar, wie das Koordinatensystem mit der Ebene auf eine Bildebene *senkrecht projiziert* wird.

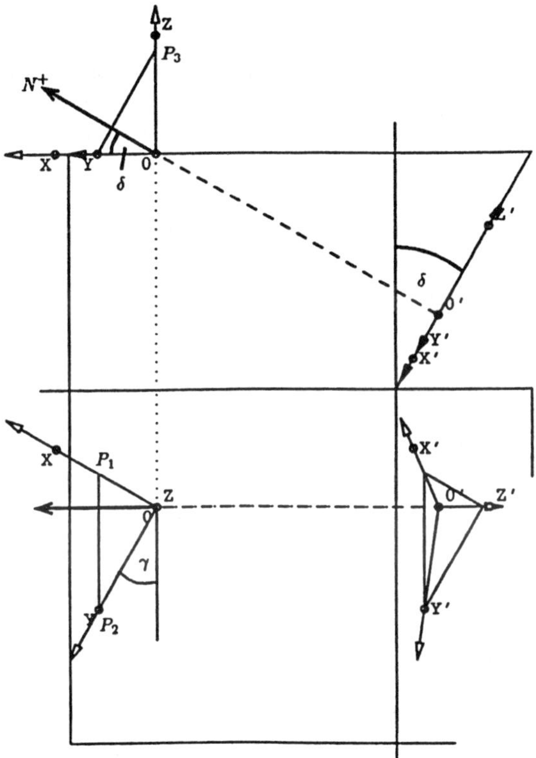

Fig. 4b

Die Ebene $P_1P_2P_3$ mit dem Koordinatensystem ist so weit um die z-Achse gedreht, daß ihre Schnittgerade P_1P_2 mit der x-y-Ebene zur Seitenrißebene parallel ist. Die Bildebene ist in eine zur Ebene $P_1P_2P_3$ parallele Lage gebracht. Somit haben Ebene und Bildebene einen *gemeinsamen Normalenvektor* N^+, dessen Richtung wegen der senkrechten Axonometire auch*Projektionsrichtung* ist.

Man betrachte dazu auch die Figur 4b, in welcher die Konfiguration von Fig. 4a in Grund- und Aufriß dargestellt ist und die für die Abbildung des Dreiecks maßgeblichen Urbildwinkel γ und δ eingezeichnet sind. (Wegen der

Orthogonalität der Projektion ist $\varepsilon = \delta, \eta = 0$.)

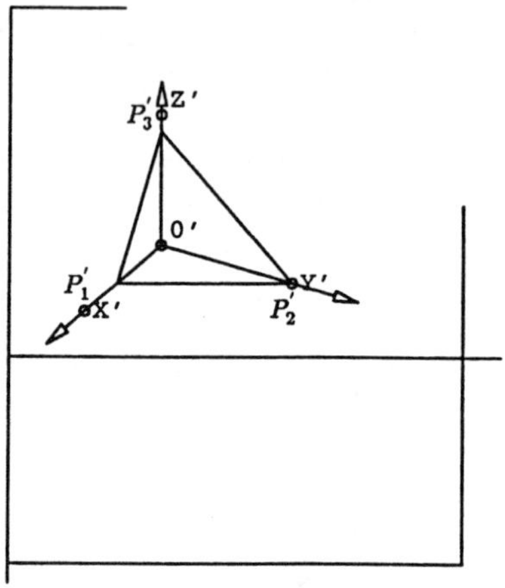

Fig. 4c

Als *Ergebnis* zeigt Fig. 4c das Projektionsbild $P_1'P_2'P_3'$ in *wahrer Gestalt* so, wie es bei Anwendung dieser Option auf dem Bildschirm entsteht. Zugleich werden dabei (in den „Statuszeilen") die Größen der Dreiecksseiten und der Innenwinkel angegeben.

Nachstehend wird das Verfahren kurz in *Formeln* beschrieben, die der Programmierung zugrunde liegen. Auf eine ausführliche Beschreibung des Algorithmus verzichten wir aus Platzgründen.

Die Winkel γ und δ hängen von den gegebenen Punkten P_1, P_2, P_3 der Ebene ab. Die Richtung des Normalenvektors N^+ ist gegeben durch $(d_x | -d_y | d_z)$, worin

$$d_x = \begin{vmatrix} y_{21} & y_{31} \\ z_{21} & z_{31} \end{vmatrix}; \quad d_y = \begin{vmatrix} x_{21} & x_{31} \\ z_{21} & z_{31} \end{vmatrix}; \quad d_z = \begin{vmatrix} x_{21} & x_{31} \\ y_{21} & y_{31} \end{vmatrix}$$

(vgl. dazu die Definition des *Vektorprodukts* in 2.2.5).
Wir berücksichtigen hier nur den „allgemeinen" Fall, in welchem $d_z \neq 0$ sowie $d_x^2 + d_y^2 \neq 0$. Die gegebene Ebene ist dann weder lotrecht noch waagerecht.

Man kann leicht zeigen, daß für die Winkel γ und δ folgendes gilt:

$$\tan\gamma = \frac{-d_y}{d_x}; \qquad \tan\delta = \frac{|d_z|}{\sqrt{d_x^2 + d_y^2}}.$$

γ und δ werden so festgesetzt, daß durch die Projektion die Ebene stets „von oben" betrachtet wird. Als Anwendungsbeispiel ist in 4.4 die Option auf Winkelgrößen anzuwenden.

4.2 Inzidenz. Parallelität

Für die Inzidenz zwischen Punkten und Geraden gilt in der räumlichen wie in der ebenen Geometrie, daß ein Punkt P bzw. Q entweder auf einer Geraden g oder außerhalb der Geraden liegt ($P \in g$, $Q \notin g$) und daß durch zwei verschiedene Punkte P, Q genau eine Gerade $PQ = g$ bestimmt ist. In der räumlichen Geometrie ist ferner die Inzidenz zwischen *Punkten und Ebenen* sowie zwischen *Geraden und Ebenen* zu betrachten.

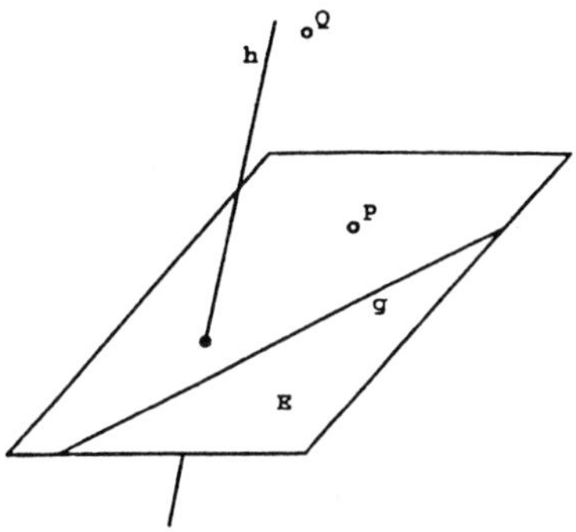

Fig. 4d

Ein Punkt P bzw. Q sowie eine Ebene $\mathbf{E}$ des Raumes können in der Beziehung $P \in \mathbf{E}$ bzw. $Q \notin \mathbf{E}$ stehen (Fig. 4d). Zwischen einer Geraden g bzw. h und einer Ebene $\mathbf{E}$ besteht eine der Beziehungen $g \subset \mathbf{E}$ oder $h \not\subset \mathbf{E}$ (Fig. 4d). Wir kommen auf diese beiden Fälle bei der Erörterung der Lagebeziehungen zwischen Gerade und Ebene zurück.

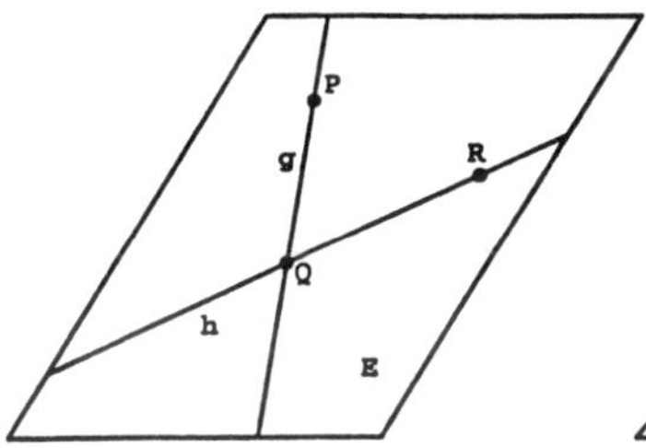

Fig. 4e

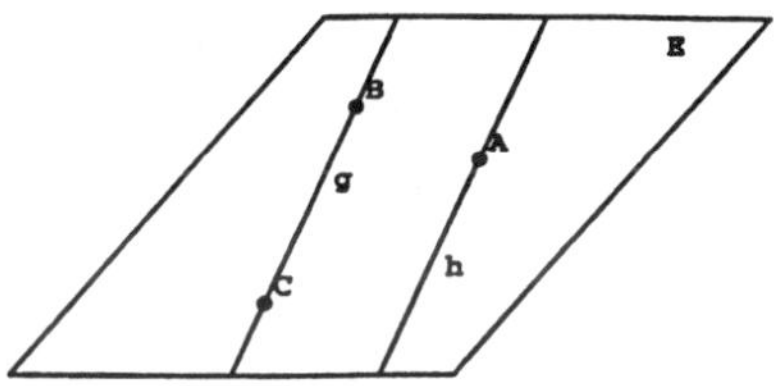

Fig. 4f

Gegeben seien zwei verschiedene, sich in einem Punkt schneidende Geraden g , h (Fig. 4e). Dann gibt es offensichtlich genau eine Ebene $\mathbf{E}$, die g und h enthält: Zwei verschiedene, in einem Punkt sich schneidende Geraden *„bestimmen genau eine Ebene“*. Sind drei verschiedene Punkte P, Q, R gegeben, die nicht alle auf einer Geraden liegen („nicht-kollinear“ sind), so sind nach den Inzidenzeigenschaften der ebenen Geometrie genau zwei verschiedene Geraden PQ, RQ bestimmt. Es gilt also der Satz:

Drei verschiedene nicht-kollineare Punkte bestimmen genau eine Ebene.

Zwei verschiedene Geraden, die keinen gemeinsamen Punkt haben, können, wie im Falle von Fig. 4f angenommen, eine Ebene bestimmen. Es *muß* aber keine Ebene existieren, in der beide Geraden enthalten sind. Dies ist bei der Definition der Parallelität zwischen Geraden im Raum zu berücksichtigen.

Die *Parallelität* von *Geraden* kann in der räumlichen Geometrie sinnvoll nur für solche Geraden definiert werden, die in derselben Ebene liegen. Zwei solche Geraden heißen parallel, wenn sie gleich sind oder keinen gemeinsamen Punkt haben. Die Parallelität von zwei verschiedenen Geraden bezieht sich also immer auf die von beiden Geraden bestimmte Ebene (vgl. wieder Fig. 4f):

> *Zwei parallele, voneinander verschiedene Geraden bestimmen genau eine Ebene.*

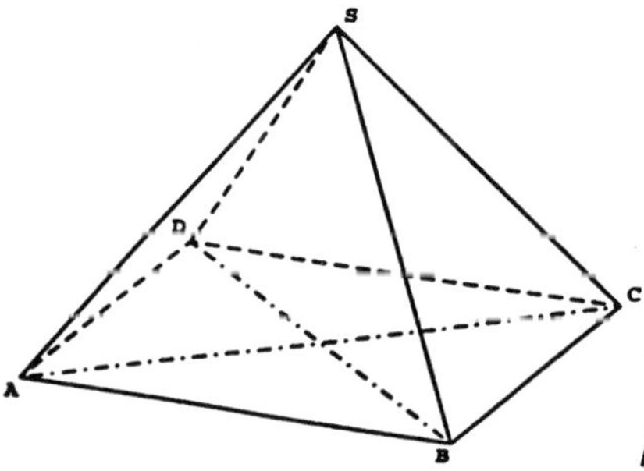

Fig. 4g

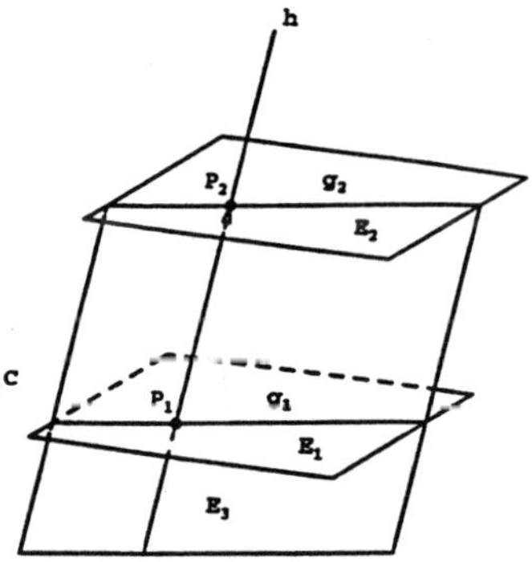

Fig. 4h

Während zwei verschiedene Geraden in einer *Ebene* entweder parallel sind oder sich in genau einem Punkt schneiden, gibt es im Raum den dritten Fall, daß zwei verschiedene Geraden *weder parallel* sind, *noch einen gemeinsamen Punkt* haben. Sie heißen dann **windschief**. Zum Beispiel trifft dieser Sachverhalt auf das Geradenpaar AS, BC in Fig. 4g zu. Am Beispiel der Pyramide kann man alle möglichen Lagebeziehungen zwischen zwei Geraden aufweisen:

- Die beiden Geraden schneiden einander (z. B. AB und AD),
- die beiden Geraden sind parallel (z. B. AB und DC),
- die beiden Geraden sind windschief (z. B. AB und SD).

Die Parallelität ist ferner zu definieren zwischen *zwei Ebenen* sowie zwischen *Ebene und Gerade* . Offensichtlich können zwei Ebenen in der Beziehung stehen, keinen gemeinsamen Punkt zu haben. Man denkt sich dazu eine Ebene $\mathbf{E_1}$ (Fig. 4h) durch den Vektor $V(P_1, P_2)$ ($P_1 \in \mathbf{E_1}$, $P_2 \notin \mathbf{E_1}$)

verschoben, wobei das Verschiebungsbild $\mathbf{E}_2$ keinen gemeinsamen Punkt mit $\mathbf{E}_1$ hat. In Analogie zur Parallelität von Geraden wird definiert:

$\mathbf{E}_1 \parallel \mathbf{E}_2$ genau dann, wenn $\mathbf{E}_1 \cap \mathbf{E}_2 = \emptyset$ oder $\mathbf{E}_1 = \mathbf{E}_2$.

Auch der entgegengesetzte Fall ist zu betrachten, daß zwei Ebenen im Raum *nicht parallel* sind, zum Beispiel die Ebene $\mathbf{E}_1$ und $\mathbf{E}_3$ in Fig. 4h. Denkt man sich die Ebene $\mathbf{E}_2$ um eine in ihr liegende Gerade g_2 gedreht, so erkennt man, daß die entstehende Ebene $\mathbf{E}_3$ die Ebene $\mathbf{E}_1$ in einer Geraden (g_1) schneidet. Für zwei *verschiedene Ebenen* kann also einer der beiden Fälle gelten:

- $\mathbf{E}_1$ ist zu $\mathbf{E}_2$ parallel;
- $\mathbf{E}_1$ und $\mathbf{E}_2$ haben eine Gerade gemeinsam.

Somit gilt der *Satz*:

Zwei zueinander nicht parallele Ebenen schneiden sich in einer Geraden.

Eine *Gerade g* kann mit einer *Ebene* **E** in einer der folgenden Lagebeziehungen stehen (Fig. 4h):

- g liegt in **E**, d. h. jeder Punkt von g ist ein Punkt der Ebene; Beispiel: $g_1 \subset \mathbf{E}_1$;
- g hat mit **E** genau einen Punkt gemeinsam; Beispiel: Die Gerade h und die Ebene $\mathbf{E}_1$ haben einen Schnittpunkt (Durchdringungspunkt) P_1 gemeinsam;
- g und **E** haben keinen gemeinsamen Punkt; Beispiel: Die Gerade g_2 hat mit $\mathbf{E}_1$ keinen gemeinsamen Punkt, weil sie in der zu $\mathbf{E}_1$ parallelen, von $\mathbf{E}_1$ verschiedenen Ebene $\mathbf{E}_2$ liegt.

Im ersten und dritten Fall heißt g zu **E** *parallel.* Man erkennt sofort: Ist $\mathbf{E}_1 \parallel \mathbf{E}_2$, so ist jede Gerade in $\mathbf{E}_2$ (in $\mathbf{E}_1$) zu $\mathbf{E}_1$ (zu $\mathbf{E}_2$) parallel.

Außer den möglichen Lagebeziehungen zweier Ebenen (s. o.) interessieren auch, z. B. bei der Verkettung von Ebenenspiegelungen sowie der geometrischen Deutung der Lösungsmenge eines Gleichungssystems mit drei Variablen, die *Lagebeziehungen von drei* (voneinander verschiedenen) *Ebenen.* Folgende *Sonderfälle* sind möglich:

- Die *drei Ebenen* sind zueinander *parallel* (Fig. 4i); es gibt also keine gemeinsamen Punkte zwischen den drei oder je zwei Ebenen.
- *Genau zwei* der drei Ebenen sind *parallel* (Fig. 4j). Jede von diesen hat dann mit der dritten eine Schnittgerade, und die beiden Schnittgeraden sind offensichtlich parallel; es gibt also keinen der drei Ebenen gemeinsamen Punkt.

- Die *drei Schnittgeraden* je zweier Ebenen sind sämtlich verschieden, jedoch zueinander *parallel* (Fig. 4k). Es gibt wieder keinen Punkt, der den drei Ebenen gemeinsam ist.

- Die Schnittgeraden je zweier Ebenen fallen sämtlich zusammen (Fig. 4l): Die drei Ebene haben *genau eine Gerade gemeinsam*.

Wir betrachten jetzt den „allgemeinen Fall“: Es seien *weder Ebenen noch Schnittgeraden parallel* (also auch nicht gleich). Dann gilt: **Die drei Ebenen haben genau einen gemeinsamen Punkt** (Fig. 4m).

Dies läßt sich anhand von Figur 4n so begründen: Die Schnittgerade von $\mathbf{E_1}$ und $\mathbf{E_2}$ sei g_{12}, die von $\mathbf{E_1}$ und $\mathbf{E_3}$ bzw. $\mathbf{E_2}$ und $\mathbf{E_3}$ sei g_{13} bzw. g_{23}. Da nach Voraussetzung keine Schnittgeraden gleich sind, gibt es einen Schnittpunkt S von g_{12} und g_{13}, der in Fig. 4n eingezeichnet ist.

Es gilt nun $S \in \mathbf{E_1}$ und $S \in \mathbf{E_3}$. Da ferner $S \in g_{12}$ und $g_{12} \subset \mathbf{E_2}$, gilt auch $S \in \mathbf{E_2}$. Der Punkt liegt somit als gemeinsamer Punkt von $\mathbf{E_2}$ und $\mathbf{E_3}$ auch auf g_{23}: Die *drei Schnittgeraden* gehen *durch einen Punkt*, somit *auch die drei Ebenen* selbst. Es gibt auch keinen weiteren gemeinsamen Punkt aller drei Ebenen, weil je zwei Schnittgeraden verschieden sind und daher nicht mehr als einen gemeinsamen Punkt haben können . —

Die *Inzidenzbeziehungen* sollen jetzt auch *konstruktiv erfaßt* werden. Die Konstruktion der Schnittgebilde von Gerade und Ebene sowie von zwei Ebenen ist Gegenstand des Abschnitts 5.2. In den nachstehenden Konstruktionsübungen geht es um die *Inzidenz von Punkt und Ebene* (Übung 4.01), von *Gerade und Ebene* (Übungen 4.02, 4.03) und die *Parallelität von Ebenen* (Übung 4.04).

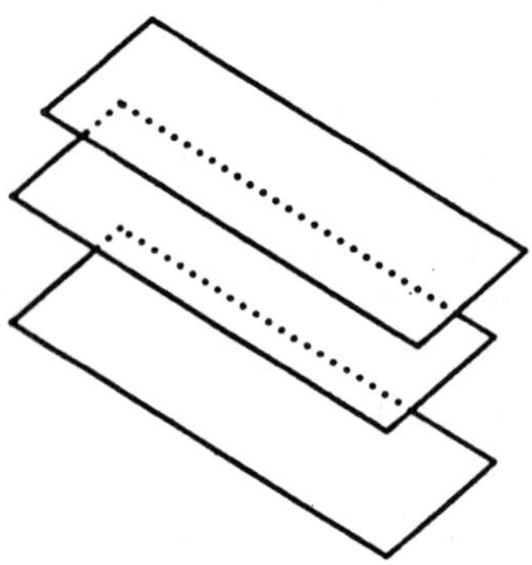

Fig. 4i

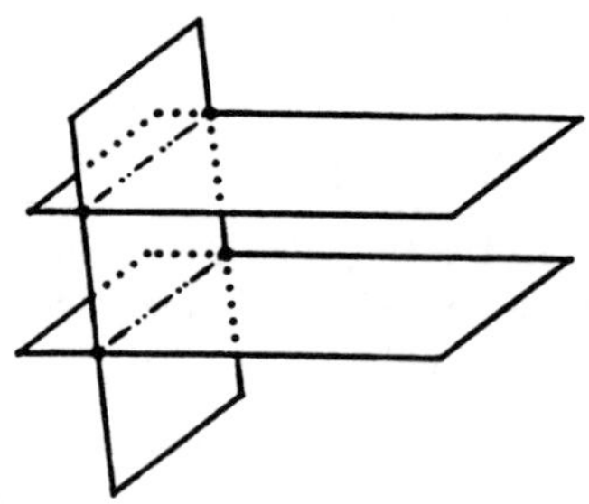

Fig. 4j

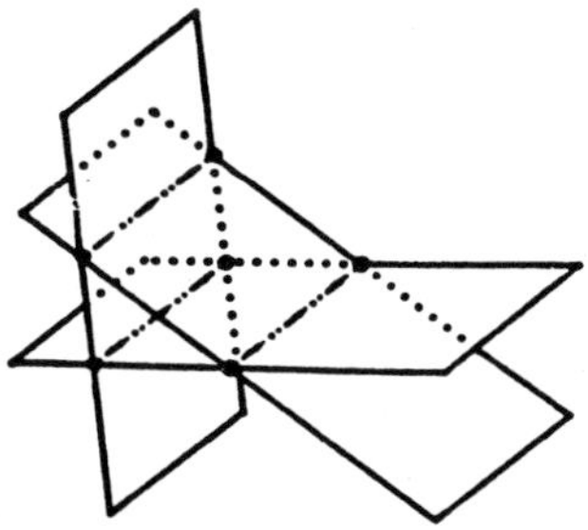

Fig. 4k

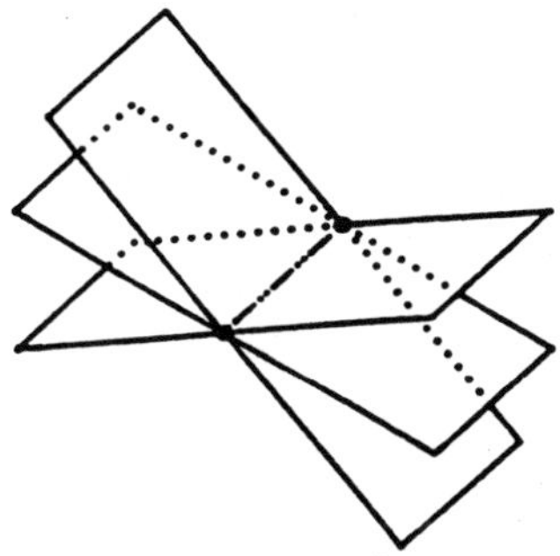

Fig. 4l

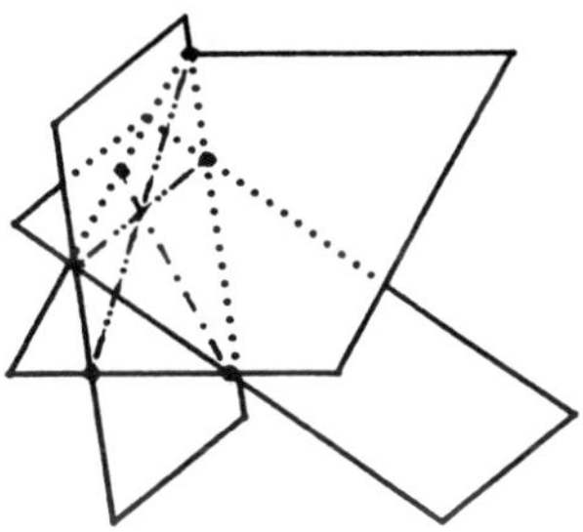

Fig. 4m

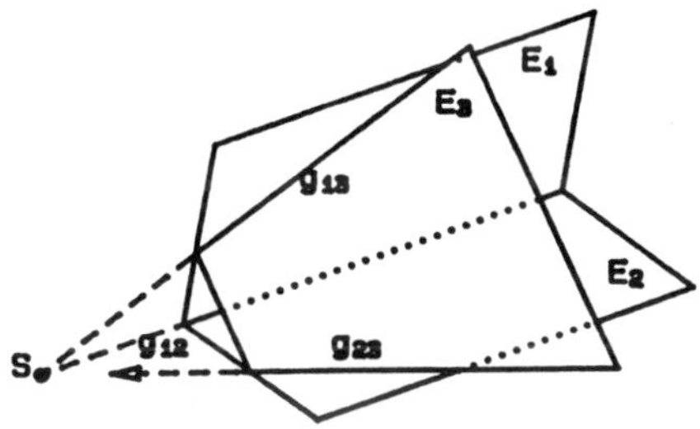

Fig. 4n

Übung 4.01

Gegeben sind die beiden Halbgeraden P_1P_2, P_1P_3 mit

$$P_1 = (5|3|3.5),\ P_2 = (0|0.5|4.5),\ P_3 = (1|5|1.5) \quad (Fig.4.01).$$

Ein Punkt P auf der durch die beiden Halbgeraden gegebenen Ebene ist durch seinen Aufriß P'' gegeben: $x_p = 2$; $z_p = 3$. Man bestimme seinen Grundriß P'.

a) Lösung durch Konstruktion. Anleitung: Man verwende eine beliebige, durch P verlaufende Gerade der Ebene, z. B. P_2P. (Man kann auch die Höhenlinie durch P wählen; vgl. Übung 3.08).

b) Lösung durch Rechnung (Ebenengleichung!). Mit der Lösung für y_p kontrolliere man die konstruktive Lösung in a). (Lösung s. Anhang)

Zusatz: Eine Lösung der Konstruktion in a) läßt sich unter KOERPER abrufen unter dem Namen Ü 401 L (Zeichenempfehlung: Militärprojektion mit $\alpha = 0°$).

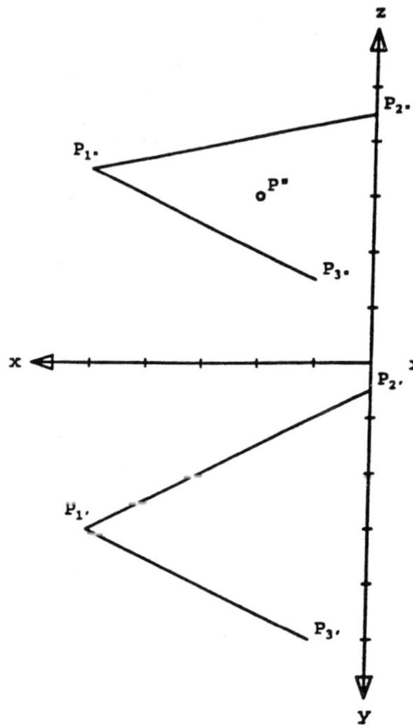

Fig. Ü 401

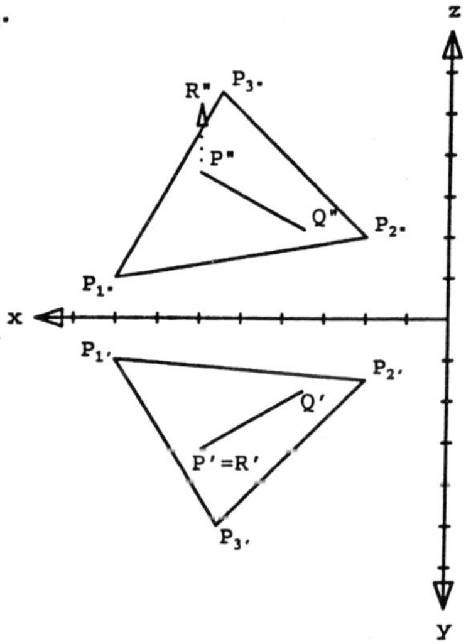

Fig. Ü 402

Übung 4.02

Gegeben sind eine Ebene $P_1P_2P_3$ sowie eine Strecke PQ (Fig. Ü 402).

a) Man weise nach, daß P und Q (und damit die gesamte Strecke PQ) in der gegebenen Ebene E liegen (vgl. die Konstruktion in Übung 4.01).

b) Gegeben ist ein weiterer Punkt R, dessen Grundriß R′ mit P′ übereinstimmt. Man zeichne die Gerade RQ. Welche Lagebeziehung hat die Gerade RQ zur Ebene $P_1P_2P_3$? Begründung!

c) Man zeichne eine Gerade RS, die zur Ebene $P_1P_2P_3$ parallel ist. Dabei sei $S' = Q'$. Anleitung: Man wende auf PQ eine geeignete Verschiebung an.

Zusatz: Lösungen der Aufgabenteile a) - c) lassen sich unter KOERPER abrufen mit den Körpernamen Ü 402 aL bzw. bL bzw cL. (Zeichenempfehlung: Militärprojektion mit $\alpha = 0°$). Man vergleiche auch die Lösungshinweise im Anhang.

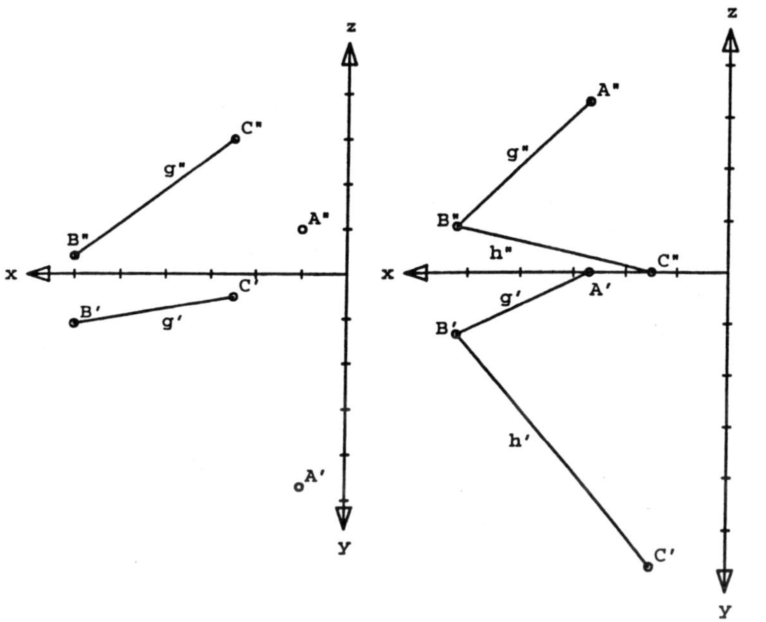

Fig. Ü 403

Übung 4.03

In Fig. Ü 403 sind auf zwei verschiedene Arten Ebenen gegeben. Man gebe in jedem der Fälle eine „Dreiecksdarstellung" der Ebene. Anhand der Dreiecksdarstellung konstruiere man jeweils die Grundriß- und Aufrißspur der Ebene (vgl. Übung 2.29).

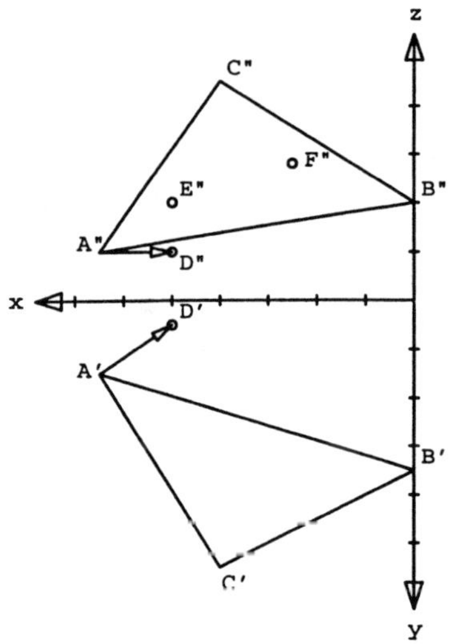

Fig. Ü 404

Übung 4.04

Gegeben ist eine Ebene $\mathbf{E_1}$ *durch die Punkte* $A = (6.5|1.5|1)$, $B = (0|3.5|2)$, $C = (4|5.5|4.5)$. *Gegeben sind ferner der Punkt* $D = 5|0.5|1)$ *sowie zwei Punkte* E, F *von* $\mathbf{E_1}$ *durch ihre Aufrisse* $E'' = (5|0|2)$, $F'' = (2.5|0|2.8)$ *(Fig. Ü 404).*

a) *Man zeichne eine zu* $\mathbf{E_1}$ *parallele Ebene* $\mathbf{E_2}$. *Dazu verwende man den Verschiebungsvektor* $V(A, D)$.

b) *Man zeichne eine Ebene* $\mathbf{E_3}$, *die* $\mathbf{E_1}$ *in der Geraden* EF *schneide. Anleitung: Man bestimme die Grundrisse* E', F' *und wähle* E, F *als Punkte von* $\mathbf{E_3}$. *Als dritten Punkt von* $\mathbf{E_3}$ *nehme man einen nicht in* $\mathbf{E_1}$ *liegenden Punkt* G.

c) *Mit dem Programm KOERPER stelle man Lösungsfiguren zu a) und b) her.*

4.3 Orthogonalität. Programm EbOrthGe

Auch die *Orthogonalität* ist in der Geometrie des Raumes zwischen Geraden, zwischen Gerade und Ebene sowie zwischen Ebenen zu definieren. In der *ebenen* Geometrie heißen zwei Geraden g, h zueinander senkrecht, wenn die von ihnen gebildeten Winkel sämtlich gleich groß sind, nämlich 90° betragen. Dabei ist es selbstverständlich, daß die Geraden sich in einem Punkt schneiden. In der *räumlichen* Geometrie sind die beiden Fälle $g \cap h \neq \emptyset$ und $g \cap h = \emptyset$ zu unterscheiden. Im ersten Fall, in dem g und h sich schneiden, also in derselben Ebene liegen, wird das *Senkrechtstehen* wie in der ebenen Geometrie definiert.

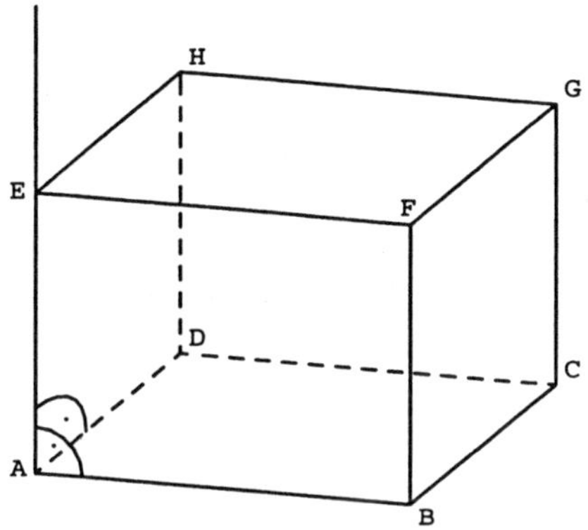

Fig. 4o

Es ist zweckmäßig, auch im zweiten Fall, also für windschiefe Geraden, die Orthogonalität zu definieren: Zwei *windschiefe Geraden* g, h heißen *zueinander senkrecht*, wenn es eine Parallele zu g gibt, die h schneidet und zu h senkrecht ist. (Es gibt dann auch eine Parallele zu h, die g schneidet und zu g senkrecht ist.) Zwei windschiefe, zueinander senkrechte Geraden sind zum Beispiel die Kantengeraden AE und CD am Quader in Fig. 4i.

Es ist nun zu klären, wie man die Orthogonalität zwischen einer *Geraden* und einer *Ebene* zweckmäßig definiert. Die Definition sollte es ermöglichen, im Sinne der ***konstruktiven*** Raumgeometrie zu einer gegebenen Ebene eine Senkrechte zu ***konstruieren*** (Übungen 4.05 und 4.06 (s. u.)). Beispielsweise wird man die Kantengerade AE in Fig. 4i „zur Grundfläche $ABCD$ senkrecht" nennen. —

Bei der folgenden Erarbeitung des Begriffs der Orthogonalität zwischen einer Ebene und einer Geraden folgen wir dem Prinzip, diesen Begriff auf den der Orthogonalität zwischen Geraden *zurückzuführen*.

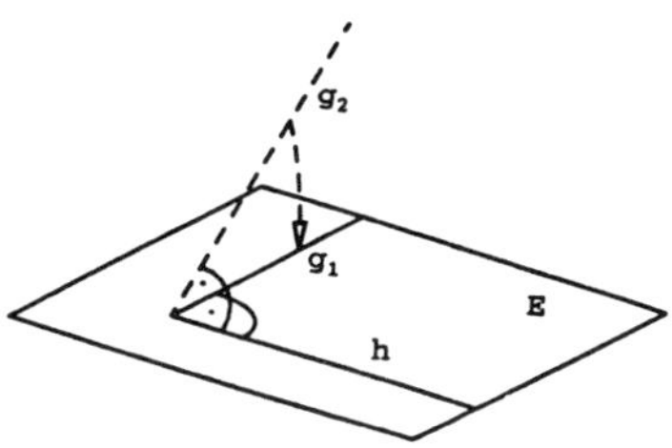

Fig. 4p

Soll z. B. die Gerade g_2 in Fig. 4j zur Ebene **E** „orthogonal" sein, so genügt es offenbar nicht, daß g_2 zu einer Geraden von **E**, z. B. der Geraden h orthogonal ist. Denkt man sich nämlich das Geradenpaar (g_2, h) um h gedreht, so daß zum Beispiel g_2 auf g_1 fällt, so wird ganz offensichtlich, daß g_2 zu **E** nicht senkrecht sein kann.

Denkt man sich jedoch das aus den drei Kanten AB, AD und AE in Fig. 4i bestehende „Dreibein“ um AE gedreht, so wird erkannt, daß AE auf jeder Geraden der Grundebene senkrecht steht, oder allgemein:

Ist eine Gerade zu zwei nicht parallelen Geraden einer Ebene senkrecht, so ist sie zu jeder Geraden der Ebene senkrecht.

Es ist also sinnvoll zu definieren:

Eine **Gerade** g heißt zu einer **Ebene senkrecht**, wenn g zu (mindestens) *zwei nicht parallelen Geraden* von **E** senkrecht ist.

Soll zu einer gegebenen Ebene eine Senkrechte *konstruiert* werden, so wird man sie als gemeinsame Senkrechte von zwei (zueinander nicht parallelen) Geraden der Ebene zeichnen. Hierzu werden wir nachstehend *Konstruktionsaufgaben* geben und ein entsprechendes konstruktives Programm einführen.

Übung 4.05

Gegeben sind eine Ebene **E** *durch die Punkte*

$$P_1 = (0|0|2.5),\ P_2 = (2.5|1|1.5),\ P_3 = (0.5|3|0.5)$$

sowie ein weiterer Punkt $P_4 = (0.75|1.6|1.36)$ *der Ebene.*

a) Man stelle **E** *sowie* P_4 *in Grund- und Aufriß dar und konstruiere in beiden Rissen Höhen- und Frontlinie von* **E** *durch* P_4. *(Gemäß den Übungsaufgaben 3.07 und 3.08 läßt sich kontrollieren, daß* P_4 *auf* **E** *liegt!).*

b) Mit Hilfe der Höhen- und Frontlinie zeichne man die Senkrechte zu **E** *durch* P_4 *(„Ebenennormale“). Dabei wende man folgende Sätze an:*

I. Ist eine Gerade zu zwei nicht parallelen Geraden einer Ebene senkrecht, so ist sie zur Ebene senkrecht (vgl. Definition der Orthogonalität von Gerade und Ebene).

II. Die senkrechte Projektion eines rechten Winkels, von dem mindestens ein Schenkel zur Bildebene parallel und kein Schenkel zur Bildebene senkrecht ist, ist ein rechter Winkel. (Zur anschaulichen Bestätigung denke man sich ein Geodreieck entsprechend projiziert.)

Auf dem angegebenen Lösungsweg läßt sich somit eine Ebenennormale im Grund- und Aufriß-Bild sehr einfach konstruieren. Der diesem Lösungsweg entsprechende mathematische *Algorithmus* wurde zum *Programm* **EbOrthGe** entwickelt, dessen Einführung sich hier empfiehlt (vgl. A.1.7).

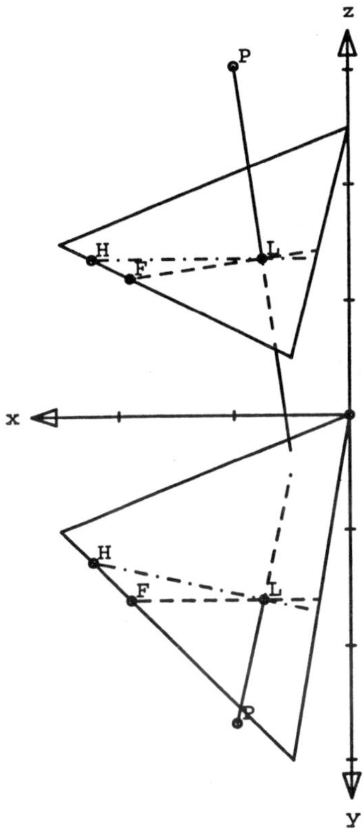

Fig. Ü 405_1

Wie das Eingangsmenue des Programms zeigt, lassen sich mit EbOrthGe folgende drei Grundaufgaben lösen:

Zeichnen der Normale zu einer Ebene durch einen Punkt:

(1) Der Punkt *L* liegt auf der Ebene

(2) Der Punkt *P* liegt beliebig

(3) Zeichnen der Normalebene zu einer Geraden durch einen Grundrißpunkt *L*.

Die obige Übung 4.05 ist vom Typ (1). Zur Kontrolle der „von-Hand-Lösung“ der Aufgabe kann das Programm eingesetzt werden. Als Lösungsfigur erhält man das Grundriß-Aufriß-Bild von Fig. Ü 405_1 bzw. ein Schrägbild wie in Fig. Ü 405_2.

Die Figur Ü 405_2 hat den Vorteil, daß die Ebenennormale *LP* sowie die beiden dazu senkrechten „Hilfslinien“ *räumlich* sichtbar sind. Allerdings ist kaum erkennbar, daß *LH* eine *Höhenlinie* (also zur Grundrißebene parallel) und LF eine *Frontlinie* (also zur Aufrißebene parallel) ist. Dies geht deutlicher aus dem Konstruktionsbild der Figur Ü 405_2 hervor.

Anmerkung: Da im Fall (1) der gegebene Punkt *L* („Lotfußpunkt“) auf der Ebene liegt, brauchen nur x_L und y_L eingegeben zu werden; die Koordinate

z_L bestimmt das Programm aufgrund der Bedingung $L \in \mathbf{E}$ selbsttätig. —

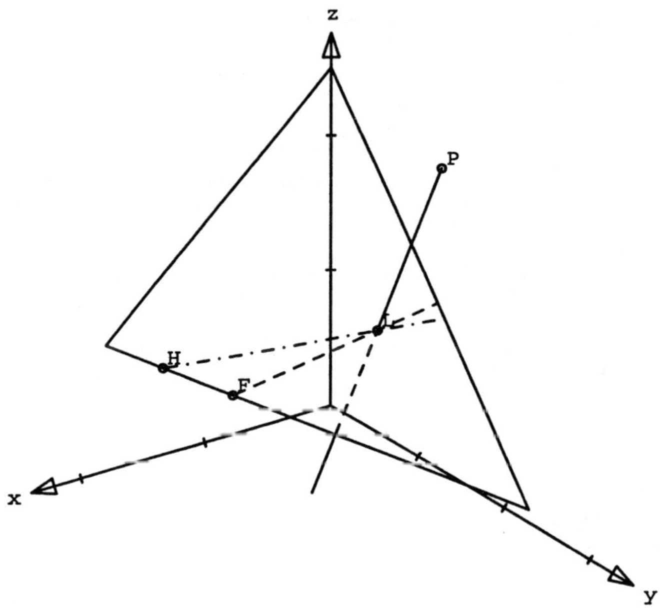

Fig. Ü 405_2

Das Programm zeigt, wenn gewünscht, auf Tastendruck die einzelnen Konstruktionsschritte. Nach Darstellung der gesuchten Ebenennormale erscheinen in der Statuszeile die Koordinaten von L sowie einem weiteren Punkt P der Normale. —

Ein Beispiel für Aufgaben vom Typ (2), bei welchem der gegebene Punkt P nicht auf $\mathbf{E}$ zu liegen braucht („Lot von P auf $\mathbf{E}$"), ist die

Übung 4.06

Gegeben sind eine Ebene $\mathbf{E}$ *durch die Punkte* $P_1 = (0|4|3)$; $P_2 = (1.5|1|4.5)$; $P_3 = (4|5|0.5)$ *sowie ein Punkt* $P_4 = (2.5|3.5|4)$.

Man konstruiere die Senkrechte zu $\mathbf{E}$ *durch* P_4.

Lösungshinweis: P_4 liegt nicht in der Ebene $\mathbf{E}$. Da alle Höhenlinien (alle Frontlinien) untereinander parallel sind, kann die gesuchte Ebenennormale auch in diesem Falle als gemeinsame Senkrechte zu einer Höhen- und einer Frontlinie bestimmt werden. Man zeichnet zweckmäßig Höhen- und

Frontlinie durch einen *beliebigen Punkt* S der Ebene und die gesuchte Ebenennormale als Parallele zu der durch S verlaufenden Ebenennormale (vgl. Übung 4.05).

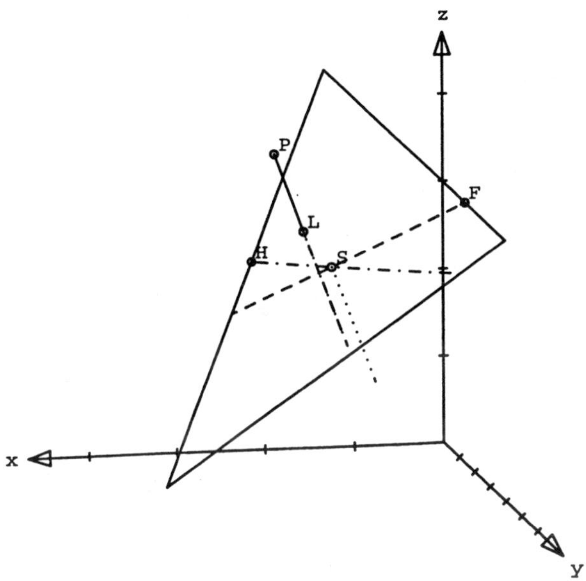

Fig. Ü 406

Die Konstruktion erfolgt natürlich wieder im Grundriß-Aufriß-Bild, das sich mit dem Programm EbOrthGe kontrollieren läßt. Fig. Ü 406 zeigt als Anschauungsfigur ein axonometrisches Bild, das zu Übung 4.06 vom Programm erzeugt ist. – Als Punkt der Ebene bestimmt das Programm den Schwerpunkt S des Dreiecks $P_1P_2P_3$ (was im übrigen aber ohne Belang ist). Wichtig ist jedoch: Das Programm gibt auch den „Lotfußpunkt" L, d. h. den Durchdringungspunkt der Ebenennormale mit der Ebene **E** aus, und zwar zeichnerisch sowie koordinatenmäßig.

Die Bestimmung von L ist in Übung 4.06 *nicht gefordert*. Die Konstruktion des Durchdringungspunktes einer Geraden mit einer Ebene wird als weitere wichtige Konstruktionsaufgabe in 5.2 behandelt. –

Die folgende Aufgabe kann als *Umkehraufgabe* zu den beiden vorangehenden Aufgaben aufgefaßt werden: Zu gegebener Gerade ist eine *Normalebene gesucht*. Mit dem Programm EbOrthGe wird diese Aufgabe als Typ (3) gelöst. Fig. Ü 4.07 zeigt die Lösung im G-A-Bild (die vom Programm auf Tastendruck *schrittweise* ausgegeben wird). Die Aufgabe lautet:

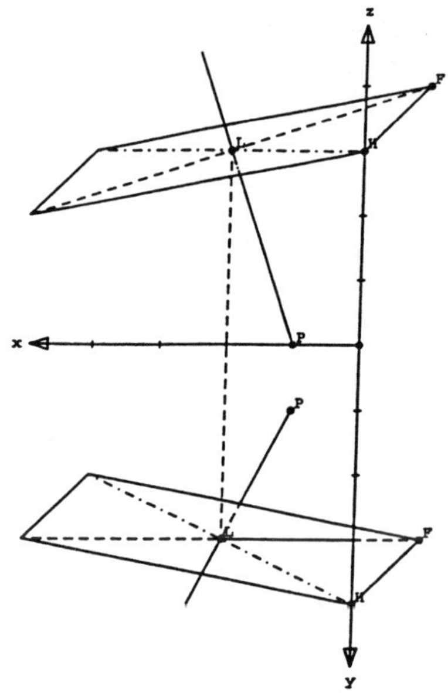

Fig. Ü 407

Übung 4.07

Gegeben ist eine Gerade g durch die Punkte $P_1 = (2|3|3)$; $P_2 = (1|0|0)$. Gesucht ist die zu g senkrechte Ebene **E** *durch P_1.*

Lösungshinweis: Man zeichne von der gesuchten Normalebene Höhen- und Frontlinie durch den gegebenen Punkt $P_1 = L$. Zur anschaulicheren Darstellung der Ebene wähle man auf der Höhen- und Frontlinie je einen Punkt P_3 bzw. P_4 und bestimme ihre Spiegelpunkte P_3', P_4' bezüglich P_1. Die Normalebene stelle man dann dar als Parallelogramm $P_3P_4P_3'P_4'$. —

Es ist schließlich die **Orthogonalität zwischen Ebenen** zu definieren. In Fig. 4q ist angenommen, daß g eine in $\mathbf{E_1}$ liegende Gerade ist und $\mathbf{E_2}$ zwei verschiedene Geraden h, k enthält, für die gilt: $h \perp g$ und $k \perp g$.

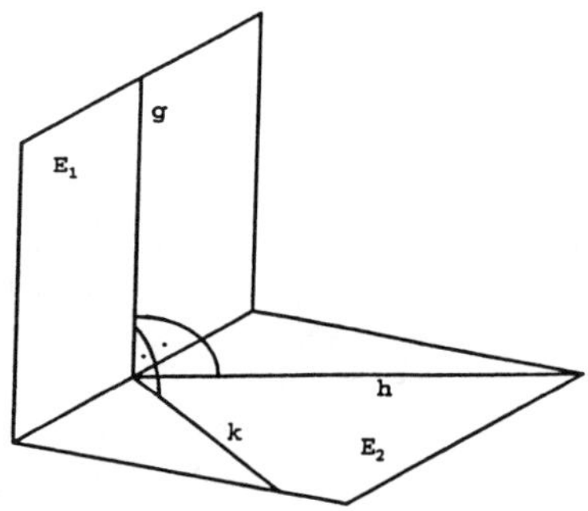

Fig. 4q

Nach der Definition der Orthogonalität zwischen Gerade und Ebene (s. o.) gilt somit: $g \perp \mathbf{E_2}$. Wenn es eine solche Gerade g in einer Ebene $\mathbf{E_1}$ gibt, heißt $\mathbf{E_1}$ zu $\mathbf{E_2}$ orthogonal:

> Eine *Ebene* $\mathbf{E_1}$ heißt *zu einer Ebene* $\mathbf{E_2}$ *senkrecht, wenn es in* $\mathbf{E_1}$ (mindestens) eine *Gerade g gibt*, die *zu* $\mathbf{E_2}$ *senkrecht* ist.

4.4 Winkel im Raum

Während in der *ebenen* Geometrie Winkel und Winkelmaß zwischen *Halbgeraden* definiert werden, verwendet man in der *räumlichen* Geometrie, besonders der darstellenden Geometrie, bevorzugt den Begriff des Winkels zwischen zwei Geraden und des zugehörigen Winkelmaßes. Unter dem Maß eines Winkels zwischen zwei *sich schneidenden Geraden* versteht man das Maß des *nicht stumpfen Winkels*, der von *zwei* auf der Geraden liegenden *Halbgeraden* gebildet wird (Fig. 4r).

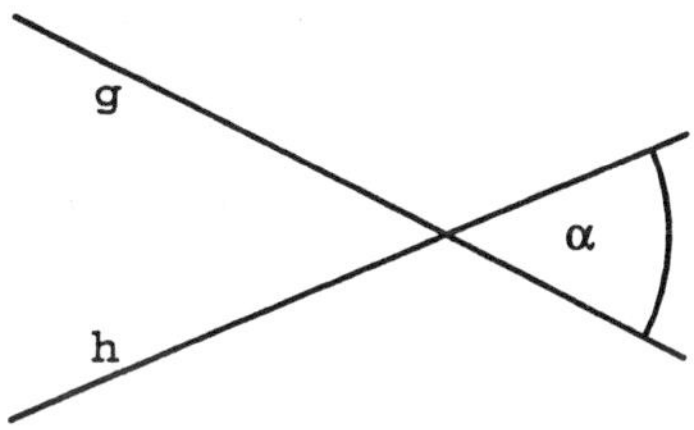

Fig. 4r

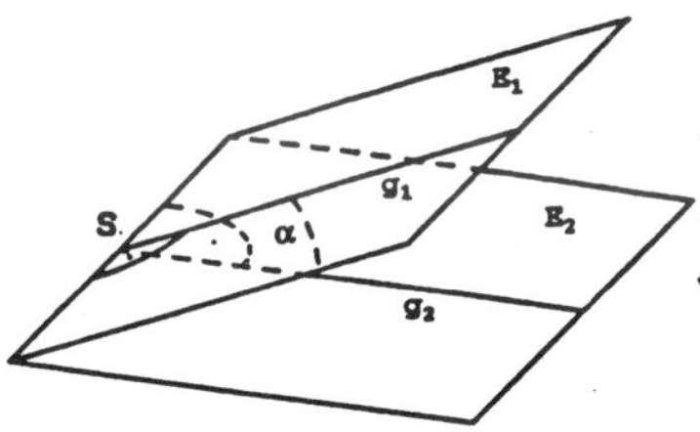

Fig. 4s

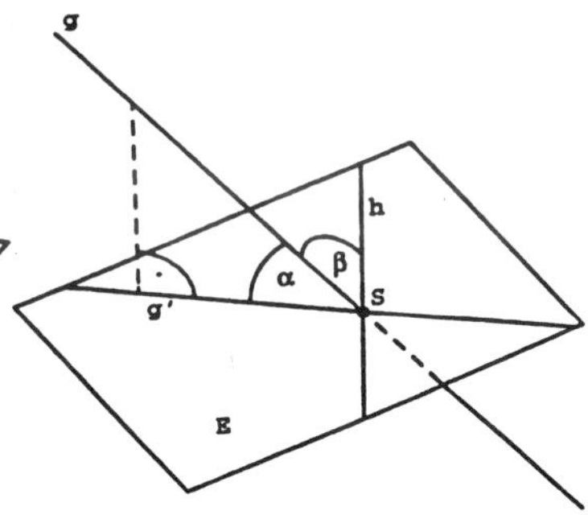

Fig. 4t

Auch für *windschiefe Geraden* g, k kann ein Winkelmaß definiert werden. Man hat hierunter das Maß des Winkels zwischen g und einer Geraden k', die zu k parallel ist und g schneidet, zu verstehen (vgl. die Orthogonalität zwischen windschiefen Geraden in 4.3). —
Der Begriff des *Winkels zwischen zwei Ebenen* $\mathbf{E_1}$ und $\mathbf{E_2}$ wird auf den Winkelbegriff für Geraden zurückgeführt. Zunächst sollte erkannt werden, daß dazu nicht beliebige, in $\mathbf{E_1}$ und $\mathbf{E_2}$ liegende Geraden gewählt werden dürfen. Ist S ein Punkt auf der Schnittgeraden von $\mathbf{E_1}$ und $\mathbf{E_2}$ (Fig. 4s) und nimmt man verschiedene, durch S gehende Geraden an, die in $\mathbf{E_1}$ bzw.

$\mathbf{E_2}$ liegen, so bilden diese jeweils verschieden große Winkel, bestimmen also nicht eindeutig ein Winkelmaß für das Ebenenpaar $\mathbf{E_1}$, $\mathbf{E_2}$. Sind jedoch g_1, g_2 diejenigen Geraden, die auf der Schnittgeraden senkrecht stehen, so ist ihr Winkel α und damit der Winkel zwischen $\mathbf{E_1}$ und $\mathbf{E_2}$ eindeutig bestimmt.

> Man versteht also unter dem *Winkel zweier Ebenen* $\mathbf{E_1}$, $\mathbf{E_2}$ den Winkel zweier Geraden g_1, g_2, für die gilt: g_1 und g_2 sind ein Paar sich schneidender Geraden in $\mathbf{E_1}$ bzw. $\mathbf{E_2}$, die zu der Schnittgerade von $\mathbf{E_1}$ und $\mathbf{E_2}$ senkrecht sind. –

In manchen Zusammenhängen ist es zweckmäßiger, den Winkel zwischen zwei *Ebenennormalen* zu erklären, d. h. zwischen je einer Senkrechten zu $\mathbf{E_1}$ bzw. $\mathbf{E_2}$. Offensichtlich ist das so erklärte Winkelmaß mit dem anderen identisch. Es ist zugleich das Maß des (kleineren) Drehwinkels, mit welchem eine der beiden Ebenen um die Schnittgerade in die andere Ebene gedreht wird. —

> Unter dem *Winkel zwischen einer Ebene* $\mathbf{E}$ *und einer Geraden* g versteht man den Winkel zwischen g und der senkrechten Projektion g' der Geraden g in die Ebene $\mathbf{E}$ (Fig. 4t).

Der so definierte Winkel α ist der kleinste Winkel, den g mit irgendeiner in $\mathbf{E}$ gelegenen Geraden bildet. (Zur Erläuterung ist in Fig. 4t, eine von g' verschiedene Gerade h eingezeichnet, welche mit g einen größeren Winkel β bildet.)

Oft soll einer Figur die Größe eines Winkels, z. B. zwischen einer Geraden und einer Ebene, entnommen werden. Eine Grundaufgabe der konstruktiven Raumgeomerie ist daher, einen *Winkel im Raum*, der ja i. allg. verzerrt erscheint, *in wahrer Gestalt* zu konstruieren. Einfache Beispiele hierzu wurden in den Übungen 2.26 und 2.27 (Abschnitt 2.3) gegeben. Anstelle einer *konstruktiven* Lösung sollen in der folgenden Übung Winkelgrößen durch Anwendung der Option *„Projektion einer Ebene in wahrer Gestalt“* mit dem Programm KOERPER ermittelt werden.

Übung 4.08

Die Figur Ü 4.08 zeigt das Walmdachhaus der Übung 2.26. Die bezeichneten Ecken haben folgende Koordinaten:

$$\begin{aligned} E &= (1|1.3|3),\ F = (6|1.5|3), \\ G &= (6|5.5|3),\ H = (1|5.5|3) \\ I &= (5|3.5|4.5)\ J = (2|3.5|4.5). \end{aligned}$$

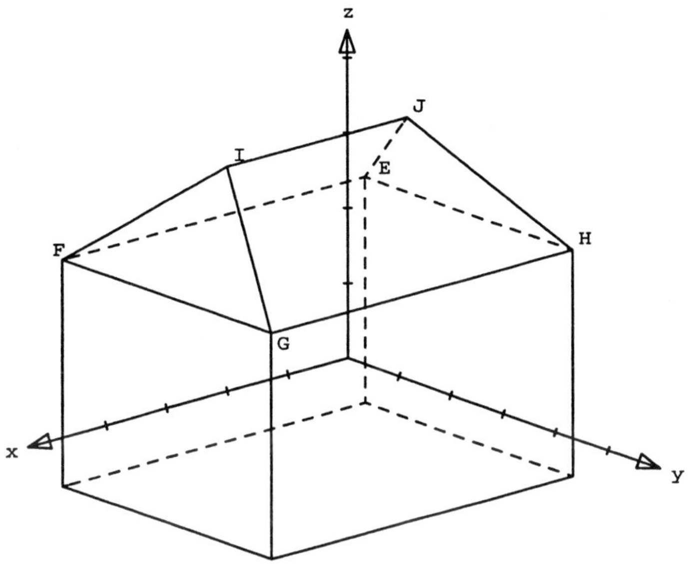

Fig. Ü 408

Durch Anwendung der „Projektion in wahrer Gestalt" sollen mit dem Programm KOERPER folgende Winkel gemessen werden:

a) Winkel δ zwischen den Kanten FG und FI

b) Winkel ε zwischen den Dachflächen EFIJ und GHJI

c) Winkel α zwischen der Kante FI und der Dach-Grundfläche (vgl. dazu Übung 2.2.6a).

Anleitung: Um eine ebene Figur in wahrer Gestalt zu projizieren, hat man unter KOERPER drei nicht-kollineare Punkte der Ebene dieser Figur einzugeben. — Bei einem Winkel zwischen zwei Ebenen bzw. einer Geraden und einer Ebene beachte man ihre Definition als Winkel zwischen zwei Geraden. — (Hinweise s. im Anhang)

5 Weitere raumgeometrische Aufgaben

In diesem Kapitel werden einige raumgeometrische Konstruktionsaufgaben, die für die konstruktive Raumgeometrie grundlegende Bedeutung haben, unter Beschränkung auf die wichtigsten Probleme behandelt. Einige Aufgabentypen, die in bisherigen Kapiteln sporadisch auftraten, werden hier systematisch eingeordnet.
Aus der Darstellenden Geometrie ist die Unterscheidung raumgeometrischer Aufgaben nach „*Lage-*" und „*Maßaufgaben*" bekannt. Dieses Einteilungsprinzip wollen wir hier - trotz seines äußerlichen Charakters - zwecks klarerer Gliederung beibehalten. Bei den Lageaufgaben (5.2) geht es um die *räumlichen Beziehungen* zwischen Punkten, Linien und Flächen (insbesondere Ebenen), bei den Maßaufgaben (5.3) um die Gewinnung der *wahren Größe* von Strecken, Winkeln und ebenen Flächen. In Abschnitt 5.4 werden ebene Schnitte durch Polyeder konstruiert, wobei ebenso Probleme der „Lage" wie auch des „Maßes" zum Tragen kommen.
Bei den raumgeometrischen Aufgaben dieses Kapitels kann in größerem Maße der *Computer* unterstützend eingesetzt werden. Für Schnittprobleme zwischen Geraden, Ebenen und Polyedern werden spezifische *konstruktive Programme* bereitgestellt. Den Ausgangspunkt bildet die analytische Betrachtung der Lagebeziehungen von Geraden und von Ebenen sowie einer Geraden mit einer Ebene (5.1).

5.1 Lagebeziehungen zwischen Geraden und Ebenen. Programm SEbGer

In diesem Abschnitt soll die Behandlung der *Inzidenzbeziehungen* für Geraden und Ebenen (4.1) weitergeführt werden. Zur *konstruktiven* und *rechnerischen* Erfassung der Lagebeziehungen ist das Programm **SEbGer** geschaffen (vgl. A.1.7). Es ist unterteilt in die drei Grundfälle der Lagebeziehungen zwischen

- Ebene und Gerade,
- zwei Geraden und
- zwei Ebenen.

Auf den Prozeduren dieses Programms bauen weitere Programme auf, insbesondere das in 5.2 einzuführende Programm SPoly. Die Prozeduren selbst basieren auf den *Gleichungssystemen* zur Bestimmung der jeweiligen Schnittmengen. Als Beispiele für Algorithmen, die einem Grafikprogramm zugrunde liegen, werden die *Lösungen der Gleichungssysteme* im Anhangteil A.2 in *algorithmischer Form* entwickelt.

Im folgenden werden in den drei Grundfällen die weiteren Fallunterscheidungen (in vektorieller Form) vorgenommen und die Programmoptionen beschrieben.

Lagebeziehungen zwischen zwei Geraden

Die beiden Geraden sind durch je zwei verschiedene Punkte festzulegen:

$$g: \; P_1 = (x_1|y_1|z_1), \;\; P_2 = (x_2|y_2|z_2)$$
$$h: \; P_1' = (x_1'|y_1'|z_1'), \;\; P_2' = (x_2'|y_2'|z_2').$$

Dadurch ist je ein *Richtungsvektor* bestimmt:

$$g: \; P_{21} = P_2 - P_1; \;\; h: P_{21}' = P_2' - P_1'.$$

Gemäß den Figuren 5a – 5d lassen sich die verschiedenen Inzidenzfälle folgendermaßen beschreiben, wobei abkürzend $P_1' - P_1 = P_{11}'$ gesetzt ist:

g und h *schneiden sich* (Fig. 5a):

P_{21}, P_{21}' sind unabhängig; P_{11}' ist von P_{21}, P_{21}' abhängig. (1)

g und h sind *parallel*, aber *verschieden* (Fig. 5b):

P_{21}, P_{21}' sind abhängig, P_{11}' ist von P_{21}, P_{21}' unabhängig. (2)

g und h sind (parallel und) *gleich* (Fig. 5c):

P_{21}, P_{21}' sind abhängig; P_{11}' ist von P_{21}, P_{21}' abhängig. (3)

g und h sind *windschief* (Fig. 5d):

$P_{21}, P_{21}' P_{11}'$ sind unabhängig. (4)

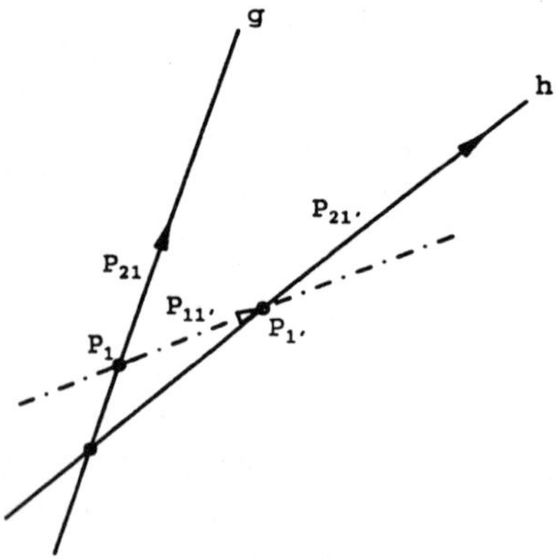

Fig. 5a

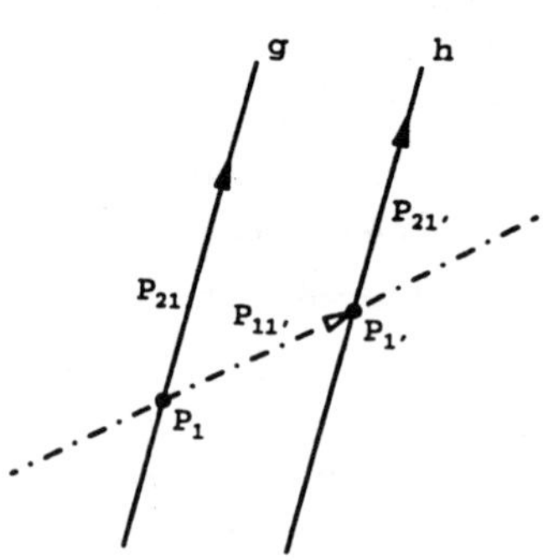

Fig. 5b

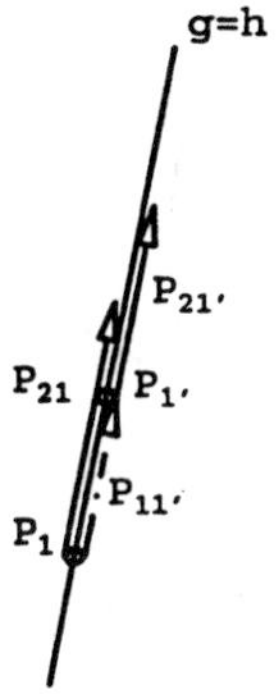

Fig. 5c

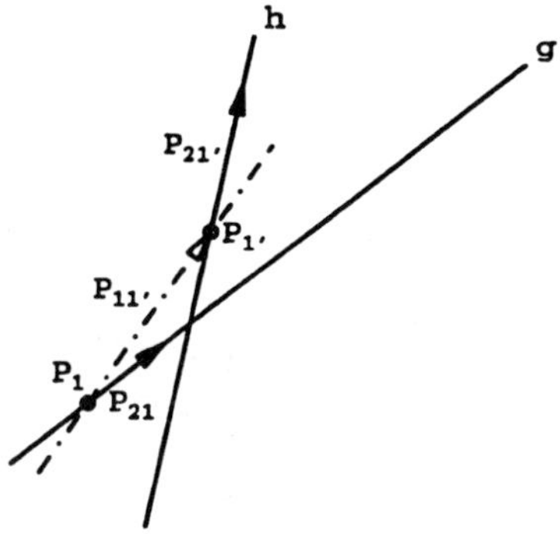

Fig. 5d

Diese vektoriellen Bedingungen werden wir beim entsprechenden Programmalgorithmus in A.2 berücksichtigen. Dadurch werden wir in Abhängigkeit von den Koordinaten der Punkte P_1, P_2, P_1', P_2' Kriterien für das Vorliegen der jeweiligen Lagebeziehung sowie bei sich schneidenden Geraden die *Schnittpunktkoordinaten* und bei parallelen bzw. windschiefen Geraden ihren *Abstand* erhalten . —

Ein *konstruktives Problem* stellt sich zum Erkennen der Lagebeziehung zwischen zwei (durch G- und A-Riß) gegebenen Geraden *nicht*, auch nicht zur Bestimmung des Schnittpunkts sich schneidender Geraden (vgl. 3.3.1). Dagegen liegt ein solches vor, wenn der Abstand zweier paralleler oder windschiefer Geraden *konstruktiv* bestimmt werden soll. Man führt diese Probleme zurück auf die Aufgabe, ein *Dreieck in wahrer Gestalt* zu konstruieren (vgl. Aufgabe 5.07 in 5.3).

Stattdessen kann man sich die Abstände vom Programm SEbGer ausgeben lassen. Um den *Abstand* windschiefer Geraden $g = P_1P_2$, $h = P_1'P_2'$ *in wahrer Größe* auf dem Bildschirm zu sehen, kann man folgendermaßen vorgehen: Das Programm gibt die „Fußpunkte“ $G \in g$, $H \in h$ des gemeinsamen „Lotes“ von g und h in Koordinaten aus. Man gibt nun zur *Projektion in wahrer Gestalt* etwa das Dreieck P_1GH ein, so daß (außer der Geraden g) die Lotstrecke GH zur Bildebene parallel wird.

Als Beispiel ist in Fig. 5e das windschiefe Geradenpaar g, h mit $P_1 = (3.5|1.5|0.5)$, $P_2 = (1|3|2)$; $P_1' = (0|0|1)$, $P_2' = (5|4.5|3.5)$ in G- und A-Riß dargestellt; Fig. 5f zeigt dasselbe Geradenpaar mit Darstellung von Dreieck P_1GH in wahrer Gestalt ($G = (2|2.4|1.4)$, $H = (2.1|1.9|2.1)$; Abstand $|GH| = 0.832$).

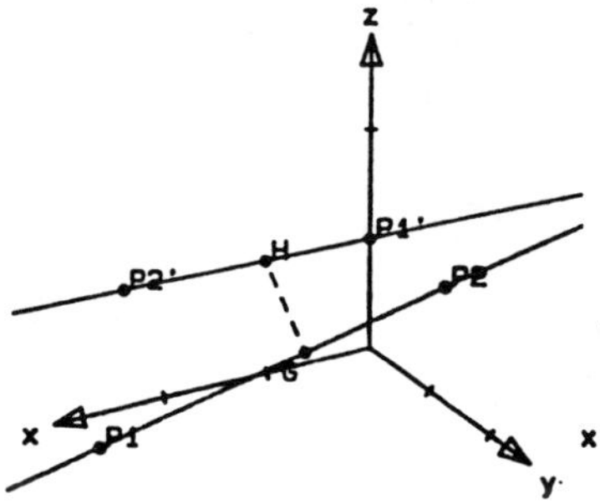

Fig. 5e

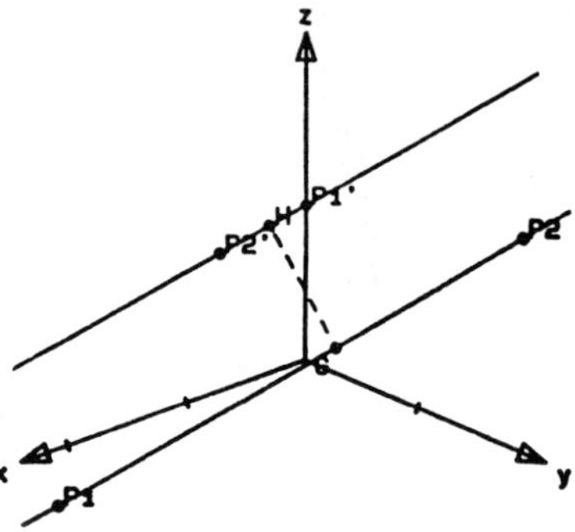

Fig. 5f

Lagebeziehungen zwischen Ebene und Gerade

Gerade und Ebene sind durch zwei bzw. drei Punkte festzulegen:

$$g : P_1, P_2; \quad \mathbf{E} : P_1', P_2', P_3'$$

Dadurch sind für g ein *Richtungsvektor* P_{21} sowie für $\mathbf{E}$ zwei (voneinander unabhängige) Richtungsvektoren $P_{21}' = P_2' - P_1'$ und $P_{31}' = P_3' - P_1'$ bestimmt.

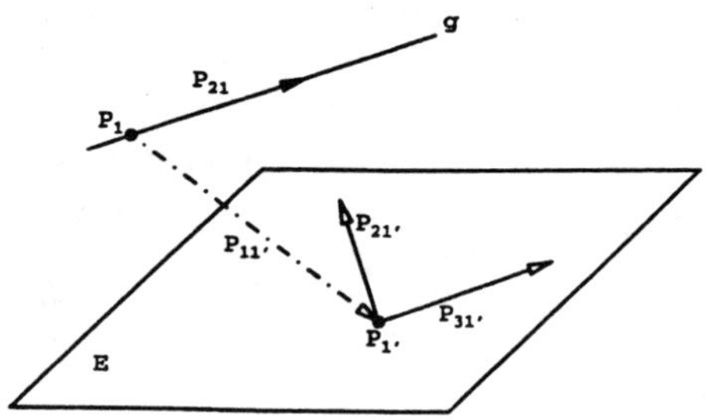

Fig. 5g

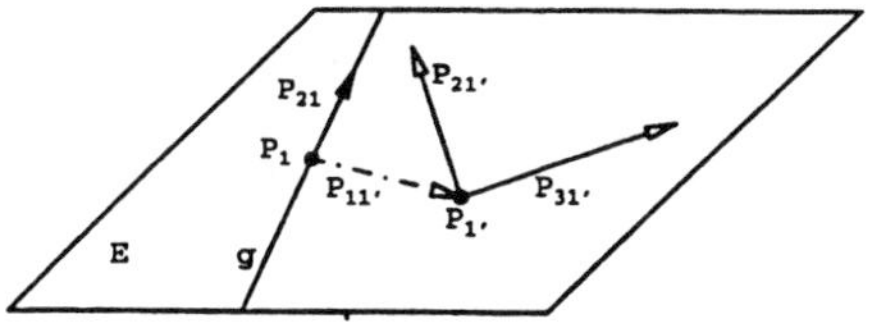

Fig. 5h

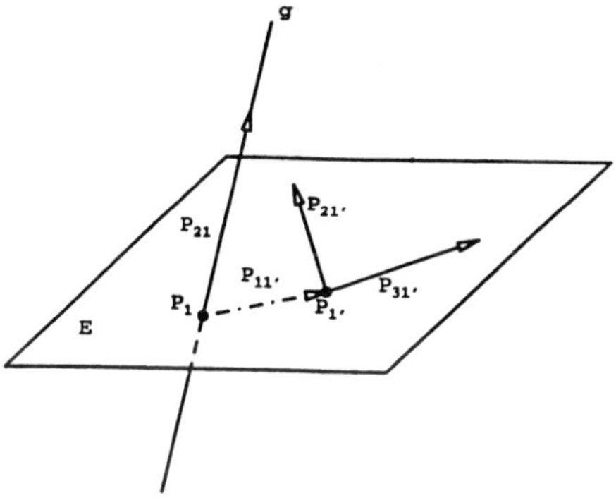

Fig. 5i

Wir beschreiben wieder vektoriell die Inzidenzfälle, wobei auch hier $P_1' - P_1 = P_{11}'$ gesetzt wird:

g ist zu **E** *parallel* (Fig. 5g):

$$P_{21} \text{ ist von } P_{21}', P_{31}' \text{ abhängig; } P_{11}' \text{ ist von } P_{21}', P_{31}' \text{ unabhängig.} \tag{5}$$

g (ist zu **E** parallel und) liegt in **E** (Fig. 5h):

$$P_{21} \text{ ist von } P_{21}', P_{31}' \text{ abhängig, und } P_{11}' \text{ ist von } P_{21}', P_{31}' \text{ abhängig.} \tag{6}$$

g hat mit **E** genau 1 Punkt gemeinsam („durchdringt **E**") (Fig. 5i):

$$P_{21} \text{ ist von } P_{21}', P_{31}' \text{ unabhängig.} \tag{7}$$

Zum *Algorithmus*, der dem Programm SEbGer bezüglich der Lagebeziehungen zwischen Ebene und Gerade zugrunde liegt, vergleiche man weiter in A.2. Auch für diesen Grundfall stellt das Programm die Lagebeziehungen nicht nur zeichnerisch dar, sondern gibt sie auch *numerisch* aus (Schnittpunktkoordinaten im Falle der Durchdringung, Abstand von g und **E** bei Parallelität).

Zur *konstruktiven* Bestimmung des *Durchdringungspunktes* im Falle genau eines gemeinsamen Punktes von g und **E** gibt es eine einfache Methode, die in der Übung 5.01 in 5.2 zur Anwendung kommt. Als Beispiele zur Computerdarstellung zeigen die Figuren 5j und 5k in Grund- und Aufriß den Fall $g \parallel \mathbf{E}$ bzw. $g \subset \mathbf{E}$. (Bei letzterem ist durch Markierung der Schnittpunkte mit den Dreiecksseiten ausgedrückt, daß g in der Ebene $\mathbf{E}$ liegt.) Die Figuren 5j und 5k zeigen die durch das betr. Menue aufzurufenden Musterbeispiele.

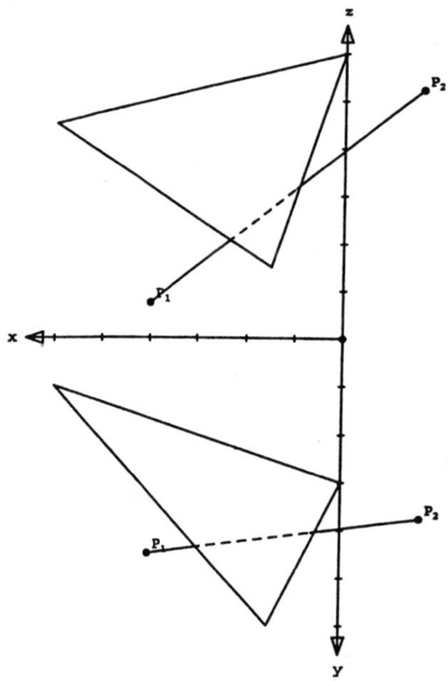

Fig. 5j

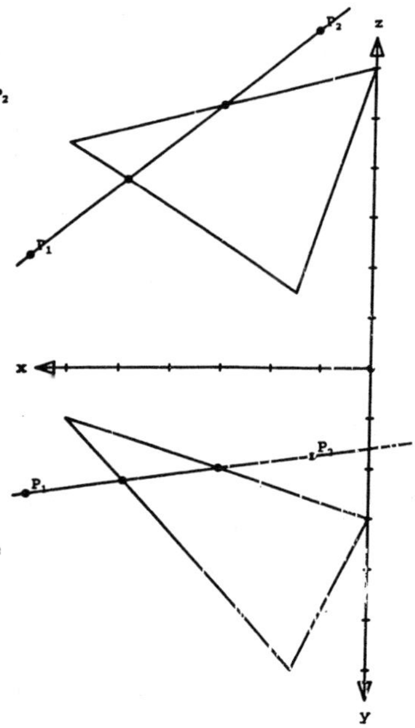

Fig. 5k

Lagebeziehungen zwischen zwei Ebenen

Die beiden Ebenen sind durch je ein (nicht-kollineares) Punktetripel festzulegen:

$$\mathbf{E} : P_1, P_2, P_3; \quad \mathbf{E}' : P_1', P_2', P_3'.$$

Dadurch ist für jede Ebene ein Paar unabhängiger Richtungsvektoren (Vektorbasis) bestimmt, nämlich:

$$\text{für } \mathbf{E} : P_{21}, P_{31}; \quad \text{für } \mathbf{E}' : P_{21}', P_{31}'.$$

Wie in den beiden anderen Grundfällen führen wir die Bezeichnung für P_{11}' für den Differenzvektor $P_1' - P_1$ ein.

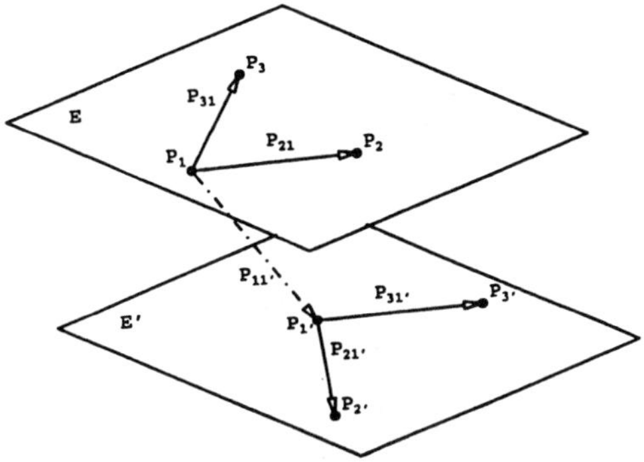

Fig. 5l

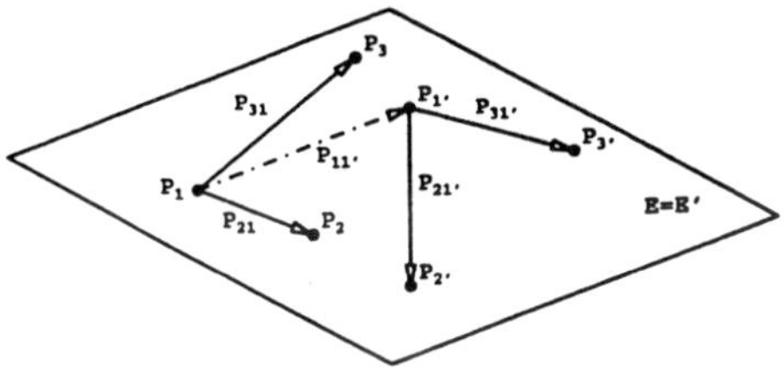

Fig. 5m

Folgende Fallunterscheidung ist vorzunehmen:

E und **E'** sind *parallel*, aber *verschieden* (Fig. 5l):

P_{21} und P_{31} sind von P'_{21}, P'_{31} abhängig, P'_{11} jedoch unabhängig. (8)

E und **E'** sind *gleich* (Fig. 5m):

P_{21} und P_{31} sind von P'_{21}, P'_{31} abhängig, ebenso P'_{11}. (9)

E und **E'** haben *genau eine Gerade* („Schnittgerade") *gemeinsam* (Fig. 5n und o):

P_{21} oder P_{31} ist von P'_{21}, P'_{31} unabhängig. (10)

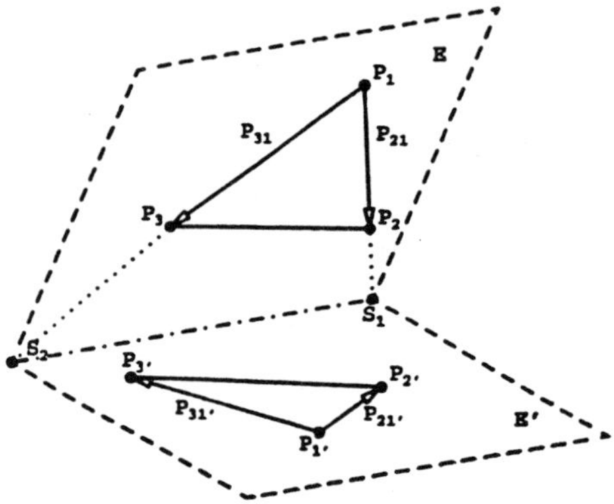

Fig. 5n

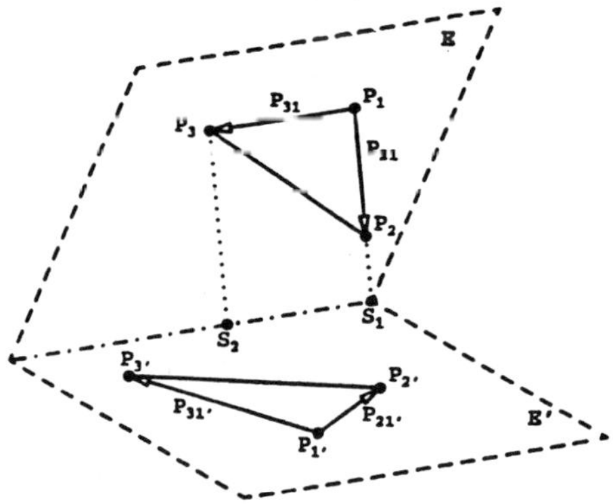

Fig. 5o

Fig. 5n zeigt, wie zwei Schnittpunkte S_1, S_2 zur Festlegung der Schnittgeraden berechnet werden können, falls P_{21} *und* P_{31} von P'_{21}, P'_{31} unabhängig sind. Auch im Fall, daß einer der Richtungsvektoren der Ebene **E** von P'_{21}, P'_{31} abhängt, läßt sich, wie in Fig. 5o angedeutet, die *Schnittbestimmung der Ebenen* auf die *von Ebene und Gerade zurückführen*. Das Nähere wegen des Algorithmus, der dem Programm SEbGer im Falle der Lagebeziehung zweier Ebenen zugrundeliegt, vergleiche man wieder in A.2.

Bei der *Konstruktion* der Schnittgeraden zweier durch je drei Punkte gegebener Ebenen geht man zweckmäßig ebenso vor, wie hierüber für die Rechnung beschrieben. Die als Handzeichnung etwas aufwendige Grundriß-Aufriß Konstruktion ist in Fig. 5p vom Programm SEbGer ausgeführt (Musterbeispiel). Auf das Konstruktionsproblem der Schnittbestimmung von Ebenen kommen wir in 5.2 zurück.

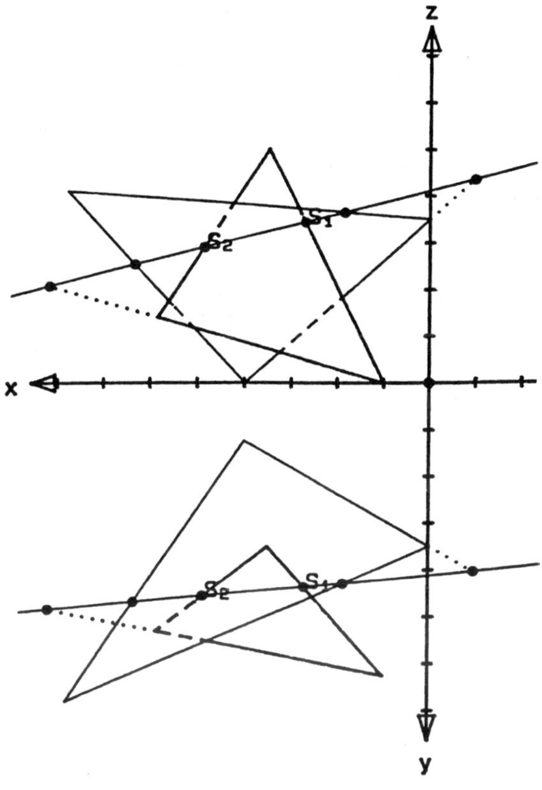

Fig. 5p

5.2 „Lageaufgaben". Durchdringungen. Programm SPoly

An den Anfang dieses Abschnitts stellen wir das Problem, den Schnittpunkt (Durchdringungspunkt) einer *Geraden mit einer Ebene konstruktiv* zu bestimmen. Auf diesem Konstruktionsverfahren bauen die Lösungen weiterer Konstruktionsprobleme auf.

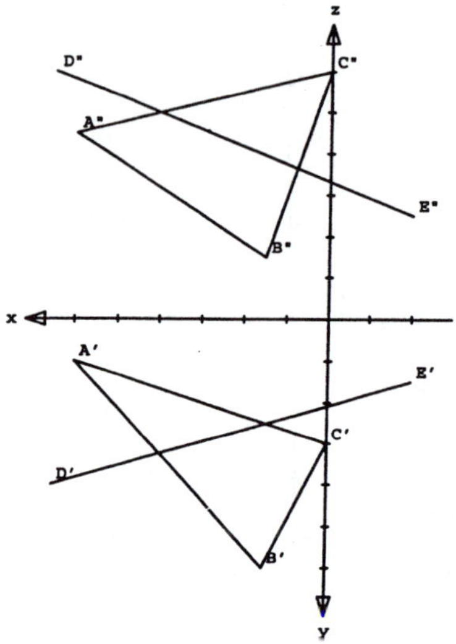

Fig. Ü 501_1

Eine Gerade g sei zu einer Ebene **E** nicht parallel. Für einen solchen Fall soll die *Durchdringung von g und* **E** konstruiert werden:

Übung 5.01 (vgl. Fig. 501_1)

Gegeben sind in Grund- und Aufriß eine Ebene **E** *durch die Punkte A, B, C sowie eine Gerade g durch die Punkte D, E. Man konstruiere den Durchdringungspunkt S von Gerade und Ebene.*

Zusatz: Zur Lösunkskontrolle mit dem Programm **SEbGer** (vgl. 5.1) seien die Koordinaten der gegebenen Punkte genannt:
Ebene **E**: $A = (6|1|4.5)$;
$B = (1.5|6|1.5)$; $C = (0|3|6)$.
Gerade g: $D = (6.5|4|6)$;
$E = (-2|1.5|2.5)$.

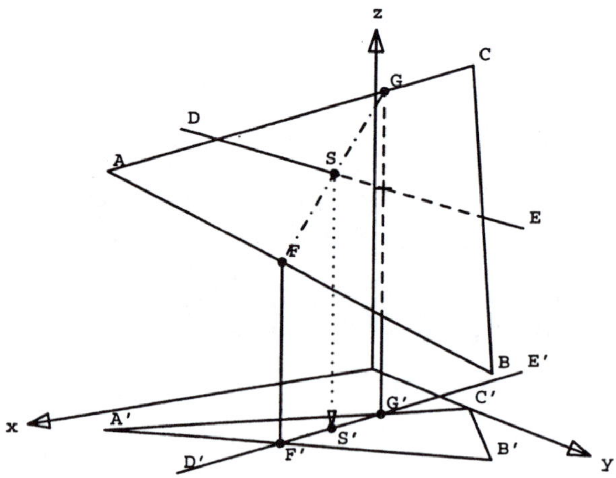

Fig. Ü 501_2

Nachstehend geben wir einige Hinweise zur Lösung der Aufgabe. Im Programm SEbGer kann unter den Musterbeispielen zur Lagebeziehung zwischen Gerade und Ebene durch die Option [5] dem Bildschirmtext ein konstruktiver Lösungsweg entnommen werden.

In Fig. Ü 501_1 ist das fertige Ansichtsbild wiedergegeben, das mit der Option [5] schrittweise aufgebaut wird. Es besteht aus dem axonometrischen Bild von Ebene und Gerade, in welches auch deren Grundriß mit eingezeichnet ist; der Aufriß ist zwecks größerer Übersichtlichkeit weggelassen.

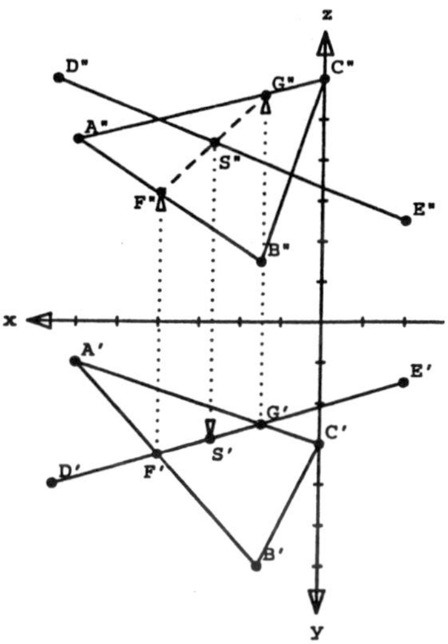

Fig. Ü 501_3

Bei diesem *„klassischen Hilfsebenenverfahren“* der Darstellenden Geometrie wird, wie aus Fig. Ü 501_2 und den Bildschirmtexten erkennbar, die durch die Geraden DE und $D'E'$ bestimmte Ebene als Hilfsebene verwendet. Diese Hilfsebene wird mit der gegebenen Ebene zum Schnitt gebracht. Die Schnittebene muß nämlich den gesuchten Schnittpunkt S enthalten. Diesen hat man als Schnittpunkt der genannten Schnittgeraden mit der gegebenen Geraden zu konstruieren.

Die in G- und A-Riß auszuführende Konstruktion ist in Fig. Ü 501_3 dargestellt. Man beschreibe hierzu den Lösungsgang und begründe ihn eingehend.

Die folgende Übung stellt eine *Anwendung* der Grundaufgabe von Übung 5.01 dar: Ein *Polyeder*, nämlich eine dreiseitige Pyramide, wird von einer Geraden durchdrungen. „Eintritts-“ und „Austrittspunkt“ der Geraden sind zu bestimmen. Zum Lösen dieser Aufgabe sind einfach die Schnitte der Geraden mit den von der Geraden durchdrungenen Seitenflächen des Polyeders zu bestimmen.

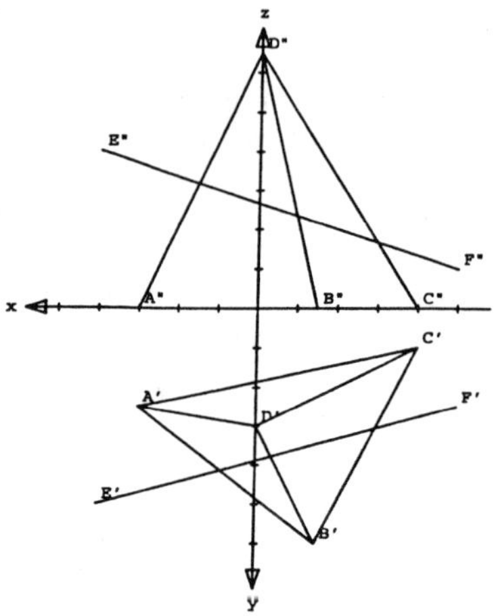

Fig. Ü 502_1

Übung 5.02

Gegeben sind in Grund- und Aufriß eine dreiseitige Pyramide ABCD und eine Gerade $g = EF$.

a) *Man konstruiere die Durchdringungspunkte G, H der Geraden mit der Pyramide (G auf der Seitenfläche BCD). Die innerhalb der Pyramide liegende Teilstrecke ist zu stricheln.*

b) *Man stelle Pyramide und Gerade unter Verwendung der in a) ermittelten Durchdringungspunkte axonometrisch dar. (Vorschlag: „Gespiegelte Dimetrie", d. h. Bildparameter:*

$a - c - 1$; $b - 0.5$; $\alpha - 7°$; $\beta - 41°$).

Koordinaten-Angaben:

$$A = (3|2.5|0);\quad B = (-1.5|6|0);\quad C = (-4|1|0);$$
$$D = (0|3|6.5);\quad E = (4|5|4);\quad F = (-5|2.5|1).$$

Zur Lösungskontrolle kann das Programm **SPoly** eingesetzt werden, das an dieser Stelle eingeführt werden sollte (s. Programmbeschreibung in A.1.7). Das Programm dient der zeichnerischen und numerischen Bestimmung der *Durchdringung eines Polyeders* mit einer *Geraden* oder einer *Ebene* oder der *gegenseitigen Durchdringung* von Polyedern. Die *Programmalgorithmen* sind *konstruktiv* und simulieren im wesentlichen die bei Handkonstruktion auszuführenden Konstruktionsschritte. Im vorliegenden Anwendungsfall werden also die Schnittpunkte der Geraden mit den Seitenflächen vom Programm ebenso wie von Hand bestimmt.

Die Figur Ü 502_2 zeigt – ohne Einzeichnung von Hilfslinien wie in Fig. Ü 501_3 – die Lösung der Übung 5.02 im $G - A$-Bild. (Die Koordinaten der Durchdringungspunkte G, H kann man vom Programm SPoly ausgeben lassen. Sie sind dort mit S_1, S_2 bezeichnet und betragen:

$$S_1 = (-1.87|3.37|2.04);\quad S_2 = (0.17|3.94|2.72).)$$

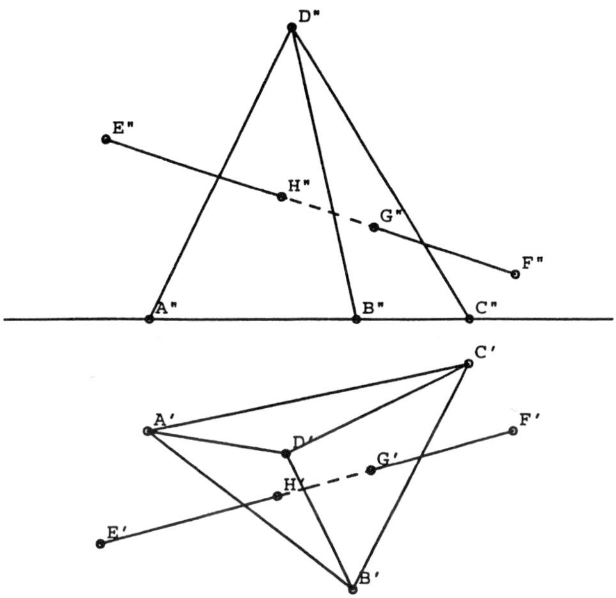

Ü 502_2

Gegenseitige Durchdringung zweier Ebenen. Auch diese Grundaufgabe der konstruktiven Raumgeometrie kann auf die Grundaufgabe, eine Ebene *mit einer Geraden* zum Schnitt zu bringen, *zurückgeführt* werden, ist also prinzipiell nicht schwierig. Praktisch handelt es sich jedoch, sofern die beiden *Ebenen durch je ein Dreieck gegeben* sind, um eine recht komplizierte Konstruktion. Dafür bieten wir mit dem *Programm* **SEbGer** eine Möglichkeit einer Computerlösung an. In Abschnitt 5.1 ist mit Fig. 5p ein Grundriß-Aufriß-Bild der vom Computer durchgeführten Konstruktion wiedergegeben. Bei der dort dargestellten Lösung sind zwei Seiten des Dreiecks in **E'** mit der Fläche des Dreiecks in **E** geschnitten (Schnittpunkte S_1, S_2), wodurch sich die *gesuchte Schnittgerade* S_1S_2 der beiden Ebenen ergibt.

Eine andere Version der Aufgabenstellung, zwei Ebenen miteinander zu schneiden, die einerseits konstruktiv sehr einfach ist, andererseits gut zur Ausbildung des Anschauungsvermögens dient, stellt die Übung 5.03 dar:

Hierbei ist jede der beiden Ebenen *durch Grund- und Aufrißspur gegeben*:

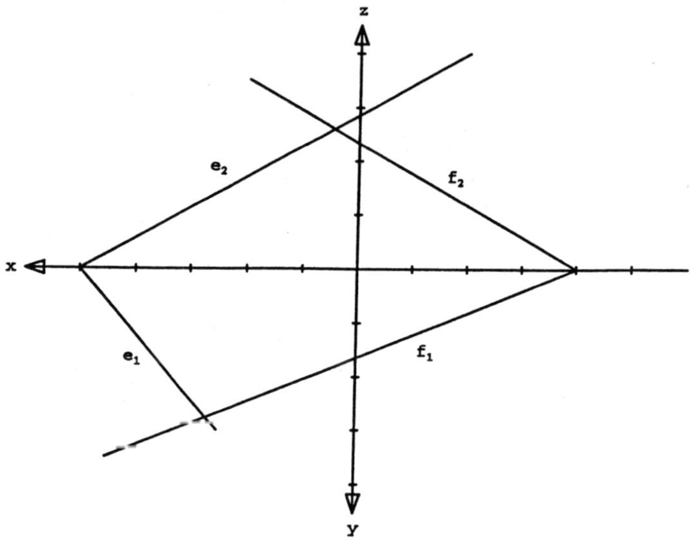

Fig. 503_1

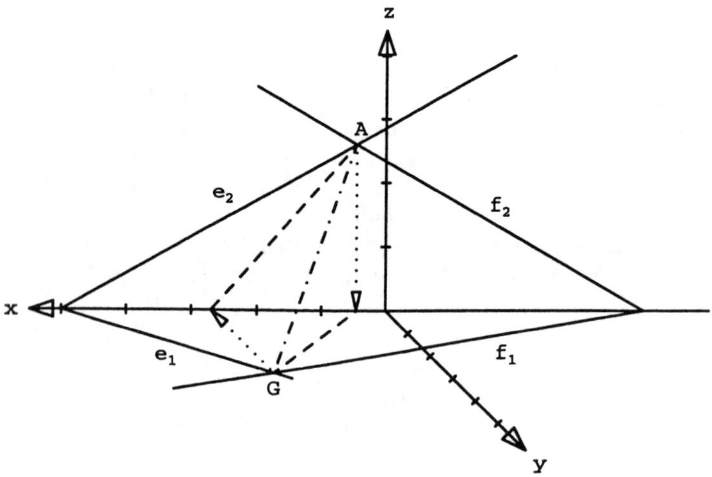

Fig. Ü 503_2

Übung 5.03

Gegeben ist eine Ebene **E** *durch Grund- und Aufrißspur (e_1, e_2) sowie eine Ebene* **F** *durch die Spuren (f_1, f_2). Gesucht ist die Schnittgerade der beiden Ebenen in Grund- und Aufriß .*

Anmerkungen:

1. Die Ansichtsfigur Ü 503_2 läßt einen geeigneten Lösungsweg erkennen. Man beachte, daß die Spurgeraden sowie die Schnittgerade *AG* keine Grund- oder Aufrißlinien, sondern *Raumgeraden* (in axonometrischer Darstellung) sind.

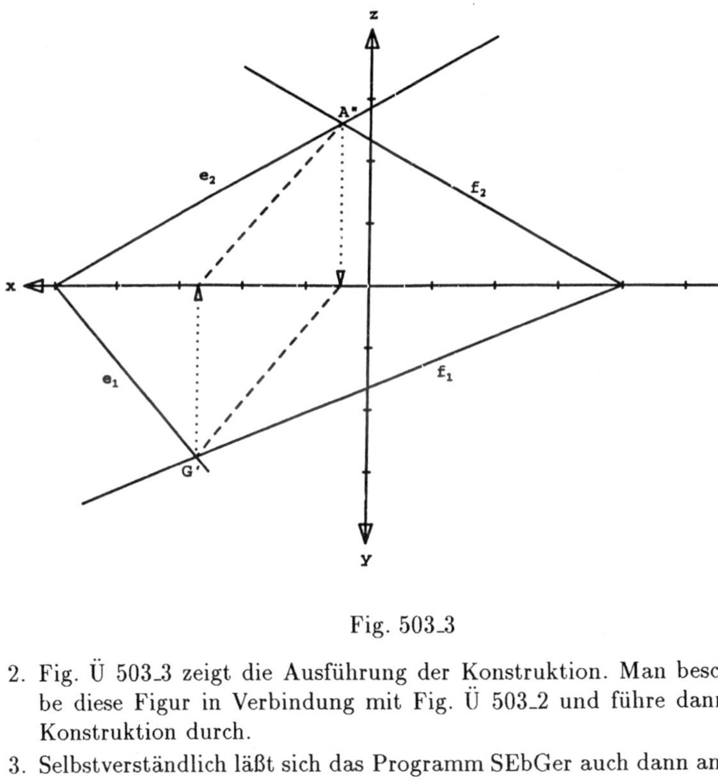

Fig. 503_3

2. Fig. Ü 503_3 zeigt die Ausführung der Konstruktion. Man beschreibe diese Figur in Verbindung mit Fig. Ü 503_2 und führe dann die Konstruktion durch.
3. Selbstverständlich läßt sich das Programm SEbGer auch dann anwenden, wenn die Ebenen durch ihre Spuren gegeben sind. Es lassen sich nämlich auch in diesem Fall zu jeder Ebene drei Punkte angeben. Im Falle der Übung 5.03 wähle man zum Beispiel:

   Für **E** : (5|0|0), (2.5|3|0), (−2|0|4);

   für **F** : (−4|0|0), (4.5|2.5|0), 2|0|3.5).

Eine wichtige „Lageaufgabe“ besteht darin, *zu einer Ebene eine Senkrechte zu zeichnen.* Diese Grundaufgabe wurde in der Übung 4.06 für den Fall behandelt, daß die Ebene durch drei Punkte gegeben ist. Bei der folgenden Übung, in der die Ebene durch ihre Spuren gegeben wird, soll darüber hinaus der „Lotfußpunkt“, also der Durchdringungspunkt der Senkrechten mit der Ebene bestimmt werden:

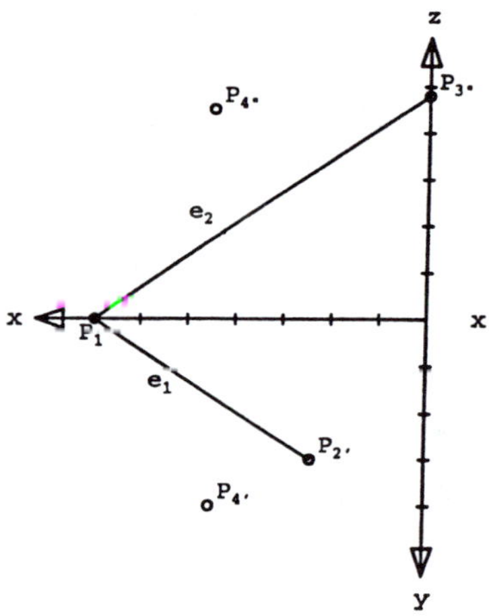

Fig. Ü 504_1

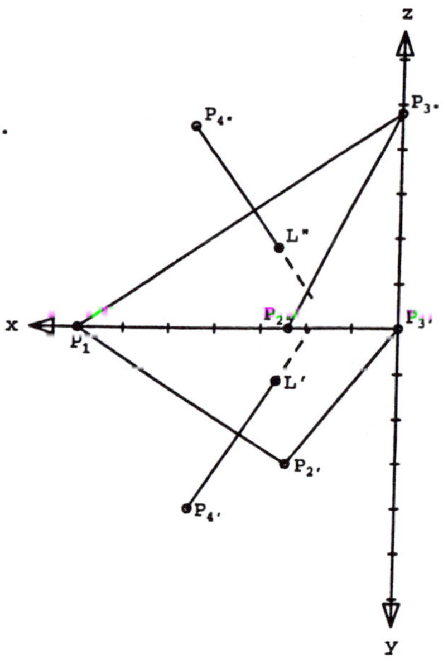

Fig. Ü 504_2

Übung 5.04

Gegeben ist eine Ebene **E** *durch Grund- und Aufrißspur:* $e_1 = P_1P_2'$; $e_2 = P_1P_3''$. *Gegeben ist ferner ein nicht auf* **E** *gelegener Punkt* P_4 *durch Grund- und Aufriß.*

a) *Man konstruiere in G- und A- Riß die Senkrechte zu* **E** *durch* P_4.
Lösungshinweis: Man gehe wie in Übung 4.06 vor; dabei berücksichtige man, daß die Spuren e_1, e_2 *eine Höhen- bzw. Frontlinie der Ebene darstellen.*

b) *Man bestimme den Durchdringungspunkt L der in a) erhaltenen Senkrechten mit der Ebene* **E**. *Dazu verwende man die Konstruktion von Übung 5.01. (Man zeichne zunächst das Dreieck* $P_1P_2P_3$ *vollständig in*

G- und A- Riß.) Koordinaten:

$P_1 = (7|0|0)$; $P_2 = (2.4|3|0)$; $P_3 = (0|0|4.8)$; $P_4 = (4.5|4|4.5)$.

Ergänzende Hinweise

1. In Figur Ü 504_2 ist die Lösung eingezeichnet, wobei die Sichtbarkeit berücksichtigt ist. Die Übung wird in Abschnitt 5.3 mit dem zusätzlichen Problem fortgesetzt, die *wahre Länge* der *Lotstrecke* P_4L zu bestimmen (vgl. Übung 5.06).
2. Auch mit dem in 4.3 eingeführten *Programm* **EbOrthGe** läßt sich die Lösung kontrollieren. Dabei kann man die Koordinaten von L ausgeben lassen.

5.3 Maßaufgaben. Ebene „in wahrer Gestalt“

Sehr häufig ist nach dem *Abstand zweier Punkte A, B*, d. h. der Länge ihrer Verbindungsstrecke „in wahrer Größe“ gefragt. Wie dir Figuren Ü 505_1 und _2 erkennen lassen, ist die gesuchte Länge i. allg. weder im Grund- noch im Aufriß zu erkennen. Ein mögliches Lösungsverfahren soll anhand folgender Übung besprochen werden (vgl. auch Übung 2.26a):

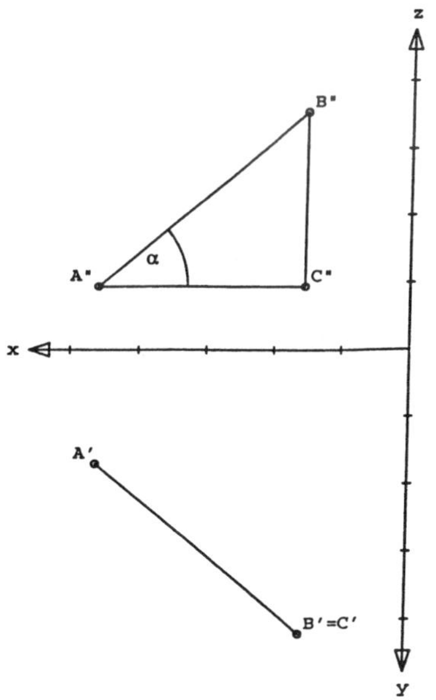

Fig. Ü 505_1

Übung 5.05

Gegeben sind im G- und A- Riß die beiden Punkte $A = (4.6|1.7|0.98)$; $B = (1.55|4.2|3.55)$. *Man konstruiere die wahre Länge der Strecke AB sowie die wahre Größe des Neigungswinkels α der Geraden AB gegen die G-Ebene.*

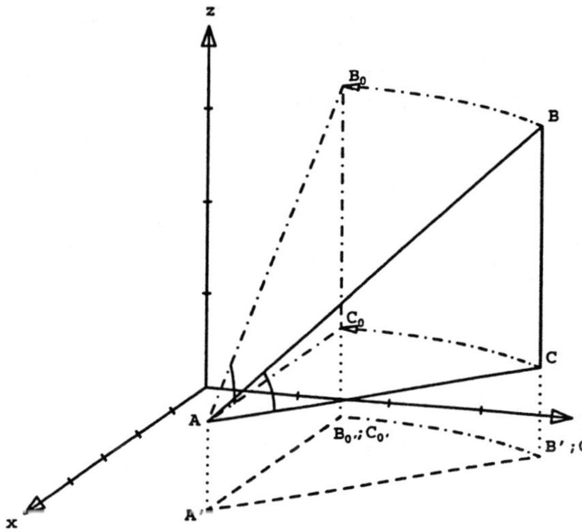

Fig. Ü 505_2

Lösungshinweis (vgl. Fig. Ü 505_2): Die Strecke AB ist die Hypotenuse eines rechtwinkligen Dreiecks ABC, dessen Ebene zur G- Ebene senkrecht ist. Gemäß der Anschauungsfigur drehe man das Dreieck ABC um AA' in eine *zur A-Ebene parallele Lage*, so daß dieses Dreieck in der A-Ebene in wahrer Gestalt erscheint. Hierin messe man die gesuchten Größen.

Fig. Ü 505_3 zeigt die vorstehend beschriebene Konstruktion im Zweitafelbild. Es wird empfohlen, diese Konstruktion genau zu beschreiben und mit Hilfe der Figur Ü 505_2 zu *begründen.*

Weitere Anmerkung: Eine geeignete Lösungskontrolle ist die Darstellung des Dreiecks ABC im Zeichenmodus „wahre Gestalt" mit dem Programm KOERPER. Das Ergebnis zeigt Fig. Ü 505_4. – In der Statuszeile werden die gesuchten Größen ausgegeben.

Streckenlänge $|AB| = 4.724$; Winkelgröße $|\alpha| = 33.356°$.

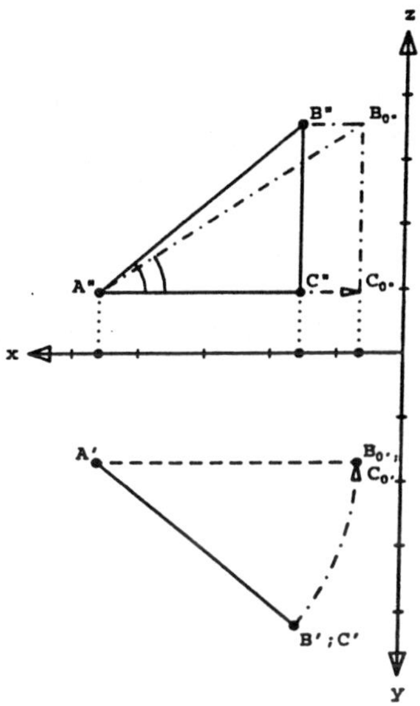

Fig. Ü 505_3

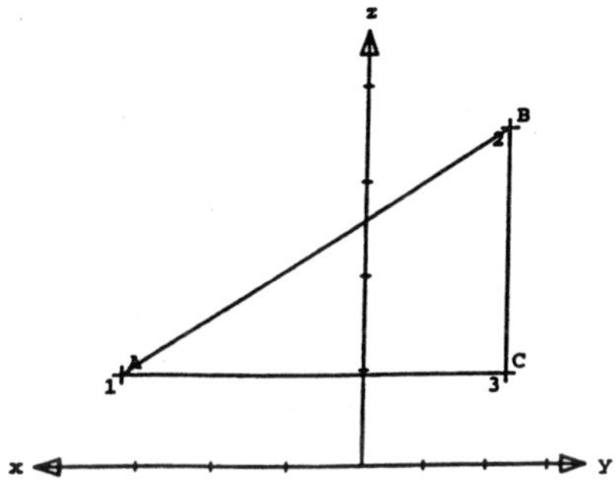

Fig. Ü 505_4

Mit dem Konstruktionsverfahren der Übung 5.05 steht eine Methode zur Darstellung einer Ebene in wahrer Gestalt zur Verfügung, wenn diese in einer zur G-Ebene (analog: zur A- bzw. S- Ebene) senkrechten Lage gegeben ist. Für den *allgemeinen Fall* einer *beliebig im Raum liegenden Ebene* dient die Lösung der weiter unten beschriebenen Übung 5.07 – Zunächst eine Aufgabe, in welcher die Konstruktion der Übung 5.05 zur Darstellung in wahrer Gestalt eine wichtige *Anwendung* findet. Es handelt sich um die „klassische Maßaufgabe“ der Darstellenden Geometrie, den *Abstand eines gegebenen Punktes* von einer *gegebenen Ebene* konstruktiv zu ermitteln.

Die Lösung der vollständigen Aufgabe setzt sich aus *drei Grundaufgaben* zusammen:

- Konstruktion der Senkrechten zur Ebene **E** durch den gegebenen Punkt P_4;
- Konstruktion des Durchdringungspunktes L („Lotfußpunkt“) der Senkrechten mit der Ebene;

- Konstruktion des Abstandes P_4L in wahrer Gestalt.

Für die folgende Übung wird vorausgesetzt, daß die ersten beiden Schritte im Rahmen der Übung 5.04 bereits ausgeführt sind. Die Ebene ist einfachheitshalber *durch G- und A- Spur gegeben:*

Übung 5.06 (Fortsetzung von Übung 5.04)

In Übung 5.04 wird durch einen in G- und A-Riß gegebenen Punkt P_4 die Senkrechte zu einer (durch ihre Spuren gegebenen) Ebene sowie der „Lotfußpunkt“ L (Durchdringungspunkt der Senkrechten mit der Ebene) konstruiert. Man setze die Konstruktion mit folgender Aufgabe fort.

Die wahre Länge der Lotstrecke P_4L, d. h. der Abstand des Punktes P_4 von der Ebene ist zu bestimmen.

Hinweis: Zur Ausgangskonfiguration sowie der Bestimmung des Durchdringungspunktes L siehe die Figuren Ü 504_1 und _2. Um die wahre Länge der Strecke P_4L zu bestimmen, gehe man gemäß Übung 5.05 vor. Die Figur Ü 506 zeigt den Lösungsweg. Nach Ausführung der Konstruktion ist die in wahrer Länge konstruierte Strecke *zu messen.*

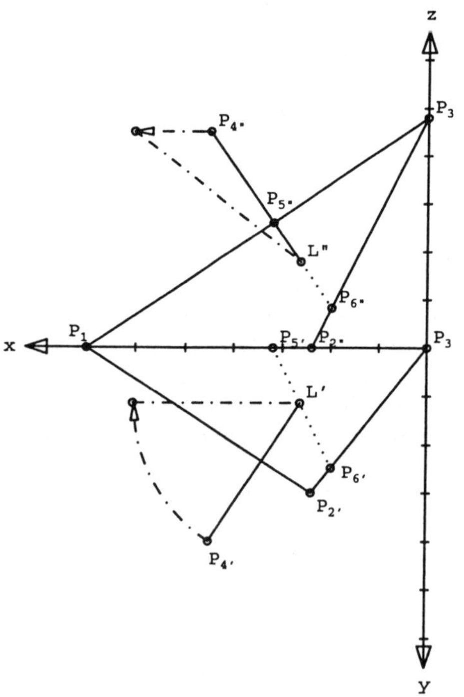

Fig. Ü 506

Zur Lösungskontrolle eignet sich wieder das *Programm EbOrthGe*, in welchem man die Koordinaten der Punkte P_1, P_2, P_3 der Ebene sowie des Punktes P_4 eingibt. Nach Darstellung des Lotes gibt das Programm (in der Statuszeile) auch den *Abstand* P_4L zahlenmäßig aus. – Es empfiehlt sich, die Lotstrecke P_4L auch in wahrer Gestalt zeichnen zu lassen. Dazu gebe man als Dreieck zur Darstellung in wahrer Gestalt etwa das rechtwinklige Dreieck P_4LP_1 ein. –

Wir wenden uns nun einem *allgemeinen Verfahren* zu, um eine (durch ein Dreieck ABC gegebene) **Ebene in wahrer Gestalt** zu konstruieren. Es soll an diesem Verfahren exemplarisch die Vorgehensweise der „klassischen Darstellenden Geometrie“ zur konstruktiven Lösung von „Maßproblemen“ verdeutlicht werden.

Das etwas aufwendige Lösungsverfahren (Grund- und Aufriß-Konstruktion) wird weiter unten durch eine Folge von (computererzeugten) axonometrischen Bildern erläutert, die jeweils eingehend *kommentiert* werden. Das axonometrische Bild erscheint dabei vor dem Hintergrund von G- und A-Ebene, wobei jeweils die G-Ebene auch Figuren enthält, während zwecks größerer Übersichtlilchkeit die Aufrisse weggelassen sind. – Anhand dieser Hilfen mögen die Lesenden das Verfahren *begründend nachvollziehen*.

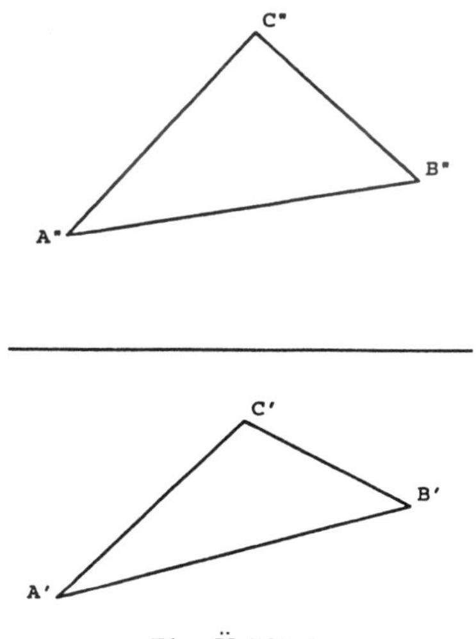

Fig. Ü 507_1

Übung 5.07

Ein Dreieck ABC ist durch Grund- und Aufriß gegeben. Man konstruiere das Dreieck in wahrer Gestalt. Koordinaten:

$A = (2.5|3.5|1.6$; $B = (-2.3|2.2|2.4)$; $C = (0|1|4.5)$.

Anleitung: Man benutze die folgenden Anschauungsfiguren mit Bildkommentar.

Zusatz: Man kontrolliere die Lösung mit dem Programm KOERPER unter der Option „wahre Gestalt".

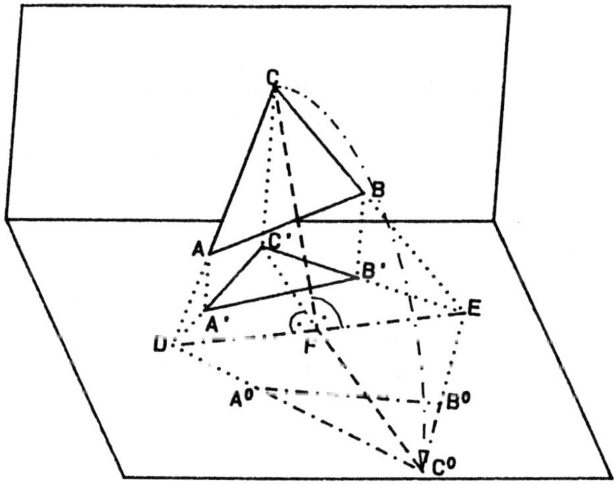

Fig. Ü 507_2

Kommentar zu Figur Ü 507_2: Die 1. Anschauungsfigur zeigt einen möglichen Lösungsweg: Man bestimmt die *Grundrißspur DE* der Ebene des Dreiecks ABC und dreht die Ebene um die Spur in die G-Ebene („Umlegung"), so daß das Dreieck in seiner neuen Lage $A^\circ B^\circ C^\circ$ die wahre Gestalt des Dreiecks ABC wiedergibt. Der Drehkreis von C liegt in der zur Spur DE senkrechten Ebene durch C, welche die Spur in F schneidet. (Der Mittelpunkt dieses Drehkreises ist F, sein Radius $|FC|$.)

Mit der 2. und 3. Anschauungsfigur wird näher erläutert, wie das Dreieck $A^\circ B^\circ C^\circ$ in G- und A- Riß konstruiert werden kann.

Kommentar zu Figur Ü 507_3: Der Radius $|FC|$ des Drehkreises (und somit die für die G- A- Konstruktion erforderliche Länge $|FC^\circ|$) ist weder im G- noch im A-Riß in wahrer Länge zu sehen. Man kann diese jedoch ermitteln, indem man das bei C' rechtwinklige Dreieck $C'FC$, von dem je eine Kathete im G- und A-Riß zu sehen ist, um $C'F$ in die G-Ebene umlegt (neue Lage $C'FC_1$). Mit der Hypotenuse des umgelegten Dreiecks steht der Radius des Drehkreises von C zur Verfügung.

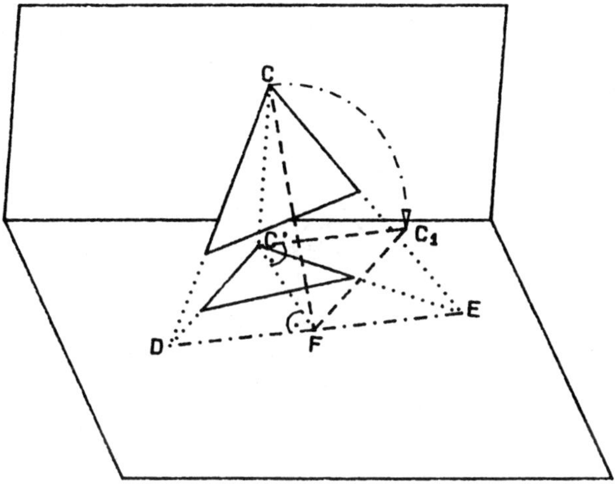

Fig. Ü 507_3

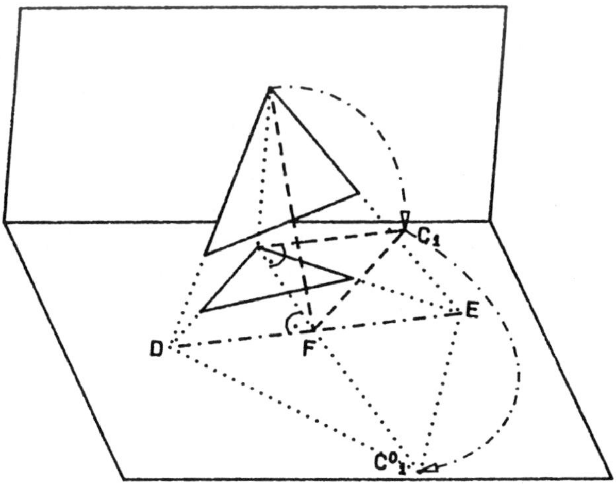

Fig. Ü 507_4

Kommentar zu Figur Ü 507_4: Man dreht nun in der G-Ebene den Punkt C_1 um F so weit, daß das Drehbild C_1° auf der Geraden $C'F$ liegt. Da $|FC_1^\circ| = |FC_1| = |FC|$ gilt, ist C_1° mit dem Punkt C°, der bei der Drehung des Dreiecks DEC um DE in der G-Ebene aus C entsteht, identisch (vgl. 1. Anschauungsfigur). Wie erhält man die Umlegebilder A° und B° von A bzw. B?

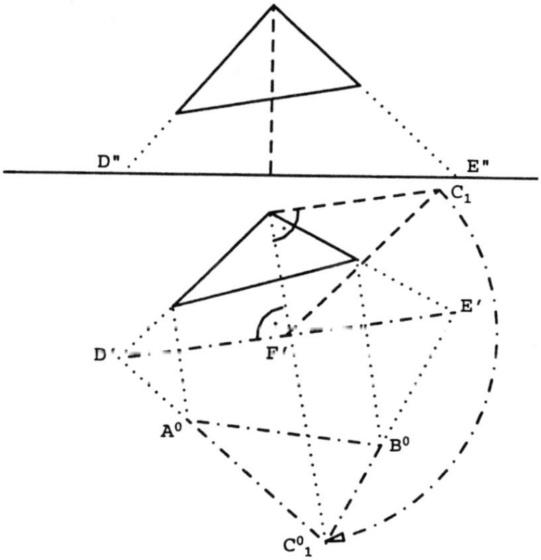

Fig. Ü 507_5

Man führe nun die Konstruktion in der G-A-Zweitafelebene durch. Die verlangte Figur ist zur Kontrolle in Fig. Ü 507_5 wiedergegeben.

Es wird empfohlen, diese Figur nochmal anhand der oben stehenden Kommentare zu begründen. Außerdem sollte eine ausführliche *Konstruktionsbeschreibung* zu Fig. Ü 507_5 angefertigt werden.

5.4 Ebene Schnitte durch Polyeder

Auch die Konstruktion eines *Schnittes* (einer Durchdringung) *einer Ebene* mit einem Körper, insbesondere *einem Polyeder*, ist eine wichtige Aufgabe der konstruktiven Raumgeometrie; sie gehört zum Typ der „Maßaufgaben", weil besonders die Herstellung der *wahren Gestalt der Schnittfläche* von Interesse ist. Übung 5.08 hat den ebenen Schnitt durch ein *Prisma*, Übung 5.09 durch eine *Pyramide* zum Inhalt.

Das Lösungsprinzip ist: Man schneidet die Ebene mit den Kanten bzw. Flächen des Polyeders. Damit ist das Problem zurückgeführt auf die Konstruktion der Durchdringung von Gerade und Ebene (bzw. von zwei Ebenen). Als Anschauungshilfe sowie zur Lösungskontrolle kann auch *Programm SPoly* dienen (vgl. 5.2).

In der folgenden Prismenaufgabe lassen sich wegen der einfachen Lage der Körperkanten die *Ecken der Schnittfigur* leicht so erzeugen, wie es in Fig. Ü 508_1 anhand eines solchen Punktes S dargestellt ist. Auch die Konstruktion der *wahren Gestalt der Schnittfigur* ist hier relativ einfach; sie beruht auf einer geeigneten *Drehung der Schnittebene* um ihre G-Spur in die Grundrißebene.

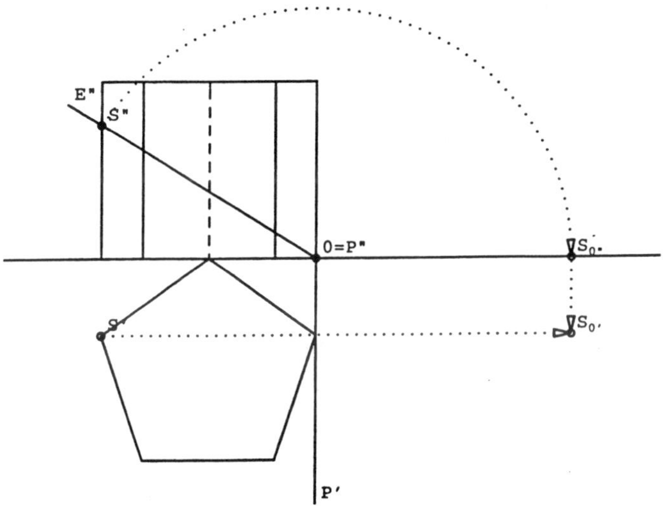

Fig. Ü 508_1

Übung 5.08

Gegeben ist in Grund- und Aufriß ein gerades Prisma, dessen Grundfläche ein regelmäßiges Fünfeck ist. Ferner ist eine zur A-Ebene senkrechte Ebene **E** *durch ihren Aufriß* **E"** *(A-Spur) und ihre Grundrißspur OP' gegeben. (Fig. Ü 508_1). Man konstruiere die Schnittfigur von Ebene und Prisma in wahrer Gestalt.*

(Zum Nachkonstruieren der G-A-Figur:
Prisma: Umkreisradius der Grundfläche: 2.5cm; Höhe: 4cm.
Ebene: Neigungswinkel gegen die G-Ebene: 33°.)

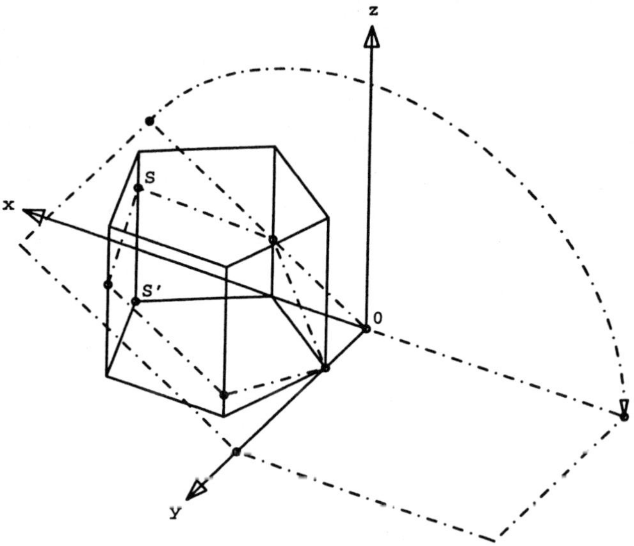

Fig. Ü 508_2

Lösungshinweis: (vgl. Ansichtszeichnung in Fig. Ü 508_2):
Die Schnittfigur läßt sich in wahrer Gestalt gewinnen, indem man die Schnittebene zusammen mit der Schnittfigur um $0P$ in die G-Ebene dreht („umlegt"). In der Ansichtsfigur ist mit S der Schnitt mit einer Seitenkante des Prismas bezeichnet. Welche Bahnen beschreibt ein solcher Schnittpunkt in Grund- und Aufriß bei der Umlegung der Ebene? –

In der G-A-Zeichnung ist S bereits umgelegt. Man vervollständige die Konstruktion der Schnittfigur. – Die Lösung der Konstruktionsaufgabe kann unter KOERPER mit dem Körpernamen Ü 508 L abgerufen werden. Zeichenmodus: Grund- und Aufriß vereinigt.

Analog zum Verfahren in Übung 5.08 lassen sich in der folgenden Aufgabe *ebene Schnitte durch eine Pyramide* bestimmen. Das Lösungsprinzip ist dasselbe wie vorher; im Unterschied zum Schnitt durch ein Prisma ist jedoch beim Schnitt durch die Pyramide der Grundriß der Schnittfigur nicht zur Grundfläche des Körpers kongruent:

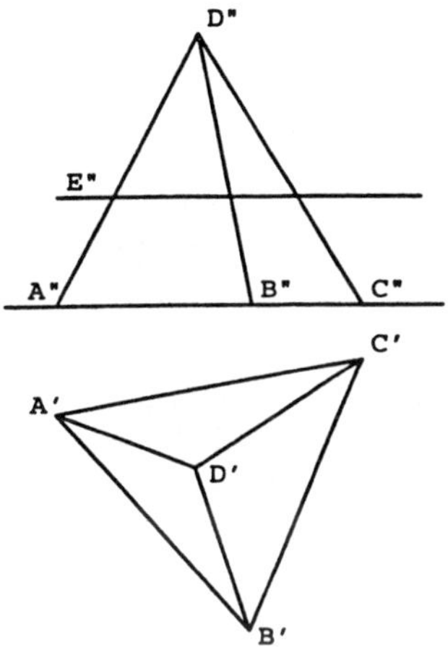

Fig. Ü 509a

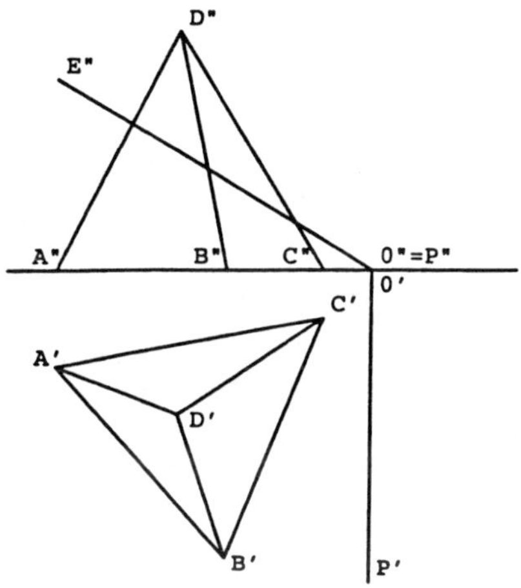

Fig. Ü 509b_1

Übung 5.09

Gegeben sind eine dreiseitige Pyramide $ABCD$ und eine zur A-Ebene senkrechte Ebene **E**, *die die Pyramide durchdringt.*

a) Die Schnittebene **E** *ist zur G-Ebene parallel. Man konstruiere den Grundriß der Schnittfigur (der hier in wahrer Gestalt die Schnittfigur wiedergibt).*

b) Die Schnittebene **E ist** *schräg zur G-Ebene.*

I. Man konstruiere den Grundriß der Schnittfigur.
II. Man konstruiere die Schnittfigur in wahrer Gestalt.

Koordinaten:

Pyramide: $A = (6.5|2|0)$, $B = (3|6|0)$, $C = (1|1|0)$, $D = (4|3|5)$:
Ebene: *a)* $(0|0|2)$, $(0|6.5|2)$, $(6.5|6.5|2)$, $(6.5|0|2)$;
b) $(0|0|0)$, $(0|6.5|4)$, $(6.5|6.5|4)$, $(6.5|0|4)$.

Hinweise zu Übung 5.09:

Die Figur Ü 509b_2 zeigt den Schnitt durch die Pyramide im Fall b) im Schrägbild. Ein solches Schrägbild läßt sich zu b) ebenso wie für a) mit SPoly herstellen. Außerdem kann man zur Lösungskontrolle den Grundriß sowie die wahre Gestalt der Schnittfigur erzeugen. Die Schnittebene ist jeweils durch drei der oben angegebenen Punkte einzugeben.

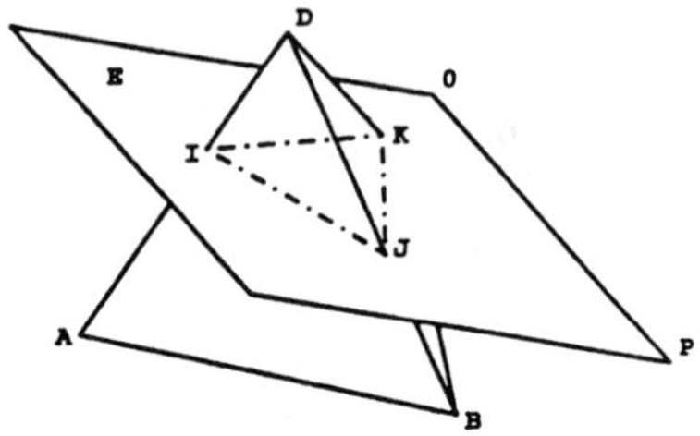

Fig. Ü 509b_2

Die Lösungsfigur für die verlangte Konstruktion des Grundrisses sowie der wahren Gestalt der Schnittfigur ist in der abschließenden Figur Ü 509b_3 dargestellt. Wir geben diese Lösung hier wegen der erheblichen Bedeutung des Verfahrens für die konstruktive Raumgeometrie wieder. Das Verfahren läßt sich zum Beispiel leicht auf die Anfertigung eines *ebenen Schnittes durch einen Kegel* übertragen (Abschnitt 7.3):

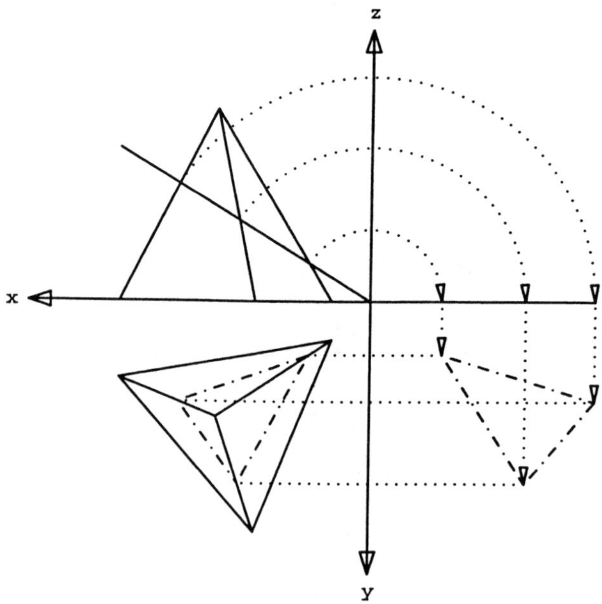

Fig. Ü 509b_3

Schnittprobleme lassen sich weiter ausbauen zur Konstruktion der *gegenseitigen Durchdringung von Polyedern.* Obwohl auch hier nur die Grundkonstruktionen des Schneidens von Geraden und Ebenen zur Anwendung kommen, übersteigen solche Aufgaben (als Handkonstruktionen) in der Regel wegen ihrer Komplexität den Rahmen der elementaren Raumgeometrie. Mit SPoly lassen sich Durchdringungen von Polyedern erzeugen. Als Musterbeispiel unter der Option „Gegenseitige Durchdringung ...“ werden eine *Dreikantpyramide* und ein *nichtkonvexes* Prisma miteinander geschnitten. Die Fig. 5q zeigt drei Stufen aus der „dynamischen Version“ dieses Musterbeispiels.

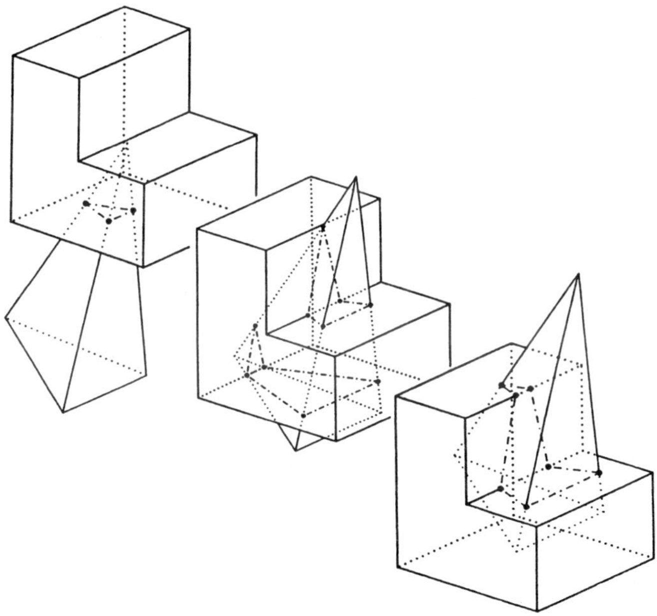

Fig. 5q

Das Programm SPoly zeichnet die Durchdringung von bis zu vier Polyedern (maximale Ecken - Gesamtzahl: 20). Als „Polyeder“ kann dabei auch ein ebenes Polygon eingegeben werden. Ein Anwendungsbeispiel ist die Figurenfolge 4i - 4m: Hier werden jeweils drei Rechtecke miteinander zum Schnitt gebracht, um die *Schnittgebilde von je drei Ebenen* darzustellen.

6 Ausbau der Axonometrie. „Sichtbarkeit“

6.1 Zusammenhang zwischen Urbild- und Bildparametern

Wir knüpfen an die Einführung des axonometrischen Abbildungsverfahrens und einiger spezieller Axonometrien in 3.5 an und wollen den Einblick in die Axonometrie durch nähere Betrachtung des Zusammenhangs zwischen Urbild und Bild vertiefen.

Zur quantitativen Beschreibung der wechselseitigen Beziehung verwenden wir die Urbild- und Bildparameter, die in 3.5 eingeführt wurden und in der Programmbeschreibung KOERPER eingehend beschrieben sind (A.1.1, insbes. Fig. 1g). Die Figur 6a erläutert anhand der Grundriß-Aufriß-Darstellung des Urbild-Koordinatensystems die *Urbildparameter*, Fig. 6b durch Darstellung der Bildebene die *Bildparameter*.

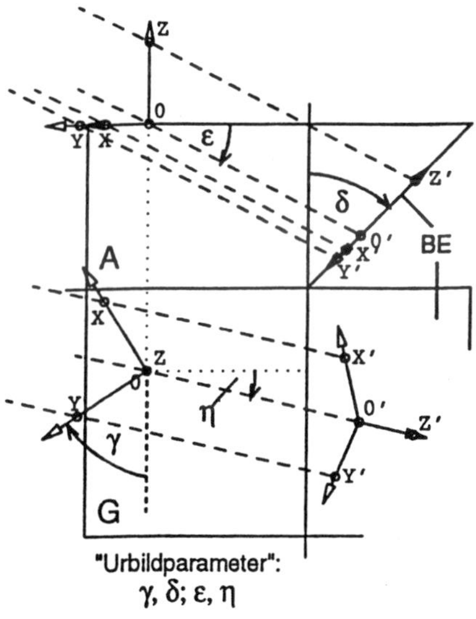

Fig. 6a

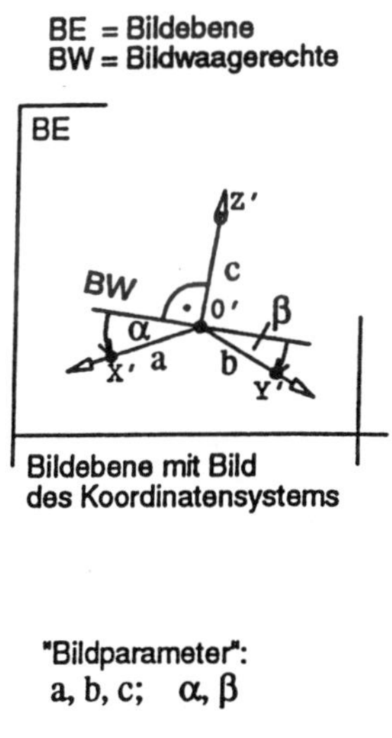

Fig. 6b

Durch einen gegebenen Satz $\gamma, \delta, \varepsilon, \eta$ von Urbildparametern sind offensichtlich die Bildparameter $a, b, c; \alpha, \beta$ eindeutig bestimmt. Sie lassen sich aus den Urbildparametern durch das nachstehende Formelsystem berechnen*.

*s. hierzu Schwartze, H.: „Zur Umkehrung axonometrischer Parallelprojektionen“. In: G. Pickert - I. Weidig (Hrsg.): Mathematik erfahren und lehren. Stuttgart 1994. S. 204-212.

$$\sin\vartheta = \frac{1}{\sqrt{1+\sin^2\delta\tan^2\eta}} \qquad \cos\vartheta = \frac{\sin\delta\tan\eta}{\sqrt{1+\sin^2\delta\tan^2\eta}} \tag{1}$$

$$a_x = \frac{k\sin(\gamma-\eta)\sin\vartheta}{\cos\eta} \qquad a_y = \frac{k\cos\gamma\sin\varepsilon}{\cos(\varepsilon-\delta)\sin\vartheta} + \frac{k\sin(\gamma-\eta)\cos\vartheta}{\cos\eta} \tag{2}$$

$$b_x = \frac{k\cos(\gamma-\eta)\sin\vartheta}{\cos\eta} \qquad b_y = \frac{k\sin\gamma\sin\varepsilon}{\cos(\varepsilon-\delta)\sin\vartheta} - \frac{k\cos(\gamma-\eta)\cos\vartheta}{\cos\eta} \tag{3}$$

$$a = \sqrt{a_x^2+a_y^2} \qquad a\cos\alpha = a_x \qquad a\sin\alpha = a_y \tag{4}$$

$$b = \sqrt{b_x^2+b_y^2} \qquad b\cos\beta = b_x \qquad b\sin\beta = b_y \tag{5}$$

$$c = \frac{k\cos\varepsilon}{\cos(\varepsilon-\delta)\sin\vartheta} \tag{6}$$

Man berechnet zunächst die Funktionswerte $\sin\vartheta, \cos\vartheta$ zu einem Hilfswinkel ϑ gemäß (1), sodann mit (2) - (5) die Bildparameter. Setzt man dabei in (2), (3) und (6) $k = 1$, erhält man als a, b, c die wahren Verkürzungen bzw. Verlängerungen in x-, y- und z-Richtung. (α und β hängen von k nicht ab.)

Beispielsweise sind in Fig. 6a folgende Urbildparameter gewählt:

$$\gamma = 58°, \quad \delta = 45°, \quad \varepsilon = 27°, \quad \eta = 13°.$$

Daraus ergeben sich angenähert die Bildparameter

$$a = 0.81, \quad b = 0.77, \quad c = 0.95; \quad \alpha = 27.5°, \quad \beta = 22.3°.$$

Die Formeln (1) - (6) sind in unsere Programme einprogrammiert. Man kann in dem betr. Untermenue des Bildmenues etwa die gewünschten Urbildparameter (z. B. die oben angegebenen Werte) eingeben; anhand der Statuszeilen am oberen Bildrand lassen sich die zugehörigen Bildparameter ausgeben (vgl. Programmbeschreibung KOERPER in A.1.1).

Die in Fig. 6b dargestellte Konfiguration (O', X', Y', Z') ist aus dem mit O, X, Y, Z bestimmten Urbild-Koordinatensystem durch eine bestimmte Parallelprojektion entstanden. Es stellt sich nun die Frage, ob jede *beliebig vorgegebene Konfiguration* von vier Punkten O', X', Y', Z' als parallelperspektivisches Bild eines Urbild-Koordinatensystems aufgefaßt werden kann. Die Antwort enthält folgender berühmte Satz der Darstellenden Geometrie von K.W. POHLKE (1810 - 1876):

> *Jedes Quadrupel* O', X', Y', Z' von Punkten, die *nicht alle auf einer Geraden* liegen, ist *bis auf Ähnlichkeit* das *Bild eines orthonormierten Dreibeins* bei Parallelprojektion.

Ein Bild wie in Fig. 6b kann also beliebig vorgegeben werden. Mit anderen Worten: Zu jedem *vorgegebenen Satz Bildparameter* gehört (sofern $a^2 \cos^2 \alpha + b^2 \cos^2 \beta \neq 0$) mindestens *ein Satz Urbildparameter*. Die praktische Bedeutung dieser Tatsache liegt darin, daß es bei einer Körperdarstellung zeichentechnisch zumeist am einfachsten ist, von vorgegebenen Bildmaßstäben a, b, c und Bildwinkeln α, β auszugehen.

Der Satz von POHLKE läßt sich rein geometrisch beweisen*. Rechnerisch kann man den Beweis durch Auflösung des Formelsystems (1) - (6) nach den Urbildparametern $\gamma, \delta, \varepsilon, \eta$ führen, wobei sich zu jedem Satz Bildparameter i. allg. zwei Sätze von Urbildparametern bestimmen lassen. Auf die Wiedergabe des vollständigen Systems der *Umkehrformeln* verzichten wir und verweisen stattdessen auf den in der Fußnote von S. 161 genannten Aufsatz. Erwähnt sei nur, daß sich der Faktor der im POHLKE-Satz genannten Ähnlichkeit aus den gegebenen Bildparametern als Quadratwurzel aus

$$k^2 = q^2 - \sqrt{q^4 - (s^2 c^2 + d''^2)} \tag{7}$$

bestimmen läßt, worin zur Abkürzung gesetzt wurde:

$$q^2 = \frac{1}{2}(a^2 + b^2 + c^2) \text{ und} \tag{8}$$

$$s^2 = a^2 \cos^2 \alpha + b^2 \cos^2 \beta; \qquad d'' = ab \sin(\alpha + \beta). \tag{9}$$

Der Sonderfall der *orthogonalen Axonometrie* liegt genau dann vor, wenn

$$a^2 : b^2 : c^2 = \sin 2\alpha : \sin 2\beta : \sin 2(\alpha + \beta). \tag{10}$$

Aus (7) und (8) folgt dann $k^2 = q^2 = \frac{1}{2}(a^2 + b^2 + c^2)$.
Es ergibt sich *genau ein* Satz Urbildparameter, wobei gilt

$$\sin \gamma = \frac{a \cos \alpha}{s}, \quad \cos \gamma = \frac{b \cos \beta}{s} \tag{11}$$

$$\text{sowie } \tan \delta = d''/(c \cdot s) \qquad (-90^\circ < \delta \leq 90^\circ) \tag{12}$$

ferner $\varepsilon = \delta$; $\eta = 0$.

Auch die Umkehrformeln sind einprogrammiert, so daß in den Statuszeilen von Bildparametern auf (einen Satz) Urbildparameter umgeschaltet werden kann. Zum Beispiel können die weiter oben angegebenen Bildparameter eingegeben werden, woraus sich angenähert ergibt:

$$\gamma = 58^\circ, \quad \delta = 45^\circ, \quad \varepsilon = 27^\circ, \quad \eta = 13^\circ.$$

*s. z. B. Stärk, R.: Darstellende Geometrie. Paderborn 1978. S. 156.

Durch vollständiges Anwenden der Umkehrformeln erhält man als *zweiten Satz* Urbildparameter zu denselben Bildparametern:

$$\gamma = 35.8°, \quad \delta = 7°, \quad \varepsilon = 26.7°, \quad \eta = -9.2°.$$

In den nachstehenden Übungsaufgaben, bei denen *Standard-Axonometrien* wiederholend zur Anwendung kommen, besteht Gelegenheit, die zugehörigen Bild- bzw. Urbildparameter aufzusuchen und zwischen ihnen umzuschalten. Zur Definition der *Kavalier-*, *Militär-* und *dimetrischen* (wie auch der *isometrischen*) Projektion vergleiche man die Figuren 3za - 3zd in 3.5.

Übung 6.01

Gegeben sind das Grundriß- und das Aufrißbild einer regelmäßigen sechsseitigen Pyramide (Höhe: 5.8 cm, Umkreisradius der Grundfläche: 3.6 cm). Man zeichne das axonometrische Bild der Pyramide in Kavalierprojektion mit den Bildparametern $a = 0.5$; $\alpha = 45°$.

Hinweise: Der gegebene Körper ist unter Ü 601 L gespeichert, wodurch die Lösung zur Kontrolle mit KOERPER abgerufen werden kann. – Man vergleiche dazu die Figur 3w (Abschnitt 3.4), in welcher das axonometrische Bild gegenüber dem der vorliegenden Lösungsfigur gedreht erscheint.
Mit der Statuszeile bestimme man zu den vorgegebenen Bildparametern einen zugehörigen Satz *Urbildparameter*.

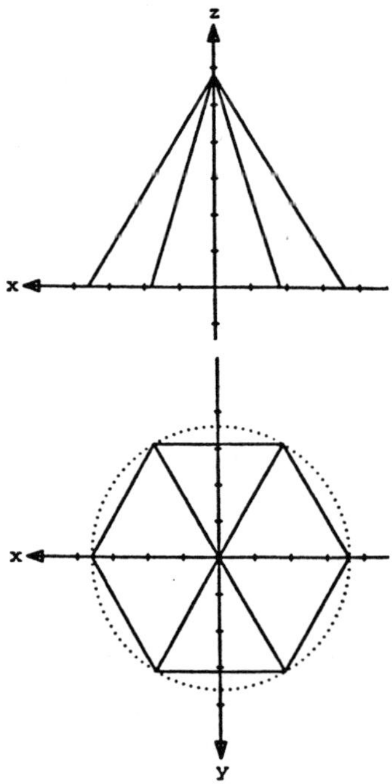

Fig. Ü 601

Übung 6.02

Gegeben ist das schematische Bild eines Zimmers in Militärprojektion mit $\alpha = 60°$ (somit $\beta = 90° - \alpha = 30°$); es ist als „ZIMMER" in K1, zugleich in K2 als „Ü 602 L" gespeichert. Man rufe diesen Körper auf und stelle ihn mit dem Computer zum Vergleich auch in Militärprojektion bei anderen Werten für α dar. (Verdeckungsberechnung für nichtkonvexe Körper! Empfehlung: für verdeckte Linien „keine Linie" einstellen.)

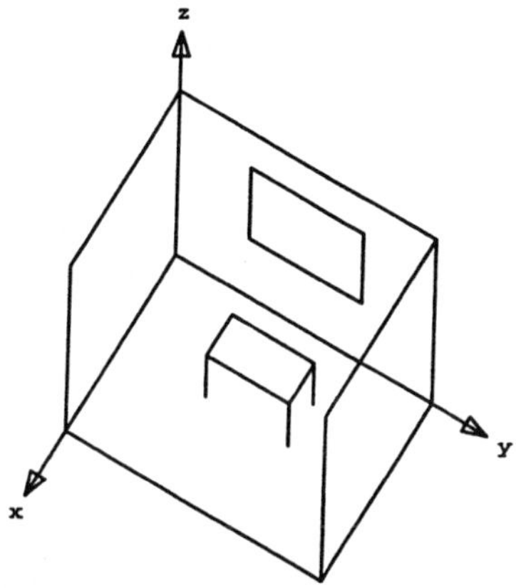

Fig. Ü 602

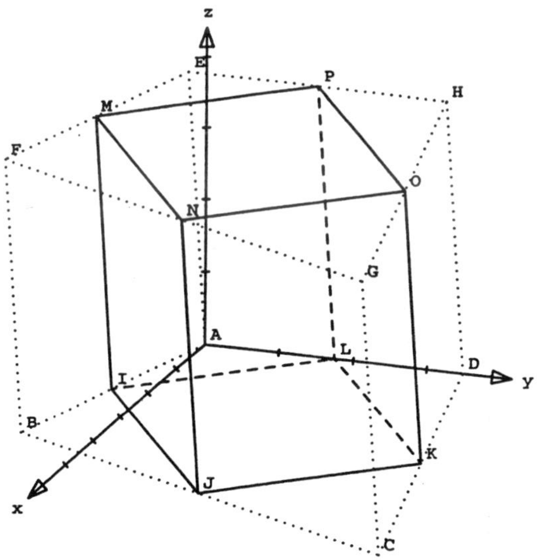

Fig. Ü 603

Übung 6.03

Die Grundfläche eines schiefen Prismas hat die Ecken

$$A = (0|0|0), B = (4|-1|0), C = (7|5|0), D = (0|3.5|0).$$

Die Deckfläche EFGH entsteht aus ABCD durch Verschiebung mit dem Vektor V (A, E) = (−2| − 1|3).

a) *Man zeichne in dimetrischer Projektion das Prisma (in dünnem Bleistiftstrich). Dann halbiere man die Grund- und Deckkanten (I = Mittelpunkt von AB, ..., P = Mittelpunkt von HE).*

b) *Man zeichne in die Figur aus a) den „Restkörper“ mit IJKL als Grund- und MNOP als Deckfläche (in Voll- bzw. Strichlinien) ein. Man begründe, daß dieser Restkörper ein Parallelflach („Spat“) ist.*

Hinweise: Mit einem Computerbild unter KOERPER wie in Fig. Ü 603 lassen sich die verlangten Konstruktionen kontrollieren. – Mit der Statuszeile lasse man zur dimetrischen Projektion einen zugehörigen Satz *Urbildparameter* ausgeben.

6.2 Verdeckungsberechnungen („Sichtbarkeitsalgorithmus“)

Die *Sichtbarkeitsalgorithmen*, mit denen die Verdeckungen von Linien berechnet werden, sind in den Programmen zum vorliegenden Buch nicht rein formal aufgebaut, sondern folgen *konstruktiven Prinzipien*, die auf die beiden Figurenklassen „runde Körper“ und „lineare Körper“ zugeschnitten sind. Die Verdeckungsberechnungen für die erstgenannte Figurenklasse werden im Kapitel 7 besprochen. Nachstehend besprechen wir das Grundsätzliche der Sichtbarkeitsalgorithmen für die Darstellung *„linearer Körper“*, d. h. aus Strecken und Vielecken gebildeter Raumfiguren.

Für diese Figuren verwenden wir **Kantenalgorithmen**, die für jede Strecke bzw. Teilstrecke prüfen, ob sie im jeweiligen Bildmodus „sichtbar“ oder „verdeckt“ ist. Dabei ist zwischen zwei miteinander zusammenhängenden Algorithmen zu unterscheiden, nämlich a) für *konvexe* Körper (z. B. Würfel) und b) für *nicht konvexe* Körper, zu denen wir auch solche nicht geschlossenen Raumfiguren wie das „Zimmer“ in Fig. Ü 602 rechnen.

Wir erläutern nun die beiden Algorithmen anhand von Fig. 6c, wobei wir den dort abgebildeten *„Obelisken“ ohne Sockel* als Beispiel eines konvexen und den *Gesamtkörper* als Beispiel eines nicht konvexen Körpers wählen. Im Folgenden findet folgender Satz Anwendung, der sich anhand eines konvexen Teilkörpers bzw. des Gesamtkörpers von Fig. 6c leicht einsehen läßt: Bei einem *konvexen* Polyeder ist eine Kante entweder *vollständig sichtbar* oder *vollständig verdeckt*; bei einem nicht konvexen Körper kann eine Kante *teilweise sichtbar*, im übrigen verdeckt sein.

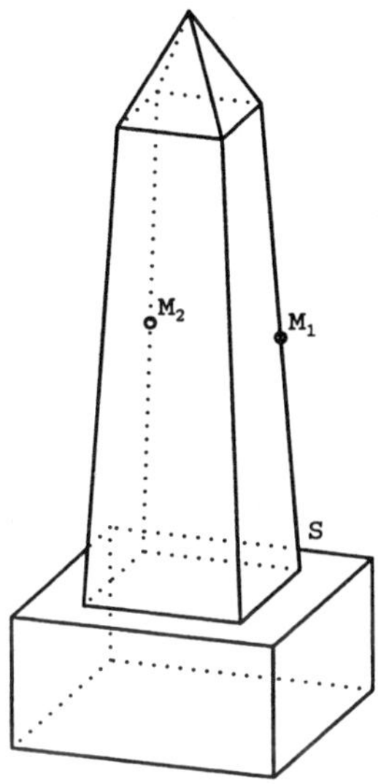

Fig. 6c

a) Prinzip des Algorithmus für *konvexe* Körper: Nach dem vorgenannten Satz genügt zur Prüfung der Sichtbarkeit einer Kante *ein* Punkt, wofür der *Mittelpunkt* gewählt wird, z. B. M_1 oder M_2 in Fig. 6c. Es wird für jede Kante festgestellt, ob ihr Mittelpunkt von irgendeiner Begrenzungsfläche verdeckt wird. Dazu wird die Abbildungsgerade, die z. B. das Bild von M_1 erzeugt, mit sämtlichen Begrenzungsflächen geschnitten. Von den etwaigen Schnittpunkten wird festgestellt, ob keiner von ihnen *„vor"* M_1 (M_2 usw.) liegt.

   Dann ist M_1 und damit die Strecke DE sichtbar, andernfalls verdeckt.

   Durch die enorme Rechengeschwindigkeit des Computers ist es möglich, trotz der außerordentlich zahlreichen Rechenvorgänge „augenblicklich" ein Bild mit korrekter Verdeckungsberechnung zu erhalten. – Wichtig ist dafür, daß beim Einlesen des Körpers außer den Ecken und Punktverbindungen die *begrenzenden Flächen* sowie die *Bild- bzw. Urbildparameter* eingegeben werden, von denen ja die jeweilige Sichtbarkeit einer Kante abhängt.

b) Algorithmus für *nichtkonvexe Körper*: Hierin wird der eigentlichen Sichtbarkeitsberechnung ein *Voralgorithmus* vorgeschaltet: Dabei geht man vom „2D-Bild“ des Körpers aus, in welches die Bild- bzw. Urbildparameter eingehen. In der Bildebene wird jede Strecke mit jeder anderen geschnitten. In Fig. 6c erhält man z. B. den Schnittpunkt S zweier Bildstrecken. So entsteht auf jeder bisherigen Kante (Strecke) eine *geordnete Menge von Teilstrecken*. Nun wird der in a) beschriebene Algorithmus auf *sämtliche zuvor erhaltenen Teilstrecken* angewandt, wodurch jede Teilstrecke hinsichtlich ihrer Sichtbarkeit korrekt dargestellt wird.

Offensichtlich darf auch ein konvexer Körper mit dem „nichtkonvexen Algorithmus“ gezeichnet werden. Man verliert dabei jedoch Rechenzeit. Läßt man nämlich den Bildaufbau verzögert ablaufen (Untermenue „Grundeinstellungen“), erkennt man, daß bei der Bilderzeugung eines konvexen Körpers unnötige Zerlegungen von Strecken in Teilstrecken vorgenommen werden.

6.3 Regelmäßige Polyeder

Ein wichtiger Satz der Raumgeometrie ist der EULERSCHE *Polyedersatz*: *Für ein konvexes Polyeder mit e Ecken , k Kanten und f Flächen gilt*: $e+f = k+2$. Beispielsweise gilt für einen Quader: $e = 8, f = 6, k = 12$. Somit ist $e + f = 14$, $k + 2 = 14$, also die Aussage des Eulerschen Polyedersatzes erfüllt.

Von besonderem Interesse sind die sog. *regelmäßigen Polyeder*, auch PLATONISCHE KÖRPER genannt. Es sind konvexe Polyeder, die von lauter untereinander kongruenten, regelmäßigen Vielecken begrenzt sind. Aus dem Eulerschen Polyedersatz kann man herleiten *, daß es genau fünf regelmäßige Polyeder gibt.

In der Reihenfolge der Fig. 6d sind es: *Tetraeder* (4flach), Würfel oder *„Hexaeder“* (6flach), *Oktaeder* (8flach), *Dodekaeder* (12flach) und *Ikosaeder* (20flach). Tetraeder, Oktaeder und Ikosaeder sind von regelmäßigen Dreiecken, Würfel von Vierecken und Dodekaeder von Fünfecken begrenzt.

Die Behandlung der auch historsich interessanten regelmäßigen Polyeder ist im Rahmen der Konstruktiven Raumgeometrie sehr sinnvoll, weil sich Tetraeder, Oktaeder, Dodekaeder und Ikosaeder relativ einfach jeweils *von einem Würfel ausgehend konstruieren* lassen. Diesen Konstruktionen entsprechend lassen sich die *Koordinaten der Ecken berechnen* und zur Darstellung der einzelnen Polyeder in den Computer eingeben. In den nachstehenden Übungen

*Siehe hierzu z. B.: H. Scheid, Elemente der Geometrie, Mannheim 1991, S. 34 ff.

werden jeweils die für die Konstruktion erforderlichen Anleitungen gegeben.

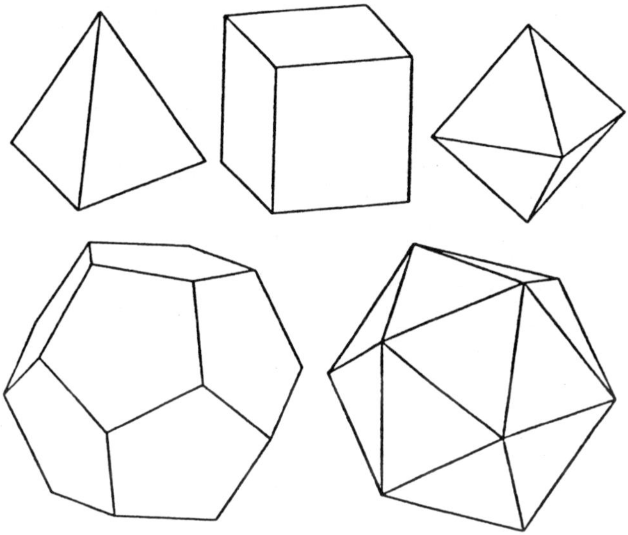

Fig. 6d

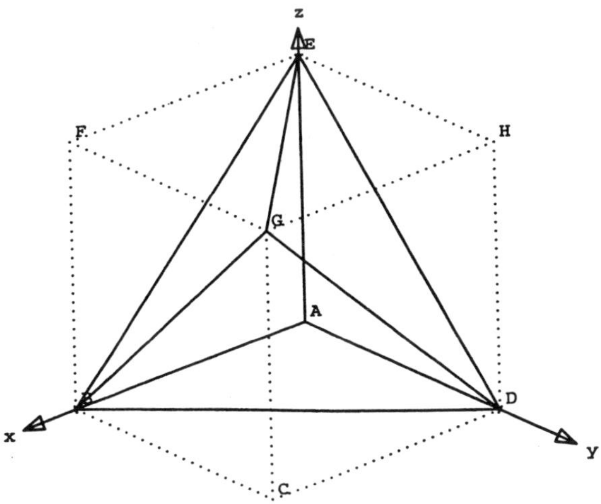

Fig. Ü 604

Übung 6.04

Man zeichne mit beliebigen Bildparametern ein Schrägbild des Einheitswürfels (in dünnem Bleistiftstrich) und zeichne die sechs Flächendiagonalen gemäß Fig. Ü 604 ein. Man begründe, daß die Pyramide BDEG von vier zueinander kongruenten gleichseitigen Dreiecken begrenzt ist („regelmäßiges Tetraeder“).

Übung 6.05

Man zeichne das axonometrische Bild des Einheitswürfels in „gespiegelter Dimetrie“ mit dem Würfelmittelpunkt im Nullpunkt und markiere die Mittelpunkte der sechs Seitenflächen des Würfels. Durch Verbinden jeder Seitenflächen-Mitte mit den vier jeweils benachbarten entsteht ein Oktaeder. Man zeichne das Oktaeder unter Berücksichtigung der Sichtbarkeit ein.

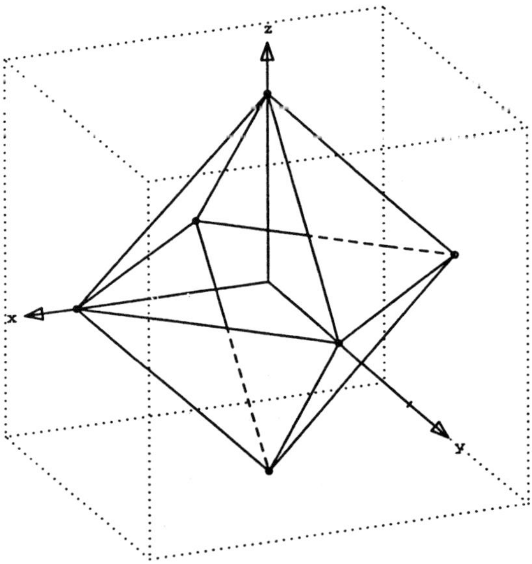

Fig. Ü 605

Zusatz: Im Computerbild der Figur Ü 605 wurde eine der vorderen Begrenzungsflächen nicht mit eingelesen. Dadurch kann man in das „aufgeschnittene Oktaeder“ hineinschauen. (Es liegt kein konvexer Körper mehr vor!).

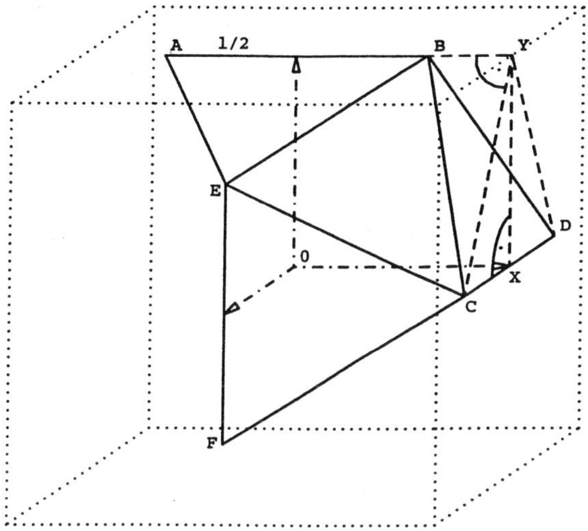

Fig. Ü 606_1

Übung 6.06

Ein regelmäßiges 20flach („Ikosaeder") läßt sich, wie in der Figur Ü 606_1 angefangen, aus dem Einheitswürfel so konstruieren: Auf den 6 Würfelflächen werden, von Fläche zu Nachbarfläche seitlich versetzt, Strecken $AB, CD, EF, \ldots$ der Länge $l = \frac{\sqrt{5}-1}{2}$ in symmetrischer Lage gezeichnet. Deren Endpunkte werden, wie aus der Figur ersichtlich, miteinander verbunden, so daß schließlich von jedem Punkt 5 Strecken ausgehen. Die Gesamtheit dieser Strecken bildet das Ikosaeder.

a) *Man beweise, daß der entstehende Körper von zueinander kongruenten gleichseitigen Dreiecken begrenzt ist. Dazu genügt es aufgrund der Konstruktion und der Würfelsymmetrien, zu zeigen, daß $|AB| = |BC|$ gilt (Hilfsdreiecke CXY und CYB!). Wurzelterme sollten dabei nicht durch Dezimalbrüche ersetzt werden!*

b) *Man zeichne in isometrischer Projektion den Würfel mit dünnem Strich (Mittelpunkt im Nullpunkt) und zeichne das Ikosaeder unter Berücksichtigung der Sichtbarkeit ein. Als Längeneinheit wähle man 8 cm.*

Zusatz: Die nachstehende Figur Ü 606_2 zeigt die Lösung von b). Um den Körper einzuprogrammieren, müssen zunächst die Koordinaten seiner 12 Ecken berechnet werden (in Dezimalbrüchen). Die Berechnung ist anhand von Fig. Ü 606_1 leicht möglich, wobei man die Symmetrien des Würfels ausnutzt. (Zur Lösung von a) siehe Anhang A.3).

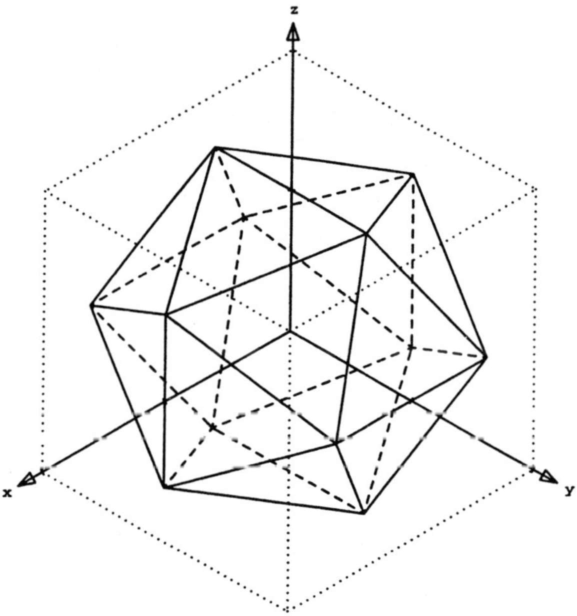

Fig. Ü 606_2

Übung 6.07

Setzt man die Mittelstrecken $AB, CD, \ldots$ der Länge $l = \frac{\sqrt{5}-1}{2}$ aus Übung 6.06 als Firste von Walmdächern über die Würfelflächen im Abstand $l : 2$, so bildet die Gesamtheit der Dachkanten ein regelmäßiges Zwölfflach („Dodekaeder“), das von zueinander kongruenten regelmäßigen Fünfecken begrenzt ist.

a) *Man bestimme anhand von Fig. Ü 607_1 die Koordinaten der Körperecken und konstruiere dann das Dodekaeder anhand des Würfelbildes. Vorschlag für die Abbildung: Kavalierprojektion mit $a = \frac{1}{2}$; $\alpha = 30°$. (Längeneinheit 6 cm)*

b) *Man beweise, daß das Polygon $BUCDV$ ein ebenes, regelmäßiges Fünfeck ist. Dazu genügt zu zeigen: 1) $|BU| = |AB|$; 2) Die Winkel α und β sind gleich groß; das bedeutet: Dreieck BUV und Trapez $CDVU$ liegen in derselben Ebene. Zum Beweis verwende man die Beziehung $l = \frac{\sqrt{5}-1}{2}$ (s. eingezeichnete Hilfsdreiecke).*

Hinweis: Untenstehende Figur Ü 607_2 zeigt die Lösung zu a). (Wegen der Koordinaten in a) und der Lösung zu b) siehe Anhang.)

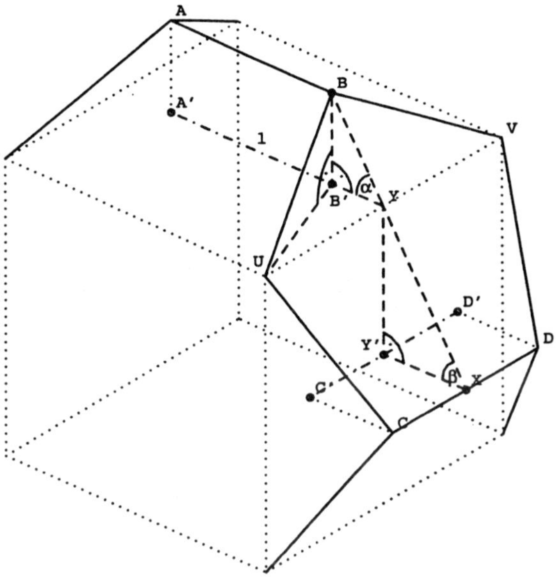

Fig. Ü 607_1

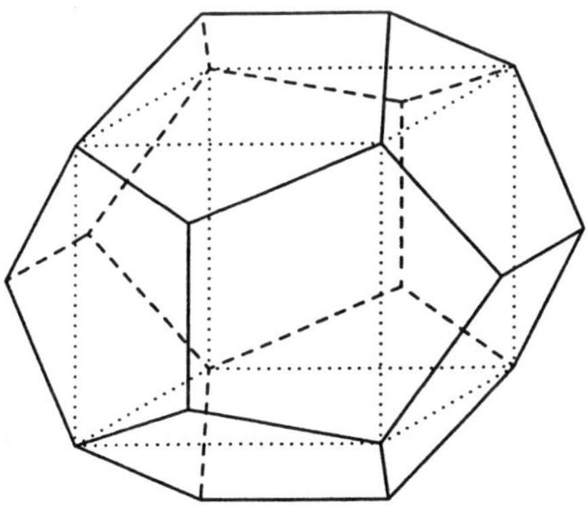

Fig. Ü 607_2

7 Darstellung von Zylinder, Kegel und Kugel. Kegelschnitte

In diesem Kapitel werden die wichtigsten „runden Körper“ der elementaren Raumgeometrie behandelt. In den Abschnitten 7.1 - 7.3 geht es vor allem um Aufgaben *darstellender* Art, die bei Zylinder, Kegel und Kugel zeichnerisch schwieriger sind als bei Polyedern. In den Abschnitten 7.4 - 7.6 stehen räumliche *Konstruktionen* an runden Figuren im Vordergrund.

Während in den bisherigen Kapiteln von KOERPER und darauf aufbauenden konstruktiven Programmen Gebrauch gemacht wurde, dienen in diesem Kapitel das darstellende Programm RundKoer sowie daraus abgeleitete konstruktive Programme als Unterstützung.

7.1 Abbildung von Zylindern. Programm RundKoer

Bei der Darstellung von Zylindern – wobei wir uns auf „gerade Kreiszylinder“ beschränken – besteht das eigentliche Problem darin, die *Bilder von Kreisen* (nämlich „Grund- und Deckkreis“) bei *Parallelprojektion* zu finden. Wir beginnen deshalb mit der Erörterung des *Kreisschrägbilds.*

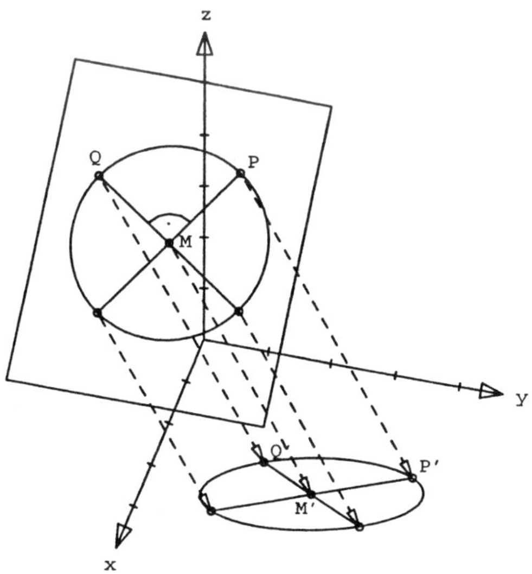

Fig. 7a

In Fig. 7a wird ein Kreis durch Parallelprojektion abgebildet. *Das Schrägbild eines Kreises heißt* **Ellipse**. In der nachstehenden Figur 7b ist die Bildebene, nämlich die x-y-Ebene, in die Zeichenebene gelegt, so daß die *Ellipse in wahrer Gestalt* erkennbar wird:

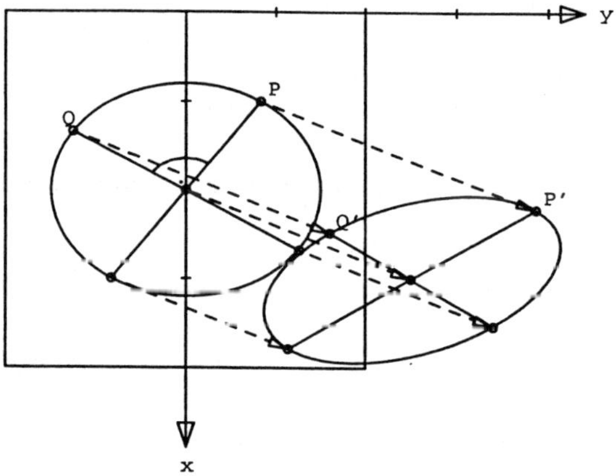

Fig. 7b

In den vorstehenden Figuren ist ein senkrechtes Kreisdurchmesserpaar hervorgehoben, dessen Bild ein im allgemeinen *nicht senkrechtes* Durchmesserpaar der Ellipse ist (Fig. 7b). Ellipsendurchmesser, die *Bilder eines Paares zueinander senkrechter Kreisdurchmesser* sind, heißen zueinander **konjugierte Durchmesser**. (Auf die Rückgewinnung eines senkrechten Kreisdurchmesserpaares aus einem Paar konjugierter Durchmesser gehen wir später ein.) Schon hier stellen wir fest: Ein *ebener Schnitt* durch einen *Zylinder* ist eine *Ellipse*.

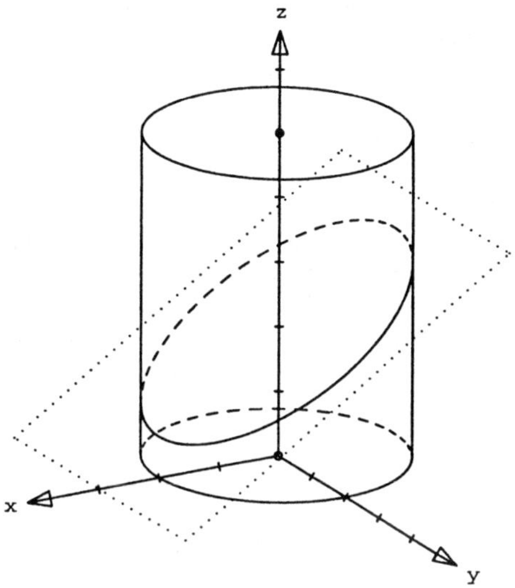

Fig. 7c

Man kann nämlich (Fig. 7c) die Mantellinien des Zylinders als parallele Abbildungsgeraden auffassen, die den Grundkreis in die Schnittkurve abbilden. Man erkennt dabei auch, daß ein *Sonderfall* der Ellipse ein *Kreis* ist.

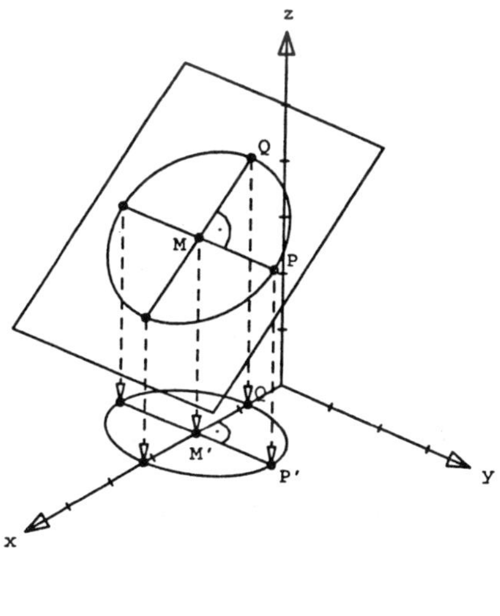

Fig. 7d

Bildet man wie in Fig. 7d einen Kreis durch *senkrechte Parallelprojektion* ab, so geht der rechte Winkel, der von dem zur Bildebene parallelen Radius MP und dem dazu senkrechten Radius MQ gebildet wird, nach Satz II in Übung 5.05 in das Paar $M'P', M'Q'$ zueinander senkrechter konjugierter Ellipsenhalbmesser über. Man kann zeigen, daß *jede* Ellipse ein Paar zueinander senkrechter konjugierter Halbmesser hat, also *zwei Symmetrieachsen* besitzt. Diese Halbmesser heißen *Halbachsen* der Ellipse. Um dies zu zeigen, denken wir uns, ausgehend von Fig. 7a, eine Ebene **E** auf eine dazu nicht parallele Ebene **E'** durch eine Parallelprojektion abgebildet (Fig. 7e). Die Abbildung einer Ebene auf eine zweite durch Parallelprojektion heißt **Affinität**, Urbild- und Bildfigur heißen **zueinander affin**. Wir suchen *Eigenschaften einer Affinität*, wobei wir die in Kap. 3 festgestellten Eigenschaften von Parallelprojektioenen voraussetzen.

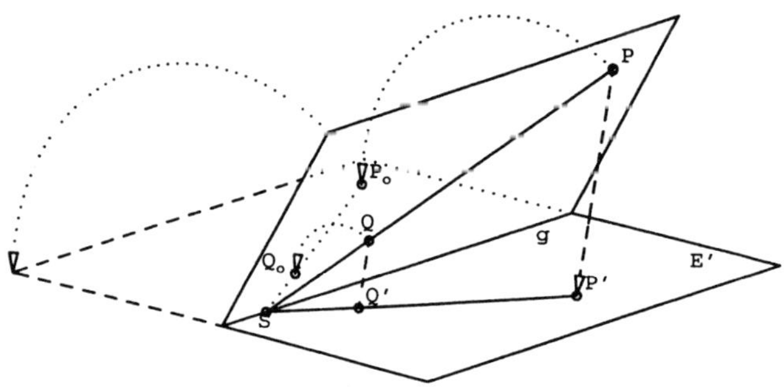

Fig. 7e

PQ und $P'Q'$ seien einander entsprechende Strecken einer affinen Abbildung. Die Gerade PQ schneide die Schnittgerade g von **E** und **E'** in S. Die Gerade g heißt *Achse der Affinität.* Da S ein Fixpunkt der Abbildung ist, geht auch die Gerade $P'Q'$ durch S:

1. *Entsprechende Geraden einer Affinität, die zur Affinitätsachse nicht parallel sind, schneiden sich auf der Achse.*

Man denkt sich nun die Ebene **E** mit der Strecke PQ um g in die Ebene **E'** gedreht, was auf zwei Arten möglich ist; eine mögliche Drehung zeigt die Figur 7e, wobei die Endlagen von P, Q mit P_0, Q_0 bezeichnet sind. Die Zuordnung $P_0 \longrightarrow P', Q_0 \longrightarrow Q'$ usw. ist eine *Abbildung* von **E'** *auf sich selbst*; sie heißt *Achsenaffinität*.

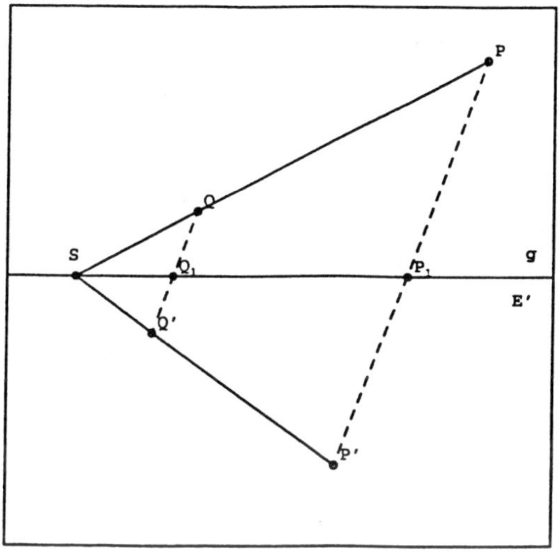

Fig. 7f

Die Figur 7f veranschaulicht diese Abbildung, wobei einander zugeordnete Punkte miteinander verbunden und die Urbildpunkte einfachheitshalber wieder mit „$P, Q, \ldots$" bezeichnet sind.

Wegen der Erhaltung von Teilverhältnissen bei einer Parallelprojektion gilt $SP : SQ = SP' : SQ'$. Hieraus folgt gemäß der Umkehrung des 1. Strahlensatzes: $PP' \parallel QQ'$, d. h.:

2. *Die Verbindungsgeraden entsprechender Punkte einer Achsenaffinität sind zueinander parallel.*

P_1, Q_1 seien die Schnittpunkte der Verbindungsgeraden $P'P$ und $Q'Q$ mit der Achse g. Aus Fig. 7f ergibt sich dann aufgrund der Strahlensätze: $PP_1 : QQ_1 = P'P_1 : Q'Q_1 (= SP_1 : SQ_1)$. Somit gilt $P'P_1 : PP_1 = Q'Q : QQ_1$. Bezeichnen wir den Quotienten $\frac{Q'Q_1}{QQ_1}$ irgendeines Paares zugeordneter Punkte Q, Q' mit k, so gilt für alle Punktepaare $P, P' : P'P_1 = kPP_1$.

3. Der Quotient $P'P_1 : PP_1$ ist somit eine *Konstante*, der *Affinitätsfaktor* k.

Wir wenden nun die Eigenschaften 1) - 3) auf **affine Kreisbilder**, also auf *Ellipsen* an. Ein Kreis werde mit seiner Ebene in die Ebene der durch

Parallelprojektion erzeugten Ellipse gedreht (vgl. Fig. 7a). Es entsteht die nachstehende Figur 7g:

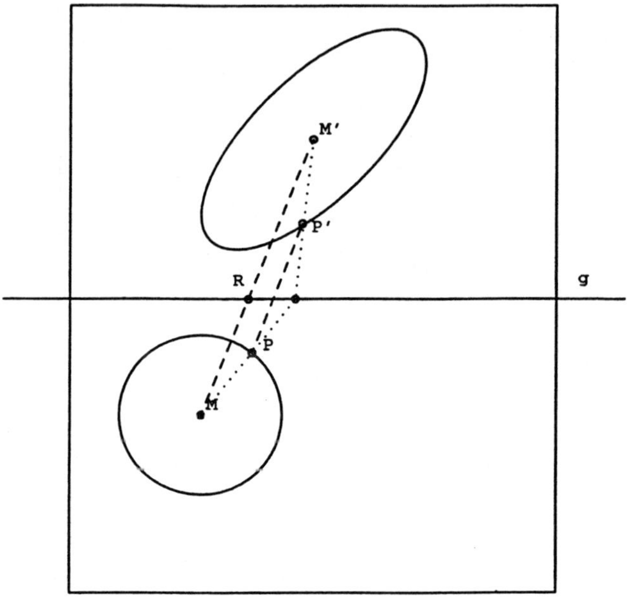

Fig. 7g

Das Bild des Kreismittelpunktes M ist der „Mittelpunkt“ M' der Ellipse; ist P irgendein Kreispunkt und P' der zugehörige Ellipsenpunkt, so ist $PP' \parallel MM'$, und die Strecke PP' wird von der Achse g im selben Verhältnis geteilt wie die Strecke MM' durch ihren Schnittpunkt R mit g. Ferner schneiden die Verbindungsgeraden MP und $M'P'$ sich auf der Achse g.

Es kann nun gezeigt werden, daß die Ellipse ein Paar zueinander senkrechter konjugierter Halbmesser hat. Dieses läßt sich folgendermaßen konstruieren (Fig. 7h):

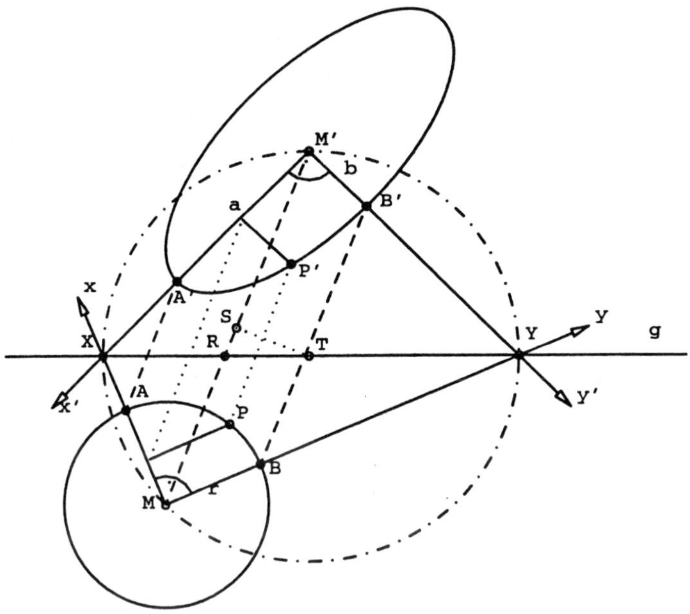

Fig. 7h

- Mittelpunkt S der Strecke MM' bestimmen;
- Senkrechte zu MM' durch S mit g schneiden (Schnittpunkt T);
- Kreis um T durch M (und M') mit g schneiden (Schnittpunkte X, Y).

Da dieser „Thaleskreis" über XY durch M und M' geht, sind $\sphericalangle XMY$ und $\sphericalangle XM'Y$ *rechte Winkel*, und diese Winkel sind durch die Achsenaffinität *einander zugeordnet*. Das Halbmesserpaar $M'A', M'B'$ (Länge a bzw. b) der Ellipse ist ein *konjugiertes* Halbmesserpaar und ist *selbst orthogonal*. Es ist das Bild des senkrechten Kreishalbmesserpaars MA, MB.

Die Halbmesser $M'A', M'B'$ heißen **Halbachsen**; sie sind *Symmetrieachsen* der Ellipse.

Man kann MA, MB sowie $M'A', M'B'$ zu Koordinatenachsen machen (siehe Fig. 7h) und aus der Kreisgleichung die Ellipsengleichung gewinnen*; auf die Ellipsengleichung kommen wir später zurück.

Das Programm KegGraph. Axonometrische Bilder von *Kreisen* lassen sich mit dem Programm KegGraph zeichnen; ebenso zeichnet das Programm

*Siehe dazu z. B. H. Schupp: Kegelschnitte, Mannheim 1988, S. 110 ff.

Bilder von *Ellipsen, Parabeln* und *Hyperbeln*, also von allen „Kegelschnitt-Graphen". Mit dem Programm KegGraph läßt sich jeweils ein *einzelner* Kreis/Kegelschnitt darstellen, während mit dem Programm KOERPER bis zu fünf solcher Graphen einem Körperbild zugefügt werden können; das Nähere ist aus der *Programmbeschreibung* im Anhang ersichtlich. Wir begnügen uns hier mit kurzen Hinweisen zur Wirkungsweise und Anwendung der Kreis- und Ellipsendarstellung.

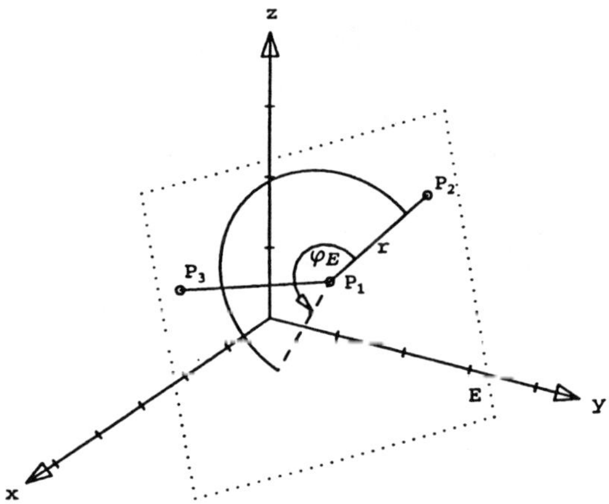

Fig. 7i

Zur Festlegung eines *Kreises* in beliebiger Raumlage sind, außer dem Radius, der Mittelpunkt P_1 sowie zwei mit P_1 nicht kollineare Punkte P_2, P_3 einzugeben, welche die Kreisebene bestimmen. Durch φ_E kann der Endstrahl eines Kreisbogens angegeben werden, der auf der Halbgeraden P_1P_2 startet (siehe Fig. 7i).

Die Zeichenprozedur beruht auf der *Parameterdarstellung* (2.2) der Kreisgleichung. In der durch die Richtungsvektoren $P_{21} = P_2 - P_1$ und $P_{31} = P_3 - P_1$ festgelegten Kreisebene wird durch das Programm auf P_{21} ein Einheitsvektor V und dazu senkrecht ein Einheitsvektor U gebildet. Bezüglich der Vektorbasis (U, V) lautet der auf P_1 bezogene Ortsvektor der Kreislinie $V(P_1, P) = r(\cos\varphi \cdot U + \sin\varphi \cdot V), (0 \leq \varphi \leq \varphi_E)$. Die vektorielle Parameterdarstellung hat somit bezüglich des Koordinatenursprungs die Form:

$$P = P_1 + r(\cos\varphi \cdot U + \sin\varphi \cdot V) \qquad (\textit{Kreisgleichung})$$

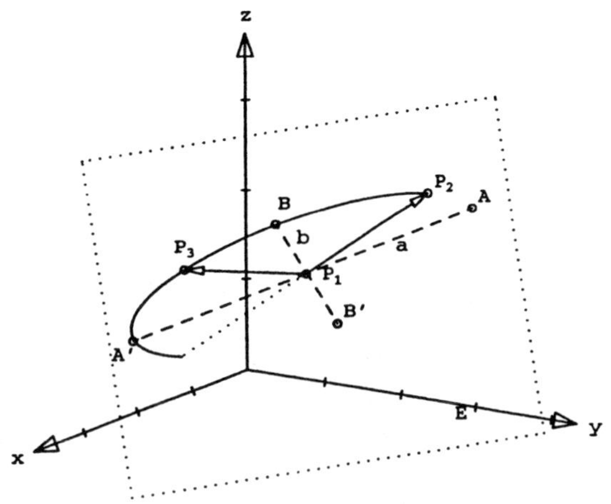

Fig. 7j

Die Festlegung einer *Ellipse* erfolgt analog zu der des Kreises (Fig. 7j). Für P_2, P_3 sind die Endpunkte eines Paares konjugierter Halbmesser einzugeben (was sich in der Zeichenpraxis oft als günstig erweist). Das Programm bestimmt daraus selbständig die Halbachsen P_1A, P_1B und stellt diese unter KegGraph auch dar. (Zur *konstruktiven* Bestimmung der Halbachsen aus einem gegebenen Paar konjugierter Halbmesser siehe 7.6.)

Sind U, V Einheitsvektoren in Richtung der Halbgeraden P_1A bzw. P_1B, so lautet die Parameterdarstellung der *Ellipsengleichung*, bezogen auf den Ursprung (vgl. S. 203):

$$P = P_1 + a\cos\cdot\varphi\cdot U + b\sin\varphi\cdot V.$$

Zu $\varphi = 0$ gehört P_2, zu $\varphi = 90°$ der Punkt P_3 usw. Mit einem Parameterwert φ_E kann der Ellipsenbogen begrenzt werden. (In Fig. 7g wurde $\varphi_E = 180°$ gewählt.)

Unter den zahlreichen Beispielen dieses Buches für die Anwendung der Zeichenprozeduren von KegGraph unter KOERPER seien hier nur die Figuren 7a, b, d, g-j genannt. Die nachstehende Figur 7k zeigt als spielerische Anwendung einen ausgeschmückten Quader mit quadratischer Grundfläche:

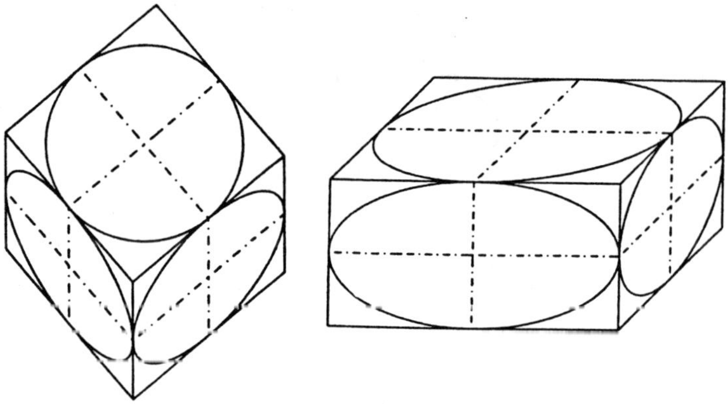

Fig. 7k

Links ist der Körper in Militärprojektion abgebildet (vgl. 3.5), so daß die Grundfläche, also auch der Kreis, in wahrer Gestalt erscheint; rechts liegt Kavalierprojektion vor.

Konstruktion des Zylinderschrägbilds. Das Zeichnen von Ellipsen ist etwas mühselig. Dennoch sollte man an einigen Beispielen das *punktweise Konstruieren* sowie spezielle Konstruktionsverfahren ausführen, wozu nachstehend beim Herstellen von Zylinderbildern Gelegenheit besteht.

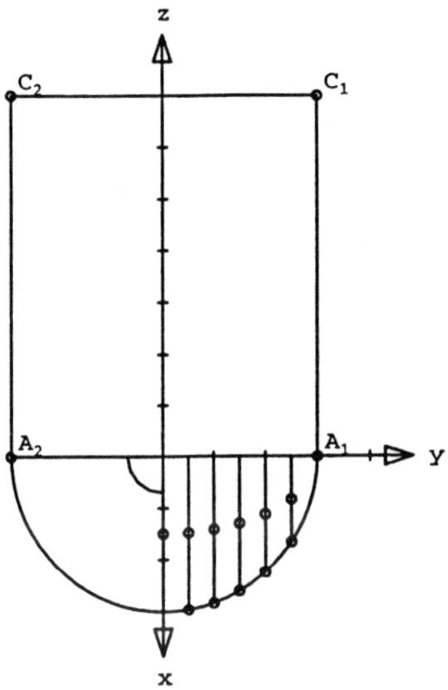

Fig. Ü 701a

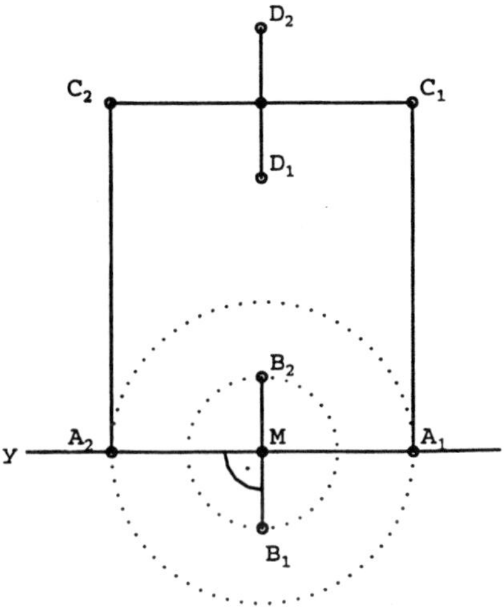

Fig. Ü 701b

Übung 7.01

Ein Zylinder mit $r = 3$, $h = 7$ soll in einer Kavalierprojektion mit den Bildparametern $a = 0.5$, $b = c = 1$, $\alpha = 90°$, $\beta = 0°$ abgebildet werden. (Die Bildebene ist somit parallel zur y-z-Ebene, die Abbildungsgeraden sind parallel zur x-z-Ebene; Fig. Ü 701a). Man löse die Aufgabe gemäß a) oder b).

a) *Grund -und Deckkreis werden punktweise abgebildet. Dazu werden genügend viele, zur Bildebene senkrechte Sehnen abgebildet. Ihre Urbildlängen lassen sich anhand des Grundrisses messen. — Warum gehören die in der y-z-Ebene sichtbaren Mantellinien A_1C_1, A_2C_2 zum Umriß des Zylinderbildes?*

b) *Grund- und Deckkreis werden nach der Scheitelkreis-Methode (Abschnitt 7.6) konstruiert. Dies ist hier möglich, weil die Achsen A_1A_2, B_1B_2 usw. der Ellipsen zur Verfügung stehen. In Fig. Ü 701b sind für die Grundkreisabbildung „Haupt-“ und „Nebenscheitelkreis“ eingezeichnet.*

Zur *Lösungskontrolle* kann hier wie auch bei den folgenden Übungen das Programm RundKoer verwendet werden (s. u.).

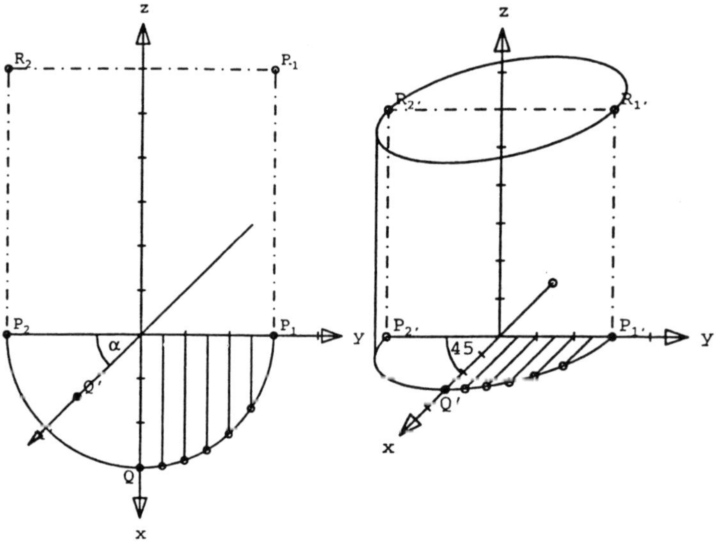

Fig. Ü 702

Übung 7.02

Ein Zylinder ($r = 3; h = 6$) *soll durch Kavalierprojektion mit* $a = \frac{2}{3}, \alpha = 45°$ ($b = c = 1; \beta = 0°$) *abgebildet werden (Fig. Ü 702).*

a) Grund- und Deckkreis sind mit Hilfe zur Bildebene senkrechter Sehnen punktweis abzubilden, wie es in der Figur für den Punkt Q dargestellt ist.

b) Man konstruiere mit Hilfe konjugierter Durchmesserpaare durch die RYTZsche Achsenkonstruktion (7.6) die Achsen der Bildellipsen. Die Ellipsen können dann mit der Scheitelkreismethode gezeichnet werden.

Hinweis: Die Mantellinienbilder $P_1'R_1', P_2'R_2'$ bilden bei dieser Abbildungsrichtung **nicht** Begrenzungen des Zylinderbildes. Vielmehr erhält man die begrenzenden Mantellinien des Zylinderbildes als gemeinsame **Tangenten** t des Grund- und Deckkreisbildes, die durch (möglichst genaues) Anlegen eines Lineals gezeichnet werden können. Erst danach liegt fest, welcher Teil des Grundkreisbildes verdeckt ist. — Lösungskontrolle mit dem Programm RundKoer!

Für die Kreisabbildung ist *orthogonale* Projektion besonders günstig, weil dabei der zur Bildebene parallele Kreisdurchmesser und der zu diesem Durchmesser senkrechte Durchmesser als senkrechtes Ellipsen-Durchmesserpaar abgebildet werden (vgl. Fig. 7d). Die Achsen der Bildellipse liegen also lotrecht und waagerecht und lassen sich damit im allgemeinen einfacher bestimmen als bei schräger Axonometrie. — Bei orthogonaler Projektion ist auch der *Bildeindruck natürlicher*.

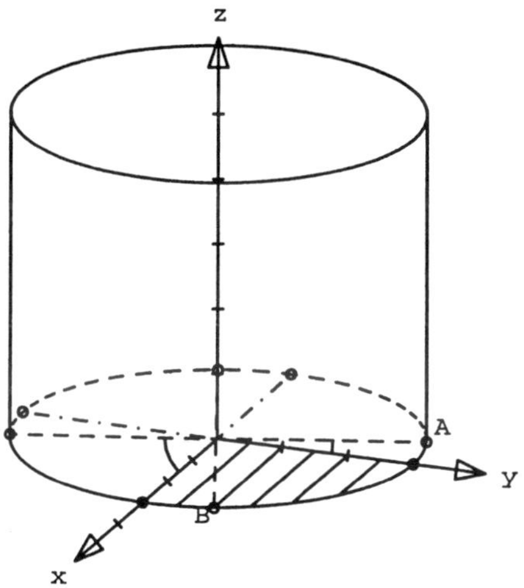

Fig. Ü 703a

Übung 7.03

Ein Zylinder hat die Abmessungen $r = 3; h = 5$.

a) Fig. Ü 703a zeigt die Abbildung des Zylinders in dimetrischer Projektion, also einer orthogonalen Axonometrie. Man vergleiche den Bildeindruck mit dem bei schräger Axonometrie in Übung 7.02. — Wie erhält man bei senkrechter Axonometrie die begrenzenden Mantellinien eines Zylinders?

b) *Man bilde den Zylinder in der senkrechten Axonometrie mit folgenden Bildparametern ab:*

$$a = 0.6,\ b = 0.8,\ c = 1;\ \alpha = 25^\circ,\ \beta = 10^\circ.$$

Das Programm RundKoer.
Zum bequemen Darstellen eines Zylinders, Kegels, Kegelstumpfs oder einer Kugel dient das Programm RundKoer. Die Menues zur Eingabe der einzelnen Körper sind selbsterklärend; das Bildmenue, das nach vollständiger Eingabe des betr. Körpers erscheint, ist mit dem bei KOERPER (wie auch bei den übrigen Programmen) identisch.

Die Körper werden – wie beim Handzeichnen – durch sukzessives Darstellen der *Umrißlinien* erzeugt, also auf *konstruktivem* Wege. Zur Darstellung des **Zylinders** werden zuerst die Umriß-Mantellinien, dann Grund- und Deckkreis gezeichnet. (Man beobachtet dies am besten durch Einstellung einer Verzögerungszeit unter den Grundeinstellungen des Bildmenues.)

Die *Sichtbarkeitsbestimmung*, d. h. die Anweisung für das Erkennen *verdeckter Linien* durch das Programm, erläutern wir anhand der nachstehenden Figur 7l, in welcher in einer Grundriß-Aufrißzeichnung der Zylinder mit seinem Bezugssystem, die Abbildungsgeraden und die zur Aufrißebene senkrechte Bildebene dargestellt sind (vgl. Fig. 3za).

In Fig. 7l ist eine senkrechte Bildebene ($\delta = 0$) angenommen. Die dort angegebenen φ_1- und φ_2-Formeln gelten jedoch auch für $\delta \neq 0$, was man leicht erkennt, wenn man sich das Auftreffen der Abbildungsgeraden auf eine *geneigte* Bildebene vorstellt.

Für die Figur wurden $\gamma = 60^\circ$, $\delta = 0^\circ$, $\varepsilon = 30^\circ$, $\eta = 20^\circ$ gewählt. Mit diesen Urbildparametern ergibt die Zylinderprojektion durch RundKoer das linke Bild von Fig. 7m; das rechte Bild ist mit $\delta = 20^\circ$ bei sonst gleichen Urbildparametern entstanden. Zur Verdeutlichung der Unabhängigkeit von δ wurden die Grenzpunkte und der Grenzwinkel beide Male eingezeichnet.

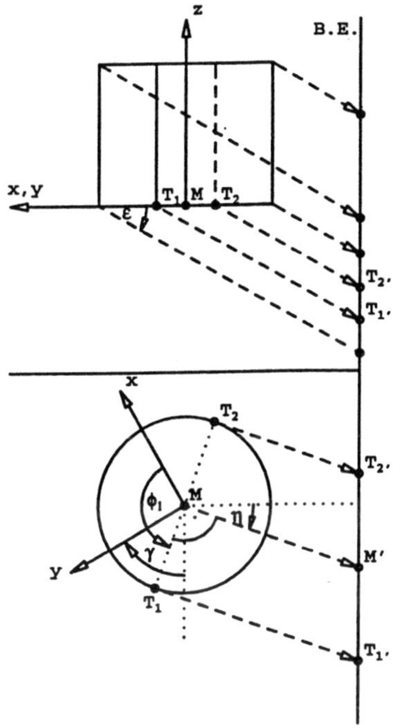

Erfolgt – wie nebenstehend – die Sicht von oben ($\varepsilon > 0$), ist der Deckkreis voll sichtbar und der Grundkreis zur Hälfte verdeckt, bei $\varepsilon < 0$ gilt das Umgekehrte. Der Grundriß läßt erkennen, daß die *Sicht* durch zwei Mantellinien mit den Fußpunkten T_1, T_2 begrenzt ist. Für den zu T_1 gehörenden *Grenzwinkel* φ_1 gilt unabhängig von ε offensichtlich:

$$\varphi_1 = 90 + \gamma - \eta;$$

zu T_2 gehört $\varphi_2 = \varphi_1 + 180°$.

Fig. 7l

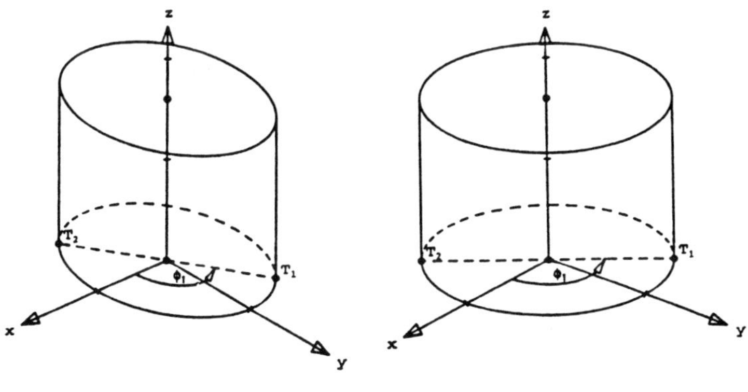

Fig. 7m

Weitere Beispiele für die Anwendung von RundKoer auf Zylinder ergeben die Lösungskontrollen zu den Übungen 7.01, 7.02 und 7.03. — Weitere Ellipsenkonstruktionen sind in den nachfolgenden Abschnitten erforderlich; der abschließende Abschnitt 7.6 ist ganz den Konstruktionsverfahren für Ellipsen gewidmet.

7.2 Abbildung von Kegel und Kegelstumpf

Für die Abbildung der Kreise an Kegeln und Kegelstümpfen gelten die Zeichenanweisungen für Kreise an Zylindern (7.1) entsprechend. Zu beachten ist auch wieder, daß die Umrißmantellinien nicht mit den äußersten Mantellinien des Aufrissen identisch sein müssen.

Nachstehend je eine Zeichenübung zum Kegel und zum Kegelstumpf. Kontrollbilder können wieder mit RundKoer erzeugt werden.

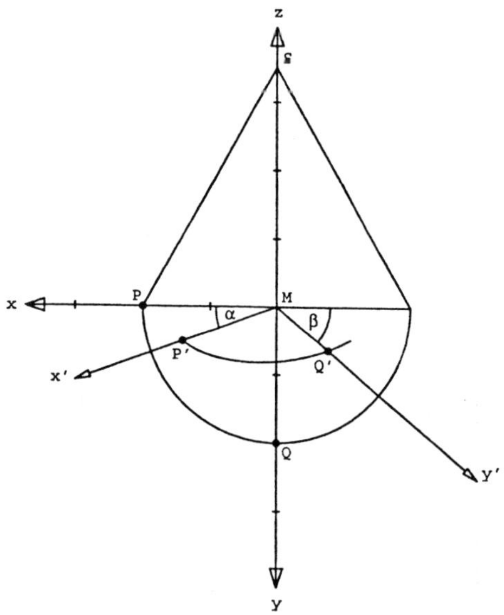

Fig. Ü 704

Übung 7.04

Gegeben ist ein Kegel durch die Abmessungen $r = 2, h = 3.5$. Gesucht ist sein axonometrisches Bild mit den Bildparametern $a = \frac{3}{4}$, $b = \frac{1}{2}$, $c = 1$; $\alpha = 20°$, $\beta = 40°$.

Hinweise: In Fig. Ü 704 sind die Bilder der x- und y-Achse eingezeichnet und die Bildellipse begonnen. Man beachte, daß sowohl in x'- wie auch in y'-Richtung gemäß den gegebenen Faktoren zu verkürzen ist. Die Umrißmantellinien zeichne man als *Tangenten* vom Bild S' der Kegelspitze an das Grundkreisbild. — Zur Lösung vergleiche Fig. 7q (s. u.).

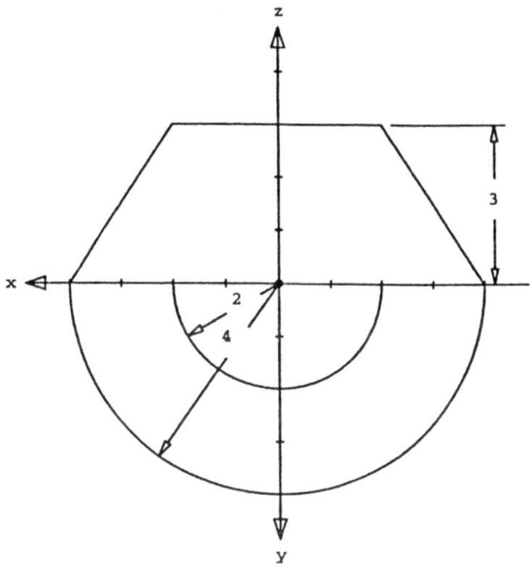

Fig. Ü 705

Übung 7.05

Ein Kegelstumpf hat die Höhe $h = 3$ sowie Grund- und Deckkreisradius $r = 4$ bzw. $r' = 2$ (Fig. Ü 705). Man zeichne das isometrische Bild des Körpers. (Bildparameter $a = b = c = 1$; $\alpha = \beta = 30°$.)

Auch Kegel und Kegelstumpf werden vom *Programm* RundKoer analog zur Von-Hand-Konstruktion gezeichnet; zunächst werden die Umrißmantellinien dargestellt, dann der Grundkreis sowie (beim Kegelstumpf) der Deckkreis. Die *Sichtbarkeitsbestimmung* für die Umrißmantellinien sowie die verdeckten Teile der Kreise ist formelmäßig einprogrammiert. Wir beschränken uns hier auf die Kegelabbildung bei Sicht von oben ($\varepsilon > 0$), und zwar für den Fall, daß das Bild der Kegelspitze außerhalb des Grundkreisbildes liegt.

Es sei zunächst $\gamma = 0$ und $\eta = 0$. Die Abbildungsgeraden sind dann zur $x-z-$Ebene parallel; somit ist ihr Neigungswinkel ε in Fig. 7n in wahrer Größe zu erkennen. (Die Größe des Winkels δ, der die Neigung der *Bildebene* gegenüber der Seitenrißebene bestimmt, ist hier unerheblich.)

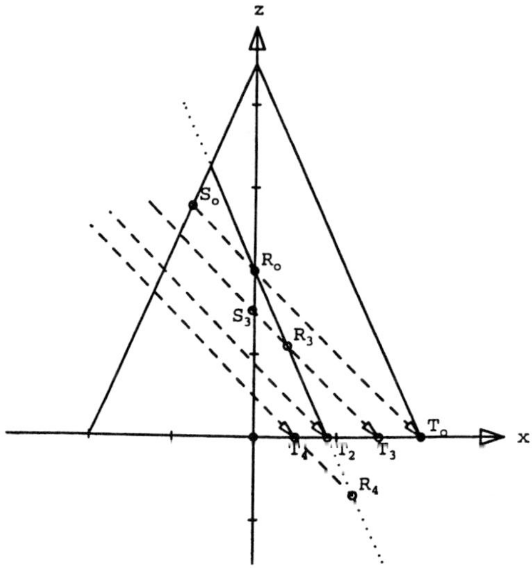

Fig. 7n

Die Figur zeigt im Aufriß, welcher Teil des Grundkreises verdeckt ist. Dazu sind vier Punkte T_0, T_2, T_3, T_4 des Grundkreises mit den zugehörigen Abbildungsgeraden eingezeichnet. Die Abbildungsgerade zu T_0 schneide die Kegelachse in R_0; durch R_0 ist die zur Mantellinie durch T_0 parallele, zur Aufrißebene senkrechte Ebene gelegt. Die folgende Figur 7o zeigt die Konfiguration im Schrägbild. (Die genannte Ebene schneidet den Kegel in einer *Parabel*; vgl. dazu Abschnitt 7.5. Diese Linie schneidet den Grundkreis in den Punkten T_2 und T_1.)

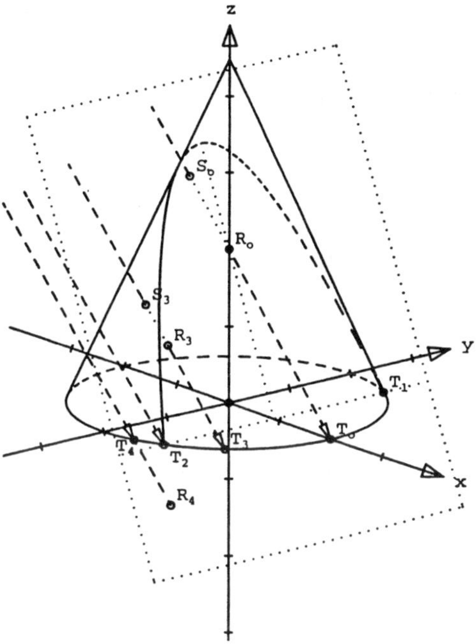

Fig. 7o

Wie die Figuren 7n und 7o zeigen, schneiden bei der angenommenen Neigung ε mit $0 < \varepsilon < \alpha$ (α Neigung der Kegel-Mantellinien) die Abbildungsgeraden zu allen Punkten des Grundkreises auf dem kleineren Bogen von T_1 nach T_2, z. B. T_0 und T_3, die Schnittebene *im Inneren* des Kegels, z. B. in R_0 und R_3. Sie schneiden also den Kegel jeweils zweimal, z. B. in T_0 und S_0 bzw. T_3 und S_3. Folglich ist der kleinere Bogen zwischen T_1 und T_2 *verdeckt*.

Dagegen schneiden die Abbildungsgeraden zu Punkten des größeren Kreisbogens von T_1 nach T_2 die Schnittebene *unterhalb* des Kegels, z. B. die Abbildungsgerade zu T_4 in R_4. Diese Abbildungsgeraden schneiden den Kegel* kein zweites Mal: Der größere Bogen zwischen T_1 und T_2 ist *sichtbar*. T_1 und T_2 sind die *Grenzpunkte*, die durch sie verlaufenden Mantellinien die *Umrißmantellinien*.

*Der Kegel wird hierbei als *begrenzter* Körper gedacht; andernfalls fände ein zweiter Schnitt unterhalb der x-y-Ebene statt, jedoch läge der *Grundkreispunkt*, z. B. T_4, „*vor*" dem zweiten Schnittpunkt (S_4).

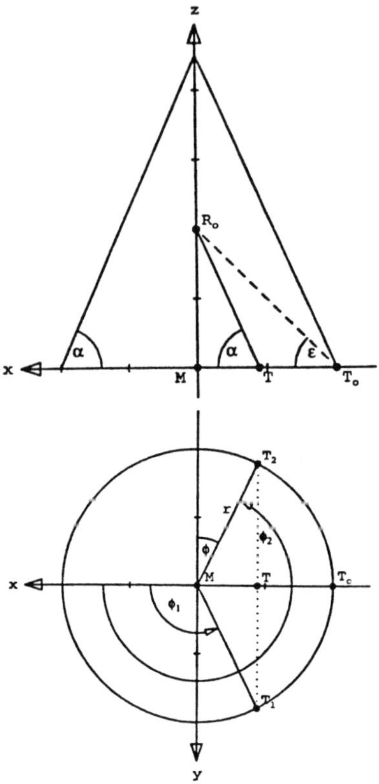

Fig. 7p

Die Grenzbedingung läßt sich für den Fall $\gamma = \eta = 0$, $0 < \varepsilon < \alpha$, anhand der vereinfachten G-A-Zeichnung (mit geänderter Lage der x- und y-Achse) leicht aufstellen. Gemäß Grundrißfigur gilt

$$|MT| = r \sin\varphi;$$

gemäß Aufrißfigur gilt

$$|MR_0| = r \tan\varepsilon = |MT| \cdot \tan\alpha.$$

Im ganzen ergibt sich

$$r \tan\varepsilon = r \sin\varphi \cdot \tan\alpha,$$

also

$$\sin\varphi = \frac{\tan\varepsilon}{\tan\alpha}, \quad \text{wobei } 0 < \varphi < 90°.$$

Zu den beiden Grenzpunkten T_1, T_2 gehören die auf die x-Achse bezogenen Winkel

$$\varphi_1 = 90 + \varphi, \quad \varphi_2 = 270 - \varphi.$$

Damit sind die Grenzpunkte

$$\begin{aligned} T_1 &= (r\cos\varphi_1 | r\sin\varphi_1 | 0); \\ T_2 &= (r\cos\varphi_2 | r\sin\varphi_2 | 0) \end{aligned}$$

eindeutig bestimmt.

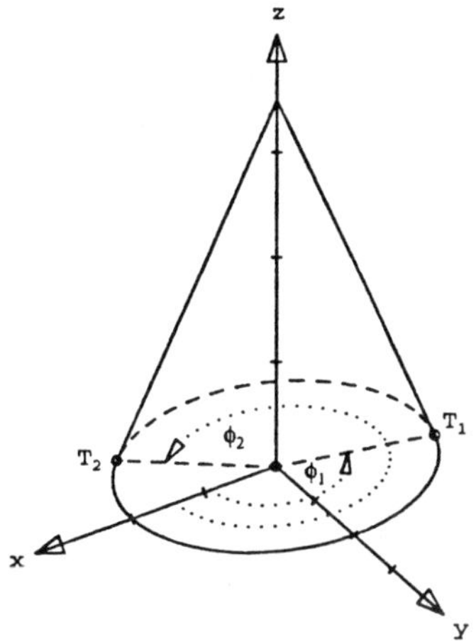

Fig. 7q

Die Ergebnisse lassen sich folgendermaßen verallgemeinern. Ist wiederum $\varepsilon > 0$, sind jedoch γ und η nicht notwendig Null, so liegt das Bild der Kegelspitze außerhalb des Grundkreisbildes, wenn

$$0 < \frac{\tan \varepsilon \cdot \cos \eta}{\tan \alpha} < 1.$$

Es gilt dann $\sin \varphi = \frac{\tan \varepsilon}{\tan \alpha} \cdot \cos \eta$, $0 < \varphi < 90°$, sowie

$$\varphi_1 = 90 + \gamma - \eta + \varphi; \quad \varphi_2 = 270 + \gamma - \eta - \varphi.$$

Als Beispiel berechnen wir die Grenzpunkte der Sichtbarkeit im Falle der Übung 7.04. Für die dort angegebenen Bildparameter ergibt sich mittels der Bildschirmanzeigen in der Statuszeile im Graphikmodus für die *Urbildparameter*:

$$\gamma = 74.4°,\ \delta = 63.7°, \quad \varepsilon = 22.6°,\ \eta = 12.9°.$$

Ferner ist $r = 2; h = 3.5$, somit $\tan \alpha = \frac{h}{r} = 1.75$.
Hieraus ergibt sich nach der angegebenen Formel:

$$\frac{\tan \varepsilon}{\tan \alpha} \cdot \cos \eta = 0.232 < 1, \text{ folglich } \sin \varphi = 13.4°,$$

also

$$\varphi_1 = 164.9°, \quad \varphi_2 = 318.1°.$$

In Fig. 7q ist der Kegel mit den vorgeschriebenen Parametern dargestellt, wobei die Grenzpunkte und zugehörigen Winkel bezeichnet sind.

7.3 Kugelabbildung

Zur Konstruktion eines Kugelschrägbildes sind im wesentlichen *Kreise* auf der Kugel abzubilden; die Aufgabe ist also eng mit dem Problem der *Ellipsenkonstruktion* verbunden. Um einen *räumlichen* Eindruck von der Kugel zu gewinnen, wird diese durch Punkte und Linien strukturiert. Man orientiert sich dabei an der Geographie und spricht auch in der Geometrie vom „*Globus*“ (Fig. 7r):

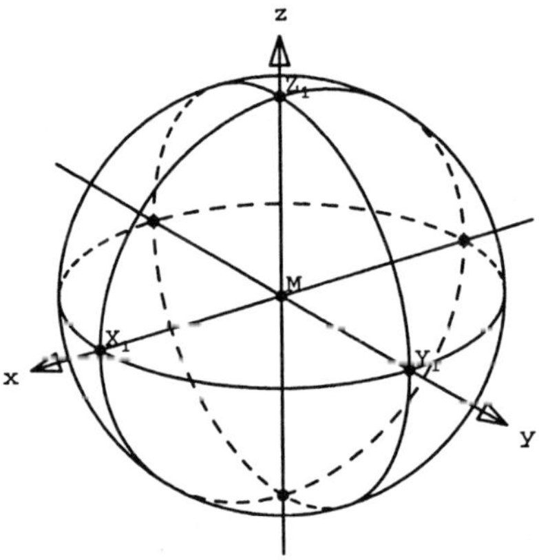

Fig. 7r

Die Kugel habe im räumlichen Koordinatensystem „Mittelpunktslage“. Man nennt dann die Durchstoßpunkte der z-Achse durch die Kugeloberfläche *Pole* (z. B. Z_1), den Schnittkreis mit der x-y-Ebene *Äquator*, die Kugelkreise um M durch Z_1 „Längenkreise“ oder *Meridiane* (z. B. durch X_1 bzw. Y_1) usw. (Kugelkreise um M heißen „Großkreise“; Äquator und Meridiane sind also Großkreise, nicht dagegen die Breitenkreise außer dem Äquator.)

Das Bild in Fig. 7r ist durch die Option „Kugel“ des Programms RundKoer erzeugt. Das Programm stellt stets die Punkte X_1, Y_1, Z_1 sowie den Äquator mit dar; dagegen sind die Meridiane durch X_1 und Y_1 – ebenso wie der oben nicht mit dargestellte umbeschriebene Würfel – *wählbar*.

Der Zeichenalgorithmus für die Kugeloption ließe sich – wie in der 3D-Grafik zumeist üblich – auf der *Kugelgleichung*

$$x^2 + y^2 + z^2 = r^2$$

aufbauen; statt dessen wird auch von RundKoer konstruktiv vorgegangen, indem die *strukturierenden Linien* gezeichnet werden; insbesondere ist dies die Umrißlinie oder *Kontur* des Kugelbildes. Diese Kontur ist eine *Ellipse*, im Falle orthogonaler Axonometrie ein *Kreis* (als Sonderfall der Ellipse).

Zur Erklärung des Zustandekommens vom Kugelbild bei Parallelprojektion dient die Option „Einheitskugel" des Programms KOOSYST (vgl. zu diesem Programm Abschnitt 3.5). Man beachte die verschiedenen Wahlmöglichkeiten beim Ablauf des Programms, insbesondere für die Erklärung der Zwischenschritte beim Bildaufbau. Für ein übersichtlicheres Bild wählen wir in der nebenstehenden Figur 7s eine Darstellung *ohne Meridiane*.

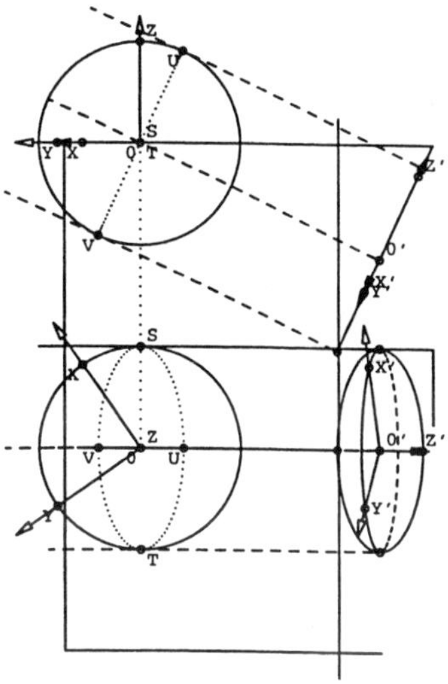

Fig. 7s

In Fig. 7s ist der Abbildungsvorgang für die Einheitskugel durch **senkrechte Projektion** ($\gamma = 55°, \delta = \varepsilon = 25°, \eta = 0$) in Grund- und Aufriß dargestellt. Dabei sind die Kugelpunkte U, V bzw. S, T die äußersten Punkte der Kugelkontur, welche im Grund- und Aufriß des Urbilds durch *punktierte Linien* eingezeichnet ist. Die Abbildungsstrahlen der Kugelkontur bilden hier im Falle orthogonaler Projektion einen geraden Kreiskegel. *Die Bildkontur ist somit ein Kreis*, dessen *Radius gleich dem Kugelradius* ist. — Um ein anschaulicheres Bild vom selben Projektionsvorgang zu erhalten, ist dieser in Fig. 7t im Schrägbild dargestellt:

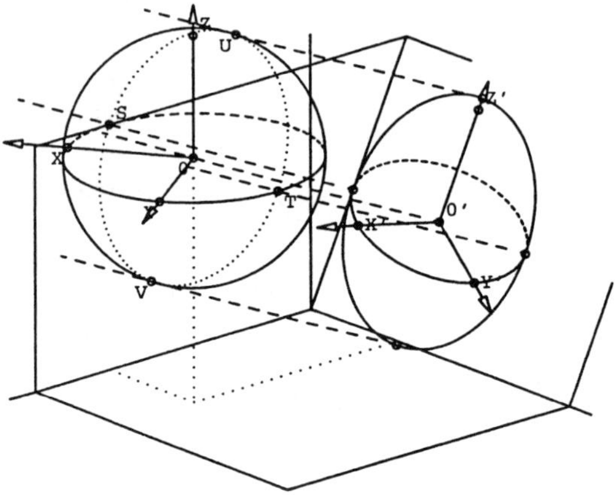

Fig. 7t

Daß die Bildkontur hier ein Kreis ist, ist natürlich nur genau erkennbar, wenn die Bildebene in die Zeichenebene gelegt ist (vgl. Fig. 7r; dort mit Meridianen).

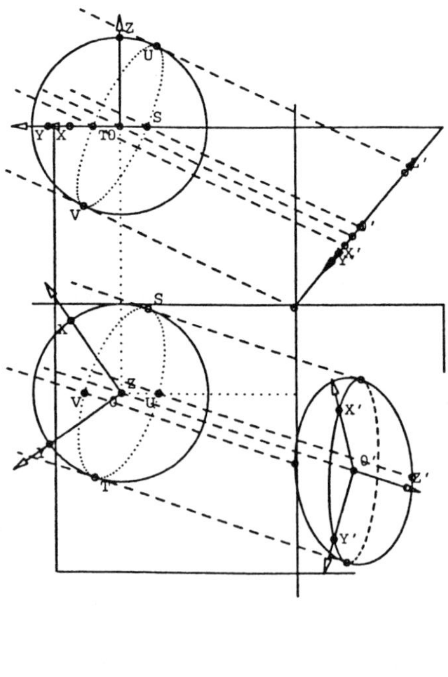

Fig. 7u

In Fig. 7u ist der Projektionsvorgang bei **schräger Axonometrie** dargestellt (Urbildparameter: $\gamma = 55°, \delta = 40°, \varepsilon = 25°, \eta = 18°$). Die Punkte $U, V; S, T$ sowie die punktierten Linien haben dieselbe Bedeutung wie oben. Die Abbildungsgeraden bilden jedoch jetzt einen *schiefen Kreiszylinder*; die *Bildkontur* ist eine *Ellipse*, i. allg. aber *kein Kreis*. Auf die Von-Hand-Konstruktion von Bildkontur und strukturierenden Kreisen einer Kugel gehen wir weiter unten ein. Die Figur 7v zeigt zu der Kugelprojektion in Fig. 7u ein computererzeugtes Bild, bei welchem die Bildebene in die Zeichenebene gelegt ist. Es wurde von KOOSYST bei den Einstellungen „mit Meridianen", „... in wahrer Gestalt" und „mit Bildwaagerechter ..." gezeichnet.

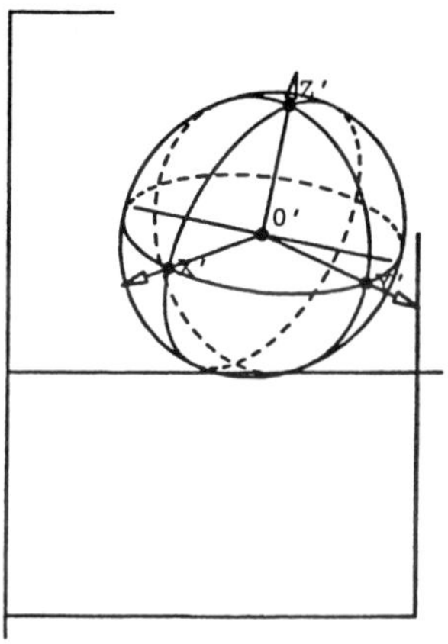

Fig. 7v

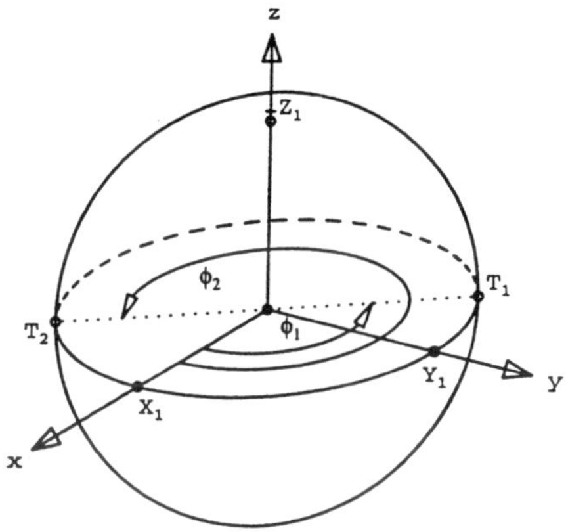

Fig. 7w

Sichtbarkeitsbestimmung. Bildkonstruktion. Vergleicht man die Grund- Aufriß-Darstellung der Zylinder- und der Kugelprojektion in Fig. 7l bzw. 7u, so erkennt man leicht, daß für den *Äquatorkreis* dieselben Grenzwinkelformeln gelten wie für den Zylindergrundkreis:

$$\varphi_1 = 90 + \gamma - \eta; \quad \varphi_2 = 270 + \gamma - \eta.$$

In Fig. 7w sind für die Kugelabbildung gemäß Fig. 7u die Grenzwinkel der Sichtbarkeit ($\varphi_1 = 127°, \varphi_2 = 307°$) sowie die zugehörigen, auf dem Konturbild liegenden Grenzpunkte T_1, T_2 eingezeichnet.

Auch für die Abbildung der *Meridiane* (Fig. 7r, Fig. 7v) sind Formeln zur Grenzpunktberechnung einprogrammiert. Zur Bestimmung der Grenzpunkte etwa des Meridians in der x-z-Ebene ist dieser Kreis mit der Konturkreisebene zu schneiden. Auf die Wiedergabe entsprechender Formeln verzichten wir hier. —

Beim Zeichnen einer Kugel beachte man zunächst, daß die *Pole* i. allg. nicht höchster bzw. tiefster Punkt des Bildes sind, also *nicht auf der Kontur* liegen (vgl. dazu Fig. 7s und 7u). Es sei zunächst unter Vorgabe des Radius und der Bildparameter das Kugelbild bei *orthogonaler* Axonometrie zu konstruieren. Aus den Verkürzungen in x-, y- und z-Richtung sowie dem Radius ergeben sich zunächst die Kugelpunkte X_1, Y_1, Z_1 gemäß Fig. 7r. Die Bildellipsen des Äquators sowie der Meridiane lassen sich dann mit Hilfe der *konjugierten Durchmesser* MX_1, MY_1 bzw. MX_1, MZ_1 bzw. MY_1, MZ_1 konstruieren. Erleichtert wird die Konstruktion dadurch, daß die Achsen der Ellipsen jeweils in Richtung einer Koordinatenachse bzw. senkrecht dazu liegen; dies beruht auf dem Satz, daß ein rechter Winkel bei senkrechter Projektion erhalten bleibt, wenn ein Schenkel zur Bildebene parallel ist.

Die Kontur ist der Kreis um M mit dem *unverkürzten* Radius der Kugel. Dieser Kreis muß die genannten Ellipsen von außen *berühren* (Zeichenkontrolle!).

Übung 7.06

Man stelle die Erdkugel mit Polen, Äquator sowie Meridianen in der x-z- und y-z-Ebene in isometrischer Projektion dar.

Hinweis: Die (genormte) Isometrie ist diejenige orthogonale Axonometrie, bei welcher die Verkürzung in x-, y- und z-Richtung $\sqrt{\frac{2}{3}} \approx 0.82$ beträgt. (Die Bildwinkel α und β sind 30°; vgl. 3.5). — Lösungskontrolle durch das Programm RundKoer!

Auch bei *schräger Axonometrie* können die Bildellipsen von Äquator und Meridianen mit Hilfe konjugierter Durchmesser gezeichnet werden (vgl. Fig. 7v). Schwieriger als bei orthogonaler Axonometrie ist jedoch die Konstruktion der *Kontur*, die i. allg. eine Ellipse ist. Für diese Ellipse (welche die Bildellipsen von Äquator und Meridianen von außen berührt) läßt sich sagen:

Ihre *Brennpunkte* sind die Bilder der beiden Kugelpunkte, die der Bildebene am fernsten bzw. am nächsten liegen.

Die kleine Halbachse ist gleich dem Kugelradius.

Die beiden Aussagen lassen sich anhand von Fig. 7u begründen. Man betrachtet dazu den durch die Abbildungsgeraden der Kugelkontur gebildeten Zylinder. Das Konturbild ist ein schräger Schnitt durch den Zylinder, somit eine Ellipse, deren kleinster Durchmesser offensichtlich gleich dem Kugeldurchmesser ist.

Zur Begründung der ersten Aussage benutzt man den erst in nächsten Abschnitt 7.4 eingeführten Begriff der DANDELIN-Kugeln (s. dort). Man denkt sich in Fig. 7u die Kugel so verschoben, daß sie die Bildebene berührt, was auf zwei Arten möglich ist: Der Berührungspunkt ist einmal der bildebenennächste, einmal der bildebenenfernste Punkt der Kugel. Diese Punkte sind somit, wie behauptet, die Brennpunkte des elliptischen Konturbildes der Kugel.

Übung 7.07

Man erzeuge mit RundKoer das Bild der Einheitskugel mit Meridianen in x-z- und y-z-Ebene bei (genormter) Kavalierprojektion. Man beschreibe das Bild der Kugelkontur, des Äquators und der Meridiane.

Hinweis: Bei dieser Kavalierprojektion ist die Bildebene lotrecht und die y-z-Ebene zur Bildebene parallel. Welche Punkte der Kugel haben den kleinsten bzw. größten Abstand von der Bildebene?

7.4 Schnitte durch Zylinder. Die Programme SEbZyl und DANDELIN

Zur Erzeugung der Schnittlinie beim ebenen Schnitt durch ein Polyeder haben wir die Schnittebene mit einzelnen *Kanten* des Polyeders geschnitten (Kap. 5). Beim Schnitt durch einen runden Körper wie Zylinder oder Kegel ist die Ebene mit *Mantellinien* zu schneiden, wobei man sich auf *endlich viele* beschränken muß. Schnitte durch runde Körper sind i. allg. *punktweise* zu konstruieren; je mehr Punkte man auswählt, um so genauer ergibt sich die Schnittlinie.

Beim *ebenen Schnitt durch einen Zylinder* ergibt sich eine **Ellipse** (7.2). Bei der nachstehenden Übung soll das Verfahren der Übung 6.4.1 angewendet werden, bei welchem die die Schnittfigur enthaltende Ebene E in die Grundrißebene gedreht wird.

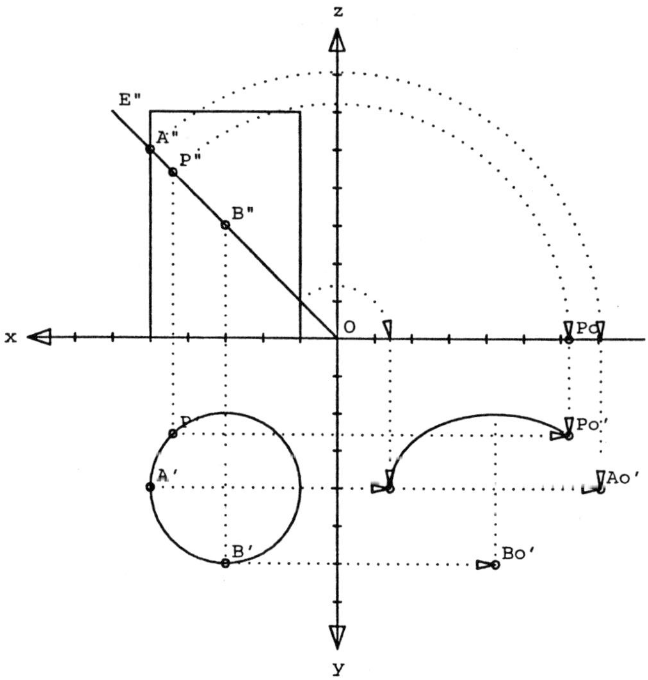

Fig. Ü 708

Übung 7.08

Gegeben ist ein (gerader Kreis-)Zylinder durch Grund- und Aufriß sowie eine zur Aufrißebene senkrechte Ebene **E** *durch ihren Aufriß* **E"**. *Man konstruiere die Schnittfigur von Ebene und Zylinder in wahrer Gestalt.*

Hinweise: In Fig. Ü 708, der auch die Abmessungen zu entnehmen sind, ist die Konstruktion begonnen. Am Beispiel eines Punktes P ist der Schnitt der Ebene mit einer Mantellinie erläutert. — Eine *Kontrolle* der erhaltenen Schnittfigur (Ellipse) ist z. B. durch das Programm KegGraph möglich; die Achsenlängen der Ellipse sind in der Figur erkennbar. (A, B sind „Scheitel" der Ellipse.)

Der Darstellung eines „Zylinderschnitts" dient das Programm **SEbZyl**. Wegen der Parametereingabe für Zylinder und Schnittebene vergleiche man die Programmbeschreibung im Anhang. Man beachte vor allem, daß zur Vereinfachung der Parametereingaben die *Schnittebene* stets *senkrecht* zur x-z-(Aufriß-)Ebene dargestellt wird.

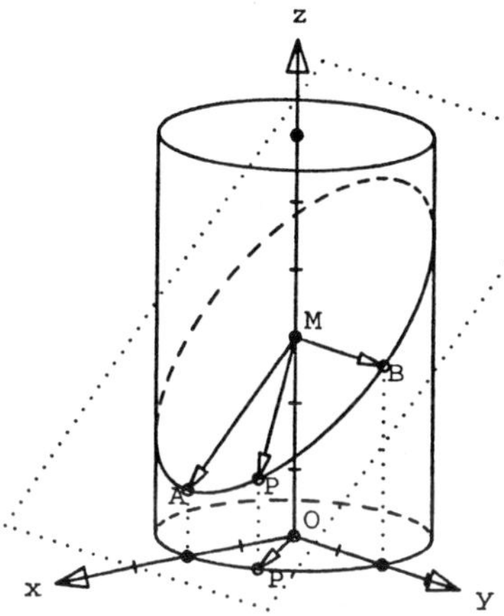

Fig. 7x

Ein Beispiel für die Anwendung des Programms SEbZyl (mit zusätzlichen Linien und Beschriftungen) zeigt die Figur 7x. Zylinderabmessungen und Ebenenneigung entsprechen denen in Übung 7.08. Wählt man für das axonometrische Bild diejenige Projektion, bei welcher die *Schnittebene in wahrer Gestalt* projiziert wird, ergibt sich eine weitere Kontrolle für die Aufgabenlösung.

Der konstruktiven Bestimmung der Schnittkurve durch Schneiden der Ebene mit Mantellinien entspricht die *analytische* Lösung, aus welcher sich der Algorithmus für das Programm SEbZyl ergibt. Benötigt wird eine *Vektorgleichung der Ellipse*, die man folgendermaßen herleiten kann.

Ein Punkt P' des Grundkreises (Fig. 7x) hat die Koordinaten

$$x = r\cos\varphi,\ y = r\sin\varphi,\ z = 0,$$

wobei r der Zylinderradius und φ der von der positiven x-Achse mit der Halbgeraden OP' gebildete Winkel ist (vgl. auch 7.1). Für die Punkte P des Zylinders ergibt sich somit die Parameterdarstellung

$$x = r\cos\varphi,\ y = r\sin\varphi,\ z = t \quad (0 \le \varphi < 360°;\ 0 \le t \le h). \tag{1}$$

Als Gleichung für die Schnittebene wählen wir die Form (vgl. 2.2)

$$xd_x - yd_y + zd_z = d_E. \tag{2}$$

Die Koeffizienten ergeben sich gemäß 2.2 aus den Bestimmungspunkten P_1, P_2, P_3 der Ebene. Da diese zur x-z-Ebene senkrecht gelegt wird, ist $d_y = 0$. Es sei $d_z \neq 0$, was gleichbedeutend damit ist, daß die Schnittebene zur x-y-Ebene nicht senkrecht ist. Dann erhalten wir aus (1) und (2) für die Schnittkurve zunächst

$$x = r\cos\varphi,\ y = r\sin\varphi,\ z = \frac{1}{d_z}(d_E - rd_x\cos\varphi). \tag{3}$$

Wir bestimmen noch den Ortsvektor M, indem wir in (2) $x = y = 0$ setzen, woraus sich $z_M = \frac{d_E}{d_Z}$, also $M = (0|0|\frac{d_E}{d_Z})$ ergibt. Es gilt somit

$$V(M,P) = P - M = (r\cos\varphi|r\sin\varphi| - r\cdot\frac{d_x}{d_z}\cos\varphi). \tag{4}$$

Zur Bestimmung der Ellipsenpunkte A und B setzen wir in (4) einmal $\varphi = 0$, einmal $\varphi = 90°$:

$$V(M,A) = (r|0| - r\frac{d_x}{d_z}); \quad V(M,B) = (0|r|0).$$

Die Strecken MA und MB sind *konjugierte Halbmesser* der Ellipse (vgl. Fig. 7x), und zwar zueinander senkrechte, da das Skalarprodukt $V(M,A)\cdot V(M,B)$ Null ist. Sie stellen somit die *Halbachsen* der Ellipsen dar. Für ihre Längen ergibt sich

$$a = r\cdot\frac{\sqrt{d_x^2+d_z^2}}{d_z}; \quad b = r.$$

Ist die *Schnittebene waagerecht*, ist sie also auch zur y-z-Ebene senkrecht ($d_x = 0$), so ist $a = b = r$: Als Sonderfall der Ellipse liegt ein *Kreis* als Schnittkurve vor.

$\frac{1}{a}\cdot V(M,A)$ und $\frac{1}{b}\cdot V(M,B)$ sind zueinander senkrechte Einheitsvektoren; somit erhalten wir nach 7.1 die Ellipsengleichung:

$$V(M,P) = \cos\varphi\cdot V(M,A) + \sin\varphi\cdot V(M,B). \tag{5}$$

Diese Vektorgleichung liegt dem Algorithmus des Programms SEbZyl zugrunde. — Zur *Sichtbarkeitsbestimmung* ist zu bemerken, daß gemäß Fig. 7x sowie Fig. 7m die *Grenzwinkel* der Sichtbarkeit des Zylinder-Grundkreises (bzw. im Falle $\varepsilon < 0$ des Zylinder-Deckkreises) zugleich die Grenzwinkel der Sichtbarkeit für die Schnittlinie sind.

DANDELIN-Kugeln. Eine Gleichung der Ellipse werden wir schließlich aus ihrer „Brennpunkteigenschaft“ herleiten. Diese Eigenschaft läßt sich auf einem sehr anschaulichen Wegen gewinnen, nämlich mit Hilfe der „DANDELIN-Kugeln“ (nach G.P. DANDELIN, 1794-1847).

Wie die Figur 7y einmal im Aufriß, einmal im Schrägbild zeigt, lassen sich dem von einer Ebene durchschnittenen Zylinder zwei mit dem Zylinder radiusgleiche Kugeln einbeschreiben, die die Ebene in zwei Punkten F_1, F_2 berühren. (Diese Punkte sind mit dem jeweiligen Kugel-Mittelpunkt durch gestrichelte Linien verbunden.)

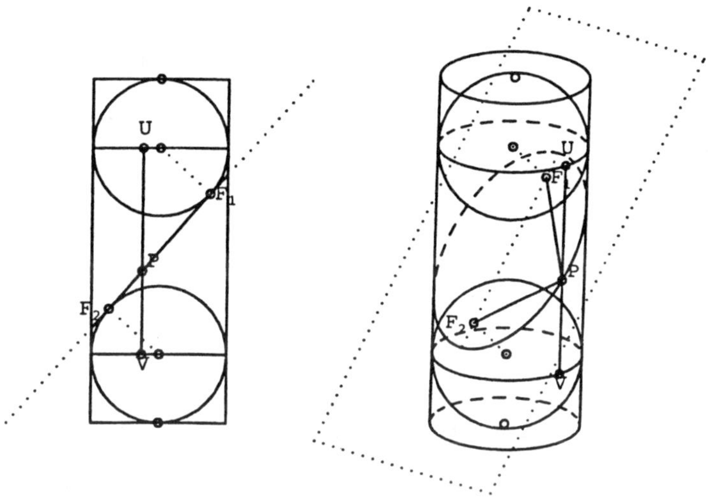

Fig. 7y

Als Zeichenhilfe läßt sich das Programm **DANDELIN** verwenden (vgl. *Programmbeschreibung*). Für die Figur 7y wurden folgende Parameter eingegeben:
Zylinder: $r = 2,\ h = 10$;
Ebene: $x_1 = 4.47, \quad y_1 = 3, \quad x_3 = -4.47, \quad z_3 = 10$;
Parameter für einen Punkt P der Schnittlinie: $\varphi = 75°$ (links) bzw. $\varphi = 82°$ (rechts).
Man betrachte zu den nachstehenden Überlegungen die beiden Teile der Figur 7y.

Da die Ebene mit jeder DANDELIN-Kugel genau einen Punkt (F_1, bzw. F_2) gemeinsam hat, ist sie *Tangentialebene* zu jeder der beiden Kugeln. Jede Gerade der Ebene, die durch F_1 bzw. F_2 geht, ist *Tangente* der jeweiligen Kugel. Insbesondere gilt dies für die Gerade PF_1, wobei P irgendein Punkt der Schnittlinie sei.

Auch die Mantellinien des Zylinders sind Tangenten der Kugeln, insbesondere die durch P verlaufende Gerade UV, wobei U und V auf je einem Berührkreis der DANDELIN-Kugeln mit dem Zylinder liegen.

Da zwei Tangentenstrecken von einem Punkt an ein und dieselbe Kugel gleichlang sind, läßt sich für einen Ellipsenpunkt P folgern:

$$\begin{aligned} |PF_1| &= |PU| \text{ und } |PF_2| = |PV|, \text{ also} \\ |PF_1| &+ |PF_2| = |PU| + |PV| = |UV|. \end{aligned}$$

$|UV|$ ist eine (durch Zylinder und Ebene festgelegte) für alle Punkte P der Ellipse *konstante* Streckenlänge. Diese Länge ist vom Betrag 2a der „Hauptachse " der Ellipse, was man erkennt, wenn P auf der Geraden F_1F_2 liegt. Es gilt also:

$$|PF_1| + |PF_2| = 2a$$

für alle Punkte P der Ellipse. F_1, F_2 heißen *Brennpunkte* der Ellipse, ihr halber Abstand heißt Brennweite: $e = \frac{|F_1F_2|}{2}$. Denkt man sich P im „Nebenscheitel" liegend (vgl. Fig. 7x), erkennt man, daß B von jedem der Brennpunkte den Abstand a hat; aus dem Pythagoras-Satz folgt:

$$e^2 = a^2 - b^2.$$

Mit dieser Gleichung lassen sich zu einer durch ihre (Halb-)Achsen gegebene Ellipse die Brennpunkte bestimmen. Die „*Brennpunkteigenschaft*" der Schnittkurve besagt, daß es zwei Punkte F_1, F_2 gilt, so daß für jeden Punkt P der Kurve die Abstandssumme $|PF_1| + |PF_2|$ konstant ist. Anstatt die Ellipse als Schrägbild eines Kreises zu definieren, wie wir es in 7.1 gemacht haben, ließe sie sich auch mit der Brennpunkteigenschaft definieren. Die Gleichwertigkeit zweier Definitionen läßt sich durch den Nachweis erbringen, daß beide Definitionen auf *identische Kurvengleichungen* führen.

Aufgrund der oben erhaltenen Vektorgleichung (5) läßt sich zeigen, daß die Ellipse bezüglich der Geraden MA, MB als x- bzw. y-Achse (Fig. 7x) die Gleichung $\frac{x^2}{a^2}+\frac{y^2}{b^2} = 1$ hat. Es gilt dann nämlich $V(M, A) = (a|0), V(M, B) = (0|b), V(M, P) = (x|y)$, somit lautet (5) in Komponenten-Schreibweise:

$$x = a\cos\varphi,\ y = b\sin\varphi.$$

Hieraus folgt $\frac{x^2}{a^2} + \frac{y^2}{b^2} = 1$.

In der nachstehenden Übung soll gezeigt werden, daß aus der Brennpunktseigenschaft dieselbe Gleichung folgt.

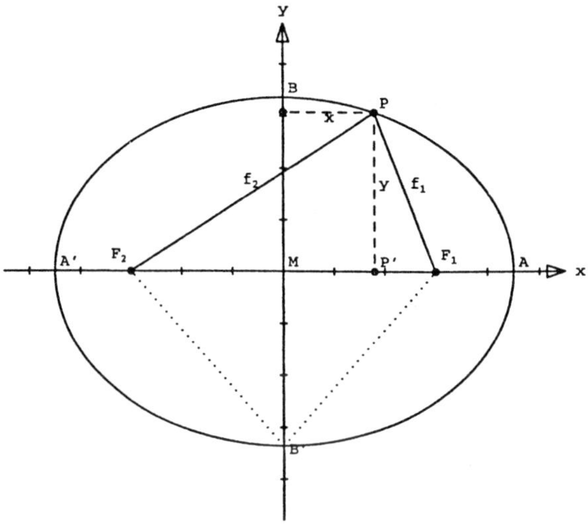

Fig. Ü 709

Übung 7.09

Gegeben sind gemäß Fig. Ü 709 zwei Punkte A, A' mit dem Abstand a vom Ursprung sowie F_1, F_2 mit dem Abstand $e < a$ vom Ursprung. Für jeden Punkt P einer Kurve gelte: $|PF_1|+|PF_2| = 2a$. Man bestimme die Gleichung dieser Kurve. Dabei setze man $|MB| = b$.

Hinweis: Die gesuchte Beziehung zwischen den Koordinaten x, y von P läßt sich mit Hilfe der Dreiecke $P'F_1P$ und $P'F_2P$ gewinnen.

Aus der Brennpunkteigenschaft ergibt sich eine *punktweise Konstruktion*: Man legt gemäß Fig. Ü 709 die Punkte F_1 und F_2 fest und schlägt jeweils um F_1 und F_2 Kreise, deren Radien sich zu $2a$ ergänzen. Die Schnittpunkte zweier solcher Kreise ergeben die gesuchte Ellipse. Man nennt die so erzeugte Kurve „Gärtnerellipse", weil man mit der Konstruktion mit Hilfe zweier Pflöcke (Abstand $2e$) sowie einer jeweils straff gespannter Schnur (Länge $2a$) ein elliptisches Beet abstecken kann. Als Zirkelkonstruktion ist dieser Weg etwas mühsam; die „Scheitelkreis-" und die „Krümmungskreis-Konstruktion" (7.6) sind zum Zeichnen einer Ellipse aus gegebenen Achsenlängen bequemer. — Wendet man die „Gärtnerkonstruktion" an, so sollte man die *doppelte Achsensymmetrie* dadurch ausnutzen, daß man mit einer Zirkeleinstellung jeweils *vier* Kurvenpunkte herstellt. —

Während die Symmetrieeigenschaften eines „Zylinderschnitts“ anschaulich unmittelbar einleuchten, bedarf es größerer Überlegung, wenn eine Ellipse als „Kegelschnitt“ erzeugt wird.

7.5 Schnitte durch Kegel. Das Programm SEbKeg

Nach demselben Konstruktionsprinzip wie beim Zylinder (Fig. Ü 708) lassen sich ebene Schnitte durch einen Kegel konstruieren und in wahrer Gestalt darstellen. Wir behandeln zunächst den Fall $0 \leq \beta < \alpha$, d. h. solche „Kegelschnitte“, bei denen die *Schnittebene* eine *geringere Neigung als die Kegel-Mantellinien* hat. Die Schnittlinie ist dann, wie wir nachweisen werden, eine *Ellipse*.

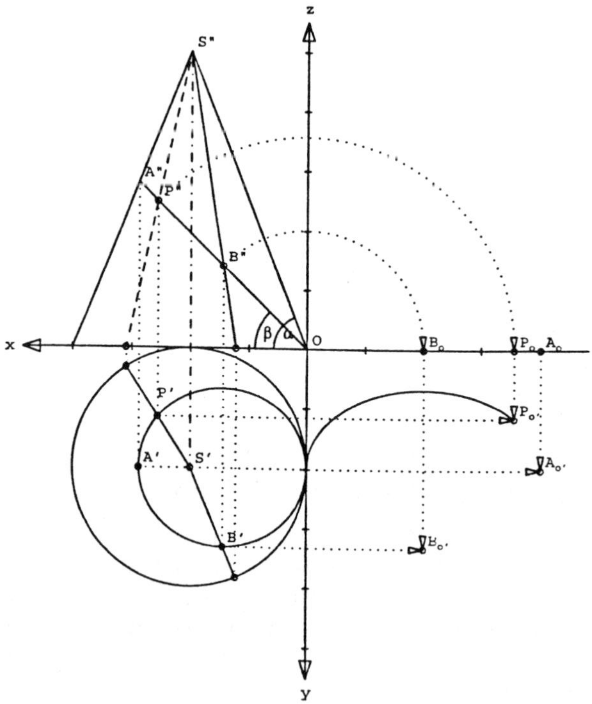

Fig. Ü 710

Übung 7.10

Gegeben ist mit Figur Ü 710 ein (gerader Kreis-)Kegel ($r = 2$, $h = 5$) durch Grund- und Aufriß sowie eine zur Aufrißebene senkrechte Ebene durch ihren Aufriß OA'', wobei $A = (2.9|2|2.8)$.

Man konstruiere punktweise den Grundriß der Schnittlinie sowie durch Umlegen der Schnittebene in die Grundrißebene die Schnittlinie in wahrer Gestalt. (In Fig. Ü 710 wird die Konstruktion anhand eines Punktes P der Schnittline erläutert; B'' ist der Mittelpunkt der Strecke OA''.)

Hinweise: Gemäß Aufgabenstellung ist $\tan\alpha = \frac{5}{2}$, $\alpha = 68.2°$; $\tan\beta = \frac{2.8}{2.9}$, $\beta = 44°$, somit $\beta < \alpha$. — Man beachte, daß – anders als beim Zylinderschnitt – die Grundrißfigur der Schnittkurve nicht zum Kegelgrundriß kongruent ist. (Sie ist ebenso wie die Schnittlinie selbst eine *Ellipse.*)

Die beiden verlangten Linien lassen sich mit dem Programm SEbKeg kontrollieren. (s. u.).

In der folgenden Übung soll die *Ellipseneigenschaft* der Schnittkurve nachgewiesen werden, wozu wieder die **DANDELIN-Kugeln** dienen.

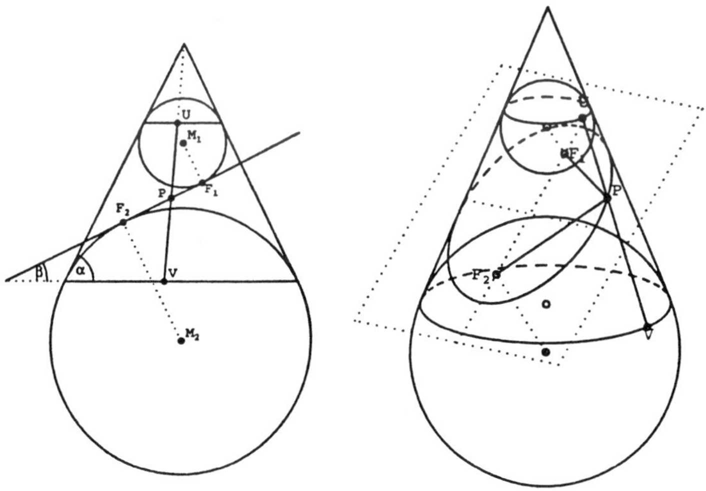

Fig. Ü 711

Übung 7.11

Ein Kegel wird von einer Ebene geschnitten, wobei $\beta < \alpha$. Die Figur Ü 711 zeigt im Aufriß bzw. Schrägbild: Dem Kegel lassen sich zwei Kugeln einbeschreiben, die die Ebene in je einem Punkt F_1 bzw. F_2 berühren (DANDELIN-Kugeln). P sei irgendein Punkt der Schnittlinie, U und V seien die Berührungspunkte der Mantellinie durch P mit den Kugeln.

a) *Man begründe analog zu dem mit DANDELIN-Kugeln geführten Nachweis bei Zylinderschnitten, daß die Schnittlinie die Brennpunkteigenschaft $|PF_1| + |PF_2| = \text{const}$ hat, also eine Ellipse ist.*

b) *Die Strecke A_1A_2 sei die durch F_1 und F_2 gehende Ellipsensehne, B_1B_2 die dazu senkrechte Ellipsensehne durch den Mittelpunkt von A_1A_2 (vgl. auch Fig. Ü 711). Es sei $|A_1A_2| = 2a$, $|B_1B_2| = 2b$, ferner $|F_1F_2| = 2e$. Man begründe wiederum die Beziehung $e^2 = a^2 - b^2$.*

Es sei noch auf folgendes hingewiesen:

- Die Kreise, in denen die DANDELIN-Kugeln den *Kegel* (von innen) berühren, sind im Gegensatz zu denen eines Zylinders *keine „Großkreise“*, d. h. sie haben nicht den jeweiligen Kugelmittelpunkt zum Mittelpunkt.
- Die zur „Hauptachse“ A_1A_2 senkrechte „Nebenachse“ B_1B_2 ist auch im Falle des Kegelschnitts zur Grundfläche parallel.

Das Programm SEbKeg. Fallunterscheidung.

Bei der Definition der „Kegelschnitte“ stellt man sich den geschnittenen Körper als einen nach „oben“ und „unten“ *unbegrenzten „Doppelkegel“* vor. Die Aufrißzeichnung in Fig. 7z zeigt einen solchen mit drei wesentlich verschiedenen Lagen der Schnittebene. (Wir schließen hier aus, daß die Ebene durch die Kegelspitze geht.) Die in der Figur bezeichneten Neigungswinkel beziehen sich auf eine zur Kegelachse senkrechte Ebene W. Der Neigungswinkel der Kegel-Mantellinien sei α, die Neigungswinkel der Schnittebenen sind mit $\beta_1, \beta_2, \beta_3$ bezeichnet, wobei gelten soll:

$$\beta_1 < \alpha,\ \beta_2 = \alpha,\ \beta_3 > \alpha.$$

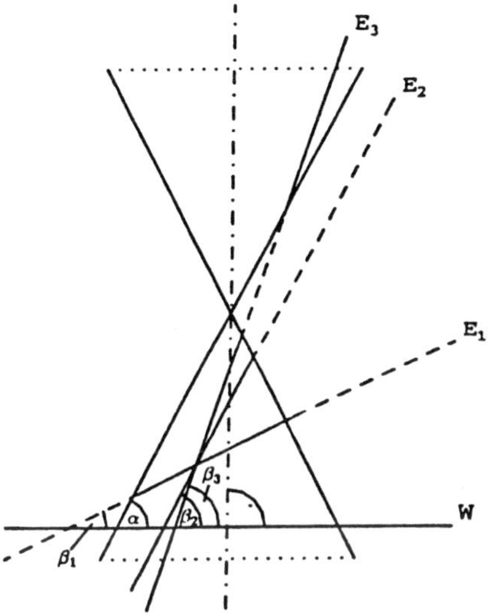

Fig. 7z

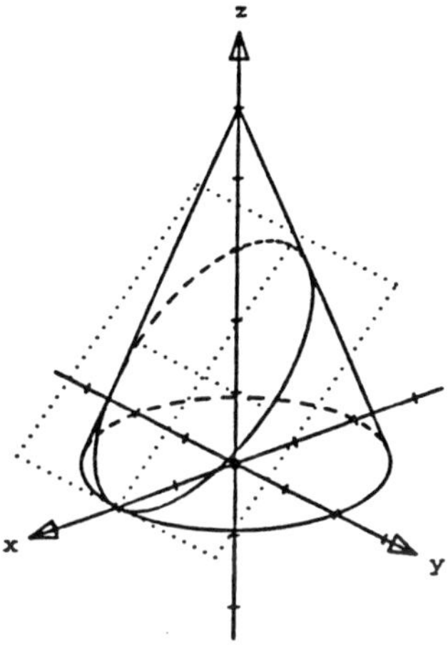

Fig. 7za

Man erkennt, daß sich nur im Falle $\beta < \alpha$ eine *geschlossene Schnittlinie* (Ellipse) ergibt. Bei $\beta = \alpha$ ergibt sich eine ununterbrochene *unbegrenzte* Linie (*Parabel*), bei $\beta > \alpha$ eine aus zwei getrennten Ästen bestehende unbegrenzte Linie (*Hyperbel*).

Mit dem *Programm* **SEbKeg** lassen sich die einzelnen Schnitte bei verschiedenen Neigungen der Schnittebene darstellen. Zur Programm-Vereinfachung wird allerdings nur ein *einzelner* Kegel, von einer Hyperbel also nur *einer* der beiden (zueinander kongruenten) Äste gezeichnet. Im übrigen vergleiche man wegen der erforderlichen bzw. empfohlenen Parametereingaben die *Programmbeschreibung* im Anhang. Wie beim Zylinderschnitt wird auch beim Schnitt durch einen Kegel – ohne Beschränkung der Allgemeinheit – die Schnittebene stets senkrecht zur x-z-(=Aufriß-)Ebene gelegt.

Für den *elliptischen* Fall zeigt Fig. 7za ein Zeichenbeispiel mit folgenden Eingabeparametern:
Kegel: $r = 2$, $h = 5$; Ebene: $x_1 = 2$, $y_1 = 2$, $x_3 = -1$, $z_3 = 2.9$.
(Urbildparameter bei senkrechter Axonometrie: $\gamma = 50°$, $\delta = 25°$)
Mantellinien- und Schnittebenen-Neigung entsprechen denen in Übung 7.10. Man kann somit mit diesen Eingaben die in Übung 7.10 erhaltenen Linien überprüfen, einmal durch Aufrufen des *Grundrisses*, einmal durch Wiedergabe der Schnittlinie *in wahrer Gestalt*. (Für letzteres kann die Ebene mit

folgenden Punkten eingegeben werden: $P_1 = (2|2|0)$, $P_2 = (2|-2|0)$, $P_3 = (-1|-2|2.9)$.) —

Bevor wir den parabolischen und den hyperbolischen Fall behandeln, sei in vereinfachter Weise auf den Algorithmus eingegangen, der dem Programm SEbKeg in allen Kegelschnittfällen zugrunde liegt.

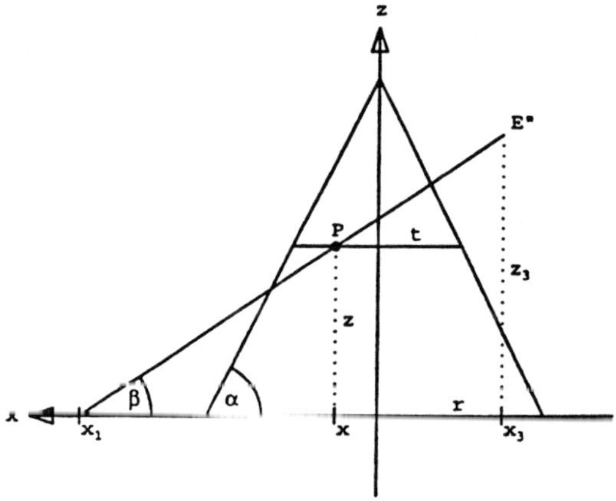

Fig. 7zb

Fig. 7zb zeigt im Aufriß den Kegel sowie die Schnittebene **E**. Die *Ebene* ist gemäß Programmbeschreibung durch drei Punkte P_1, P_2, P_3 einzugeben, wobei $x_2 = x_1$, $z_2 = z_1 = 0$ ist und $x_3 \leq x_1$. Für einen Punkt $P = (x|y|z)$ der Ebene gilt offensichtlich $\frac{z}{x_1 - x} = \frac{z_3}{x_1 - x_3} = \tan\beta$, sofern $x_1 \neq x$, $x_1 \neq x_3$. Wir erhalten somit die Ebenengleichung

$$z = (x_1 - x)\tan\beta. \tag{6}$$

(Da die Ebene zur x-z-Ebene senkrecht ist, geht y in die Gleichung nicht ein.)

Für den *Kegel* ergibt sich folgende Darstellung: Es sei P ein Kegelpunkt; im Aufriß ist der zum Grundkreis parallele Kreis durch P mit dem Radius t erkennbar. Eine Parameterdarstellung dieses Kreises ist $x = t\cos\varphi$, $y = t\sin\varphi$, wobei der Winkel φ wieder auf die x-Achse als Anfangsstrahl bezogen ist (vgl. 7.4). Mit h als Kegelhöhe kann somit der Kegel durch folgende Parameterdarstellung beschrieben werden:

$$x = t\cos\varphi,\ y = t\sin\varphi,\ z = h - t\tan\alpha \quad (0 \leq \varphi < 360°,\ h > t \geq 0). \tag{7}$$

Durch Gleichsetzung von z in (7) mit dem in (6) erhaltenen Term ergibt sich

$$(x_1 - x)\tan\beta = h - t\tan\alpha,$$

also nach Ersetzen von x durch $t\cos\varphi$ und Umformung:

$$t\left(1 - \cos\varphi \cdot \frac{\tan\beta}{\tan\alpha}\right) = \frac{h}{\tan\alpha} - x_1\frac{\tan\beta}{\tan\alpha}.$$

Wir setzen $\frac{\tan\beta}{\tan\alpha} = q$ und erhalten wegen $h = r\tan\alpha$ für $q \cdot \cos\varphi \neq 1$:

$$t = \frac{r - x_1 \cdot q}{1 - q \cdot \cos\varphi}. \tag{8}$$

Denkt man sich (8) in (7) eingesetzt, erhält man eine nur noch vom Parameter φ abhängige Darstellung als *Parameterdarstellung des betreffenden Kegelschnitts.*

Die oben getroffene *Fallunterscheidung* läßt sich jetzt ausdrücken durch $q < 1$ (*Ellipse*), $q = 1$ (*Parabel*), $q > 0$ (*Hyperbel*).

Aus der Parameterdarstellung (7), (8) ließen sich wie im Falle der Ellipse in 7.4 auch für Parabel und Hyperbel die *Kurvengleichungen*, bezogen auf die Schnittebene, gewinnen; wir werden stattdessen diese Gleichungen aus den „Brennpunkteigenschaften" der Kurven ableiten.

Wir haben vorstehend nur das Grundsätzliche der Programmalgorithmen beschrieben, ohne auf Intervalle, Sonderfälle (wie lotrechte Schnittebene) usw. näher einzugehen. Für die *Grenzwinkel der Sichtbarkeit* der Kegelschnitte sind diejenigen der Kegeldarstellung selbst maßgeblich; für den Fall der Ellipse ist dies aus Fig. 7za zu erkennen.

Parabel und Hyperbel. Unter einer **Parabel** soll hier ein Kegelschnitt bei $\beta = \alpha$ (vgl. Fig. 7z) verstanden werden, unter einer **Hyperbel** bei $90° \geq \beta > \alpha$.

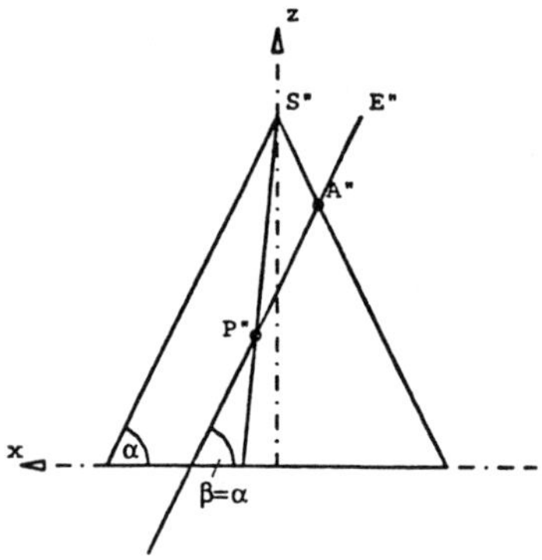

Fig. Ü 712_1

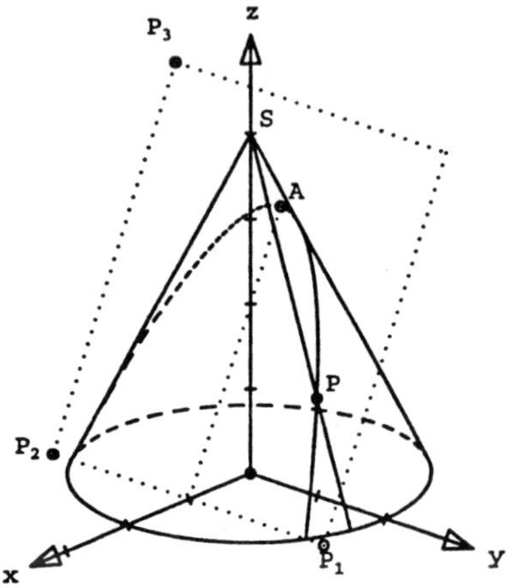

Fig. Ü 712_2

Übung 7.12

Die Figur Ü 712_1 stellt im Aufriß einen Kegel ($r = 2$, $h = 4$) sowie eine zur Aufrißebene senkrechte Schnittebene **E** *dar, deren Neigungswinkel gleich dem der Kegel-Mantellinien ist. Die entstehende Schnittlinie, eine Parabel, soll durch das Programm SEbKeg dargestellt werden.*

a) Fig. Ü 712_2 zeigt ein axonometrisches Bild mit den Ebenenparametern $x_1 = 1$, $y_1 = 2$, $x_3 = -1$, $z_3 = 4$ bei senkrechter Projektion mit den Urbildwinkeln $\gamma = 42°$, $\delta = 22°$. (Zusätzlich sind der höchste Punkte A sowie ein Parabelpunkt P mit zugehöriger Mantellinie eingezeichnet.) Man erzeuge weitere parabolische Schnittbilder durch Variation der Bildparameter bzw. Verschieben der Schnittebene.

b) Man projiziere die Schnittebene in wahrer Gestalt und begründe die Symmetrie der Schnittkurve.

Wie die Figur 7zc erkennen läßt, kann man einem Kegel mit Schnittebene im Falle $\beta = \alpha$ eine Kugel einbeschreiben, die alle Mantellinien sowie die Schnittebene (in F) berührt (DANDELIN-Kugel):

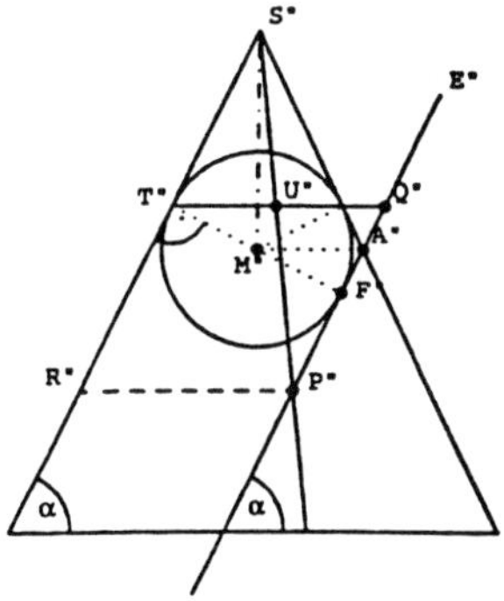

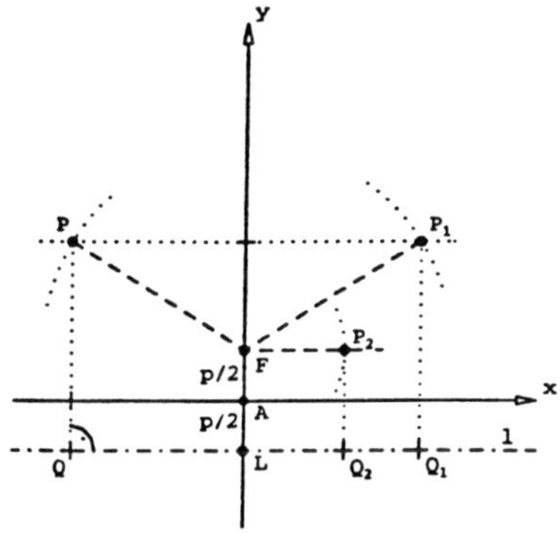

Fig. 7zc Fig. 7zd

P sei ein beliebiger Punkt der Schnittlinie, U der Berührungspunkt der Mantellinie SP mit der Kugel. Die Ebene des Berührkreises der Kugel mit dem Kegel schneide die Schnittebene **E** in der Geraden l. (Der Aufriß von l ist Q'', wobei Q der Fußpunkt des Lotes von P auf l sei; vgl. auch Fig. 7zd.)

R und T seien die in gleicher Höhe mit P bzw. Q liegenden Punkte auf der zu **E** parallelen Mantellinie. Daher ist $|PQ| = |RT|$ (Gegenseiten in einem Parallelogramm). Außerdem ist $|RT| = |PU|$, da diese beiden Mantellinienstrecken durch Drehung ineinander zu überführen sind; also gilt $|PQ| = |PU|$. Da die beiden Strecken PU und PF als Tangentenstrecken an die Kugel gleich lang sind, folgt schließlich $|PF| = |PQ|$:

*Jeder Punkt der Schnittlinie (Parabel) hat gleichen Abstand von einer festen Geraden („**Leitlinie**" l) und einem festen Punkt („**Brennpunkt**" F).*

Um eine auf die Parabelachse bezogene Gleichung der Parabel zu erhalten, führen wir in dieser Ebene ein x-y-Koordinatensystem mit dem „**Scheitel**" A als Ursprung und der Halbgeraden AF als positiver y-Achse ein. In Figur 7zd ist die Parabelebene mit dem Koordinatensystem in die Zeichenebene gelegt; es sind zwei zur Parabelachse symmetrische Punkte P, P_1 sowie der Parabelpunkt P_2 mit dem Abstand FL als Abszisse eingezeichnet. Für A als Parabelpunkt gilt $|AF| = |AL|$. Dieser Abstand wird mit $\frac{p}{2}$ bezeichnet; p heißt „**Parameter**" der Parabel.

Die Brennpunkteigenschaft der Parabel läßt sich mit den Koordinaten x,y von P so ausdrücken (vgl. Fig. 7dz): $(y + \frac{p}{2})^2 = x^2 + (y - \frac{p}{2})^2$. Hieraus folgt die **Parabelgleichung:**

$$y = \frac{x^2}{2p}.$$

In Fig. 7ze schließlich ist ein Parabelbogen eingezeichnet. Man kann einen solchen punktweise mit Hilfe der Parabelgleichung zeichnen. Stattdessen kann das Programm KegGraph (oder in Verbindung mit einem „Körper“ das Programm KOERPER) benutzt werden. Die Figur 7ze stellt die Parabel mit $p = 1.2$ dar; sie ist zu der in Übung 7.12 in wahrer Gestalt darzustellenden Schnittlinie kongruent.

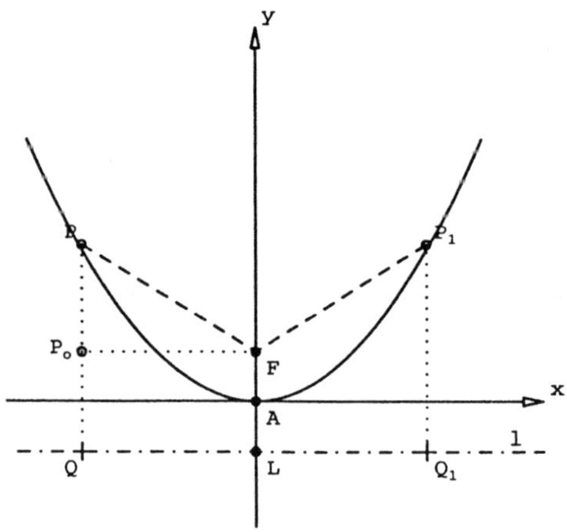

Fig. 7ze

Wegen einer eingehenderen Diskussion der Parabel sowie der übrigen Kegelschnitte verweisen wir wieder auf das Buch „Kegelschnitte“ von H. SCHUPP (Mannheim 1988). Abschließend gehen wir kurz auf die **Hyperbel** ein.

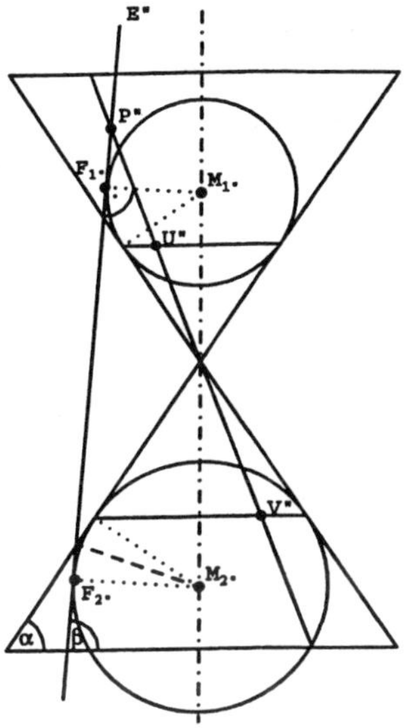

Fig. 7zf

Die Figur 7zf zeigt im Aufriß einen Doppelkegel, der von einer zur Aufrißebene senkrechten Ebene **E** durchschnitten wird, wobei $\beta > \alpha$ (vgl. Fig. 7z). Man erkennt: Jedem der beiden einzelnen Kegel kann eine Kugel einbeschrieben werden, die auch die Schnittebene berührt (in F_1 bzw. F_2).

Analog zum Beweisverfahren mit DANDELIN-Kugeln bei elliptischen Schnitten läßt sich hier für eine *Hyperbel* zeigen: Ist P ein beliebiger Punkt des oberen bzw. unteren Astes der Schnittlinie, so gilt:

$$|PF_2| - |PF_1| = \text{const.}$$

bzw.

$$|PF_1| - |PF_2| = \text{const.}.$$

Man betrachtet dazu die Schnittpunkte U, V der durch P verlaufenden Mantellinie mit den Berührkreisen der beiden Kugeln mit dem Doppelkegel.

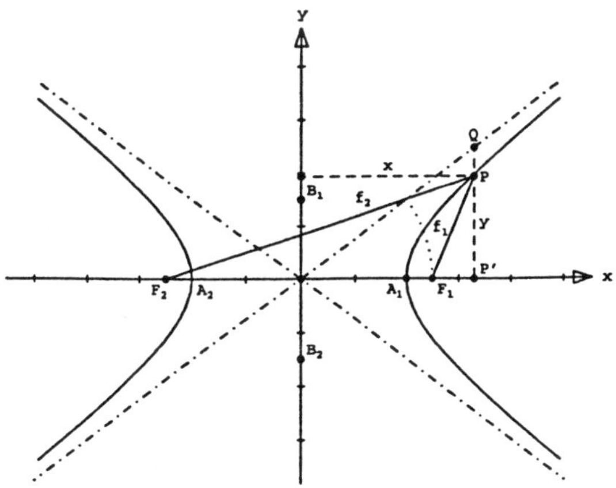

Fig. 7zg

In der Schnittebene werde ein x-y-Koordinatensystem gemäß Fig. 7zg eingeführt, so daß die Hyperbel zur x- und y-Achse *symmetrisch* liegt. Der halbe Abstand der „Brennpunkte“ F_1, F_2 heißt *„Brennweite e“*. Die Punkte A_1, A_2 heißen „Hauptsscheitel“ der Hyperbel, die Punkte B_1, B_2 auf der y-Achse im Abstand **E** von A_1 (und A_2) heißen „Nebenscheitel“. Wie bei der Ellipse bezeichnet man die „Achsenlängen“ $|A_1A_2|$ bzw. $|B_1B_2|$ mit 2a bzw. 2b. Aus der Definition von B_1 und B_2 folgt: $e^2 = a^2 + b^2$.

Durch Anwendung auf die Punkte A_1 und A_2 kann man anhand der Figur 7zg die Brennpunkteigenschaft der Hyperbel in der Form $f_2 - f_1 = 2a$ bzw. $f_1 - f_2 = 2a$ schreiben. Hieraus läßt sich analog zur Herleitung der Ellipsengleichung (7.4, Übung 7.09) mit Hilfe der Dreiecke PF_2P' und PF_1P' die *Gleichung der Hyperbel* in „Mittelpunktform“ aufstellen. Man erhält:

$$\frac{x^2}{a^2} - \frac{y^2}{b^2} = 1. \qquad \left(\text{Ellipsengleichung:} \frac{x^2}{a^2} + \frac{y^2}{b^2} = 1\right).$$

Die Ursprungsgeraden in Fig. 7zg mit den Steigungen $\frac{b}{a}$ und $-\frac{b}{a}$ haben folgende Bedeutung: Die beiden Hyperbeläste nähern sich ihnen unbeschränkt, ohne sie zu schneiden. Man nennt die Geraden deshalb **Asymptoten** („Nicht Zusammenfallende“) der Hyperbel. Diese Eigenschaft der Hyperbel weist man so nach:

Ein Hyperbelpunkt P mit der Abszisse x hat die Ordinate $y_p = \frac{b}{a}\sqrt{x^2 - a^2}$, dagegen der Asymptotenpunkt Q mit derselben Abszisse die Ordinate $y_Q = \frac{b}{a}x$. Für den Quotienten aus Hyperbel- und Asymptotenordinate gilt

$$y_P : y_Q = \frac{\sqrt{x^2 - a^2}}{x} = \sqrt{1 - (\frac{a}{x})^2}.$$

Der Quotient ist stets kleiner als 1 und nähert sich mit wachsendem x unbeschränkt dem Wert 1. —

Als *Zeichenhilfe* für den hyperbolischen Schnitt durch einen Kegel verwenden wir wieder SEbKeg. Ein Anwendungsbeispiel zeigt die Figur 7zh, nämlich den Schnitt des Kegels mit $r = 2$, $h = 3$ mit der durch $x_1 = 0.5$, $y_1 = 2.3$, $x_3 = -0.5$, $z = 3$ festgelegten Ebene. Durch Projektion dieser Ebene in wahrer Gestalt kann man die Schnittkurve in die Zeichenebene legen. Zum Darstellen einer Hyperbel in beliebiger Raumlage steht KegGraph bzw. KOERPER zur Verfügung (Fig. 7zg, Fig. Ü 713).

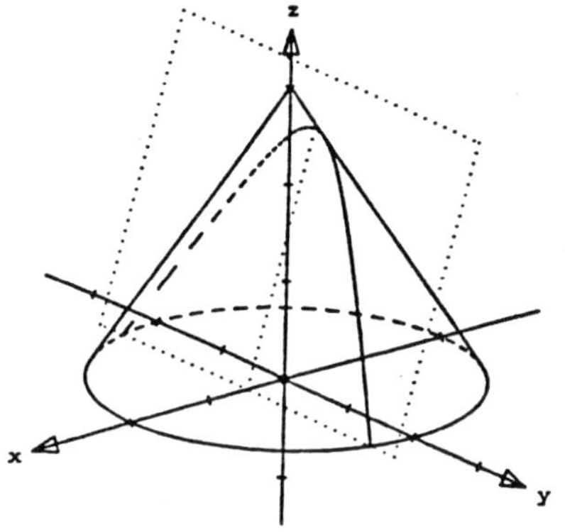

Fig. 7zh

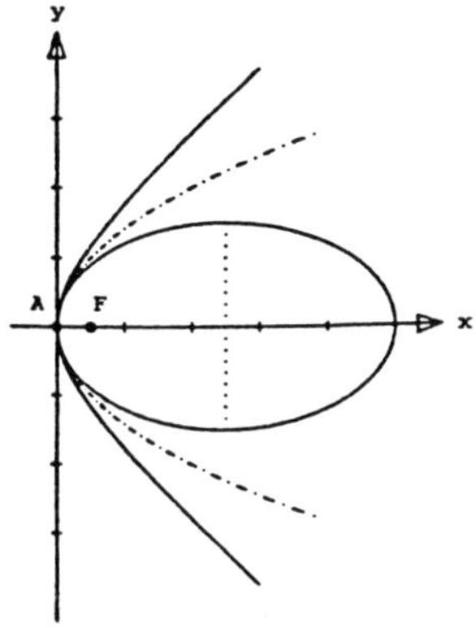

Fig. Ü 713

Übung 7.13

Gegeben sind eine Ellipse, eine Hyperbel und eine Parabel (strichpunktiert), die gemäß Fig. Ü 713 in einem Scheitel A und einem Brennpunkt F übereinstimmen. Es ist $|AF| = 0.5$*, ferner beträgt die Halbachsenlänge a für die Ellipse 2.5, für die Hyperbel 1.5. Man stelle die Gleichungen der in Fig. Ü 713 dargestellten Kurven auf.*

(Man beachte, daß die Mittelpunkte von Ellipse und Hyperbel nicht im Ursprung liegen.)

7.6 Ellipsenkonstruktionen

Da Ellipsen – besonders als Kreisschrägbilder – in der konstruktiven Raumgeometrie oft vorkommen, ist es sicher wünschenswert, sie mit der Hand möglichst zweckmäßig zeichnen zu können, auch wenn Zeichenhilfen (wie etwa unser Programm KegGraph) zur Verfügung stehen. Vorteilhaft ist dabei unter anderem, daß man sich mit den Eigenschaften der Ellipse, die der betr. Konstruktion zugrunde liegt, auseinandersetzt. Wir beschränken uns jedoch auf besonders wichtige Konstruktionen.

Ellipsen waren im Vorangehenden schon punktweise als *affine Kreisbilder*, zum Beispiel in 7.1 zu zeichnen (Übungen 701a, 701b usw.). Es wurde weiterhin die auf der Brennpunkteigenschaft beruhende Konstruktion der **„Gärtnerellipse“** erwähnt (7.4, vgl. Fig. Ü 709). Auch mit Hilfe der *Ellipsengleichung* (7.4) läßt sich eine Ellipse als Funktionsgraph punktweise zeichnen.

Schließlich waren Ellipsen im Vorgriff auf den vorliegenden Abschnitt bereits nach der *Scheitelkreismethode* (Übungen 701b und 702b) sowie der

RYTZsche Achsenkonstruktion (Übung 702b) zu zeichnen. Diese Methoden, außerdem noch das *Scheitelkrümmungskreis-Verfahren*, wollen wir jetzt systematisch einführen.

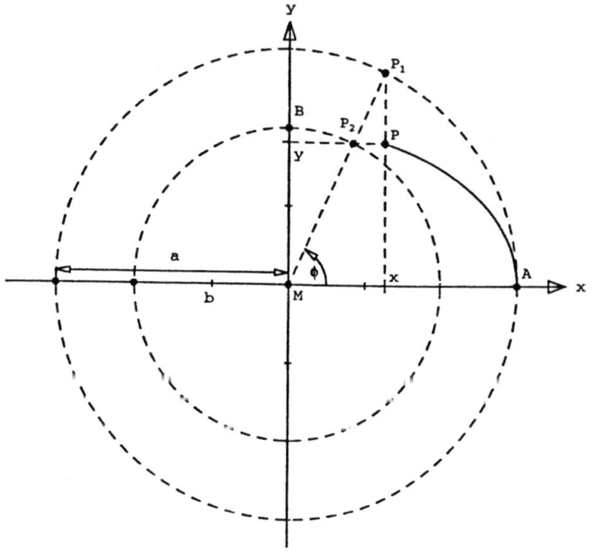

Fig. Ü 714

Übung 7.14. Scheitelkreiskonstruktion einer Ellipse

Gegeben seien die Halbachsen MA, MB der Ellipse (Fig. Ü 714). Konstruktionsgang:

- Zeichnen der „Scheitelkreise" (Radien a und b)
- Radius MP_1 des Hauptscheitelkreises (Steigungswinkel φ) wählen und mit Nebenscheitelkreis schneiden (P_2)
- Parallele zu MA durch P_2 mit Parallele zu MB durch P_1 schneiden (P). P ist ein Ellipsenpunkt.
- Durch Verändern von φ erhält man beliebig viele Ellipsenpunkte.

a) Durch Aufstellen der Gleichung für die entstehende Kurve zeige man, daß sie eine Ellipse ist.

b) Man begründe die Ellipseneigenschaft durch den Nachweis, daß die Kurve zum Hauptscheitelkreis (ebenso wie zum Nebenscheitelkreis) affin ist.

c) Man zeichne nach diesem Verfahren eine Ellipse mit $a = 4.5$, $b = 3$.

Scheitelkrümmungskreis-Verfahren. Diese – sehr rationelle – Methode ist ebenso wie das Scheitelkreisverfahren stets anwendbar, wenn die (Halb-)Achsen einer Ellipse bekannt sind. Sie soll jetzt hergeleitet werden.

Eine Ellipse und ein Kreis schneiden sich offensichtlich in höchstens vier verschiedenen Punkten. In Fig. 7zi haben ein Kreis und eine Ellipse in A eine gemeinsame (lotrechte) Tangente. Hier fallen mindestens zwei Schnittpunkte der beiden Kurven zusammen. Die beiden verschiedenen Schnittpunkte in Fig. 7zi lassen wir durch Verkleinern des Kreisradius näher an A heranrücken, bis sie schließlich nach A fallen. (s. Fig. 7zk weiter unten), so daß dort *vier Schnittpunkte von Kreis und Ellipse zusammenfallen.*

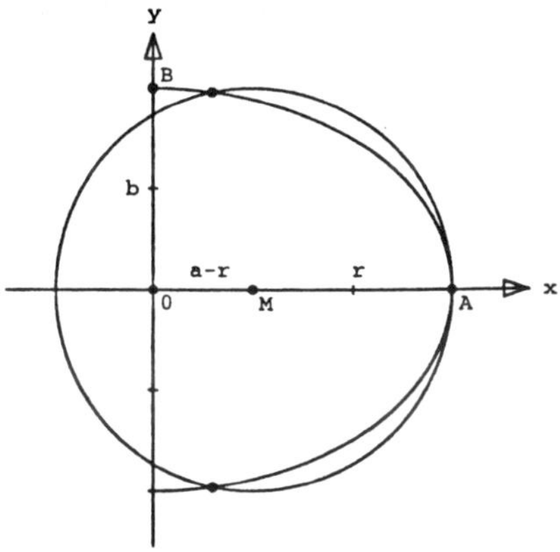

Fig. 7zi

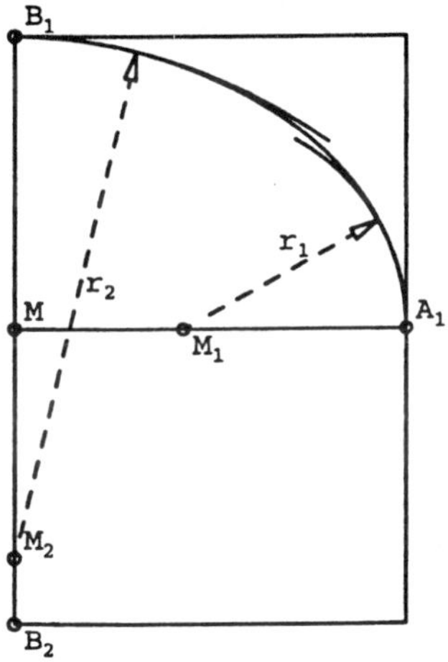

Fig. 7zj

Ein Kreis, der mit einer Ellipse mindestens 3 zusammenfallende Schnittpunkte hat, heißt der zum Ellipsenpunkt gehörende *Krümmungskreis*. In Fig. 7zj ist der Kreis durch A_1 *Scheitelkrümmungskreis* zum Hauptscheitel A_1, sein Mittelpunkt M_1 ist der *Krümmungsmittelpunkt*, sein Radius r_1 *Krümmungsradius* zu diesem Hauptscheitel. Ein Scheitelkrümmungskreis hat mit der Ellipse jeweils 4 zusammenfallende Schnittpunkte.

Zeichnet man auch zum Nebenscheitel B_1 den Krümmungskreis (Mittelpunkt M_2, Radius r_2; Fig. 7zj), so schmiegen sich Haupt- und Nebenscheitel-Krümmungskreis so gut an die Ellipse an, daß man durch einen (etwa mit einem Kurvenlineal gezeichneten) Übergang vom einen zum anderen Kreisbogen mit wenig Mühe einen recht genauen Ellipsenbogen erhält.

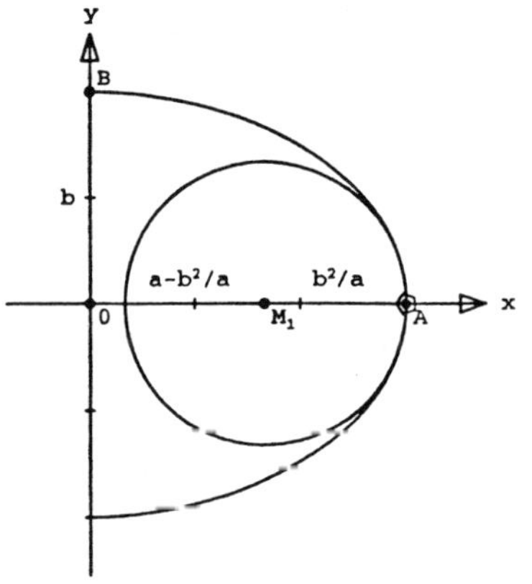

Fig. 7zk

Der Krümmungsradius im Hauptscheitel einer Ellipse mit den Halbachsen a, b beträgt $r_1 = \frac{b^2}{a}$ (Figur 7zk: $r_1 = |M_1A|$); für den Nebenscheitel gilt: $r_2 = \frac{a^2}{b}$. Dies wird jetzt nachgewiesen. In Übung 7.15 wird dann eine dort zu begründende, einfache Konstruktion der Krümmungsmittelpunkte M_1, M_2 angegeben.

Bestimmung der Scheitelkrümmungskreise. Eine allgemeine Methode zur Berechnung der Krümmung einer Kurve wird in der Differentialrechnung angegeben. Sie verwendet höhere Ableitungen des zugehörigen Funktionsterms. — Eine rein geometrische Ableitung der Scheitelkrümmungsradien einer Ellipse findet sich bei GRAF-BARNER*.

Wir beschränken uns darauf, durch Rechnung folgendes nachzuweisen: Die Kreise mit den Radien $r_1 = \frac{b^2}{a}$ und $r_2 = \frac{a^2}{b}$, die die Ellipse mit der Gleichung $\frac{x^2}{a^2} + \frac{y^2}{b^2} = 1$ in einem Hauptscheitel bzw. Nebenscheitel berühren, haben mit der Ellipse vier zusammenfallende Schnittpunkte, sind also Scheitelkrümmungskreise. Es genügt der Nachweis z. B. für den Hauptscheitel; gilt hier $r_1 = \frac{b^2}{a}$, so folgt aus der Symmetrie $r_2 = \frac{a^2}{b}$.

Gemäß Fig. 7zk hat M_1, wenn $r_1 = \frac{b^2}{a}$ vorausgesetzt wird, von 0 den Abstand $a - \frac{b^2}{a} = \frac{a^2-b^2}{a} = \frac{e^2}{a}$. Somit lautet die Kreisgleichung

$$\left(x - \frac{e^2}{a}\right)^2 + y^2 = \frac{b^4}{a^2}. \tag{9}$$

*U. Graf-M. Barner: Darstellende Geometrie. Heidelberg 1978[11]. S. 117-119

Für die Ellipsengleichung gilt, nach y^2 aufgelöst,

$$y^2 = b^2 - \frac{b^2}{a^2}x^2. \tag{10}$$

Durch Einsetzen von y^2 aus (10) in (9) erhält man folgende Schnittbedingung:

$$x^2 + \frac{e^4}{a^2} - \frac{2e^2}{a}x + b^2 - \frac{b^2}{a^2}x^2 = \frac{b^4}{a^2}.$$

Durch einfache Umformungen erhält man hieraus

$$x^2 - 2ax + \frac{e^4 - b^4 + a^2b^2}{e^2} = 0. \tag{11}$$

Der Zähler läßt sich umformen zu a^2e^2, so daß gilt

$$x^2 - 2ax - a^2 = 0 \text{ mit den Lösungen } x_1 = x_2 = a. \tag{12}$$

Durch Einsetzen von $x = a$ in (9) ergibt sich

$$y^2 = 0 \text{ mit den Lösungen } y_1 = y_2 = 0.$$

Die vier Lösungen des Gleichungssystems (9), (10) sind

$$(x_1, y_1),\ (x_1, y_2),\ (x_2, y_1),\ (x_2, y_2).$$

Sie lauten übereinstimmend $(a, 0)$; somit haben wie behauptet *Ellipse und Kreis* in A einen *vierfachen* (reellen) *Schnittpunkt*.

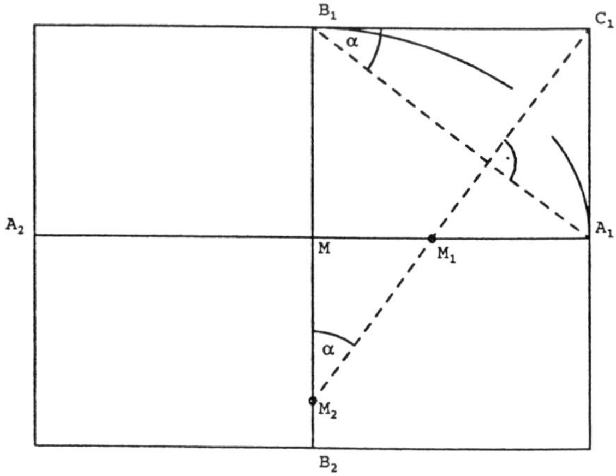

Fig. Ü 715

Übung 7.15. Ellipsenkonstruktion mit Scheitelkrümmungskreisen. *Gegeben seien die Halbachsen* MA_1, MB_1 *einer Ellipse, wodurch gemäß Fig. Ü 715 ein Punkt* C_1 *sowie die Scheitelpunkte* A_2 *und* B_2 *mit bestimmt sind.* Konstruktionsgang:

- Senkrechte zu A_1B_1 durch C_1 zeichnen und mit den Achsen schneiden (M_1, M_2).
- Kreisbögen um M_1 und M_2 mit $r_1 = |M_1A_1|$ bzw. $r_2 = |M_2B_1|$.
- Mit freier Hand oder Kurvenlineal eine Linie so zeichnen, daß zusammen mit den Kreisbogenstücken eine stetige Linie (*Ellipsenbogen*) von A_1 nach B_1 entsteht (vgl. Fig. 7zj).
- Vervollständigung der Ellipse aufgrund der Achsensymmetrien.

a) *Man zeige durch Ähnlichkeitsbetrachtung:*

$$r_1 = \frac{b^2}{a}, \quad r_2 = \frac{a^2}{b}.$$

Die Kreise $(M_1, r_1), (M_2, r_2)$ *sind also die Krümmungskreise der Ellipse im Haupt- bzw. Nebenscheitel.*

b) *Man zeichne nach diesem Verfahren einen Viertelbogen der Ellipse mit* $a = 4.5, \quad b = 3.8.$

Anmerkung: Das Verfahren verlangt zwar einige Fertigkeit beim „Kreisbogenverbinden", ist aber wesentlich schneller durchzuführen als die punktweisen Konstruktionen.

RYTZsche Achsenkonstruktion. Ist von einer Ellipse ein Paar konjugierter Halbmesser, jedoch kein Halbachsenpaar gegeben, so sind das Scheitelkrümmungskreis- sowie das Scheitelkreisverfahren nicht unmittelbar anwendbar. Beispielsweise war in Übung 7.02 die Ellipse aus den zueinander nicht senkrechten konjugierten Halbmessern mit Endpunkten P', Q' zu zeichnen (Fig. Ü 702). Da es bequemer ist, die Ellipse aus ihren Achsen zu konstruieren, stellt sich das *Problem*, aus einem *gegebenen Paar konjugierter Halbmesser* einer Ellipse zunächst *(Halb-)Achsen zu gewinnen.*

Das Problem wird gelöst durch die *RYTZsche Achsenkonstruktion*, benannt nach David RYTZ (1801-1868). Dieses Verfahren kommt mit relativ wenigen Hilfslinien aus, während man größeren Zeichenaufwand hat, wenn man die Achsen durch affine Rücktransformation gemäß Fig. 7h konstruiert. Wir geben zuerst eine Beschreibung sowie eine Anwendungsaufgabe zum Verfahren; abschließend wird es begründet.

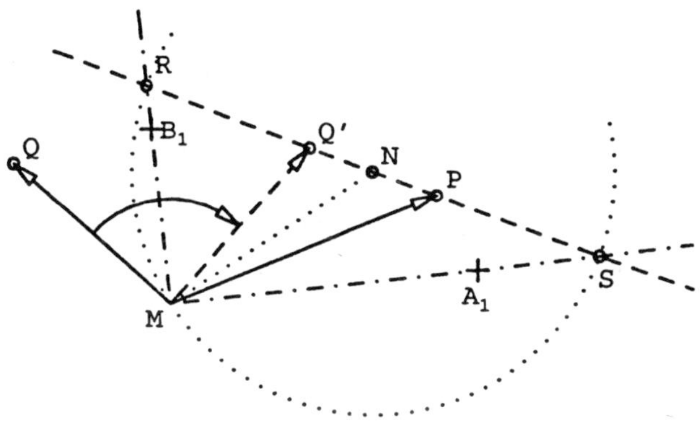

Fig. 7zl

RYTZsche Achsenkonstruktion. Gegeben sei ein Paar konjugierter Ellipsenhalbmesser MP, MQ (Fig. 7zl). Gesucht ist das Halbachsenpaar MA_1, MB_1 der Ellipse.

Konstruktionsgang:

- Strecke MQ um M mit 90° drehen (MQ')
- Strecke PQ' halbieren (N). Kreis um N mit Radius $|MN|$ zeichnen; er schneide die Gerade PQ' ist R und S
- Halbgeraden MR und MS zeichnen. Darauf von M aus Strecken der Längen $|PS|$ und $|PR|$ abtragen (B_1, A_1).
- Es ist $a = |PR|, b = |PS|$; die Strecken MA_1, MB_1 sind das *gesuchte Halbachsenpaar.*

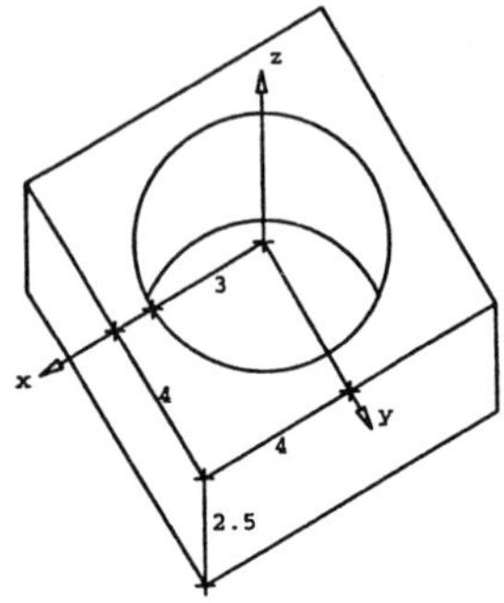

Fig. Ü 716

Übung 7.16

Gegeben ist in Militärprojektion (Bildparameter $a = b = c = 1$; $\alpha = 30°, \beta = 60°$) ein axonometrisches Bild eines quadratischen Prismas mit zylindrischer Bohrung. Gesucht ist das axonometrische Bild mit den Bildparametern $a = 0.6$, $b = 0.8$, $c = 1$; $\alpha = 30°$, $\beta = 20°$. Verdeckte Linien sind wie in Fig. Ü 716 wegzulassen.

a) Man bilde zuerst das Prisma ab.

b) Für das Kreisbild zeichne man zunächst mit dem RYTZschen Verfahren anhand eines geeigneten konjugierten Halbmesserpaars die Ellipsenachsen. Die Ellipse vervollständige man dann mit der Scheitelkrümmungskreis-Methode.

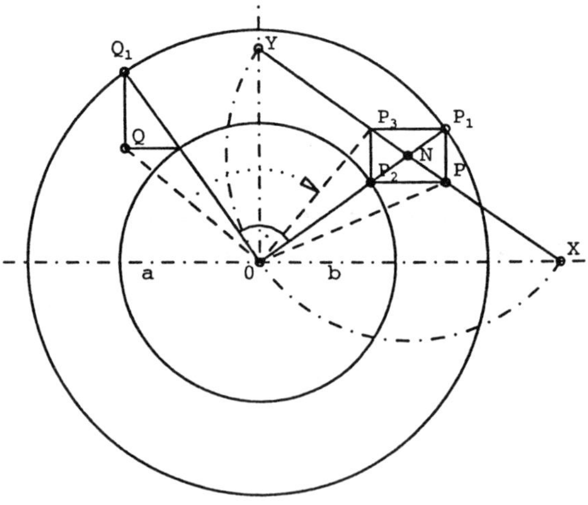

Fig. 7zm

Begründung des RYTZschen Verfahrens:
Zu einem gegebenen Paar OP, OQ konjugierter Halbmesser (Fig. 7zm) denken wir uns die gesuchten Achsengeraden OX, OY sowie die Halbachsenlängen a, b bereits gefunden und die Scheitelkreise gezeichnet. Wir können dann die Punkte P_1, P_2, aus denen P nach der Scheitelkreismethode hervorgeht (vgl. Fig. Ü 714), zeichnen und Dreieck PP_1P_2 zum Rechteck $PP_1P_3P_2$ ergänzen. Ferner sei Q_1 der zu Q gehörende Punkt des Hauptscheitelkreises. Dann gilt, weil die Strecken OP, OQ als *konjugierte* Halbmesser Bilder von zueinander *senkrechten* Kreishalbmessern sind:

$$OQ_1 \perp OP_1.$$

Bei Drehung der Strecke QQ_1 um O mit 90° (vgl. Fig. 7zl) wird somit Q_1 nach P_1 und Q nach P_3 überführt ($P_3 = Q'$). Mit Hilfe der Symmetrieachsen des Rechtecks $PP_1P_3P_2$ durch den Diagonalenschnittpunkt N erkennt man: $|NO| = |NX| = |NY|$, d. h. die Achsenpunkte X, Y liegen auf dem Kreis um N mit Radius $|ON|$, also gilt $OX \perp OY$ (Thaleskreis über der Strecke XY). Ebenfalls aus den genannten Symmetrien folgt:

$$|PY| = |OP_1| = a, \quad |PX| = |OP_2| = b.$$

Damit ist bewiesen, daß die RYTZsche Konstruktion auf die Achsen der Ellipse führt.

A Anhang

A.1 Programmbeschreibungen

A.1.1 Programm KOERPER

Übersicht:

Anmerkung zu III.b):

Die Ausführungen zum *Bildmenue mit Untermenues* gelten zugleich für *alle anderen Programme*

Das Programm KOERPER zeichnet räumliche Figuren, die aus Strecken und Vielecken gebildet werden („Körper“), wahlweise zusammen mit Kreisen/Kegelschnitten („KMK“).

Einleitung

Mit dem Programm können beliebige „Körper“ der oben genannten Art gezeichnet werden, sofern die Anzahl der einzugebenden Punkte höchstens 20 beträgt. Die eingegebenen Verbindungsstrecken müssen keinen geschlossenen Körper bilden. – Die Anzahl der Kreise/Kegelschnitte in einem Körper mit Kreisen/Kegelschnitten („KMK“) ist auf fünf beschränkt.

Die Abbildung des jeweiligen „Körpers“ bzw. „KMK“ erfolgt mit Bezug auf ein räumliches Koordinatensystem („*axonometrische* Abbildung“), wie es z. B. Fig. 1a und Fig. 1b zeigen:

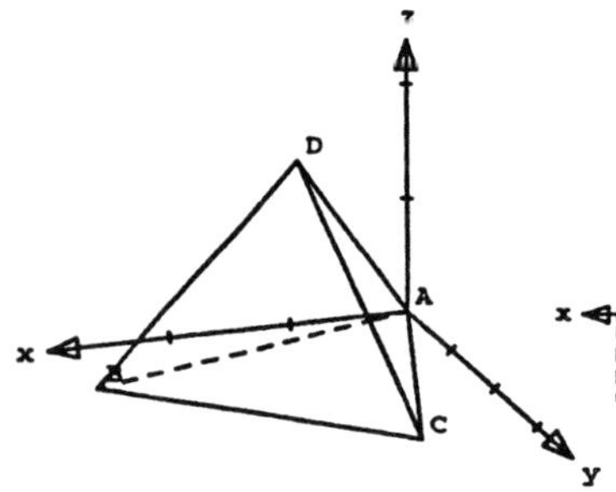

Fig. 1a

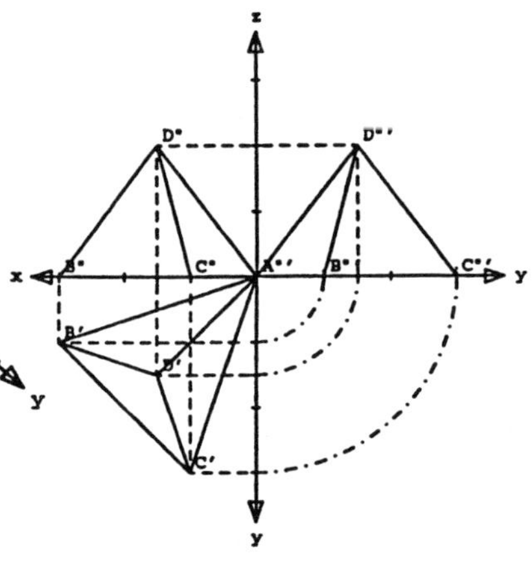

Fig. 1b

Der Ursprung des Koordinatensystems wird stets auf die *Bildschirmmitte* abgebildet. Der Bildausschnitt wird *automatisch* so *begrenzt*, daß alle eingegebenen Punkte innerhalb des Ausschnitts liegen. Vorstehendes gilt auch bei Wahl einer Rißzeichnung, z. B. des Dreitafelbildes (Fig. 1b). Die Grundrißebene wird mit der x-y-Ebene, die Aufrißebene mit der x-z-Ebene, die Seitenrißebene mit der y-z-Ebene identifiziert.

Das Programm bietet reichhaltige Wahlmöglichkeiten für die Darstellung räumlicher Figuren, so daß hochdifferenzierte Bilder auf dem Bildschirm erzeugt bzw. geplottet oder gedruckt werden können. Die Wahlmöglichkeiten betreffen u. a. folgende Einstellungen bzw. Veränderungen:

- Lage der Bilder von x- und y-Achse sowie Größe der Einheitsstrecken auf den Achsenbildern durch Wahl entsprechender Parameter;
- Ein-/Ausschalten der „Verdeckungsberechnung“, durch welche verdeckte Linien gestrichelt (gepunktet usw.) dargestellt werden;
- „Feinstruktur“ durch wahlweise Punkt-Markierung und -Beschriftung, Farbwahl für die einzelnen Verbindungsstrecken, Wahl zwischen „Achsen aus“, „Achsen halb“ oder „Achsen voll“ usw.;
- Nachträgliche Veränderung der Figur durch Zufügung/Weglassung von Punkten, Verbindungsstrecken und/oder Begrenzungsflächen;
- Auch durch die Möglichkeit, Kreise/Kegelschnitte hinzuzufügen, wird der Umfang der Figuren, die sich mit dem Programm darstellen lassen, erheblich erhöht.

Alle Wahlen erfolgen *menuegesteuert*, wobei die Menues bzw. Untermenues *selbsterklärend* sind. Dennoch werden nachstehend zur Einarbeitung in die Anwendung des Programms die Menues exemplarisch erläutert. Beim ersten Durchgang ist es zweckmäßig, sich auf die Optionen *ohne* Kreise/Kegelschnitte zu konzentrieren.

I. Erstes Hauptmenue (bei Programmstart erscheinendes Menue)

Nach jeder der drei Wahlen [1] - [3] erscheinen entsprechende Untermenues zur *Eingabe des Körpers* :

Zu [1] „*punktweise:* “

Als *Beispiele* für die Eingabe von Körperdaten seien nachstehend die Punkte, Verbindungen und begrenzenden Flächen der in Fig. 1a und Fig. 1b dargestellten *dreiseitigen Pyramide* (Tetraeder) mit gleichschenkliger Grundfläche angegeben (Punktnummer von $A =$ „1“, von $B =$ „2“ usw.):

4 Punkte: $A = (0|0|0), B = (3|1|0), C = (1|3|0), D = (1.5|1.5|2)$;
6 Verbindungen: $(1;2),(1;3),(1;4),(2;3),(2;4),(3;4)$;
4 begrenzende Flächen (Eingabe jeweils mit „0“ abschließen!):
$(1;2;3),(1;2;4),(2;3;4),(1;3;4)$.

Anmerkungen zur menuegesteuerten Eingabe:

Punkteingabe: Bei Unter- oder Überschreitung der Anzahl 1 bzw. 20 erfolgt Meldung. – Die Punkteingabe kann erst nach vollständigem Dateneinlesen verlassen werden.

Eingabe der Verbindungen:

Bei Fehleingaben erfolgen entsprechende Meldungen. Insbesondere gilt: „$(i;j)$“ und „$(j;i)$“ bezeichnen dieselbe Verbindung; diese ist *entweder* durch „$(i;j)$“ *oder* durch „$(j;i)$“ einzugeben.

> *Wichtiger Hinweis*: Das Zeichnen der Körper besteht im wesentlichen im Zeichnen der Verbindungen. Die nachfolgende *Eingabe* der *Begrenzungsflächen* bewirkt somit *nicht das Zeichnen* dieser Flächen, vielmehr werden hierdurch diejenigen Flächen mitgeteilt, durch welche die Kanten des Körpers (vollständig oder teilweise) verdeckt sein könnten. Damit die selbsttätige Verdeckungsberechnung *bei jeder Bildlage* des Körpers richtige Sichtbarkeitsverhältnisse liefert, empfiehlt es sich im allgemeinen, *alle auftretenden Vielecke* als begrenzende Flächen einzulesen, und zwar erforderlichenfalls in *konvexe* Vielecke zerlegt.

Eingabe der begrenzenden Flächen:

Die Eingabe eines Vielecks kann mit (der Nummer) einer beliebigen Ecke begonnen werden; danach ist das Vieleck mit *beliebigem Umlaufsinn* zu umlaufen (ohne Wiederholung des zuerst eingelesenen Punktes). Maximale Eckenanzahl eines Vielecks = 6.

Wurde versehentlich die Anzahl der Begrenzungsflächen *zu hoch* angegeben, darf die Eingabe bereits eingelesener Flächen wiederholt werden.

Bei *zu niedriger* Angabe der Anzahl Begrenzungsflächen wie auch von Punkten bzw. Verbindungen braucht die Eingabe des Körpers nicht abgebrochen zu werden. Nach Abschluß der Eingabe lassen sich nämlich die Körperdaten vom 2. Hauptmenue aus ergänzen oder korrigieren (s. u.).

Zu [2] *„tabellarisch“*:

Als *Beispiel* für die erstmalige tabellarische Eingabe können wieder die unter [1] angegebenen Körperdaten verwendet werden.

Erläuterungen zum *Untermenue „Punkte“*: Man beachte die selbsterklärenden Optionen am rechten Rand! Die Anzahl der Punkte kann durch <F10> jeweils erhöht oder erniedrigt werden. Im Beispiel empfiehlt es sich, die Punktanzahl von vornherein auf „4“ zu setzen.

Die drei letzten Spalten der Tabelle sind für Beschriftung (bis 5 Zeichen je Punkt), Nummer der Farbe (für evtl. Beschriftung und Markierung) sowie für eventuelle Markierung (+ oder ∘) vorgesehen.

> *Achtung*: Hier eingegebene Texte bzw. Markierungen sind wirksam, wenn im Bild-Untermenue „Grundeinstellungen“ (s. u.) Beschriftung bzw. Markierung auf „manuell“ gesetzt ist.

Die Einstellung des Tabellenplatzes für die einzulesenden Koordinaten erfolgt mit den Cursor-Tasten. Zur Text-, Farb- oder Markierungswahl für den i-ten Punkt Cursor auf x- oder y- oder z-Koordinate des i-ten Punkts setzen.

Erläuterungen zum *Untermenue „Verbindungen"*: Man beachte die selbsterklärenden Optionen für Strichart und ggf. Pfeilspitze am unteren Rand! Die Zeilen- und Spaltenzahl der quadratischen Verbindungsmatrix ist gleich der aktuellen Punktanzahl im Untermenue „Punkte". Durch Aktivieren z. B. der Verbindung „2; 3" (Cursor setzen, dann z. B. „1" für Vollinie eingeben) wird automatisch die Aktivierung unter „3; 2" mit angezeigt.

Für *jede* Verbindung einzeln kann die *Farbe* (durch <Ret>/Farbnummer/<Ret>) gewählt werden. (Voreinstellung: 3 = Körperfarbe). Am rechten Rand ist unter „F" die aktuelle Farbe der durch Cursor bezeichneten Verbindung angezeigt. Entsprechendes gilt für die Anzeige von evtl. eingestellten Pfeilspitzen (Anzeige unter „Pfeil").

Eine wichtige Funktion für verdeckte Verbindungen erfüllt die Option „<F5> *sichtbar*": Steht diese – gemäß Voreinstellung – auf „-" (Anzeige unter „S" am rechten Rand), so wird die betreffende Verbindung (sofern im 2. Hauptmenue die Verdeckungsberechnung aktiviert ist) in der für verdeckte Linien gewählten Strichart gezeichnet. Soll jedoch, z. B. im Falle einer Hilfslinie, die Verbindung in jedem Falle, also *unabhängig von der Sichtbarkeit*, in der Strichart, wie in der Verbindungsmatrix eingestellt, gezeichnet werden, so ist für diese Verbindung unter S „+" zu wählen.

Erläuterungen zum *Untermenue „Begrenzende Flächen"*: Man beachte die selbsterklärenden Optionen am rechten unteren Rand! Die *Anzahl der Flächen* kann durch <F10> jeweils erhöht oder erniedrigt werden. Im Beispiel empfiehlt es sich, die Flächenanzahl von vornherein auf „4" zu setzen.

Zur Eingabe der *einzelnen Flächen* (Vielecke) durch ihre Eckpunkte beachte man die Hinweise, die zum Einlesen der begrenzenden Flächen unter [1] (punktweise Eingabe) gegeben sind, insbesondere, was die ggf. notwendige Zerlegung in *konvexe* Teilflächen sowie die *Reihenfolge* des Einlesens der jeweiligen Eckpunkte betrifft.

In der 2. Spalte der Tabelle (# P) erscheint selbsttätig die Anzahl der eingelesenen Eckpunkte einer Fläche. Man kann jeweils zunächst durch wiederholtes Betätigen von <F8> die gewünschte Anzahl vorbesetzen, danach mit Cursor und <Ret> die gewünschten Punktnummern einlesen.

Nach Eingabe sämtlicher Körperdaten rufe man durch [z] das *2. Hauptmenue* auf (s. u.).

Zu [3] *„Körper/KMK lesen"*:

Durch Wahl von [3] wird das Untermenue „Körper/KMK lesen" aufgerufen. Die Körper, deren Körperdaten (Punkte, Verbindungen, begrenzende Flächen, ggf. auch Kreise usw.) *gespeichert* sind, befinden sich in den Verzeichnissen K1 und K2 (autorenseits vordefiniert) sowie in den weiteren Verzeichnissen K3 - K5, soweit diese vom Benutzer beschrieben sind (vgl. „2. Hauptmenue").

Mit [1] kann man das gewünschte Verzeichnis wählen und mit [2] die Namen der Körper im jeweiligen Verzeichnis auflisten lassen. Unter [2] ist sodann der Name des gewünschten Körpers/KMK so wie dort beschrieben einzugeben (ohne die Dateiendung „.KMK“), wonach seine Daten durch das Programm eingelesen werden.

Als *Beispiel* kann unter dem Verzeichnis K1 der Körpername „1a“ eingegeben werden. Damit werden die Daten derselben dreiseitigen Pyramide wie oben komplett eingelesen. Zugleich erscheint das *2. Hauptmenue.*

Als *Übungsmaterial* zum Erzeugen räumlicher Figuren sind einige **Grundkörper** eingespeichert, die unter dem Verzeichnis K1 mit Wortcodes abgerufen werden können:

PRISMA 3, PRISMA 4, PRISMA 6

(3-, 4-, 6-seitiges Prisma);

PYRAM 3, PYRAM 4, PYRAM 6

(3-, 4-, 6-seitige Pyramide).

Sie lassen sich unter Beibehaltung der Körperart durch Modifikation der Eckkoordinaten leicht verändern (Beispiel: PRISMA 4 ⟶ Quader). Die ersten 3(4; 6) Punkte der Punkttabelle sind die Ecken der Grundfläche in einer zyklischen Anordnung. Läßt man die zyklische Anordnung der Ecken der Grund-, ggf. auch der Deckfläche, bestehen, brauchen Verbindungstabelle und Tabelle der begrenzenden Flächen nicht mit verändert zu werden.

Ebenfalls unter Wortcodes sind die **regelmäßigen Polyeder** (vgl. 6.3) abrufbar:

TETRA, KUBUS, OKTA, DODEKA, IKOSA.

Schließlich finden Sie in K1 drei „*Musterkörper*“, die den Übungen 3.10, 3.15 und 6.02 entnommen sind:

KIRCHE, BUNGALOW, ZIMMER. —

Zum Erzeugen **runder Grundkörper** (Zylinder, Kegel, Kegelstumpf, Kugel) verwenden Sie bitte das Programm RundKoer.

II. Zweites Hauptmenue

Dieses Menue erscheint, sobald die Eingabe eines Körpers beendet ist, was auch an der Überschrift erkennbar ist: EIN KÖRPER IST EINGEGEBEN. Der eingegebene Körper kann nun gespeichert und/oder gezeichnet werden (s. u.).

Wenn gewünscht, kann der eingegebene Körper (auch schon vor dem Speichern oder Zeichnen) nach Wahl einer der Optionen [1] bis [4] *verändert*, *ergänzt* oder durch Neueingabe *ersetzt* werden.

a) Ohne Zuwahl von Kreisen/Kegelschnitten

Erläuterungen zu den einzelnen Optionen:

Zu [1] *„punktweise“*:

Hierunter läßt sich anstelle des vorher eingegebenen ein neuer Körper einlesen, und zwar ebenso, wie oben unter dem 1. Hauptmenue beschrieben.

Zu [2] *„tabellarisch“*:

Durch diese Option lassen sich die Körperdaten des vorher eingegebenen Körpers in jedem Falle anzeigen, d. h. unabhängig davon, ob er vorher unter [1], [2] oder [3] eingegeben worden war. Hiervon wird man somit häufig Gebrauch machen, um einen Körper vor dem Speichern oder Zeichnen zu *kontrollieren*.

Zum Abrufen der Körperdaten zur Kontrolle wie auch zu ihrer *Veränderung* (z. B. Zufügung von Punkten, Verbindungen und/oder begrenzenden Flächen) nach Wahl von [2] s. zu tabellarischer Eingabe unter „Erstes Hauptmenue“.

Bei der Ersteingabe eines Körpers empfiehlt es sich oft, die Körperdaten zunächst „punktweise“ einzulesen und ihn dann im Zweiten Hauptmenue unter [2] durch Beschriftungen, Markierungen usw. von Punkten sowie durch Differenzierung der Stricharten von Verbindungen zu vervollkommen.

Zu [3] *„Körper/KMK lesen“*:

Wurde bei der Ersteingabe der Körper durch „Lesen“ (vom Speicher) eingegeben, erscheint hier in Klammern der Verzeichnis- und Körpername, zum Beispiel „K1\1a“ im Falle des unter „Erstes Hauptmenue“ genannten Musterkörpers.

Unabhängig davon, ob die Ersteingabe unter [3] oder einer anderen Eingabeart erfolgte, kann jetzt unter [3], wenn gewünscht, ein neuer Körper gelesen werden. Zur Durchführung s. in „Körper/KMK lesen“ unter „Erstes Hauptmenue“.

Zu [s] *„Körper/KMK speichern“*:

Mit dieser Option läßt sich der jeweils „aktuelle“, d. h. mit dem Zweiten Hauptmenue zuletzt bearbeitete Körper in den Speicher einlesen.

Nach Wahl von [s] zeigt der Bildschirm das zum Untermenue „Körper/KMK lesen“ analoge *Untermenue „Körper/KMK speichern“*.

Durch [1] wählt man hierin das Verzeichnis, in welchem der Körper gespeichert werden soll. Die Verzeichnisse K1 und K2 sind autorenseits gefüllt, und man sollte sich überlegen, ob man diese im Originalzustand lassen und daher lieber die für *Benutzerzwecke* angelegten Verzeichnisse K3 - K5 zum eigenen Beschreiben verwenden will. Wollen Sie eines dieser Verzeichnisse oder einzelne Dateien daraus löschen, gehen Sie bitte so vor, wie im Handbuch Ihres Betriebssystems beschrieben. (Aus Sicherheitsgründen ist das Löschen in unseren Programmen nicht möglich).

Mit [2] werden von dem unter [1] eingestellten Verzeichnis die Namen der jeweils gespeicherten Körper aufgelistet.

Unter [2] erfolgt sodann das Speichern durch Eingabe des gewünschten Körpernamens (max. 8 Zeichen), wodurch man zugleich zum Zweiten Hauptmenue zurückkehrt. Der gespeicherte Körper/KMK ist nun „aktuell". Er bleibt im Speicher unverändert erhalten. Dies gilt auch dann, wenn er später vom Zweiten Hauptmenue aus verändert wird. Wird sein Name im Untermenue „Körper/KMK lesen" (unter dem zugehörigen Verzeichnis) eingegeben, so weist er die ursprünglichen Körperdaten auf. Will man ihn *in veränderter Form aufbewahren*, so ist der veränderte Körper zu speichern. Soll dies – was häufig erwünscht ist – unter dem *ursprünglichen Namen* erfolgen, so erscheint nach Eingeben dieses Namens entsprechende Meldung, durch welche das unbeabsichtigte Überschreiben eines Körpers durch einen anderen verhindert werden soll. Erst nach Bestätigung durch „[j]" wird die Speicherung wirksam.

Wichtige Hinweise:

1. Beim Lesen und Speichern eines Körpers/KMK wähle man im betr. Untermenue *zuerst* unter [1] das Verzeichnis, *dann* unter [2] den Körpernamen; nur dann ist sichergestellt, daß der Körper aus dem gewünschten Verzeichnis gelesen bzw. in diesem gespeichert wird.

2. Die Inhalte verschiedener Verzeichnisse sind voneinander *unabhängig*. Das bedeutet insbesondere: Befinden sich z. B. in K1 und K3 je ein Körper gleichen Namens, so müssen diese nicht identisch sein. Verändert man etwa den Körper in K1, so hat dies keinen Einfluß auf den gleichnamigen Körper in K3.

b) Mit Zuwahl von Kreisen/Kegelschnitten

Mit dem Programm KOERPER können in jedem „Körper" (vgl. I.) bis zu *fünf Kegelschnittlinien* (Kreise, Ellipsen, Parabeln, Hyperbeln) eingebaut werden, z. B. drei Kreise und zwei Ellipsen. Man kann dadurch beispielsweise Winkelbögen wie in Fig. 1c oder teilweise runde Figuren wie das schematische Bild einer Schraubenmutter in Fig. 1d erzeugen:

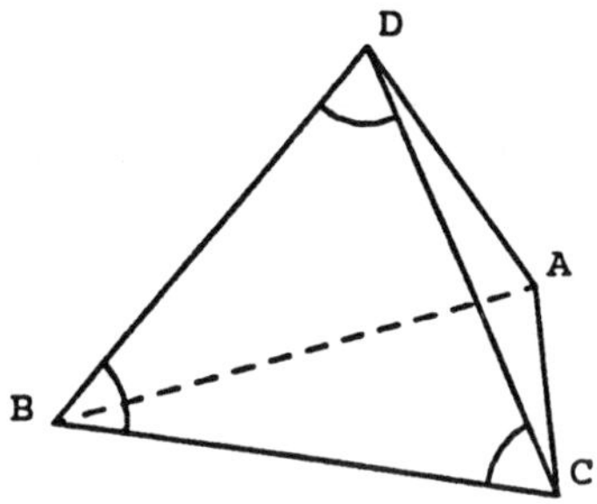

Fig. 1c

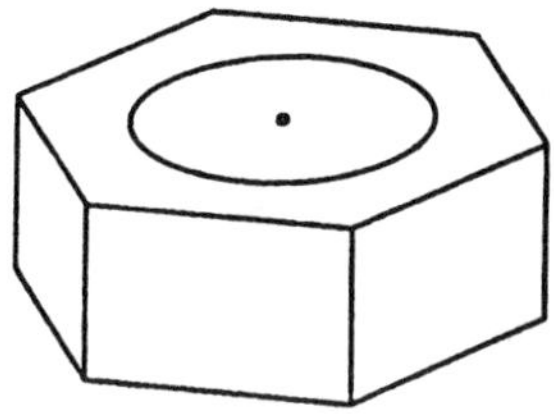

Fig. 1d

Es lassen sich auch wesentlich komplexere Figuren erzeugen. Das Eingeben von Kreisen und anderen Kegelschnittlinien erfolgt analog zum *Spezialprogramm* **KegGraph**, mit welchem jeweils ein einzelner Kegelschnittgraph hergestellt werden kann. Es wird somit im folgenden auf das Programm KegGraph sowie seine *Programmbeschreibung* Bezug genommen.

Um den Programmaufbau von KOERPER nicht übermäßig zu komplizieren, wurde bei „Körpern" mit Kreisen/Kegelschnitten *selbsttätige Verdeckungsberechnung*, soweit diese im entsprechenden Menue gewählt wird, *auf den Anteil „Körper" beschränkt.*

In vielen Fällen läßt es sich erreichen, daß auch in einem durch Kegelschnittlinien ergänzten Körper bei beliebiger Lage des Objekts die „Sichtbarkeit" korrekt wiedergegeben ist. Beispielsweise unterliegen Winkelbogen wie in Fig. 1c als Hilfslinien üblicherweise nicht der „Sichtbarkeit", d. h. sie werden unabhängig von evtl. Verdeckung als *Vollinie* gezeichnet.

In Fig. 1d ist der (ebenflächige) „Körper"-Anteil auf selbsttätige Verdekkungsberechnung eingestellt (s. u.). Indem die Kreislinie als *Vollinie* dargestellt wird, wirkt beim Gesamtkörper die Sichtbarkeit korrekt (wenn auch die Darstellung *schematisiert* ist).

Soweit bei einem Körper mit Kreis- bzw. Kegelschnittlinienanteil die Verdeckungsberechnung *nicht für beliebige Lage* des Objekts einzustellen ist, läßt sich i. allg. für die jeweilige *bestimmte* Lage mit Hilfe der verschiedenen Zeichenoptionen die Sichtbarkeit korrekt wiedergeben. Zum Beispiel kann ein teilweise sichtbarer, teilweise verdeckter Kreisbogen als Vereinigung zweier Kreisbögen, die mit entsprechenden Stricharten gezeichnet werden, dargestellt werden. – Häufig kann ohnehin auf selbsttätige Verdeckungsberechnung verzichtet werden; so ist sie naturgemäß bei *ebenen Figuren* ohne Belang. –

Zur Eingabe von Kreisen/Kegelschnitten: Im *Ersten Hauptmenue* besteht als Option zur Verarbeitung von Kreisen/Kegelschnitten lediglich:

[3] Körper/KMK lesen.

Hiermit läßt sich – ohne vorherige Körpereingabe unter [1] oder [2] – ein bereits komplett gespeicherter Körper mit Kreisen/Kegelschnitten (KMK) sofort lesen.

Beispiel: Der „KMK" in Fig. 1d ist im Verzeichnis K1 mit dem Namen „1d" gespeichert. Mit dem Lesen erfolgt zugleich der Aufruf des Zweiten Hauptmenues, von dem aus der Körper gezeichnet werden kann. Zeichenempfehlung: Axonometrisches Bild: [s] - [2]: 45°; 25°.

Die *Zuwahl* von Kreisen/Kegelschnitten erfolgt im *Zweiten Hauptmenue.* Um dorthin zu gelangen, muß im Ersten Hauptmenue unter [1] – [3] ein Körper eingegeben sein. Beispiel:

Man lese mit dem Ersten Hauptmenue unter [3] den Körper K1\ 1a ein (s. Fig. 1a).

Das Zweite Hauptmenue enthält (außer den in 2.1 genannten) die Option [4].

Zu [4] *Kreise/Kegelschnitte hinzufügen oder verändern:*

Als *Beispiel* soll der Musterkörper K1\ 1a wie in Fig. 1a mit Winkelbögen versehen werden. Diese Datei sei jetzt eingelesen, erkennbar an der Anzeige des Dateinamens hinter [3]).

Nach Wahl von [4] erscheint:

Erstes Kegelschnittmenue:
„Kreise/Kegelschnitte hinzufügen bzw. verändern"

Durch Wahl von

[n] neuen Kreis/Kegelschnitt anfügen

gelangt man in das

Kegelschnitt-Untermenue: *„Bitte wählen Sie die Art des Graphen".*

In Fortführung des Beispiels K1\ 1a (Fig. 1a) wählen Sie bitte [1] Kreis. Durch diese Wahl (wie auch durch Wahl von [2], [3] oder [4]) beginnt nun der

Eingabedialog: *Eingabe des Kreises* (bzw. *Ellipse* usw.).

Dieser Dialog ist (ebenso wie das vorangegangene Kegelschnitt-Untermenue) zugleich Bestandteil des Programms **KegGraph**. In der *Programmbeschreibung* von KegGraph sind der *Ablauf* des Dialogs und die *Bedeutung* der einzugebenden Größen und Parameter eingehend beschrieben (s. dort).

Geben Sie nun mit dem Dialog zunächst den Kreisbogen bei B ein (Fig. 1c). Die für die Eingabe erforderlichen Punkte P_1, P_2 und P_3 können nicht mit

Punktnummern des gespeicherten Körpers (hier: „1a“) eingegeben werden, sondern nur durch ihre Koordinaten. Im Beispiel sind die Ecken der Pyramide:

$$A = (0|0|0), B = (3|1|0), C = (1|3|0), D = (1,5|1,5|2).$$

Ob Sie als „Anfangsstrahl“ die Halbgerade BC oder BD eingeben, ist gleichgültig, wenn Sie nur „-1“ als Orientierungsfaktor angeben, damit der *kleinere* der beiden Winkel zwischen den Halbgeraden BC und BD mit einem Winkelbogen versehen wird.

Wurde BC als Anfangsstrahl gewählt, ist es hier naheliegend, D als „weiteren Punkt der Kreisebene“ einzugeben (sonst entsprechend). Die Dialogfrage „Liegt P_3 auf dem Endstrahl?“ kann dann mit „j“ beantwortet werden, und Sie ersparen sich die Eingabe des Endwinkels φ. – Die Frage „Liegt P_2 auf dem Kreis?“ haben Sie sicher mit „n“ beantwortet. Dadurch ist die Angabe des Radius erforderlich; für die Figur 1c wurde $r = 0.4$ gewählt.

Nach Abarbeitung des Dialogs erscheint:

Zweites Kegelschnittmenue:
„Kreise/Kegelschnitte hinzufügen bzw. verändern“

Veränderung gegenüber dem Ersten Kegelschnittmenue: Das 2. Kegelschnittmenue enthält die Meldung, wieviele Kreise (Kegelschnitte) bereits existieren, wobei jedem existierenden Kreis (Kegelschnitt) eine Option [1], [2], ... (max. [5]) zugeordnet ist. Im Beispiel erkennen Sie, daß *ein* Kreis existiert.

Die Optionen des 2. Kegelschnittmenues haben folgende Wirkung:

[z] Aufruf des *Zweiten Hauptmenues*, von welchem aus die Zeichenprozedur gestartet werden kann oder Veränderungen durch die entsprechenden Optionen vorgenommen werden können. (Solche Veränderungen erfolgen – ebenso wie Eingaben – nach den Anteilen „Körper“ und „Kreise/Kegelschnitte“ getrennt.)

[n] Rückkehr zum *Kegelschnitt-Untermenue*. Von dort aus kann so, wie für den ersten Kreis (Kegelschnitt) beschrieben, ein weiterer Kreis (Kegelschnitt) eingegeben werden; dieses „Spiel“ läßt sich bis zu einem fünften Kreis (Kegelschnitt) wiederholen. Man gelangt jedesmal wieder zum Zweiten Kegelschnitt-Menue zurück.

Im Beispiel wird empfohlen, „zur Übung“ auch die Kreisbögen bei C und D einzugeben.

[1] bzw. [2], [3], [4], [5]: Aufruf des **Ediermenues**, welches vor allem zur *Kontrolle* der eingegebenen Kreis- (Kegelschnitts-)Daten und erforderlichenfalls ihrer *Korrektur* dient. Dieses (selbsterklärende) Menue ist ebenfalls Bestandteil des Programms **KegGraph** (s. Programmbeschreibung).

Im Beispiel könnten Sie das Ediermenue dazu benützen, den Radius eines der Kreisbögen probeweise zu verändern.

Durch Wahl von [z] im Ediermenue gelangt man zum 2. Kegelschnittmenue zurück.

> *Hinweis:* Wurde im Ersten Hauptmenue unter [3] ein kompletter „KMK“ gelesen (s. o.), so kann auch dieser vom Zweiten Hauptmenue aus verändert werden, und zwar hinsichtlich seines „Körper“-Anteils wie auch des Kreis/Kegelschnitt-Anteils. Für ersteren erfolgt die Veränderung „tabellarisch“, für den anderen durch das Ediermenue.

Zum Ausprobieren können Sie das Programm neu starten und mit [3] im Ersten Hauptmenue den Körper K1\ 1d von Fig. 1d lesen. Rufen Sie vom Zweiten Hauptmenue aus über [4] – [1] das Ediermenue auf, verändern Sie den Radius und betrachten Sie die Veränderung im Bild.

Nach dem Ausprobieren brauchen Sie den Radius nicht wieder auf den ursprünglichen Wert zurückzustellen. Sofern Sie nicht den *veranderten* „KMK“ unter demselben Namen neu speichern, wird er bei erneutem *Lesen* wieder alle *ursprünglichen Daten* aufweisen.

Nachtrag zum Zweiten Hauptmenue:

Zum **Speichern** von Körpern mit Kreisen/Kegelschnitten dient dieselbe Option [s] des 2. Hauptmenues wie für Körper *ohne* Kreise/Kegelschnitte.

Um zu prüfen, ob ein gespeicherter Körper Kreise/Kegelschnitte enthält und welche, lese man ihn vom betr. Speicher und rufe nach Wahl der Option [4] des 2. Hauptmenues ggf. die Ediermenues der vorhandenen Kreise/Kegelschnitte auf.

III. Das Zeichnen von Körpern/KMK
a) Aufruf der Zeichenprozedur

Im 2. Hauptmenue wird schließlich die Zeichenprozedur aufgerufen durch

[z] *ZEICHNE.*

Kommentare zu den Optionen, die vor der Wahl von [z] gegebenenfalls zu betätigen sind:
Nochmals sei betont, daß sich diese Optionen nur auf „Körper“ (ohne Kreise/Kegelschnitte) bzw. auf den „Körper“-Anteil bei KMK beziehen, da nur für diese eine selbsttätige Verdeckungsberechnung vorgenommen wird (vgl. II.b)).

Zu [v] KOERPER mit/ohne Verdeckungsberechnung (...):

Dieser Umschalter ist auf „OHNE“ voreingestellt. Wird diese Einstellung beibehalten, kann ohne weitere Wahl mit „[z]“ die Zeichenprozedur aufgerufen werden. Eine Umschaltung von „[v]“ zu „MIT“ ist nur sinnvoll, wenn alle begrenzenden Flächen, durch welche die Kanten des Körpers (vollständig oder teilweise) verdeckt sein könnten, ***korrekt eingegeben*** sind (vgl. hierzu unter I. punktweise Eingabe).

Solange „[v]“ auf „MIT“ eingestellt ist, erscheint darunter der weitere Umschalter

[k] KOERPER ist konvex/nicht konvex (...)

Dieser Umschalter ist auf „NICHTKONVEX“ voreingestellt. Der entsprechende Programm-Algorithmus ist wesentlich rechenaufwendiger als bei der Einstellung „KONVEX“ und sollte daher gemieden werden, wenn ein ***konvexer*** Körper mit Verdeckungsberechnung gezeichnet werden soll. Der hierzu gehörende Algorithmus ist einfacher, weil im Bild eines konvexen Körpers eine Kante entweder *vollständig verdeckt* oder *vollständig sichtbar* ist (vgl. z. B. Fig. 1a). Bei einem nichtkonvexen Körper dagegen kann eine Kante *teilweise verdeckt* bzw. *teilweise sichtbar sein* (Fig. 1e: Kante GF):

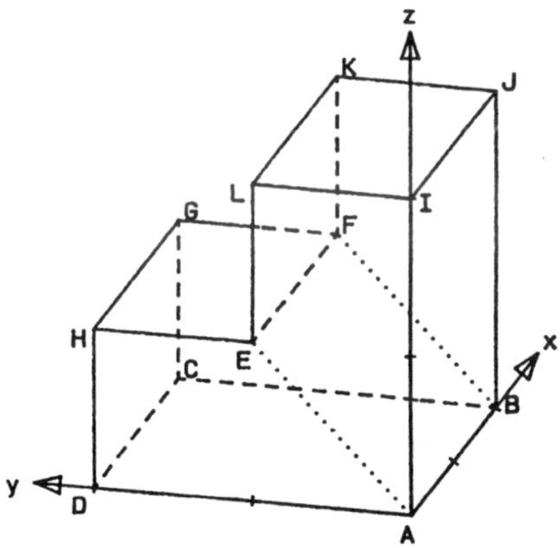

Fig. 1e

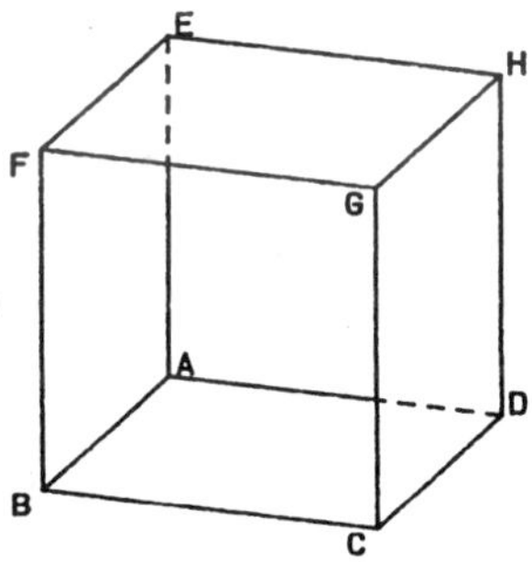

Fig. 1f

Man beachte, daß „Körper“, die mit KOERPER abgebildet werden sollen, *nicht geschlossen* zu sein brauchen, sondern bei unserem Programm unter „Körper“ vereinfachend jede räumliche Figur verstanden wird, die aus Strecken und Vielecken gebildet wird. Bei einem nicht geschlossenen „Körper“, bei welchem die Verdeckungsberechnung sinnvoll und gewünscht ist, stelle man im allgemeinen auf „nichtkonvex“. Ein Beispiel hierfür ist das „Flächenmodell“ eines vorne offenen Würfels in Fig. 1f, in welches man „hineinschauen“ kann.

Schließlich sei nochmals auf die Eingabe von begrenzenden Flächen bei eingeschalteter Verdeckungsberechnung eingegangen. Beim Körper in Fig.1e sind Vorder- und Hinterfläche *nichtkonvexe Flächen.* Sie sind bei der Eingabe durch die gepunkteten Linien (die nicht als „Verbindungen" eingegeben werden müssen!) in konvexe Teilflächen zu zerlegen. – Bei dem offenen „Körper" in Fig. 1f werden nur 5 begrenzende (konvexe) Flächen eingegeben, nicht dagegen das Viereck *BCGF*.

Nach Wahl von „[z] ZEICHNE" erscheint das *Bildmenue*, das zahlreiche Darstellungsmöglichkeiten für den Körper bietet.

b) Das Bildmenue mit Untermenues

Durch Wahl von [a] wird das

Untermenue Grundeinstellungen

aufgerufen. Es zeigt die *Voreinstellungen*, die hinsichtlich der Darstellung der Achsen, Stricharten, Farbwahl usw. vorgenommen sind, und ermöglicht es, diese Einstellungen für die jeweilige Zeichenprozedur oder – durch Betätigen von [s] – dauerhaft zu verändern.

Dic Alternativen zu den Voreinstellungen erkennt man durch „Durchtippen" der einzelnen Optionen. Bei Betätigen von [w] („Bildwaagerechte" = Senkrechte durch den Nullpunkt zum Bild der *z*-Achse) ist eine *Farbwahl* vorzunehmen; z. B. kann „2"= voreingestellte Achsenfarbe gewählt werden. Farbwahlen sind ferner möglich bei den einzelnen Rissen in einem Zwei- bzw. Dreitafelbild. Werden die Optionen [1] – [3] nicht verändert, so entsprechen die Farben der Risse denen des axonometrischen Bildes („Bildfarbe"). Durch Eingabe anderer Farbnummern lassen sich die einzelnen Risse eines Zwei- bzw. Dreitafelbildes unterschiedlich färben und dadurch deutlich voneinander unterscheiden.

Stehen [m] und [b] auf „manuell", so werden alle eingegebenen Punkte so markiert und beschriftet, wie es bei tabellarischer Punkteingabe deklariert ist. Diese Deklarierungen sind unwirksam, soweit [m] und/oder [b] anders eingestellt sind. Mit [m] „Kreis" oder „Kreuz" werden *alle* eingegebenen Punkte mit dem betr. Symbol markiert; mit [b] = „automatisch" werden *alle* eingegebenen Punkte in der Reihenfolge ihrer Eingabe in der Punkttabelle mit „A", „B", ... beschriftet.

Die mit [v] eingestellte Strichart wird bei *eingeschalteter* Verdeckungsberechnung für jede verdeckte Linie wirksam, sofern sie in der Verbindungsmatrix (s. tabellarische Eingabe unter I. „Erstes Hauptmenue") nicht von der Verdeckungsberechnung ausgenommen ist. Hiervon abgesehen, macht die unter [v] vorgenommene Einstellung der Strichart eventuelle andere Einstellungen in der Verbindungsmatrix unwirksam.

Bei *ausgeschalteter* Verdeckungsberechnung ist die Einstellung unter [v] irrelevant; jede Linie wird in der für sie in der Verbindungsmatrix angegebenen Strichart dargestellt.

Rißzeichnungen (Optionen [1] - [7] im Bildmenue)

Durch Wahl einer der Optionen [1] - [7] wird die betr. Rißzeichnung gestartet. Grund-, Auf- und Seitenriß werden in je einer *Koordinatenebene* gezeichnet (s. Einleitung).

Die Figur 1b (s. o.) zeigt die Darstellung einer Pyramide $ABCD$ bei der Wahl von

[3] Grund-, Auf- und Seitenriß (Dreitafelbild),

und zwar mit eingeschalteten Hilfslinien (Ordnungslinien). (Das - nur bei [3] mögliche - Einschalten der Hilfslinien empfiehlt sich nicht bei Körpern mit einer größeren Zahl eingegebener Punkte). Entsprechende Bilder ergeben sich bei den übrigen Rißzeichnungs-Optionen.

Ist unter den Grundeinstellungen die Beschriftung auf „automatisch“ eingestellt, so werden im Zwei- und Dreitafelbild die Punktnamen, wie in der darstellenden Geometrie üblich, mit Strichen versehen: P' (Grundriß), P'' (Aufriß), ggf. auch P''' (Seitenriß). Bei den übrigen Rißzeichnungen wird darauf verzichtet, ebenso bei der Einstellung „manuell“ für die Beschriftung bei den Punkten, die in der Punkttabelle mit Punktnamen versehen sind.

Axonometrische Bilder

Bei Wahl einer der beiden Optionen

[8] Axonometrisches Bild und

[9] Axonometrisches Bild mit Grund- und Aufriß

wird die Zeichnung aus Untermenues gestartet, mit welchen das *Bild des Koordinatensystems*, auf welches der Körper bezogen ist, festgelegt wird. Hierfür können in den Untermenues einfach bestimmte Standardprojektionen, z. B. „Kavalierprojektion“ oder „Dimetrie“, gewählt werden (s. u.). Zum besseren Verständnis der Wahlmöglichkeiten wird jedoch nachstehend etwas eingehender beschrieben, wie das Bild des Koordinatensystems – und damit des Körpers – dem jeweiligen Zweck entsprechend festgelegt werden kann. Dies kann auf zwei Wegen geschehen,

- durch Wahl der „Urbildparameter“ und
- durch Wahl der „Bildparameter“.

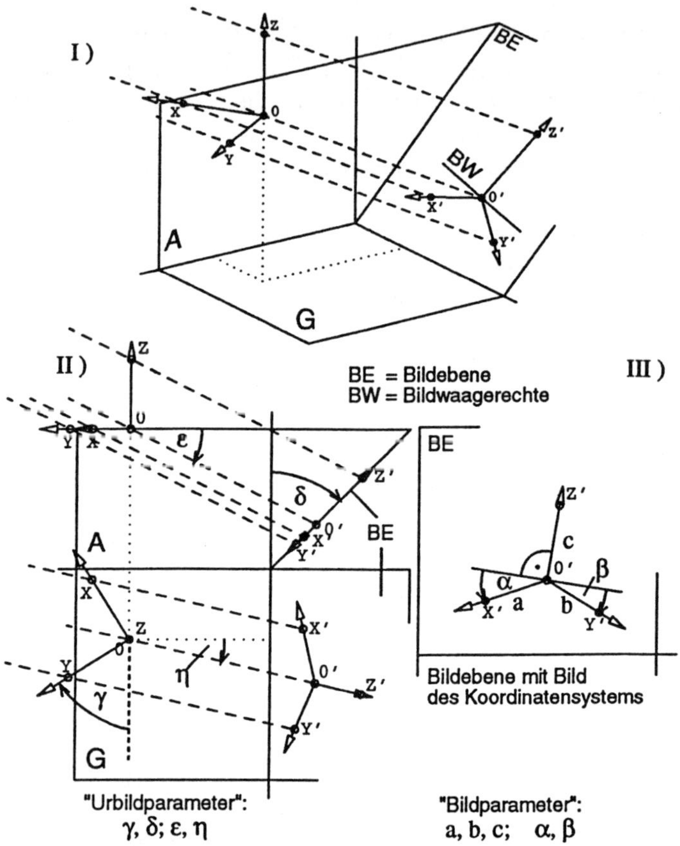

Fig. 1g

Urbild- und Bildparameter

Die Figur 1g zeigt in einem Schrägbild (I.), wie in der Bildebene das Bild des räumlichen Koordinatensystems durch Parallelprojektion erzeugt wird. Maßgeblich für das Projektionsbild ist die gegenseitige Lage von Urbild-Koordinatensystem, Abbildungsgeraden und Bildebene. Zur zahlenmäßigen Festlegung dieser Lagebeziehungen werden die vier **Urbildparameter** $\gamma, \delta, \varepsilon$ und η eingeführt. Ihre Definition ist aus Teil II. von Fig. 1g ersichtlich, worin dieselbe Konfiguration in einem Grundriß-Aufrißbild dargestellt ist. (Da die Bildebene zur Aufrißebene senkrecht gewählt ist, erscheint sie dort nur als Gerade.)

Mit γ kann das Koordinatensystem um die z-Achse gedreht und mit δ die Neigung der Bildebene gegenüber der Seitenrißebene verändert werden. Die Winkel ε und η bestimmen die vertikale bzw. horizontale Auslenkung der Abbildungsgeraden.

Man kann nun durch Wahl der Urbildparameter das Bild des Koordinatensystems so festlegen, daß Urbild-Koordinatensystem, Abbildungsgeraden und Bildebene zueinander die gewünschte Lage haben. Dies ist z. B. vorteilhaft bei *orthogonaler Axonometrie*, also senkrechtem Auftreffen der Abbildungsgeraden auf die Bildebene: Hierbei gilt stets $\varepsilon = \delta, \eta = 0$, so daß nur die beiden Urbildparameter γ und δ gewählt zu werden brauchen. —

Als *zweite Möglichkeit der Bildfestlegung* wurde die Wahl der **„Bildparameter"** genannt; sie werden durch die Darstellung der Bildebene „in wahrer Gestalt" in Teil III. von Figur 1g erläutert. Man geht sozusagen vom *Ergebnis* der axonometrischen Projektion aus und legt die Bilder der Einheitspunkte X, Y, Z auf den Achsen durch die fünf Bildgrößen a, b, c, α, β, wie gewünscht, fest.

α und β sind die Winkel zwischen der „Bildwaagerechten" und den Bildern der x- bzw. y-Achse. Mit a, b, c werden die Verkürzungen/Verlängerungen der Einheitsstrecken auf den Bildern der x-, y- bzw. z-Achse gegenüber der Originaleinheit ausgedrückt. Alle fünf Größen können unabhängig voneinander beliebig gewählt werden, sofern $a^2 \cos^2 \alpha + b^2 \cos^2 \beta \neq 0$.

Soll die axonometrische Projektion *orthogonal* sein, genügt die Wahl der drei Abbildungsmaßstäbe a, b, c *oder* der beiden Bildwinkel α und β. (Einschränkende Bedingungen werden im betreffenden Untermenue genannt.)

Die Begriffe „Urbild-" und „Bildparameter" werden nachstehend bei der Kommentierung der Bild-Untermenues angewandt.

Nach Wahl der Optionen [8] oder [9] im Bildmenue werden nun folgendermaßen Untermenues durchlaufen:

Eingabemenue für Axonometrie-Arten:

[a] für allgemeine Axonometrie

[s] für senkrechte Axonometrie

[w] für eine Ebene zur Projektion in wahrer Gestalt

[m] für Animation

Bei jeder Wahl wird schließlich je ein Untermenue aufgerufen, mit welchem jeweils die *speziellen Werte* einzugeben sind, wonach die Zeichnung gestartet wird.

1) Zu [a] und [s]:

In den jeweiligen Untermenues sind die gewünschten *Urbild-* bzw. *Bildparameter* (s. o.) oder die in den Untermenues genannten **Standardprojektionen** einzugeben.

Um den Anwendungswert und die Variabilität der Körperdarstellungen zu maximieren, ist Sorge dafür getragen, daß die eingestellten Parameter *vom Bild aus angezeigt* und auch *verändert* werden können. Unabhängig davon, ob Urbildparameter, Bildparameter oder Standardprojektionen eingegeben wurden, ist jeweils *Anzeige und/oder Veränderung der aktuellen Urbild- und zugehörigen Bildparameter* möglich. Dies erfolgt über die oberen beiden Randzeilen des Bildschirms, die sog. **Statuszeilen**.

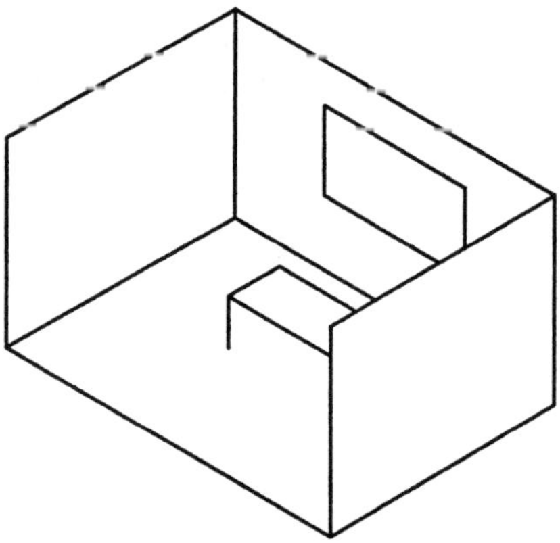

Fig. 1h

Auch die Funktionsweise der Statuszeilen ist selbsterklärend. Man probiere sie am besten selbst aus. Dazu gebe man zunächst einen Körper ein, z. B. gemäß Fig. 1h, und zwar durch „Lesen" des Körpers unter dem Körpermenue „Zimmer" im Verzeichnis K1. Im Untermenue Grundeinstellungen wähle man etwa „Achsen aus" und als Linienattribut für verdeckte Linien „keine Linie".

Im Bildmenue wähle man dann [8], danach zum Beispiel, wie in Fig. 1h,

[s] Senkrechte Axonometrie, schließlich [6] *Isometrie*.

Im Bild erscheint zunächst eine Statuszeile, durch welche die Ausgabe der Urbild- oder Bildparameter gewählt werden kann. Man wähle zunächst U : Aus $\delta = \varepsilon$ und $\eta = 0$ ist erkennbar, daß eine *orthogonale* Axonometrie vorliegt. Ruft man dann mit [B] in der 2. Zeile die Bildparameter auf, stellt man fest: Bei Isometrie sind die drei *Bildmaßstäbe* a, b, c sowie die beiden *Bildwinkel* α und β jeweils untereinander *gleich*.

Sowohl unter „B“ als auch unter „U“ *verändere* man nun so, wie in den Statuszeilen angegeben, jeweils einzelne der Parameter bzw. den ganzen Satz und beobachte die Bildveränderungen. *Beispiel*: Man gehe von der wie vorstehend gewählten Isometrie aus. Nach Wahl von [u] in der Statuszeile drehe man durch schrittweises Vergrößern/Verkleinern von γ das „Zimmer“ um eine senkrechte Zimmerkante.

Verläßt man schließlich das Bild durch [z], so bleiben die zuletzt aktuellen Parameter erhalten. Ruft man im Hauptmenue durch [z] erneut die Zeichenprozedur auf, erscheint jetzt im Bildmenue zusätzlich die Option

[w] Wiederhole mit denselben Parametern.

Dies ermöglicht eine bequeme Rückkehr zum zuletzt eingestellten Bild.

2) Weitere Optionen des Eingabemenues für Axonometrie-Arten:

Zu [w] *für eine Ebene zur Projektion in wahrer Gestalt*:

Bei diesem Zeichenmodus wird die Bildebene selbsttätig zu derjenigen Ebene, die man in wahrer Gestalt sehen möchte, parallel gelegt und der Körper auf diese Ebene orthogonal projiziert. Alle Strecken und Winkel in der gewünschten Ebene sind dann in wahrer Größe zu erkennen, und vom Dreieck „123“, dessen Ecken man zur Festlegung der gewünschten Ebene eingibt, werden in der Statuszeile die *Seitenlängen* und *Winkelgrößen* ausgegeben.

Beispiel:

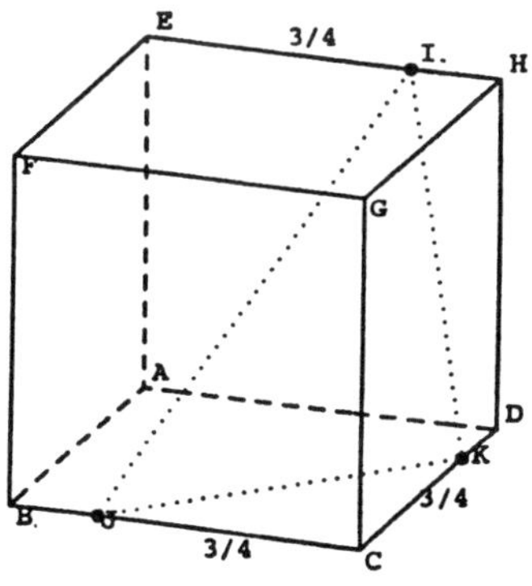

Fig. 1i

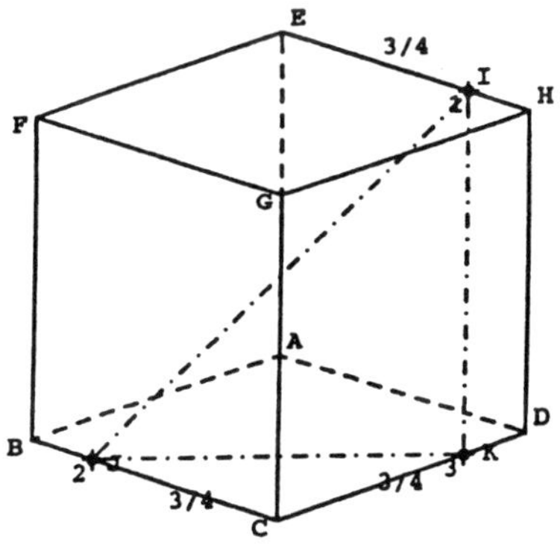

Fig. 1j

In Fig. 1i ist dem Würfel ein Dreieck IJK einbeschrieben. Um Eigenschaften des Dreiecks zu erkennen, soll seine Ebene „in wahrer Gestalt" projiziert werden. Der Körper ist im Verzeichnis K1 unter dem Namen „1i" gespeichert. Man lese ihn ein und stelle ein axonometrisches Bild her, zunächst bei senkrechter Projektion mit Dimetrie wie in Fig. 1i (Achsen ausgeschaltet). Nach Rückkehr zum Hauptmenue rufe man erneut „axonometrisches Bild" auf, wähle aber jetzt im Eingabemenue für Axonometriearten die Option [w].

In dem erscheinenden Untermenue ist die gewünschte Ebene durch drei Punkte einzugeben (im Falle kollinearer Punkte erfolgt Meldung). Stehen diese Punkte nicht sämtlich in der Punktliste, so wähle man [1] zur Eingabe der betr. Koordinaten.

Im Beispiel stehen I, J, K unter den Nummern 9, 10, 11 in der Punktliste. Man gebe nach Wahl von [2] diese Punktnummern ein, worauf das Bild von Fig. 1j erscheint, in welchem „1" den zuerst angegebenen Punkt bezeichnet usw.

Die Ausgabe in der *Statuszeile* lautet:

$$|12| = 1.5;\ |13| = 1.061;\ |23| = 1.061;\ w(1) = 45;\ w(2) = 45;\ w(3) = 90.$$

(Dreieck IJK ist also rechtwinklig-gleichschenklig mit rechtem Winkel bei K, ein Ergebnis, das man auch durch Rechnen - wenn auch mühsamer - finden kann.) —

Nach Tastendruck erscheinen auch hier die Statuszeilen für Urbild- und Bildparameter.

Zu [m] *für Animation:*

Hiermit lassen sich – selbsttätig oder auf Tastendruck – gewisse Drehungen eines Körpers vornehmen. Die Drehung erfolgt jeweils nicht stetig, sondern in Schritten, deren Größe gewählt werden kann. Da der Bildaufbau jeweils eine gewisse Zeitspanne beansprucht, läßt sich natürlich kein „Kinoeffekt" erzielen, doch ermöglicht es der Animationsmodus, auf komfortable Art rasch hintereinander einen Körper bei verschiedenen Bildeinstellungen zu betrachten.

Das nach Wahl von [m] erscheinende Untermenue erklärt die Drehungen, die vorgenommen werden können (vgl. dazu auch Fig. 1g). Die Winkelwerte für γ können zwischen $-180°$ und $180°$, für δ zwischen $-90°$ (ausschließlich) und $90°$ (einschließlich) gewählt werden.

Als Beispiel kann der Körper von Fig. 1h (Verzeichnis K1, Körpername „Zimmer") „animiert" dargestellt werden, z. B. mit lotrechter Drehachse beim Festwert $\delta = 20°$ mit γ von $0°$ bis $180°$ und mit 16 Teilbildern.

Bei manueller Betätigung erscheint bei jedem Schritt die Statuszeile für Urbild- und Bildparameter, bei automatischer Betätigung nur am Ende der Animation.

Bildausgabe

Unter diesem Menue wird schließlich mit
<RET>
das Bild gestartet.

Es bestehen schließlich folgende Möglichkeiten, das Bild zu beeinflussen bzw. aufzubewahren:

[m] *Bild verkleinern/Achsen verkürzen:*

Die hiermit gegebenen Möglichkeiten, die besonders beim Plotten bzw. Drucken zur besseren Platznutzung hilfreich sein können, werden durch das bei Wahl von [m] erscheinende Untermenue erklärt.

[d] *Bilddatei wählen.*

Das durch Betätigen von [d] aufgerufene Unterprogramm läßt die Wahl folgender Dateiarten zu:

HPGL-Datei; PostScript-Datei farbig; PostScript-Datei schwarz-weiß.

Das Programm fragt jeweils, unter welchem Namen die Datei abgelegt werden soll.

[p] *Drucker/Plotter am Gerät wählen*

Hiermit kann ein am Computer angeschlossener HPGL-Plotter oder PostScript-Drucker für farbige bzw. Schwarz-weiß-Ausdrucke unmittelbar (d. h. ohne vorheriges Ablegen in einer Bilddatei unter [d]) aktiviert werden.

A.1.2 Programm KegGraph

Das Programm KegGraph zeichnet einen Kegelschnitt-Graphen: Kreis, Ellipse, Parabel oder Hyperbel

Die Kegelschnittprozeduren dieses Programms können auch im Programm KOERPER aufgerufen werden. Während mit KegGraph jeweils *eine* der genannten Kurven gezeichnet werden kann, können unter KOERPER maximal 5 solcher Kurven in eine Körpereingabe eingebaut werden (z. B. 3 Kreise und 2 Ellipsen). Die Eingabe der Kurven erfolgt dabei ebenso, wie nachstehend für das Programm KegGraph beschrieben (vgl. Programmbeschreibung für KOERPER).

Ablauf des Programms KegGraph:

Vom *1. Hauptmenue* aus startet man das *Kegelschnitt-Untermenue*, durch das die Art des Kegelschnitt-Graphen (Kreis, Ellipse, Parabel, Hyperbel) gewählt werden kann. Durch diese Wahl wird der

Eingabedialog: *„Eingabe des Kreises"* bzw. *„Eingabe der Ellipse"* usw. aufgerufen, mit welchem die Parameter zur Festlegung des betreffenden Kegelschnitt-Graphen eingegeben werden.

Zur *Parametereingabe*: Die Art der Parametereingabe berücksichtigt die praktischen Erfordernisse beim konstruktiven Aufbau des betr. Kegelschnitt-graphen und ist somit auf die jeweilige Kurvenart individuell zugeschnitten. *Generell* ist durch Eingabe dreier nicht-kollinearer Punkte P_1, P_2, P_3 die *Ebene der Kurve* festzulegen. Gegebenenfalls muß durch weitere Parameter die Kurve in ihrer Ebene eindeutig bestimmt werden. Ferner ist jeweils durch einen Begrenzungsparameter der gewünschte *Abschnitt* (Kreisbogen usw.) zu wählen.

Nachstehend wird zunächst der weitere Programmablauf bei der Wahl *„Kreis"* vollständig besprochen. Für die drei anderen Graphen werden anschließend nur die Eingabedialoge und die Zeichenprozeduren dargestellt; im übrigen ist der weitere Programmablauf analog zu dem beim Kreis. Bei den nachfolgenden Figuren erläutert jeweils die linke die einzugebenden Parameter; die rechte zeigt das jeweils tatsächlich unter KegGraph erscheinende Bild. Erläutert werden die erforderlichen Parametereingaben im folgenden auch durch die Zahlenbeispiele.

Eingabedialog für KREIS

Die beim Eingabedialog einzulesenden Parameter haben folgende Bedeutung (vgl. Fig. 1k):

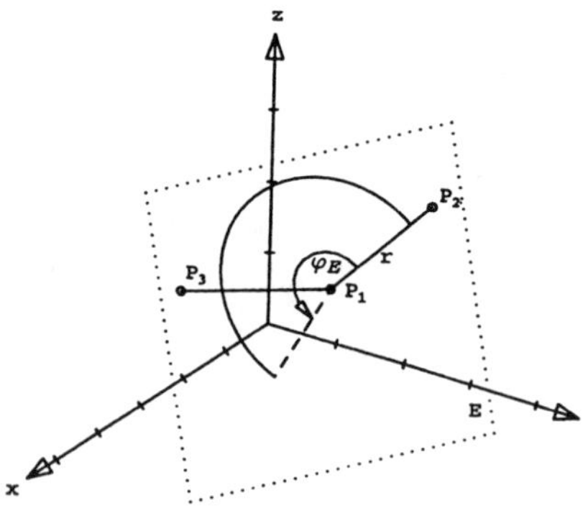

Fig. 1k

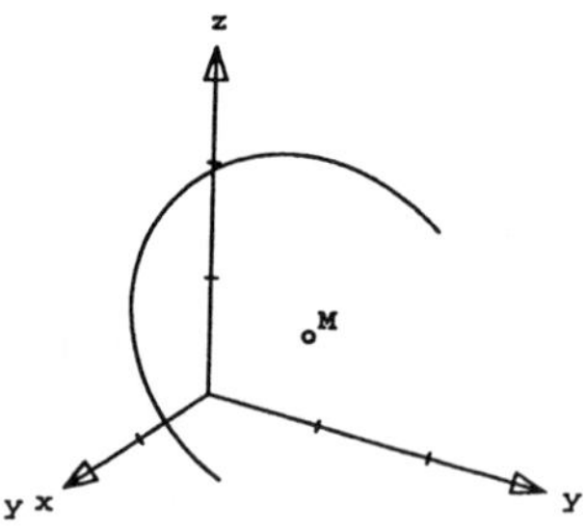

Fig. 1l

Als Punkt P_1 ist der gewünschte *Mittelpunkt* M zu wählen. Punkt P_2 legt zusammen mit M den *Anfangsstrahl* fest, auf welchem die Zeichnung des

Kreisbogens startet (Parameterwert $\varphi = 0$). Wird P_2 als Kreispunkt deklariert, braucht der Radius r nicht gewählt zu werden; andernfalls fragt das Programm hier nach r.

P_3 ist ein beliebiger weiterer Punkt zur Festlegung der Kreisebene **E**. Natürlich darf er mit P_1, P_2 nicht kollinear sein (sonst Aufforderung zur Änderung); dies ist insbesondere bei der Eingabe von Halbkreis oder Vollkreis zu beachten! Wird P_3 als Punkt des *Endstrahls* deklariert, braucht der *Endwinkel* φ_E nicht gewählt zu werden; andernfalls wird hiernach gefragt ($\varphi_E > 0$).

Der anschließend anzugebende Orientierungsfaktor (1 bzw. -1) legt in folgender Weise den Umlaufsinn fest: Bei „-1" (Voreinstellung) beginnt der Umlauf vom Anfangsstrahl aus im Raum des *kleineren* der beiden, von den Strahlen MP_2 und MP_3 gebildeten Winkels, bei „1" im *größeren*. (Nicht die Größe des evtl. gewählten Winkels φ_E ist also für den Umlaufsinn maßgeblich!) Im Falle von Fig. 1k beispielsweise ist „-1" eingestellt.

In den anschließenden Dialogschritten sind Linienart (-„attribut") und Nummer der Farbe zu wählen.
Nach vollständiger Abarbeitung des Dialogs erscheint selbsttätig das

2. Hauptmenue.

In diesem kann durch „[z]" das Bildmenue aufgerufen werden (s. u.).

Durch Betatigen von [k] „neuen Kegelschnitt eingeben" kann der vorher eingegebene Kreis gelöscht oder durch einen anderen Kegelschnitt ersetzt werden.

Ferner kann im 2. Hauptmenue vor dem Aufrufen oder auch nach Aufruf und Beendigung des Bildes die Option [v] betätigt werden. Durch diese Wahl erscheint das

Ediermenue für Kreis: *„Eingegebenen Kegelschnitt verändern".*

Mit dem Ediermenue läßt sich die Eingabe des Graphen *kontrollieren* oder auch parameterweise *modifizieren*. Das tabellarisch aufgebaute Menue, das der Eingabe durch den Eingabedialog (s. o) entspricht, ist selbsterklärend. Über die Parametereingaben beim Eingabedialog hinaus kann – jedoch *nur beim Kreis* – durch die Option [l] ans Ende des gezeichneten Bogens eine *Pfeilspitze* gesetzt werden.

Zeichnen des Kreises:

Durch Wahl von „[z]" im 2. Hauptmenue wird das generelle *Bildmenue* aufgerufen. Zur Eingabe der gewünschten Parameter vergleiche man die Ausführungen zum Bildmenue in der Programmbeschreibung zu KOERPER (A.1.1).

Im Falle des Kreises erscheint nach Eingabe der Parameter des Bildmenues sowie der betreffenden Untermenues ein Bild wie Fig. 1l, das außer dem reinen Kreisbogen nur den beschrifteten Mittelpunkt enthält. (Fig. 1k ist übrigens unter KOERPER entstanden, wobei der Kreis in die aus dem „Rahmen“ bestehende Figur eingebaut und mit zusätzlichen Linien und Beschriftungen versehen wurde.)

> *Genereller Benutzungshinweis*: Um die hervorgehobenen Punkte wie z. B. F in Fig. 1p durch einen kleinen Kreis *markiert* zu erhalten, ist unter den Grundeinstellungen des Bildmenues als Markierung „Kreis“ einzustellen. (Bei Einbau der Graphen in eine Figur unter KOERPER erscheinen die *reinen Graphen* ohne die in 1l, 1n, ... gezeigten *Beschriftungen* und *Nebenlinien*; solche lassen sich aber, soweit gewünscht, durch das Menue des Programms KOERPER nach eigener Wahl setzen.)

Zahlenbeispiel:

Parameter zu Figur 1k und Figur 1l:

$$M = P_1 = (1.7|1.95|1.7),\ P_2 = (-0.1|2.3|2.25);\ P_3 = (3.4|0.8|2.0);$$

P_2 kein Kreispunkt, P_3 nicht auf Endstrahl; $r = 1.5$; $\varphi_E = 196.1°$; Orientierungsfaktor $=-1$.

(Senkrechte Projektion mit den Bildwinkeln $\alpha = 35°$, $\beta = 15°$).

Häufig wird man auch einen Kreis in einer *Koordinatenebene* benötigen, z. B. den Einheitskreis um den Ursprung in der Grundrißebene. Um die x- und y-Achse in der gewohnten Lage zu sehen, ist zum Zeichnen nicht einfach „Grundriß“ zu wählen, sondern „Grundriß gedreht“.

Eingabedialog für ELLIPSE

Bedeutung der einzugebenden Parameter (vgl. Fig. 1n):

$P_1 = M$ ist der *Mittelpunkt* der Ellipse.

Mit $P_2 = P$ und $P_3 = Q$ wird ein *Paar konjugierter Halbmesser* (nämlich Strecke MP, Strecke MQ) und damit auch die Ebene $\mathbf{E}$ der Ellipse festgelegt. (Man achte wieder auf Nicht-Kollinearität von P_1, P_2, P_3!).

Als nächstes ist der Parameterwert φ_E („Endwinkel“) einzugeben. Gemäß der im Programm gewählten Parameterdarstellung gehört zu $P_2 = P$ der Parameterwert $\varphi = 0$, zu $P_3 = Q$ der Wert $\varphi = 90°$ usw. Die Zeichnung der Ellipse startet somit bei P und durchläuft dann zunächst den Raum des *kleineren*, von den Strahlen P_1P_2, P_1P_3 gebildeten Winkels. Dementsprechend ist φ_E zu wählen ($\varphi_E > 0$); in den Figuren 1m und 1n ist $\varphi_E = 180°$.

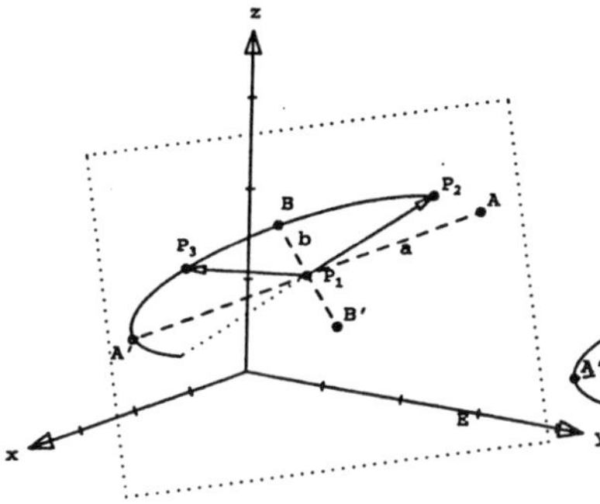

Fig. 1m

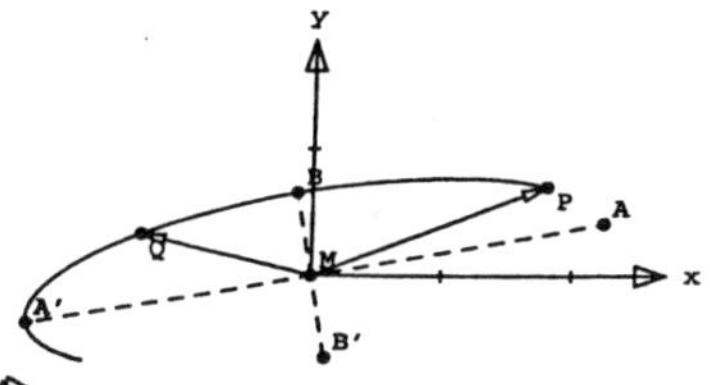

Fig. 1n

Es folgen die Eingaben für Linienart und Farbe sowie der Aufruf der *Zeichenprozedur* bzw. der *Veränderung* eingegebener Parameter oder Neueingabe eines Kegelschnitt-Graphen (vgl. Kreiseingabe).

Wegen des *Ediermenues* für die Ellipse vergleiche man unter „Ediermenue für Kreis“. Entsprechendes gilt für das *Zeichnen* der Ellipse.

Nach Aufruf der Zeichenprozedur für die eingelesene Ellipse unter KegGraph wird ein Bild wie in Fig. 1n erzeugt. Die Achsen AA', BB' der Ellipse mit den Längen 2a, 2b werden dabei automatisch erzeugt und beschriftet. Es handelt sich um die zueinander senkrechten Achsen in der *Ebene der Ellipse*, die somit stets unverzerrt erscheinen, wenn – wie in Fig. 1m – die Bildebene parallel zur Ellipsenebene E gewählt wird.

Bei Einbau einer Ellipse im Programm KOERPER wird nur der reine Graph ohne Beschriftungen und zusätzliche Linien gezeichnet, sofern solche nicht – wie in Fig. 1m – über das entsprechende Menue erzeugt werden.

Beispiele

1) $P_1 = M = (0|0|0)$; $P_2 = P = (1.8|0.7|0)$; $P_3 = Q = (-1.35|0.31|0)$; $\varphi_E = 180°$. Dieser Ellipsenbogen ist in Fig. 1n in allgemeiner Axonometrie im Bildmodus „Grundriß gedreht“ dargestellt (Ellipse in der Gundrißebene).

2) $P_1 = M = (1.7|1.95|1.7)$; $P_2 = P = (-0.1|2.3|2.25)$; $P_3 = Q = (2.83|1.18|1.9)$; $\varphi_E = 180°$ Dieser Ellipsenbogen ist in Fig. 1m in orthogonaler Axonometrie mit den Bildwinkeln $\alpha = 25°, \beta = 15°$ gezeichnet (Einbau in Programm KOERPER mit Zusatzlinien und -beschriftungen zur Kommentierung der Parametereingabe).

3a) Werden die konjugierten Halbmesser verschieden lang, jedoch zueinander senkrecht gewählt, so stellen sie die Halbachsen der Ellipse dar ($A = P; B = Q$); Zahlenbeispiel: $M = (0|0|0); P_2 = P = (3|1.5|0); P_3 = Q = (1|-2|0)$.

3b) Werden die konjugierten Halbmesser zueinander nicht senkrecht, jedoch gleich lang gewählt, so ist eine Ellipsenachse Winkelhalbierende der konjugierten Halbmesser.

3c) Sind die konjugierten Halbmesser gleichlang und zueinander senkrecht, so liegt der Sonderfall eines Kreises vor.

Man bilde zu 3a und 3c Zahlenbeispiele und stelle diese unter KegGraph dar.

Eingabedialog für PARABEL

Bedeutung der einzugebenden Parameter (vgl. Fig. 1o).

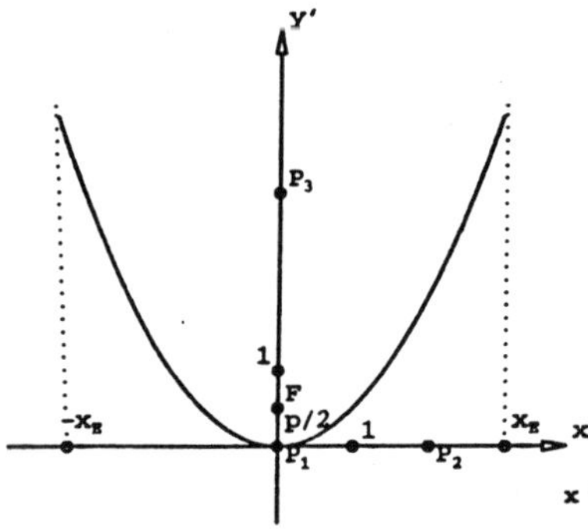

Fig. 1o

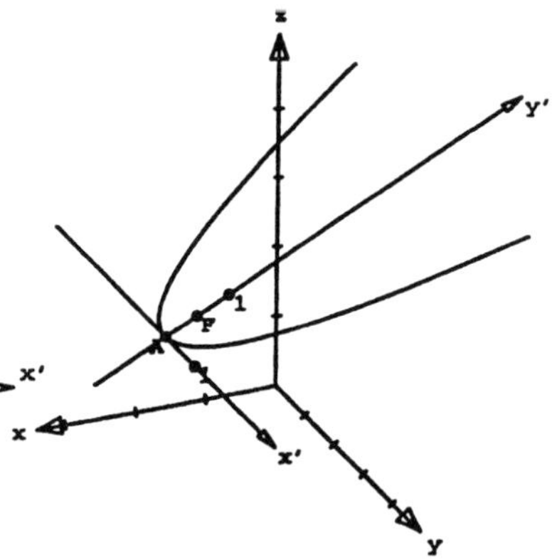

Fig. 1p

Die Parabel wird auf ein x'-y'-Koordinatensystem bezogen (dessen Ebene gemäß Fig. 1p eine beliebige Raumlage annehmen kann) und wird als Graph der Funktion $y' = \frac{x'^2}{2p}$ $(p > 0)$ zwischen $x = -x_E$ und $x = x_E$ $(x_E > 0)$ gezeichnet. Der Scheitel der zur y'-Achse symmetrischen Parabel liegt somit im Ursprung des x'-y'-Koordinatensystems, der Brennpunkt F auf der positiven y'-Achse.

Eingaben: $P_1 = A$ ist der *Scheitel* der Parabel.

P_2 ist ein von P_1 verschiedener, im übrigen beliebiger Punkt auf der positiven x'-Achse (Scheiteltangente), ebenso P_3 auf der positiven y'-Achse (Parabelachse). Es muß also Gerade $P_1P_2 \perp$ Gerade P_1P_3, d.h. P_1, P_2, P_3 müssen voneinander verschieden und das Skalarprodukt $P_{21} \cdot P_{31} = 0$ sein, wobei $P_{21} := P_2 - P_1$, $P_{31} := P_3 - P_1$ (sonst Aufforderung zur Änderung). Mit P_1, P_2, P_3 ist dann das gewünschte x'-y'-Koordinatensystem festgelegt.

Ferner sind der „*Parameter*" p der Parabel sowie die *Endabszisse* x_E zu wählen.

Es folgen die Eingaben für Linienart und Farbe.

Nach Aufruf der *Zeichenprozedur* für die eingegebene Parabel unter Keg-Graph wird ein Bild wie in Fig. 1p gezeichnet. Die Koordinatenachsen x', y' werden dabei automatisch erzeugt und beschriftet, ebenso Brennpunkt F und die Einheitspunkte auf den Achsen x', y', die sich aus dem gewählten p-Wert ergeben ($|AF| = p/2$).

Werden $P_1 = (0|0|0)$ sowie P_2 und P_3 auf Achsen des x-y-z-Bezugssystems gewählt, empfiehlt es sich aus zeichentechnischen Gründen, unter den Grundeinstellungen des Zeichenmenues die Achsen des Bezugssystems auszuschalten (vgl. Fig. 1o). – Bei Einbau einer Parabel im Programm KOERPER gilt für Beschriftungen und zusatzliche Linien Entsprechendes wie bei Kreis und Ellipse.

Beispiele

1) $P_1 = (2|1|1.5); P_2 = (2|3|1.5); P_3 = (-1|1|3);\; p = 1;\; x_E = 3$
   Dieser Parabelbogen ist in Fig. 1p in orthogonaler Axonometrie mit den Bildwinkeln $\alpha = 10°, \beta = 45°$ dargestellt. (Dasselbe Bild ergäbe sich bei Wahl von P_2', P_3', wobei $P_2' - P_1$, $P_3' - P_1$ positive Vielfache von $P_2 - P_1$ bzw. $P_3 - P_1$ sind.)

2) $P_1 = (0|0|0), P_2 = (2|0|0); P_3 = (0|3.35|0);\; p = 1;\; x_E = 3$
   Dieser – zu dem in Fig. 1o kongruente – Parabelbogen ist in Fig. 1p im Bildmodus „Grundriß gedreht" als Graph in der Grundrißebene dargestellt, und zwar unter dem Programm KOERPER mit zusätzlichen Beschriftungen und Linien (Achsen des x-y-z-Bezugssystems ausgeschaltet).

Eingabedialog für HYPERBEL

Bedeutung der einzugebenden Parameter (vgl. Fig. 1q):
Die Hyperbel wird auf ein x'-y'-Koordinatensystem bezogen (dessen Ebene gemäß Fig. 1r eine beliebige Raumlage einnehmen kann) und wird als Graph von

$$\frac{x'^2}{a^2} - \frac{y'^2}{b^2} = 1 \text{ zwischen } x' = -x_E \text{ und } x' = x_E$$

gezeichnet. Der Mittelpunkt der zu x'- und y'-Achse symmetrischen Hyperbel liegt also im Ursprung, die Scheitel liegen auf den Achsen des x'-y'-Koordinatensystems.

Eingaben: $P_1 = M$ ist der *Mittelpunkt* der Hyperbel.

$P_2 = A$ ist ein *Hauptscheitel* der Hyperbel und liegt auf der positiven x'-Achse.

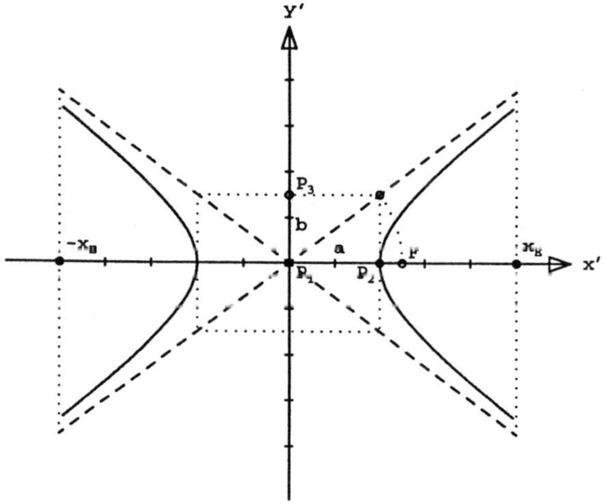

Fig. 1q

$P_3 = B$ ist ein *Nebenscheitel* und liegt auf der positiven y'-Achse. Es muß also Gerade $P_1P_2 \perp$ Gerade P_1P_3, d. h. P_1, P_2, P_3 müssen voneinander verschieden und das Skalarprodukt $P_{21} \cdot P_{31} = 0$ sein ($P_{21} := P_2 - P_1$, $P_{31} := P_3 - P_1$). Mit P_1, P_2, P_3 sind dann das gewünschte x'-y'–Koordinatensystem sowie zugleich die *Halbachsenlängen* $a = |P_{21}|$, $b = |P_{31}|$ festgelegt. Ferner ist die *Endabszisse* x_E zu wählen ($x_E > 0$).–

Nach Aufruf der *Zeichenprozedur* für die eingegebene Hyperbel unter KegGraph wird ein Bild wie in Fig. 1r gezeichnet. Die (nicht skalierten) Koordinatenachsen x', y' werden dabei automatisch erzeugt und beschriftet, die Asymptoten gezeichnet und – außer je einem Scheitel – ein Brennpunkt F markiert, der sich aus den Punkteingaben ergibt ($e := |MF| = \sqrt{a^2 + b^2}$; s. auch Fig. 1q).

Beim Zeichnen einer Hyperbel mit „Mittelpunktlage“ in einer Koordinatenebene des x-y-z-Bezugssystems empfiehlt es sich aus zeichentechnischen

Gründen, unter den Grundeinstellungen des Zeichenmenues die Achsen des Bezugssystems auszuschalten. – Wegen des Einbaus einer Hyperbel im Programm KOERPER vergleiche man wieder die Eingabebeschreibungen für Kreis und Ellipse.

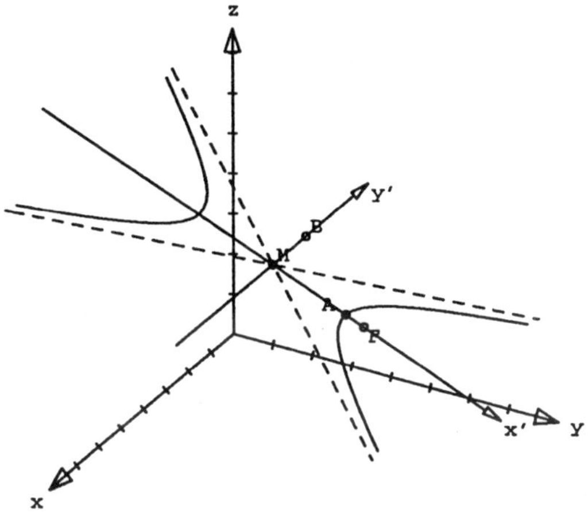

Fig. 1r

Beispiele

1) Hyperbel mit „Mittelpunktslage“ in der Grundrißebene, Halbachsenlängen $a = 2$, $b = 1.5$. Eine solche Hyperbel ist in Fig. 1q mit zusätzlichen Linien und Beschriftungen unter dem Programm KOERPER gezeichnet. Eingaben:

$$P_1 = (0|0|0);\ P_2 = (2|0|0);\ P_3 = (0|1.5|0);\ x_E = 5;$$

Darstellung im Bildmodus „Grundriß gedreht“.

2) $P_1 = (0|1|2); P_2 = (0|2.85|1.25); P_3 = (-1.5|1|2); x_E = 5$. Darstellung in Fig. 1r in orthogonaler Axonometrie mit $\alpha = 30°, \beta = 20°$. (Halbachsenlängen: $|P_{21}| \approx 2; b = |P_{31}| = 1.5$; die Hyperbel ist also „in wahrer Gestalt“ zu der in Fig. 1q näherungsweise kongruent: Brennweite $e \approx 2.5$).

A.1.3 Programm KOOSYST

Durch das Programm KOOSYST wird eine axonometrische Parallelprojektion des Raumes („1. Projektion“) in einer Ansichtsfigur dargestellt („2. Projektion“)

Dieses Programm hat vorwiegend theoretische Bedeutung. Es soll damit veranschaulicht werden, wie axonometrische Bilder von räumlichen Figuren zustande kommen. *Das Prinzip der Axonometrie* erläutert Figur 1s: Zur Abbildung eines Punktes P durch Parallelprojektion wird er auf ein räumliches Koordinatensystem (O, X, Y, Z) bezogen. Das Bild P' findet man mit Hilfe der Koordinaten von P im Bild (O', X', Y', Z') des Koordinatensystems.

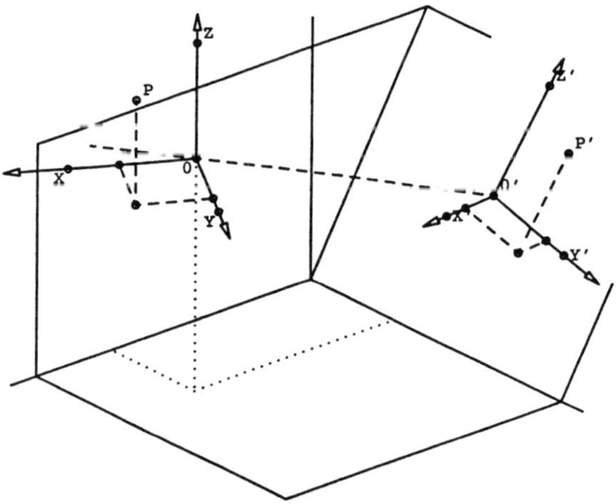

Fig. 1s

Der Darstellung des Abbildungsvorgangs wird ein Grund-, Auf-, Seitenrißsystem („GAS-System“) zugrunde gelegt (Seitenrißebene in Fig. 1s nicht eingezeichnet). Der *Nullpunkt* O des Koordinatensystems hat eine feste Lage in bezug auf das GAS-System, die *z-Achse* ist lotrecht, die x-y-Ebene somit zur Grundrißebene parallel. Die *Bildebene* (in Fig. 1s schräg) wird in diesem Programm stets senkrecht zur Aufrißebene gelegt.

In Fig. 1t ist die Konfiguration von Fig. 1s im Grundriß-Aufriß-Bild dargestellt. (Die Seitenrißebene ist nur als Gerade erkennbar.). Bei dieser Darstellung lassen sich die Parameter besser erkennen, mit welchen die gegenseitigen Lagebeziehungen von Urbild-Koordinatensystem, Abbildungsgeraden und Bildebene festgelegt werden.

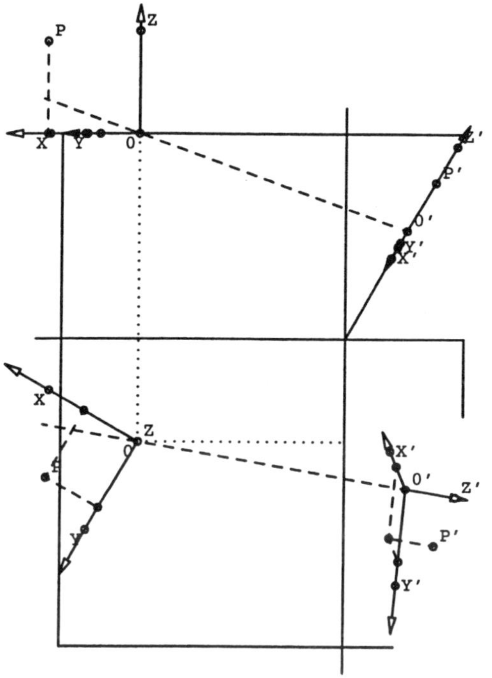

Fig. 1t

Zu Fig. s und t vergleiche man auch Fig. 1g in der Programmbeschreibung KOERPER; mit dieser Figur werden die *Urbildparameter* $\gamma, \delta, \varepsilon, \eta$ sowie die *Bildparameter* $a, b, c; \alpha, \beta$ erklärt. Die Urbildparameter haben folgende Bedeutung.

- Der Winkel γ ist das Maß der *Drehung des Koordinatensystems* um die z-Achse. ($\gamma = 0$ bedeutet: Die y-Achse ist zur Bildebene parallel.)
- Der Winkel δ ist der *Neigungswinkel der Bildebene* gegen die Seitenrißebene ($\delta = 0$ bedeutet: Die Bildebene ist lotrecht, d. h. sie ist mit der Seitenrißebene identisch.)
- Die Abbildungsgeraden seien einmal in die Aufrißebene („A-Projektion"), einmal in die Grundrißebene senkrecht projiziert („G-Projektion"). Dann ist ε der Neigungswinkel der A-Projektion gegen die G-Ebene, und η ist der Neigungsswinkel der G-Projektion gegen die A-Ebene. ($\varepsilon = 0$ bzw. $\eta = 0$ bedeutet: Die Abbildungsgeraden sind zur G-Ebene bzw. zur A-Ebene parallel.)

Zum Programmablauf. Das Erste Hauptmenue lautet:

```
Wählen Sie bitte den Gegenstand und die Urbildwinkel der Parallelprojektion:

Gegenstand der Parallelprojektion
     [1] Koordinatensystem
     [2] ... zusammen mit einem "Körper"
     [3] ... zusammen mit der Einheitskugel

[p] Urbildwinkel der Parallelprojektion

[0] Programm beenden

Ihre Wahl -->
```

Bei Wahl von [1] werden lediglich die Koordinatenachsen abgebildet (s. Fig. 3x in Abschnitt 3.5).

Ein einfaches Beispiel zu [2] ist oben in Fig. 1s dargestellt. Als „Körper" kann hier punkteweise oder tabellarisch folgendes eingegeben werden:

Punkte: $(0.6|0.75|0.9)$, $(0.6|0.75|0)$, $(0.6|0|0)$, $(0|0.75|0)$.

Verbindungen: $(1;2),(2;3),(2;4)$

Begrenzungsflächen: keine.

Eingabe Urbildwinkel der Parallelprojektion ([p]):

$$\gamma = 30, \quad \delta = 20, \quad \varepsilon = 20, \quad \eta = 10.$$

Nach Eingabe unter [2] (bzw. [1] oder [3]) sowie unter [p] erscheint im Hauptmenue

[z] ZEICHNE Darstellung der Parallelprojektion.

Durch Betätigen von [z] wird das übliche *Bildmenue* aufgerufen. Diese Wahl bezieht sich auf die Lage des „GAS-Bezugssystems" (s. Fig. 1s). Um die in Fig. 1s dargestellte Lage zu erhalten, ist im Bildmenue bzw. den Untermenues einzugeben:

Axon. Bild – [s] – [2] – $\gamma = 50$, $\delta = 25$.

Vor Betätigen von [z] kann mit [w] das **Projektionsbild in wahrer Gestalt** sowie mit [b] die „Bildwaagerechte" aufgerufen werden.

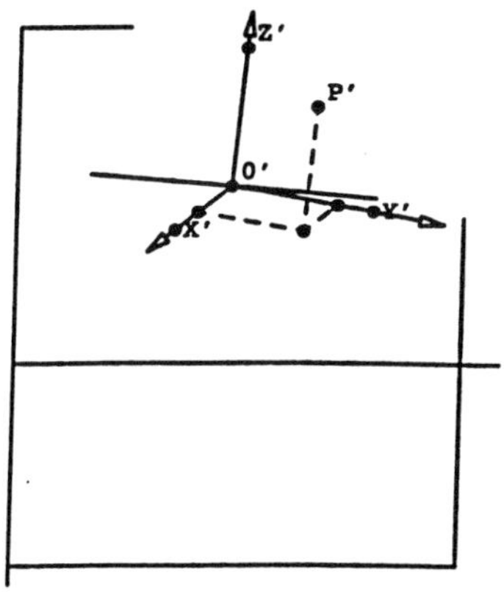

Fig. 1u

Fig. 1u zeigt das auf diese Weise erhaltene *unverzerrte* axonometrische Bild zu dem Beispiel aus Fig. 1s. Man kann dieser Figur auch die *„Bildparameter“* entnehmen, nämlich die Bildmaßstäbe

$$a = |O'X'|, b = |O'Y'|, c = |O'Z'|$$

sowie die Bildwinkel α und β, d. h. die Winkel, die die Bilder der x- und y-Achse mit der Bildwaagerechten bilden.

Veränderung der Zeichenparameter. Beim Programm KOOSYST können anhand der *Statuszeilen* über dem Bild sowohl die *Urbildparameter der Parallelprojektion* als auch die Parameter für die *Darstellung der Parallelprojektion* angezeigt und verändert werden:

```
Parameter ausgeben/verändern:   [p] für Parallelprojektion (1.Proj.)
[d] für Darstellung der Par.-Projektion (2.Proj.)     [z] ZURÜCK zum Hauptmenü

UK(P):  30.0  30.0   20.0   10.0   U-Par.Neu:[1]-[4] einzeln,[u]vollst.Satz
     (1)gam(2)del (3)eps (4)eta    [+]/[-] gamma+10/-10              [z] ZURÜCK

   U:  50.0  25.0  25.0    0.0   U-Param.Neu: [1]-[4] einzeln,[u]vollst.Satz
     (1)gam(2)del(3)eps (4)eta   [b] Entspr.Bildpar. ausgeben      [z] ZURÜCK
```

Zusammen mit dem Bild erscheinen die an erster Stelle abgedruckten Statuszeilen. Durch Wahl von [p] erhält man im Beispiel von Fig. 1s die mittleren Statuszeilen mit der Möglichkeit der Veränderung (s. u.). Durch Betätigen von [d] kommt man zu der generellen Statuszeile, mit der man durch Wahl von [u] bzw. [b] die Urbild- bzw. Bildparameter für die *Darstellung* der Parallelprojektion anzeigen oder verändern kann. Die an dritter Stelle ausgedruckten Statuszeilen geben die (Urbild-) Parameter für die Darstellung im Falle des Beispiels in Fig. 1s an.

Diese Möglichkeiten der Veränderung wollen wir am Beispiel des *Einheitswürfels* demonstrieren. Er kann im Hauptmenue unter [2] mit dem Namen KUBUS eingelesen werden. Wir verändern zunächst schrittweise die *Urbildwinkel der Parallelprojektion* (Fig. 1v).

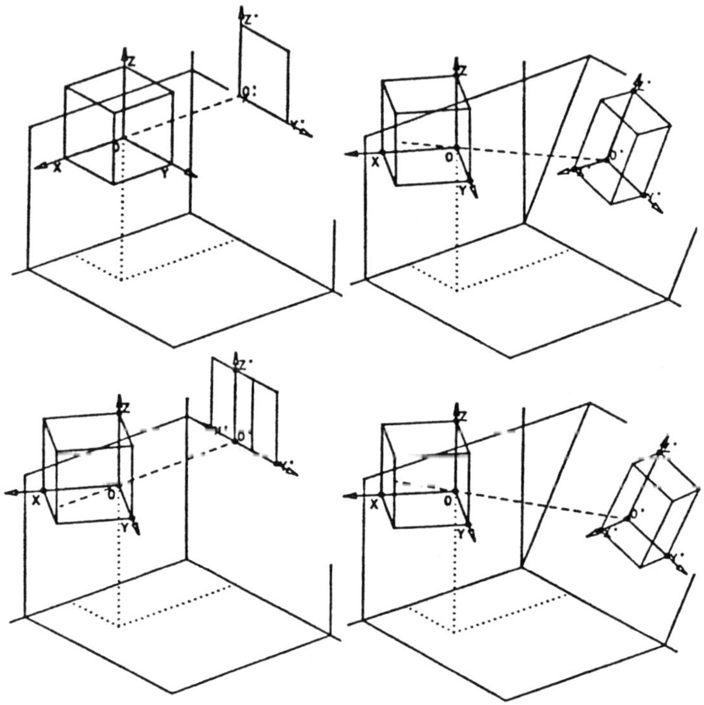

Fig. 1v

Links oben sind alle Urbildparameter der Parallelprojektion auf Null gesetzt: $\gamma = \delta = \varepsilon = \eta = 0$.

Darunter ist bei sonst gleichen Parametern $\gamma = 30°$ gesetzt. Es liegt wie darüber ein *Seitenriß* vor (Bildebene = Seitenrißebene), doch ist durch die erfolgte Drehung um die z-Achse der räumliche Eindruck etwas deutlicher.

Rechts oben ist weiterhin $\gamma = 30°, \eta = 0°$, jedoch $\delta = 30°, \varepsilon = 20°$.

Die *Bildebene* ist *geneigt*, die Abbildungsgeraden sind aus der waagerechten Richtung *ausgelenkt*, jedoch nur *vertikal*.

Darunter schließlich sind die Abbildungsgeraden auch seitlich ausgelenkt: $\eta = 10°$; beibehalten wurden die Werte $\gamma = 30°, \delta = 30°, \varepsilon = 20°$.

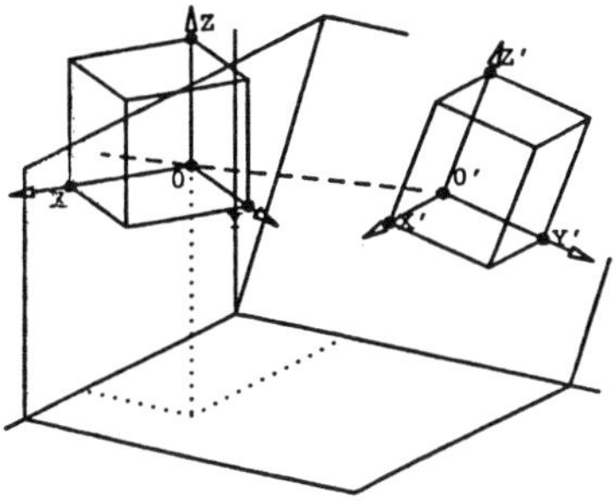

Fig. 1w

In allen vier Fällen betragen für die *Darstellung* der Parallelprojektion die (Urbild-) Parameter der Axonometrie: $\gamma = 50°, \delta = \varepsilon = 25°, \eta = 0°$ (*senkrechte* Axonometrie).
Ausgehend vom rechten unteren Bild in Fig. 1v verändern wir jetzt – am einfachsten wieder über die Statuszeilen – unter Beibehaltung der Urbildparameter der Parallelprojektion die Parameter der *Darstellung* in folgende Werte ab: $\gamma = 35°$, $\delta = \varepsilon = 20°, \eta = 0$ (Fig. 1w). –

Im *Hauptmenue* (s. o.) ist schließlich die Option

[3] ...**Einheitskugel**

vorgesehen. Figur 1x zeigt ein Anwendungsbeispiel mit folgenden Werten:

Parallelprojektion: 30°|25°|25°|15°;

Darstellung: Senkrechte Axonometrie mit den Urbildwinkeln $\gamma = 35°, \delta = 20°$.

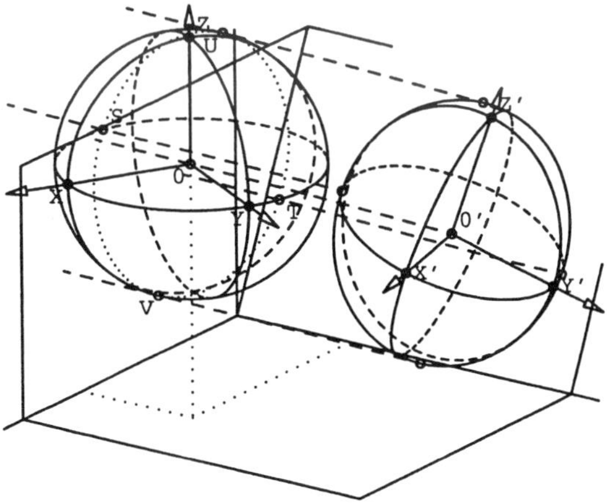

Fig. 1x

Nach Aufruf von [3] erscheint zunächst ein Untermenue mit zwei alternativen Wahlen:
Bildaufbau mit/ohne Zwischenschritte sowie
Darstellung mit/ohne Meridiane.

Im Beispiel der Figur 1x wurde auf das Mitzeichnen der beiden (durch X' bzw. Y' verlaufenden) Meridiane eingestellt.

Die Option „mit Einheitskugel" kommt in 7.3 eingehender zur Sprache (s. zum Beispiel Fig. 7 s und t).

Ergänzende Anmerkungen zum Arbeiten mit KOOSYST:

- Wird für die Einheitspunkte X, Y, Z auf den Koordinatenachsen sowie ihre Bilder *Markierung* gewünscht, ist unter den Grundeinstellungen des Bildmenues unter „Markierung" z. B. „Kreis" zu wählen.
- Für dieses Programm ist die Option [9] Axon. Bild mit Grund- und Aufriß wegen sehr komplizierter Grafik nicht empfehlenswert.
- Zur Darstellung unter der Option [2] eignen sich solche „Körper", bei denen die Beträge der Eckkoordinaten nicht wesentlich größer als 1 sind. Es können auch „KMK" vom Speicher gelesen werden; zwecks Programmvereinfachung werden jedoch Kreis-/Kegelschnittanteile nicht mit abgebildet.
- Zur *Verdeckungsberechnung:* Bei der Option [2] („mit Körper") wird die Sichtbarkeit verdeckter Kanten des Körpers weder im Urbild-Koordinatensystem noch in der Bildebene wiedergegeben. Dagegen ist bei [3] („mit Einheitskugel") für das Kugelbild an beiden Stellen die Sichtbarkeit korrekt.

Wenn bei der Kugelabbildung die *Kontur* erwähnt wird, so bezieht sich dies auf die „*erste* Projektion", nicht jedoch auf die *Darstellung* der Parallelprojektion („zweite Projektion"). Die Kontur erscheint als punktierte Linie (s. Fig. 1x).

A.1.4 Programm SEbZyl

Das Programm SEbZyl zeichnet den Schnitt eines Zylinders mit einer Ebene

Der Schnitt eines Zylinders mit einer zur Zylinderachse nicht parallelen Ebene ist eine **Ellipse**, insbesondere ein Kreis, wenn die Schnittebene zur Zylinderachse senkrecht ist.

Zur Eingabe des Zylinders: Der Zylinder hat bezüglich des Koordinatensystems stets eine Lage wie in Fig. 1y. Einzugeben sind lediglich *Radius* r und *Höhe* h.

Zur Eingabe der Schnittebene E*:* Zur Vereinfachung der Parametereingabe wird die Schnittebene stets *senkrecht zur* x*-*z*-Ebene* (Aufriß-Ebene) gelegt. Zur Festlegung der Ebene genügt für die Eingabe der drei Punkte P_1, P_2, P_3 das *Einlesen* folgender Koordinaten:

x_1, y_1, x_3, z_3 (vgl. auch Fig. 1z).

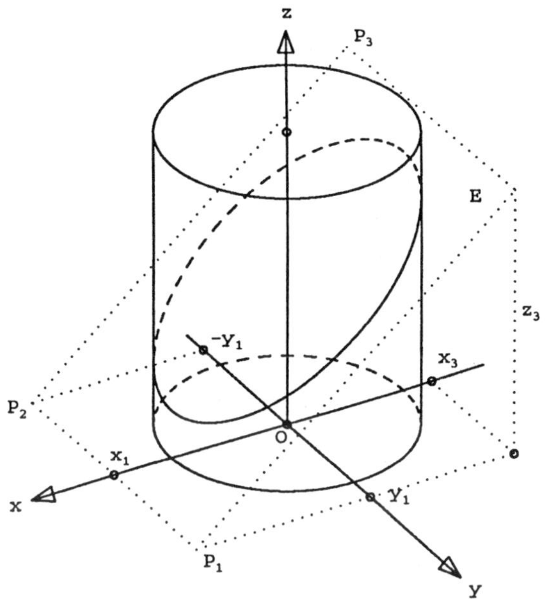

Fig. 1y

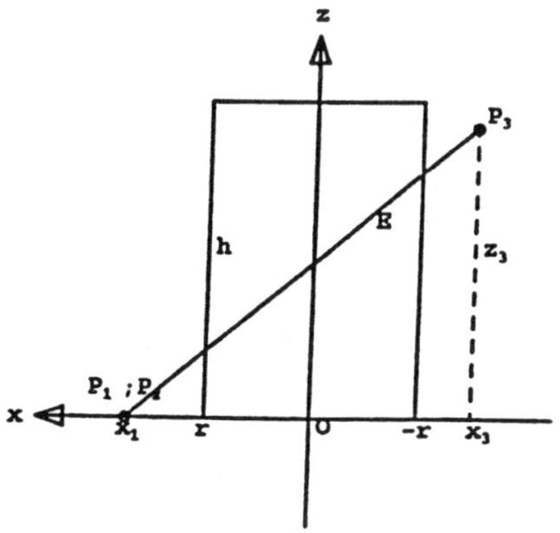

Fig. 1z

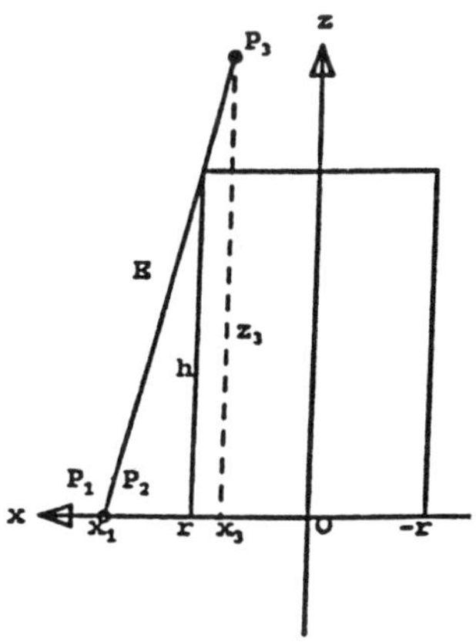

Fig. 1za

Automatisch wird dann gesetzt:

$$P_1 = (x_1|y_1|0);\ P_2 = (x_1|-y_1|0);\ P_3 = (x_3|-y_1|z_3)$$

Generelle Bedingungen: $x_1 \geq 0,\ y_1 \neq 0,\ x_3 \leq x_1, z_3 \geq 0$

(Sonderfälle: $x_3 = x_1$: lotrechte Ebene; $z_3 = 0$: waagerechte Ebene)

Zweckmäßige Wahl, falls $x_3 \neq x_1$: $x_1 \geq r,\ x_3 \leq -r$ (vgl. Fig. 1z)

Beschränkung für z_3, falls $x_1 > r$: $z_3 < h\ \frac{x_1 - x_3}{x_1 - r}$ (vgl. Fig. 1za)

Nach Eingabe aller erforderlichen Parameter wird durch Starten der Zeichnung das generelle *Bildmenue* aufgerufen. Dabei kann auch die gewünschte Strichart für *verdeckte Linien* (im Untermenue Grundeinstellungen) eingestellt werden. Die Schnittebene unterliegt nicht der Verdeckungsberechnung, sondern wird vollständig *gepunktet* dargestellt.

Hinweis: Soll der Zylinder so projiziert werden, daß dabei die Schnittkurve *in wahrer Gestalt* erscheint, so ist im Bildmenue nach Eingabe von [8] Axonometrisches Bild unter „[w] für eine Ebene zur Projektion in wahrer Gestalt" die *Schnittebene* mit drei nicht-kollinearen Punkten einzulesen, z. B. mit

$$P_1 = (x_1|y_1|0);\ P_2 = (x_1|-y_1|0);\ P_3 = (x_3|-y_1|z_3).$$

Durch Wahl der Option *„Musterbeispiel"* werden Parameter für Zylinder *und* Schnittebene selbsttätig bestimmt und unter [1], [2] angezeigt.

A.1.5 Programm SEbKeg

Das Programm SEbKeg zeichnet den Schnitt eines Kegels mit einer Ebene. Wahlweise können auch mit einer Eingabe verschiedene Kegelschnitte erzeugt werden.

„Kegelschnitte" sind die ebenen Schnitte durch einen „nach oben" und „nach unten" unbegrenzt gedachten *„Doppelkegel"* (Fig. 1zb). W sei eine zur Kegelachse senkrechte Ebene, α der Neigungswinkel einer Mantellinie zu W. Ist E_i eine nicht durch die Kegelspitze gehende Schnittebene mit dem Neigungswinkel β_i, so ist der Kegelschnitt bei $\beta_1 < \alpha$ eine **Ellipse**, bei $\beta_2 = \alpha$ eine **Parabel**, bei $\beta_3 > \alpha$ eine aus **zwei kongruenten Asten** bestehende **Hyperbel**.

Das Programm beschränkt sich auf Bilder von Schnittfiguren *eines* Kegels, der durch eine zur Kegelachse senkrechte Ebene begrenzt ist, wie im Falle des elliptischen Schnitts in Fig. 1zc.

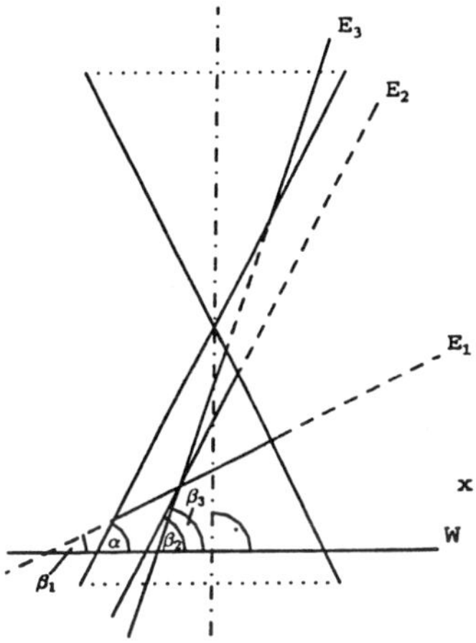

Fig. 1zb

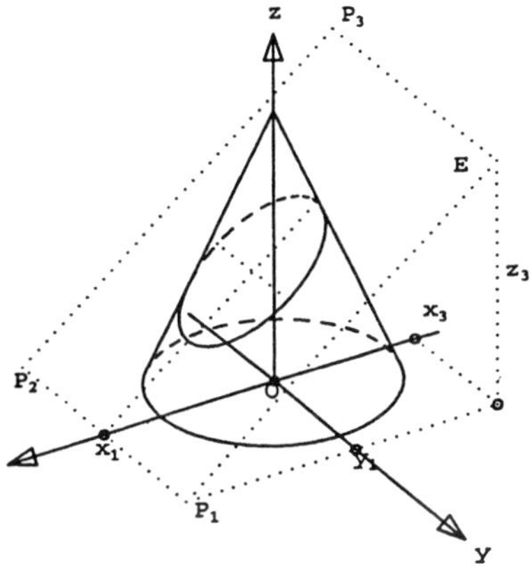

Fig. 1zc

Zur Parametereingabe gemäß Hauptmenue:

[1] *Kegel eingeben*: Der Kegel hat bezüglich des Koordinatensystems stets eine Lage wie in Fig. 1zc. Einzugeben sind lediglich *Grundkreisradius* r und *Höhe* h.

[2] *Einen Kegelschnitt erzeugen; Schnittebene eingeben* (vgl. auch Fig. 1zc ff.):

Zur Vereinfachung der Parametereingabe wird die Schnittebene stets *senkrecht zur x-y-Ebene* (Aufriß-Ebene) gelegt. Zur Festlegung der Ebene genügt für die Eingabe der drei Punkte P_1, P_2, P_3 das Einlesen folgender Parameter:

$x_1,\ y_1,\ x_3,\ z_3.$

Automatisch wird dann gesetzt:

$$P_1 = (x_1|y_1|0);\ P_2 = (x_1|-y_1|0);\ P_3 = (x_3|-y_1|z_3).$$

Generelle Bedingungen: $x_1 \geq 0, y_1 \neq 0, x_3 \leq x_1, z_3 \geq 0$

Im einzelnen sind für die verschiedenen Kegelschnittarten noch folgende *spezielle Bedingungen* bzw. Empfehlungen zu beachten. (Aus praktischen Gründen wurden dabei anstelle der oben genannten Neigungswinkel α und β zur Kennzeichnung der einzelnen Fälle gemäß Fig. 1zd folgende Funktionen verwendet:

$$\frac{h}{r} = \tan\alpha; \quad \frac{z_3}{x_1 - x_3} = \tan\beta, \text{ falls } x_1 \neq x_3).$$

Ellipsen

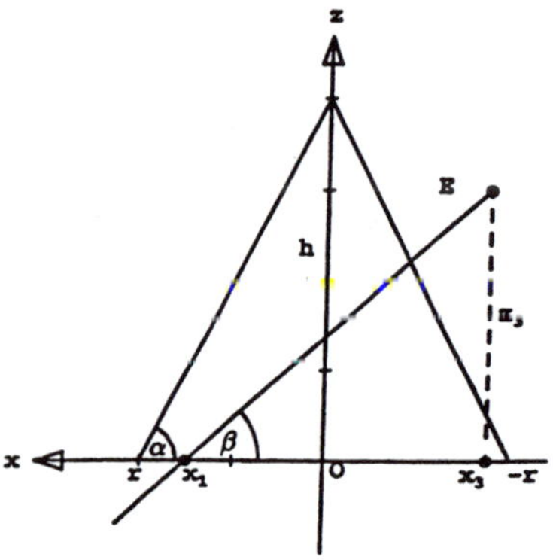

Fig. 1zd

Man wähle $x_3 < x_1$.

Falls $x_1 \leq r$ (Fig. 1zd):

$$\boxed{\frac{z_3}{x_1 - x_3} < \frac{h}{r}}$$

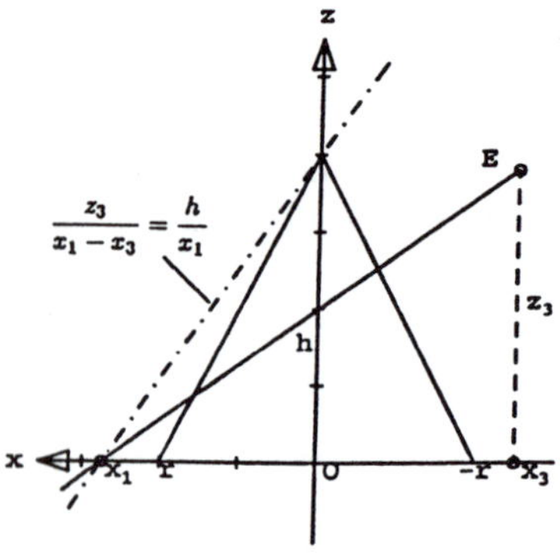

Fig. 1ze

Falls $x_1 > r$ (Fig. 1ze):

$$\boxed{\frac{z_3}{x_1 - x_3} \leq \frac{h}{x_1}}$$

Grenzfälle:

$z_3 = 0$: *Kreis*

$\frac{z_3}{x_1 - x_3} = \frac{h}{x_3}$: *Punkt*

Parabeln

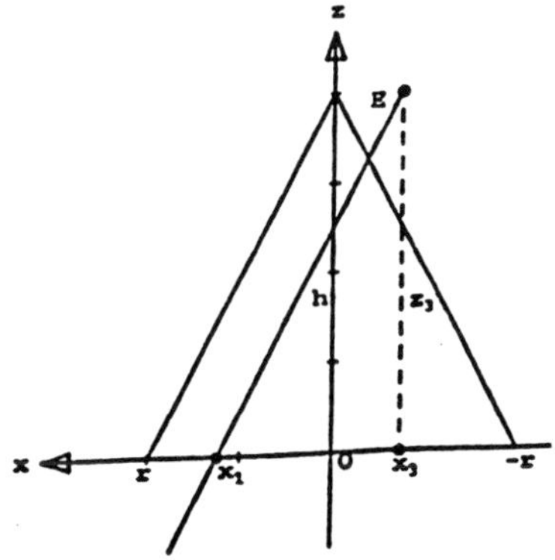

Fig. 1zf

Man wähle $x_3 < x_1 \leq r$
(Fig. 1zf)

$$\frac{z_3}{x_1 - x_3} = \frac{h}{r}$$

Grenzfall:

$x_1 = r$: *Halbgerade*

Hyperbeln

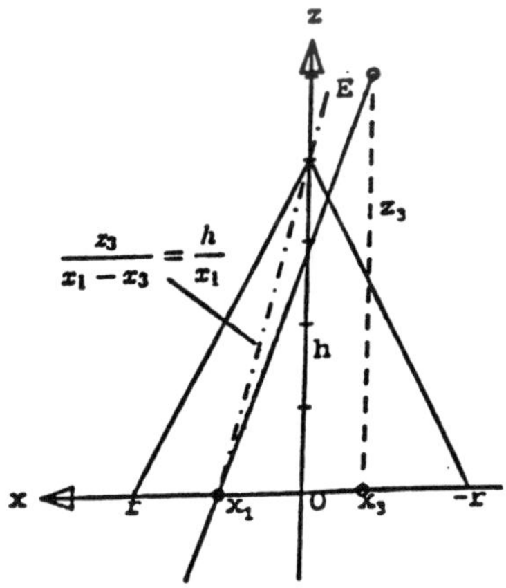

Fig. 1zg

Hyperbel
„unterhalb Kegelspitze"
(Fig. 1zg): Man wähle

$x_1 \neq 0,\ x_3 < x_1 < r.$

$$\frac{h}{x_1} \geq \frac{z_3}{x_1 - x_3} > \frac{h}{r}$$

Grenzfall:

$\frac{z_3}{x_1 - x_3} = \frac{h}{x_1}$: *Halbgeradenpaar*

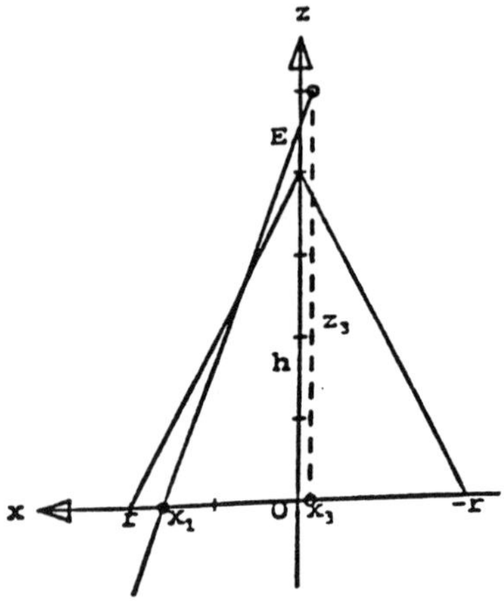

Fig. 1zh

Hyperbel
„oberhalb Kegelspitze“
(Fig. 1zh): Man wähle

$x_1 \neq 0,\ x_3 < x_1 < r.$

$$\frac{z_3}{x_1 - x_3} > \frac{h}{x_1}$$

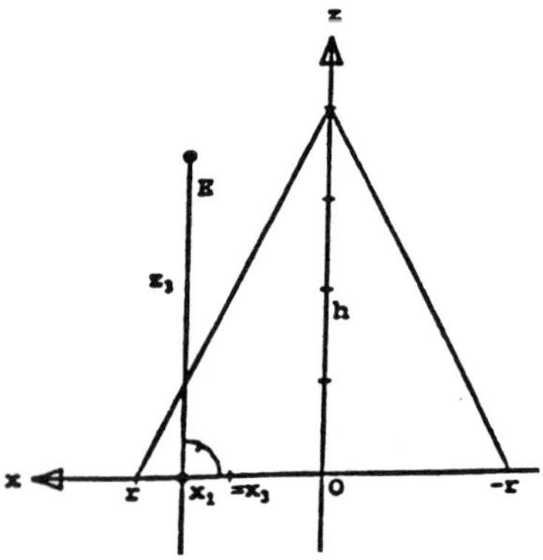

Fig. 1zi

„*Lotrechte* Hyperbel“
(Fig. 1zi): Man wähle
$x_1 < r.$

$$x_3 = x_1;\ z_3 > 0$$

Asymptoten werden mit gezeichnet
Grenzfall:

$x_3 = x_1 = 0$: *Halbgeradenpaar*

Nach Eingabe aller erforderlichen Parameter wird durch Starten der Zeichnung das generelle *Bildmenue* aufgerufen. Dabei kann auch die gewünschte Strichart für *verdeckte Linien* eingestellt werden. Die Schnittebene unterliegt nicht dem Sichtbarkeitsalgorithmus, sondern wird vollständig *gepunktet* dargestellt.

Bei der nachstehend beschriebenen Option „Verschiedene Kegelschnitte...“ werden nur der Kegel sowie die Kegelschnitte, *nicht* dagegen die *Ebenen* gezeichnet.

Hinweis: Soll der Kegel so projiziert werden, daß dabei die Schnittkurve *in wahrer Gestalt* erscheint, so ist im Bildmenu nach Eingabe von „[8] Axonometrisches Bild“ unter „[w] für eine Ebene zur Projektion in wahrer Gestalt“ die *Schnittebene* mit drei nicht-kollinearen Punkten einzulesen, z. B. mit $P_1 = (x_1|y_1|0)$; $P_2 = (x_1|-y_1|0)$; $P_3 = (x_3|-y_1|z_3)$.

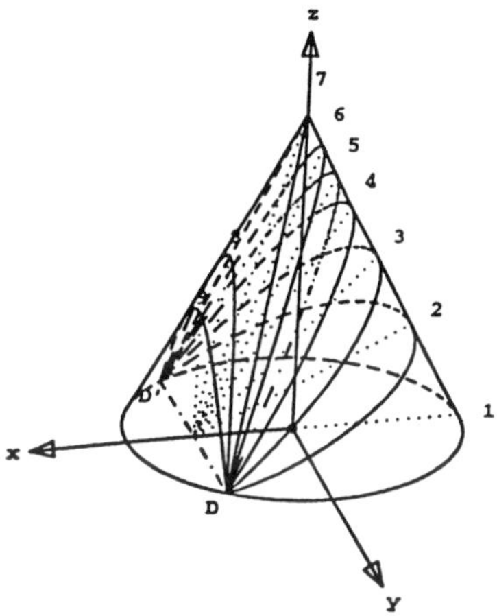

Fig. 1zj

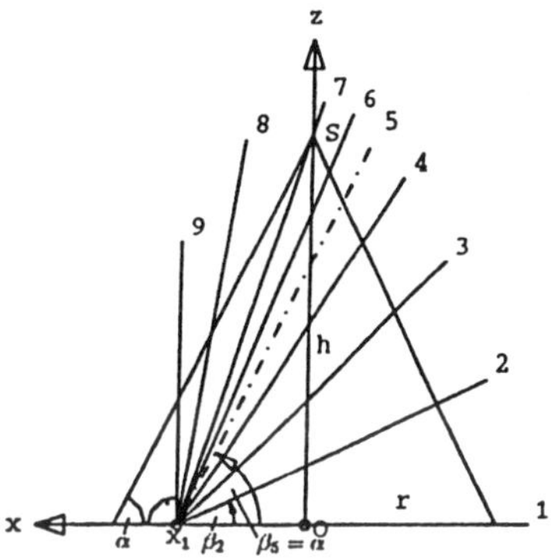

Fig. 1zk

[3] *Verschiedene Kegelschnitte durch Drehen der Schnittebene erzeugen*:

Einzugeben ist für die *Schnittebenen* lediglich eine Abszisse x_1 (Fig. 1zj), so daß $0 < x_1 < r$. Die im Abstand x_1 zur y-Achse parallel verlaufende Grundrißgerade DD' dient als „Drehachse“. Sie ist die gemeinsame Gerade aller Schnittebenen, die somit auch unter dieser Option *zur Aufrißebene senkrecht* sind (vgl. auch die Aufrißzeichnung Fig. 1zk).

Nach Einlesen von x_1 und der Entscheidung, ob die Drehung der Schnittebene auf *Tastendruck* (sonst: automatisch) erfolgen soll, wird die Zeichenprozedur aufgerufen. Danach werden vom Programm selbsttätig die Kegelschnitte 1 bis 9 bei verschiedenen Neigungswinkeln $\beta_1 = 0°, ..., \beta_9 = 90°$ erzeugt. Dabei ist $\beta_5 = \alpha$ (Neigungswinkel der Kegel-Mantellinien). Der zugehörige Kegelschnitt ist somit eine **Parabel** (strichpunktiert).

Bei den Ebenen 1 bis 4 ist $\beta < \alpha$, die Kegelschnitte sind also **Ellipsen** (insbesondere ein **Kreis** bei 1). Bei 6 – 9 gilt $\beta > \alpha$: Die Kegelschnitte 6, 8, 9 sind **Hyperbeln**. Die Schnittebene 7 geht durch die Spitze S; der zugehörige Kegelschnitt ist somit ein „ausgearteter Kegelschnitt“, nämlich ein **Geradenpaar**.

Durch Wahl der Option *„Musterbeispiele..."* sowie Auswahl der gewünschten Kegelschnittart im aufgerufenen Untermenue werden jeweils Parameter für Kegel *und* Schnittebene selbsttätig bestimmt und im Hauptmenue unter [1], [2] angezeigt.

A.1.6 DANDELIN

Das Programm DANDELIN zeichnet einen ebenen Schnitt durch einen Zylinder bzw. Kegel mit zugehörigen „DANDELIN-Kugeln":

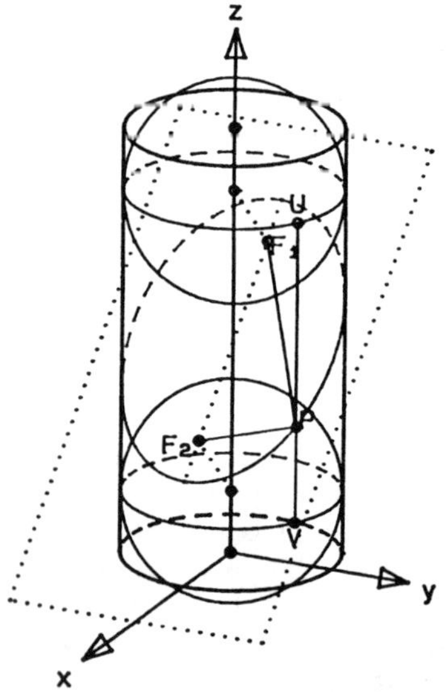

Fig. 1zl

Legt man einen Schnitt durch einen Zylinder, so kann man dem Zylinder zwei Kugeln einbeschreiben, die die Schnittebene in je einem Punkt $F_1 bzw. F_2$ berühren („DANDELIN-Kugeln", Fig. 1zl).
Mit Hilfe dieser Kugeln läßt sich folgende „Brennpunkteigenschaft" der Schnittkurve (Ellipse) beweisen:
Für alle Punkte P der Kurve ist

$$|PF_1| + |PF_2| = |UV| = \text{ const.}$$

Zur näheren Durchführung vergleiche man Abschnitt 7.4. In Abschnitt 7.5 wird gezeigt, daß man auch beim Schnitt durch einen *Kegel* mit DANDELIN-Kugeln Brennpunkteigenschaften der Schnittkurven herleiten kann. Das Programm DANDELIN beschränkt sich auf die Darstellung der DANDELIN-Kugeln bei *elliptischen* Schnitten durch einen Kegel (Schnittebene flacher als Mantellinien) wie in Fig. 1zm:

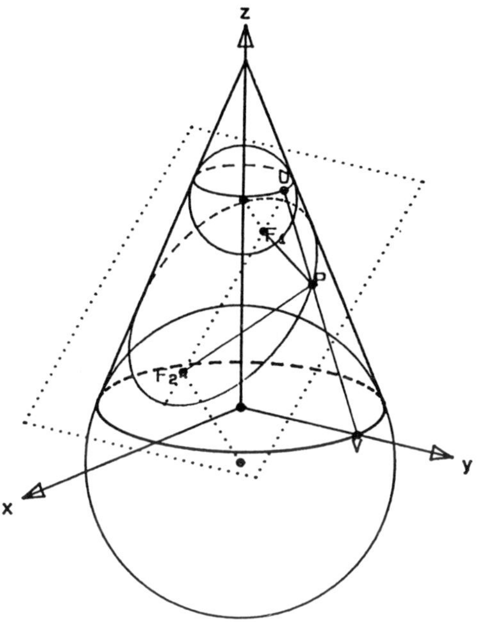

Fig. 1zm

Es gilt auch hier stets $|PF_1| + |PF_2| = |UV| = \text{const.}$

Das Programm ist aufgebaut auf den Programmen SEbZyl und SEbKeg zur Darstellung von Zylinder- bzw. Kegelschnitten. Für die Parametereingabe von Zylinder bzw. Kegel und Schnittebene gehe man vor, wie in der Programmbeschreibung von SEbZyl bzw. SEbKeg beschrieben. Zu dieser Parametereingabe wird nach Wahl von [1] bzw. [2] im Eingangsmenue aufgefordert. Insbesondere beachte man folgende *generellen Bedingungen* für die Koordinaten, mit denen die Schnittebene festgelegt wird:

$$x_1 \geq 0; \quad y_1 \neq 0, \quad x_3 \leq x_1, \quad z_3 \geq 0$$

Darüber hinaus ist es mit Rücksicht auf die Kugeln wünschenswert, die Parameter so zu wählen, daß die Ellipse *vollständig auf dem Mantel* des Zylinders (des Kegels) liegt. Dies erfordert $x_1 \geq r$. In den nachstehenden Figuren sind für $x_1 > r$ die *Grenzlagen* der Ebene E gezeichnet; wird E flacher gewählt, ist die genannte Forderung erfüllt.

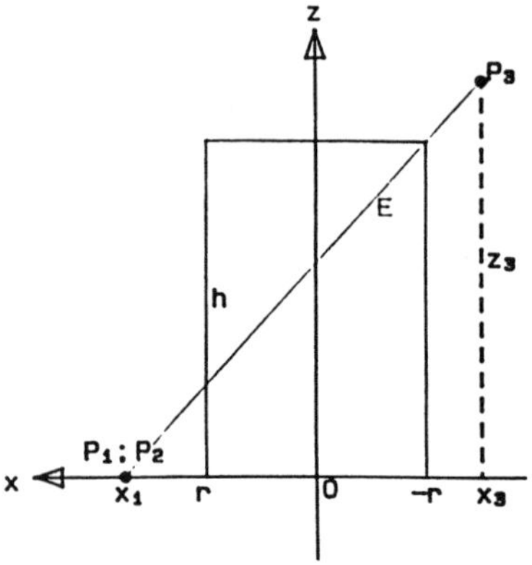

Fig. 1zn

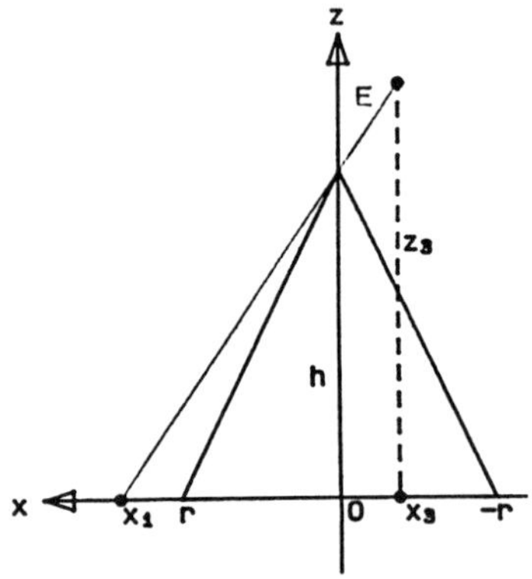

Fig. 1zo

Nach Figur 1zn ergibt sich für den *Zylinderschnitt* die Bedingung

$$x_1 \geq r; \quad \frac{z_3}{x_1 - x_3} \leq \frac{h}{x_1 + r}$$

Für den *elliptischen Kegelschnitt* lautet die Bedingung

$$x_1 \geq r; \quad \frac{z_3}{x_1 - x_3} \leq \frac{h}{x_1}$$

Statt der Eingabe von Zylinder (Kegel) und Ebene kann im Untermenue *Zylinderschnitt (Kegelschnitt) festlegen* ein *Musterbeispiel* gewählt werden. Dieses ist in Fig. 1zl bzw. Fig. 1zm eingestellt (Zeichenparameter gemäß Zeichenempfehlungen des Programms).

Nach erfolgter Eingabe des Zylinder-(Kegel-)Schnitts ist im Hauptmenue mit [3] oder [4] durch entsprechende Parametereingaben ein fester bzw. durchlaufender Punkt P der Ellipse zu wählen (vgl. auch Fig. 1zl bzw. Fig. 1zm).

Es erscheint nun im Hauptmenue die Option

[z] ZEICHNE,

mit der das generelle Bildmenue aufgerufen werden kann.

Abschließende Hinweise

- Um die durchs Programm beschrifteten Punkte auch zu markieren, ist unter den Grundeinstellungen des Zeichenmenues für „Markierung“ z. B. „Kreis“ einzustellen.

- Das Musterbeispiel für den Kegelschnitt ist so gewählt, daß Kegelgrundkreis und Berührkreis der unteren DANDELIN-Kugel zusammenfallen (Fig. 1zm). Um dies zu erreichen, können x_1 und x_3 folgendermaßen bestimmt werden:

$$x_1 = rz_3\sqrt{\frac{r^2+h^2}{h^2z_3^2-4hr^2(h-z_3)}}; \quad x_3 = -x_1.$$

Damit der Nenner des Radikanden positiv ist, muß gelten

$$h > \frac{4r^2z_3}{4r^2-z_3^2}.$$

Entsprechende Formeln dafür, daß beim Zylinderschnitt die Berührkreise der DANDELIN-Kugeln mit Grund- und Deckkreis des Zylinders zusammenfallen, lauten:

$$z_3 = h; \quad x_1 = \frac{hr}{\sqrt{h^2-4r^2}}; \quad x_3 = -x_1.$$

Hierbei ist $h \leq 2r$ auszuschließen.

A.1.7 Anmerkungen zu den übrigen Programmen

Bei den Programmen

- SEbGer
- SPoly
- EbOrthGe und
- RundKoer

können wir uns statt einer ausführlichen Programmbeschreibung auf einzelne Anmerkungen beschränken.

Zum **Programm SEbGer:**

Das Programm SEbGer zeichnet eine Ebene und eine Gerade oder zwei Geraden oder zwei Ebenen und gibt ihre gegenseitige Lagebeziehung aus

Der Inhalt dieses Programms entspricht wichtigen *Konstruktionen* der Raumgeometrie („Lageaufgaben"), die in 5.2 behandelt werden, zum Beispiel der Bestimmung des Schnittpunkts einer Ebene mit einer zu dieser Ebene nicht parallelen Geraden. Die Programme selbst beruhen auf den entsprechenden Algorithmen zur *rechnerischen* Bestimmung der Lagebeziehungen mittels Gleichungssystemen (vgl. 5.1).

Die Menues zur Auswahl der Aufgabenart sowie zur Parametereingabe für Geraden bzw. Ebenen bedürfen keiner weiteren Erklärung. Zu den einzelnen Unterfällen können jeweils *Musterbeispiele* gewählt werden, wofür nachstehend Zeichenempfehlungen gegeben werden.

Nach Einlesen der Geraden bzw. Ebenen ist zunächst (mit [l]) die jeweilige *Lagebeziehung* aufzurufen (z. B. Feststellung der Parallelität, Schnittpunktausgabe usw.), wonach die Option [z] für die Zeichenprozedur erscheint. – Zur *Markierung* aller Schnittpunkte ist unter den Grundeinstellungen für „Markierung“ z. B. „Kreis“ einzustellen.

Zeichenempfehlungen für Musterbeispiele:

[1] Lagebeziehung von *Gerade und Ebene:*
Grund- und Aufriß vereinigt;
Senkrechte Axonometrie mit Urbildwinkeln $\gamma = 57°$, $\delta = 15°$.
(Die Option [5] zur Darstellung des konstruktiven Lösungsweges verläuft menuegesteuert.)

[2] Lagebeziehung *zweier Geraden:*
Grund- und Aufriß getrennt;
Senkr. Axonometrie mit Urbildwinkeln $\gamma = 58°$, $\delta = 18°$.

[3] Lagebeziehung *zweier Ebenen:*
Grund- und Aufriß vereinigt;
Senkr. Axonometrie mit Urbildwinkeln $\gamma = 60°$, $\delta = 15°$.

Zum **Programm SPoly:**

Das Programm SPoly zeichnet Durchdringungen von Polyedern und gibt Durchdringungspunkte aus

Die Konstruktion der Durchdringung von Polyedern mit einer Geraden (5.2), einer Ebene (5.4) oder einem anderen Polyeder (bzw. mehreren anderen Polyedern) läßt sich zurückführen auf die Konstruktion von Schnitten zwischen Geraden und Ebenen (vgl. Programm SEbGer). Dieser konstruktive Weg liegt auch den mathematischen Algorithmen dieses Programms zugrunde.

Die Aufgabe, die gegenseitige Durchdringung von Polyedern zu konstruieren, gehört wegen ihrer Komplexität zu den schwierigeren Aufgaben der konstruktiven Raumgeometrie. Das vorliegende Computerprogramm soll dazu effektive Hilfe bieten wie etwa im Falle des in Fig. 1zp dargestellten Musterbeispiels.

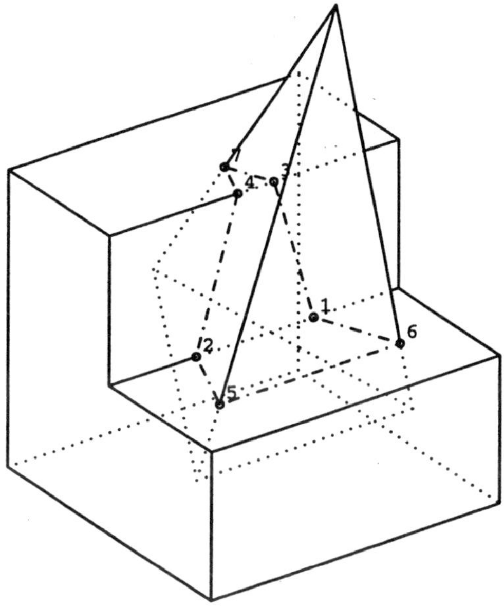

Fig. 1zp

Bei jeder der drei Optionen: Durchdringung eines Polyeders

[1] mit einer *Geraden*,

[2] mit einer *Ebene*,

[3] gegenseitige Durchdringung von Polyedern,

kann das bzw. können die Polyeder *tabellarisch* oder durch *Lesen* vom Speicher eingegeben werden. Hierbei achte man besonders darauf, daß zur korrekten Wiedergabe der Sichtbarkeit etwaige *nichtkonvexe* Oberflächenteile wie die Seitenflächen des „L-Prismas“ in Fig. 1zp *in konvexe Teilfächen zerlegt* eingelesen werden (vgl. Programmbeschreibung KOERPER; Teil III.a)).

Bei der Zeichenprozedur werden selbsttätig die *Durchdringungspunkte* zwischen Kanten und Flächen *markiert* und auf Anforderung unter [z] auch mit Ordnungszahlen versehen. Nach Durchlaufen der Zeichenprozedur können durch Wahl von „[d]“ von den Durchdringungspunkten die Koordinaten ausgegeben werden.

Bemerkungen zu den einzelnen Optionen:

Zu [1] (*Polyeder und Gerade*):

Die Verbindungsstrecke der beiden eingelesenen Geradenpunkte wird nach beiden Seiten so weit verlängert, daß das gewählte Polyeder *voll* durchdrungen wird.

Bei Wahl des *Musterbeispiels* werden Polyeder und Gerade zunächst im Textmodus erklärt; als Zeichenempfehlungen werden dort angegeben:

> Grund- und Aufrißbild (*vereinigt*) sowie senkr. Axonometrie mit den Urbildwinkeln $\gamma = 80°$, $\delta = 20°$.

Zu [2] (*Polyeder und Ebene*):

Von der Ebene, die durch die drei eingelesenen Punkte bestimmt ist, wird selbsttätig ein so großes *Teilviereck* erzeugt, daß das Polyeder voll durchdrungen wird. Die durch den Schnitt mit dem Polyeder entstehenden *Kanten* werden *strichpunktiert* eingezeichnet.
Als „Polyeder" kann auch ein (ebenes) Polygon eingegeben werden. Dies wird vom Programm jedoch nicht als Ebene interpretiert, sondern als begrenzte Fläche. (Nur die in dieser Fläche liegenden Durchdringungspunkte werden also dargestellt; zur *Durchdringung zweier Ebenen* verwende man das Programm SEbGer.)

Bei Wahl des Musterbeispiels werden Polyeder und Ebene zunächst im Textmodus erklärt; als Zeichenempfehlungen werden dort angegeben:

> Grund-Aufrißbild (getrennt) sowie senkrechte Axonometrie mit den Urbildwinkeln $\gamma = 60°$, $\delta = 22°$.

Zu [3] (*Zwei, drei oder vier Polyeder*):

Auch hier werden die durch die Durchdringung entstehenden *Kanten* strichpunktiert eingezeichnet (s. Fig. 1zp).

Für jeden der „Polyeder" kann auch ein *Polygon* eingegeben werden. Dies wird vom Programm jedoch *nicht als Ebene* interpretiert, sondern als begrenzte Fläche. (Nur die in dieser Fläche liegenden Durchdringungspunkte werden also dargestellt; zur Durchdringung *zweier Ebenen* verwende man das Programm SEbGer.)

Bei der Wahl des *Musterbeispiels* werden das „L-Prisma" und die dreiseitige Pyramide von Fig. 1zp selbsttätig eingelesen. (Sie können dann unter „1." bzw. „2. Polyeder" tabellarisch aufgerufen werden.)

Zeichenempfehlung für statische und dynamische Version:

> Allgemeine Axonometrie mit $\gamma = 70°$, $\delta = \varepsilon = 30°$, $\eta = 15°$.
> Alternative: Untersicht mit $\gamma - 35°$, $\delta = \varepsilon = -30°$, $\eta = 15°$.

Zum **Programm EbOrthGe:**

Das Programm EbOrthGe zeichnet wahlweise zu einer Ebene eine orthogonale Gerade („Normale") oder zu einer Geraden eine orthogonale Ebene („Normalebene")

Die hierüber genannten Aufgaben gehören zu den *Grundkonstruktionen* der konstruktiven Raumgeometrie. Sie werden im Abschnitt 4.3 behandelt; dort wird gezeigt, daß sie mit Hilfe von „Höhen-" und „Frontlinien" der Ebene leicht lösbar sind. Das vorliegende Programm kann das Auffinden des konstruktiven Lösungsweges motivieren und nach dessen Ausführung die Konstruktion kontrollieren helfen.

Mit „L" wird jeweils der Schnittpunkt der Senkrechten zur Ebene mit der Ebene bezeichnet; dies erinnert an die früher häufig verwendete Bezeichnung „Lotfußpunkt". Der Buchstabe P bezeichnet einen weiteren, i. allg. nicht auf der Ebene liegenden Punkt der Senkrechten. Diese Senkrechte (die „Ebenennormale") ist somit die *Gerade* LP. Da L *einen Punkt auf der Ebene bedeutet*, ist dieser Punkt nach Festlegung der Ebene schon durch zwei seiner Koordinaten, z. B. die Grundrißkoordinaten x_L, y_L bestimmt. (z_L wird vom Programm selbsttätig berechnet.)

Soll dagegen ein nicht auf der Ebene liegender Punkt P vorgegeben werden, ist er mit seinen *drei* Koordinaten einzulesen.

Bei allen drei Optionen [1] – [3] des Hauptmenues werden die zu bestimmenden Figuren jeweils in den Statuszeilen über dem Bild *numerisch ausgegeben*, nämlich unter [1] und [2] zwei Punkte der *gesuchten Ebenennormale*, unter [3] drei Punkte der *gesuchten Normalebene.*

Zur Programmvereinfachung wurden folgende Sonderlagen der gegebenen Ebene bzw. Geraden *ausgeschlossen*:

Bei [1] und [2]: Waagerechte und lotrechte Ebene, bei [3]: Gerade parallel zu einer „Rißebene" (x-y-, x-z-, y-z-Ebene).

Bei Nichtbeachtung dieser Festsetzung erfolgt Meldung. –

Weitere Anmerkungen:

Wird unter [2] für P ein Punkt auf der Ebene gewählt, so erfolgt die Meldung, daß durch diese Wahl der Fall [1] vorliegt. (P wird vom Programm mit L identifiziert.) –

Bei der Option [1] ist es „optisch" günstig, L innerhalb des Dreiecks $P_1P_2P_3$ aus den drei Punkten zu wählen, mit denen die Ebene festgelegt wird.

Zur *Markierung* der gewählten und durch die Konstruktionen erzeugten Punkte stelle man unter den Grundeinstellungen des Zeichenmenues z. B. auf „Kreis" ein. Als „Strichart" für die verdeckten Linien ist „keine Linie" empfehlenswert.

Zeichenempfehlungen (Musterbeispiel): Für alle drei Optionen [1] - [3] gilt:

Zur Unterstützung der von Hand ausgeführten *Grundriß-Aufriß-Konstruktion* wähle man das Grundriß-Aufriß-Bild (vereinigt). Als *Ansichtsbild* eignet sich die senkrechte Axonometrie mit den Urbildparametern $\gamma = 75°, \delta = 20°$.

Zum **Programm RundKoer:**

Das Programm RundKoer zeichnet einen Zylinder, einen Kegel, einen Kegelstumpf oder eine Kugel

Auch bei diesem Programm sind Menue und Untermenues selbsterklärend. Es wird in den Abschnitten 7.1 - 7.3 eingeführt und angewandt.

Bei der Eingabe kann die Lage des Mittelpunkts der Kugel bzw. der Grundfläche der drei anderen Körper beliebig gewählt werden; im übrigen werden Zylinder, Kegel und Kegelstumpf in *lotrechter* Lage gezeichnet, d. h. ihre Achse ist zur z-Achse parallel.

Die Körper werden folgendermaßen selbsttätig beschriftet:

Die *Kugel* erhält in einem *axonometrischen* Zeichenmodus die Bezeichnungen X_1, Y_1, Z_1 für die Durchstoßpunkte der positiven x-, x-, z-Achse sowie M für den Mittelpunkt. In *Rißzeichnungen* werden die Grundparameter (Höhe, Radien) *beschriftet*.

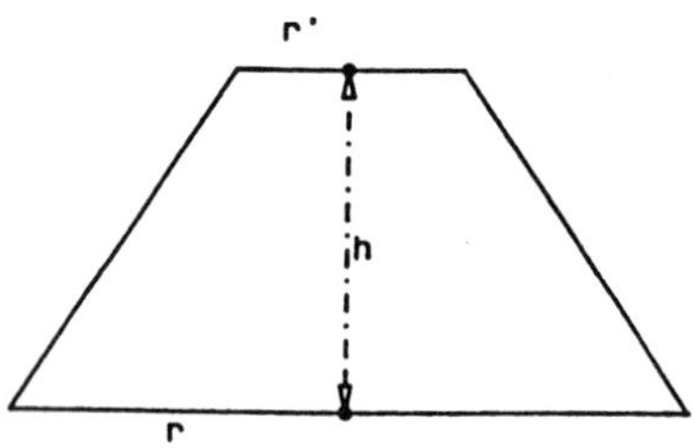

Fig. 1zq

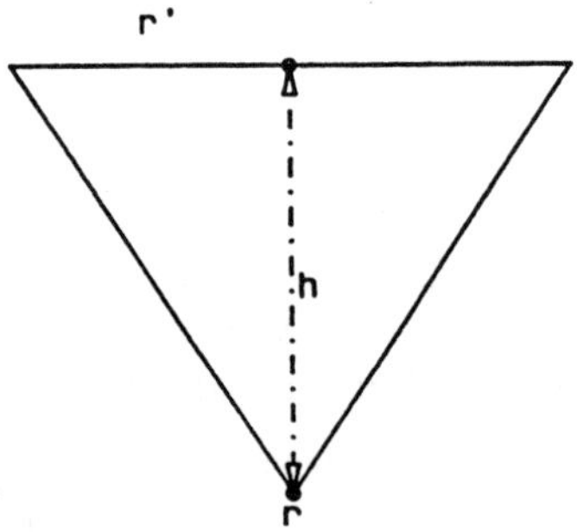

Fig. 1zr

Figur 1zq zeigt einen *Kegelstumpf* im Aufriß ($r = 2$, $h = 2$, $r' = \frac{2}{3}$). Selbstverständlich kann auch $r' > r$ gewählt werden ($r' = r$: Zylinder). Wählt man $r = 0$ (und $r' > 0$), so wird die Wahl vom Programm als „kopfstehender

Kegel" gedeutet (Fig. 1zr: $r = 0, \quad h = 3, \quad r' = 2$).

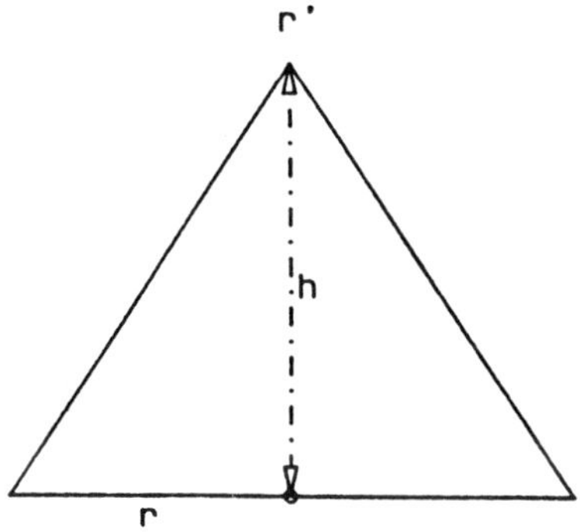

Fig. 1zs

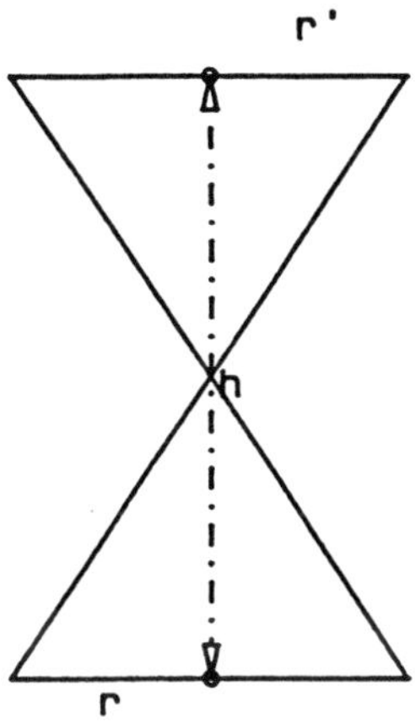

Fig. 1zt

Einen „aufrecht stehenden" Kegel erhält man entsprechend mit $r > 0, r' = 0$ wie in Fig. 1zs ($r = 2, \quad h = 3, \quad r' = 0$).

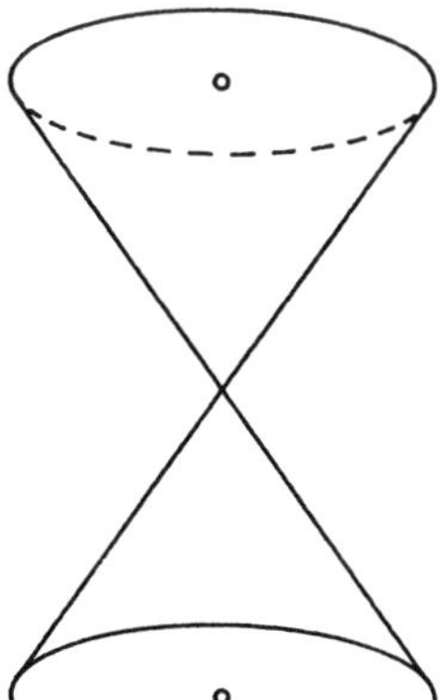

Fig. 1zu

Wünscht man einen *„Doppelkegel"*, wie ihn Fig. 1zt im Aufriß zeigt, so ist $r' < 0$ zu wählen. Natürlich hat der obere Kreis keinen „negativen Radius"; die Wahl von $r' < 0$ dient nur der Vereinfachung der Eingabe.
Für Fig. 1zt wurde gesetzt:

$$r = 2, \quad h = 6, \quad r' = -2.$$

Derselbe Doppelkegel ist in Fig. 1zu axonometrisch (in dimetrischer Projektion) dargestellt.

A.2 Beispiele für Programmalgorithmen

Als Beispiele für Algorithmen, die einer Programmierung zugrunde liegen, wählen wir diejenigen aus, mit denen im Rahmen des Programms SEbGer die *Lagebeziehungen* zwischen zwei Geraden, einer Geraden und einer Ebene sowie zwischen zwei Ebenen bestimmt werden. Bei der Herleitung der Algorithmen werden *Vektoroperationen* (2.2.1, 2.2.5), *Determinanten* und *lineare Gleichungssysteme* (2.2.3, 2.2.4) sowie *Geraden-* und *Ebenengleichungen* (2.2.6) angewandt.

Wir knüpfen an die in 5.1 für die Lagebeziehungen vorgenommenen *Fallunterscheidungen* an, auf die sich auch die nachstehend verwendeten *Formel-* und *Figurennummern* sowie Variablen für *Orts-* und *Differenzvektoren* beziehen.

Lagebeziehungen zwischen zwei Geraden g und h.

Wir betrachten zunächst den Fall (vgl. Fig. 5a):

P_{21}, P'_{21} sind unabhangig, P'_{11} ist von P_{21}, P'_{21} abhängig. (1)

Die *Unabhängigkeit* der Vektoren P_{21}, P'_{21} läßt sich gemäß S. 53 ausdrücken durch $d' = d_x^2 + d_y^2 + d_z^2 \neq 0$, wobei hier

$$d_x = \begin{vmatrix} y_{21} & y'_{21} \\ z_{21} & z'_{21} \end{vmatrix}, \quad d_y = \begin{vmatrix} x_{21} & x'_{21} \\ z_{21} & z'_{21} \end{vmatrix}, \quad d_z = \begin{vmatrix} x_{21} & x'_{21} \\ y_{21} & y'_{21} \end{vmatrix}.$$

Die *Abhängigkeit* der drei Vektoren P_{21}, P'_{21}, P'_{11} kommt nach S. 54 zum Ausdruck durch

$$d = (P_{21}P'_{21}P'_{11}) = 0,$$

wobei wir die dreireihige Determinante als Spatprodukt geschrieben haben (vgl. S. 56).

Zum Nachweis, daß im vorliegenden Fall g und h genau einen gemeinsamen Punkt haben, stellen wir mit Hilfe der Parameterdarstellungen der Geradengleichungen,

$$g: \quad P = P_1 + kP_{21}; \qquad h: \quad P = P'_1 + lP'_{21},$$

die *Schnittbedingung* $P_1 + kP_{21} = P'_1 + lP'_{21}$ auf, woraus sich mit $P'_1 - P_1 = P'_{11}$ folgende Bestimmungsgleichung für die Parameter k, l ergibt:

$$kP_{21} - lP'_{21} = P'_{11}.$$

Wir schreiben diese Vektorgleichung in Komponentenschreibweise:

(1a) $x_{21}k - x'_{21}l = x'_{11}$
(1b) $y_{21}k - y'_{21}l = y'_{11}$
(1c) $z_{21}k - z'_{21}l = z'_{11}$

Die Teilsysteme (1a)/(1b), (1a)/(1c), (1b)/(1c) haben die Koeffizienten-Determinante $(-d_z)$ bzw. $(-d_y)$ bzw. $(-d_x)$. Da im betrachteten Fall mindestens eine dieser Determinanten von Null verschieden ist (s. o.), kann mindestens eines der Teilsysteme eindeutig nach (k, l) aufgelöst werden.

Es sei zum Beispiel $d_z \neq 0$. Wir führen noch folgende Bezeichnungen ein:

$$d_{kz} = \begin{vmatrix} x_{11} & x'_{21} \\ y_{11} & y'_{21} \end{vmatrix}, \quad d_{lz} = \begin{vmatrix} x_{21} & x'_{11} \\ y_{21} & y'_{11} \end{vmatrix}.$$

Dann hat gemäß S. 43 das System (1a)/(1b) folgende eindeutig bestimmte Lösung für die Schnittpunktparameter k_s, l_s

$$k_S = \frac{d_{kz}}{d_z}; \qquad l_S = \frac{d_{lz}}{d_z}.$$

Diese Lösung erfüllt auch Gleichung (1c). Setzt man sie nämlich in den Term $z_{21}k - z'_{21}l - z'_{11}$ ein, so erhält man nach Ausklammern von $-\frac{1}{d_z}$:

$$-\frac{1}{d_z}(-z_{21}d_{kz} - z'_{21}d_{lz} + z'_{11}d_z).$$

Der Klammerterm ist aber der Wert der Determinante

$$d = (P_{21}P'_{21}P'_{11}) = \begin{vmatrix} x_{21} & x'_{21} & x'_{11} \\ y_{21} & y'_{21} & y'_{11} \\ z_{21} & z'_{21} & z'_{11} \end{vmatrix},$$

wie man durch Entwickeln nach der 3. Zeile unter Beachtung der Definitionen von d_{kx}, d_{lx}, d_z feststellt. Der Term ist also wegen $d = 0$ selbst Null, also gilt

$$z_{21}k_S - z'_{21}l_S = z'_{11}, \text{ somit Gleichung (1c).}$$

Ganz entsprechende Lösungsterme für k_s, l_s erhält man unter der Voraussetzung $d_x \neq 0$ bzw. $d_y \neq 0$ aus den Teilsystemen (1b)/(1c) bzw. (1a)/(1c).

Das System (1a) - (1c) ist *genau dann* eindeutig lösbar, wenn $d' \neq 0$ und $d = 0$. Der *Schnittpunkt* S von g und h ist dann bestimmt durch

$$S = P_1 + k_S P_{21} (= P'_1 + l_S P'_{21}).$$

Als nächstes betrachten wir den Fall (vgl. Fig. 5d)

$$P_{21}, P'_{21}, P'_{11} \text{ sind unabhängig.} \tag{4}$$

Diese Aussage ist (wiederum nach S. 54) gleichwertig mit

$$d = (P_{21}P'_{21}P'_{11}) \neq 0.$$

Man erkennt hieraus zunächst, daß $P'_{11} \neq V_0$ (V_0 = Nullvektor), da der Wert einer Determinante mit einer Spalte (oder Zeile) aus lauter Nullen selbst Null ist. Entwickelt man ferner die Determinante d nach der 3. Spalte, so ergibt sich

$$d = x'_{11}d_x - y'_{11}d_y + z'_{11}d_z.$$

Wegen $d \neq 0$ können nicht d_x, d_y, d_z zugleich Null sein, also gilt:

$$d' = d_x^2 + d_y^2 + d_z^2 \neq 0.$$

Betrachtet man wieder das Gleichungssystem (1a) - (1c), so folgt zunächst aus $d' \neq 0$, daß ebenso wie im Falle (1) mindestens eines der Teilsysteme lösbar ist, z. B. (1a)/(1b) im Fall $d_z \neq 0$. Die zugehörige Teillösung (k, l) erfüllt jedoch wegen $d \neq 0$ *nicht* die dritte Gleichung. Wie zu erwarten, haben die Geraden g und h *keinen* gemeinsamen Punkt.

Die separate Lösbarkeit je zweier Gleichungen bedeutet geometrisch, daß sich entsprechende *Risse* schneiden. So liefert die Lösung von (1a)/)1b) den Schnittpunkt der Grundrisse von g und h. Das Vorhandensein von Rißschnittpunkten impliziert, daß die Geraden im Falle $d \neq 0, d' \neq 0$ nicht parallel, sondern *windschief* sind. Außerdem folgt die Nichtparallelität natürlich aus der *Unabhängigkeit* von P_{21} und P'_{21}. —

Das Programm SEbGer gibt im Falle windschiefer Geraden auch den (kürzesten) **Abstand** aus, der zwischen den „Fußpunkten" G, H der **gemeinsamen Senkrechten** zu messen ist. (Man wähle hierzu das entsprechende Musterbeispiel im Programm SEbGer). Die Aufstellung des zugehörigen Algorithmus deuten wir nachstehend nur an.

Der *Richtungsvektor* der gemeinsamen Senkrechten ist das Vektorprodukt $P_{21} \times P'_{21} = (d_x| - d_y|d_z)$ (vgl. S. 54; wegen d_x, d_y, d_z s. o.). Der „Lotfußpunkt" $G \in g$ habe den Ortsvektor $P_1 + kP_{21}$, dagegen $H \in h$ den Ortsvektor $P'_1 + lP'_{21}$. Der Punkt H läßt sich auch als Summe aus $P_1 + kP_{21}$ und dem m-fachen des Richtungsvektors $P_{21} \times P'_{21}$ bestimmen. Man erhält somit folgende Gleichung zur Bestimmung der Parameter k, l, m:

$$P_1 + kP_{21} + mP_{21} \times P'_{21} = P'_1 + lP'_{21}.$$

Sie ist äquivalent zu

$$kP_{21} - lP'_{21} + mP_{21} \times P'_{21} = P'_{11}. \qquad (4a)$$

Dies ist im vorliegenden Fall wegen $P'_{11} \neq V_0$ ein *inhomogenes* Gleichungssystem mit 3 Gleichungen und 3 Variablen. Für die Koeffizienten-Determinante gilt (Entwickeln nach der 3. Spalte):

$$(P_{21} \quad -P'_{21} \quad P_{21} \times P'_{21}) = \begin{vmatrix} x_{21} & x'_{21} & d_x \\ y_{21} & y'_{21} & -d_y \\ z_{21} & z'_{21} & d_z \end{vmatrix} = -(d_x^2 + d_y^2 + d_z^2).$$

Die Determinante ist somit gleich $(-d')$, also von Null verschieden. Nach S. 49 gibt es genau eine Lösung (k, l, m) für (4a). Definiert man d_k und d_l durch

$$d_k = (P'_{11}\ P'_{21}\ P_{21} \times P'_{21}), \qquad d_l = (P_{21}\ P'_{11}\ P_{21} \times P'_{21}),$$

so erhält man folgende Parameter für G und H:

$$k_G = \frac{d_k}{d'}; \qquad l_H = -\frac{d_l}{d'}.$$

Für m ergibt sich der Wert $\frac{d_l}{d'}$. Der Abstand $|GH|$ hat den Betrag $m \cdot |P_{21} \times P'_{21}| = m\sqrt{d_x^2 + d_y^2 + d_z^2} = m\sqrt{d'}$. Somit gilt schließlich $|GH| = \frac{d}{d'}\sqrt{d'} = d/\sqrt{d'}$.

Es sind nun noch zwei Fälle zu betrachten, in denen P_{21} und P'_{21} *voneinander abhängig* sind. Zunächst gelte (vgl. Fig. 5b):

P_{21}, P'_{21} sind abhängig; P'_{11} ist von P_{21}, P'_{21} unabhängig. (2)

Die *Abhängigkeit* der Vektoren P_{21}, P'_{21} drückt sich aus durch $d' = d_x^2 + d_y^2 + d_z^2 = 0$. Um die *Unabhängigkeit* zwischen P'_{11} und P_{21} bzw. P'_{21} adäquat auszudrücken (vgl. S. 53), führen wir außer den im Fall (1) bereits eingeführten Determinanten d_{kz} und d_{lz} noch ein:

$$d_{kx} = \begin{vmatrix} y'_{11} & y'_{21} \\ z'_{11} & z'_{21} \end{vmatrix}, \qquad d_{lx} = \begin{vmatrix} y_{21} & y'_{11} \\ z_{21} & z'_{11} \end{vmatrix}$$

$$d_{ky} = \begin{vmatrix} x'_{11} & x'_{21} \\ z'_{11} & z'_{21} \end{vmatrix}, \qquad d_{ly} = \begin{vmatrix} x_{21} & x'_{11} \\ z_{21} & z'_{11} \end{vmatrix}.$$

In vorliegenden Fall ist also $d'_k = d_{kx}^2 + d_{ky}^2 + d_{kz}^2 \neq 0$ sowie $d'_l = d_{lx}^2 + d_{ly}^2 + d_{lz}^2 \neq 0$.

Wir betrachten wieder das Gleichungssystem (1a) - (1c). Für alle Systeme von je zwei dieser Gleichungen ist die Koeffizienten-Determinante Null ($d_x =$

$d_y = d_z = 0$). Gemäß S. 42 sind im vorliegenden Fall die Determinanten $d_{kx}, d_{lx}, \ldots d_{lz}$ zu prüfen: Da nicht alle diese Determinanten Null sind, hat das Gleichungssystem *keine Lösung*: g und h haben *keine gemeinsamen Punkte*, sie sind parallel, aber verschieden.
Das Programm SEBGer gibt auch ihren *Abstand* aus. Dieser Abstand läßt sich durch Skalarprodukte berechnen. Sein Quadrat beträgt $P_{11}'^2 - (P_{11}' \cdot P_{21})^2 / P_{21}^2$. —
Schließlich soll folgendes gelten (vgl. Fig. 5c):

$$P_{21}, P_{21}' \text{ sind abhängig; } P_{11}' \text{ ist von } P_{21}, P_{21}' \text{ abhängig.} \tag{4}$$

Wie im Fall (3) ist $d' = 0$. Außerdem gilt aber:

$$d_k' = d_l' = 0.$$

Demzufolge hat das Gleichungssystem (1a) - (1c) *unendlich viele Lösungen*: Die beiden Geraden sind (parallel und) *gleich*. —

Aufgrund der vorstehenden Herleitung ergibt sich folgender **Algorithmus** in einer zur Übersetzung in die **Programmiersprache** (z. B. PASCAL) geeigneten Form (Die Darstellung ist *vereinfacht* und läßt z. B. die Wahl der Bildparameter sowie die Möglichkeit der Wahl von Musterbeispielen außer acht.)

```
- Lies g,h durch P1,P2;P1',P2' ein;

- Berechne dx,dy,dz und daraus d';
      wenn d' = 0: Berechne dk',dl';
         wenn dk' = dl' = 0: Gib aus: g = h;
         sonst: Gib aus: g || h. Berechne Abstand und gib aus.
      Wenn d' ≠ 0: Berechne d;
         wenn d = 0: Gib aus: g,h schneidend;
                     berechne Schnittpunkt und gib aus.
         Sonst: Gib aus: g,h windschief.
                Berechne Fußpunkte des gemeinsamen Lotes sowie
                Abstand und gib aus.

- Falls gewünscht: Zeichne g,h und ggf. Abstandsstrecke;
                   markiere und beschrifte eingegebene Punkte,
                   ggf. Schnittpunkt bzw. Fußpunkte des
                   gemeinsamen Lotes.

- ENDE
```

Lagebeziehungen zwischen Gerade g und Ebene E'.

Als ersten Fall betrachten wir folgenden (vgl. Fig. 5g):

$$P_{21} \text{ ist von } P'_{21}, P'_{31} \text{ abhängig; } P'_{11} \text{ ist von } P'_{21}, P'_{31} \text{ unabhängig.} \qquad (5)$$

Diese Bedingungen sind gleichwertig mit

$$d'' = (P_{21}P'_{21}P'_{31}) = 0 \text{ sowie } (P'_{11}P'_{21}P'_{31}) \neq 0.$$

Zum Nachweis, daß im vorliegenden Falle g und **E'** keine gemeinsamen Punkte haben, stellen wir mit Hilfe der Parameterdarstellung von Geraden- und Ebenengleichung folgende *Schnittbedingung* auf:

$$\begin{aligned} P_1 + kP_{21} &= P'_1 + lP'_{21} + mP'_{31}, \text{also} \\ kP_{21} &- lP'_{21} - mP'_{31} = P'_{11}. \end{aligned} \qquad (6)$$

Für die Koeffizienten-Determinante des hierdurch dargestellten Gleichungssystems erhält man

$$(P_{21} \quad -P'_{21} \quad -P'_{31}) = (P_{21}P'_{21}P'_{31}) = d'' = 0 \text{ (s. o.).}$$

Gemäß S. 49 sind außerdem die Determinanten zu untersuchen, die man aus d'' durch Ersetzen der 1., 2. und 3. Spalte mit den Komponenten von P'_{11} erhält. Diese Determinanten sind im vorliegenden Fall nicht sämtlich Null, denn bei Ersetzen der 1. Spalte ergibt sich

$$(P'_{11} \quad -P'_{21} \quad -P'_{31}) = (P'_{11}P'_{21}P'_{31}) \neq 0 \text{ (s. o.).}$$

Wir setzen $d''_k = (P'_{11}P'_{21}P'_{31})$.

Wegen $d''_k = 0$ gibt es keine Lösung (k, l, m). Die Gerade g ist, wie zu erwarten, zur Ebene **E'** parallel, aber nicht in ihr enthalten.

Als nächstes untersuchen wir gemäß Fig. 5h den Fall:

$$P_{21} \text{ ist von } P'_{21}P'_{31} \text{ abhängig, und } P'_{11} \text{ ist von } P'_{21}, P'_{31} \text{ abhängig.} \qquad (7)$$

Es gilt also wieder $d'' = (P_{21}P'_{21}P'_{31}) = 0$, außerdem jetzt auch $d''_k = (P'_{11}P'_{21}P'_{31}) = 0$. Ferner sind die Determinanten d''_l, d''_m zu untersuchen, die man aud d'' durch Ersetzen der 2. bzw. 3. Spalte mit den Komponenten von P'_{11} erhält. Zum Beispiel gilt:

$$d''_l = (P_{21}P'_{11} - P'_{31}) = -(P_{21}P'_{11}P'_{31}).$$

P_{21} und P'_{11} können im vorliegenden Fall alsLinearkombinationen von P'_{21} und P'_{31} ausgedruckt werden. Gemäß den Determinantensätzen (5) und (6) von S. 45 kann nun die Determinante d''_l aufgelöst werden in Determinanten mit je zwei identischen Spalten der Form P'_{21} bzw. P'_{31}; sie haben nach Determinantensatz (3) den Wert Null, also ist $d''_l = 0$. Ebenso ist $d''_m = 0$. Wegen $d'' = d''_k = d''_l = d''_m = 0$ gibt es *unendlich viele Lösungen*. Die Lösungsmenge besteht aus allen Punkten der Geraden: g ist in **E'** enthalten.

Schließlich betrachten wir den Fall (vgl. Fig. 5i):

P_{21} ist von P'_{21}, P'_{31} unabhängig.

Es gilt somit $d'' = (P_{21}P'_{21}P'_{31}) \neq 0$, d. h.: Die Koeffizienten-Determinante des durch (5a) dargestellten Gleichungssystems ist von Null verschieden, und man erhält eine eindeutig bestimmte Lösung der Form

$k_S = d''_k/d''$ mit zugehörigem Punkt $S = P_1 + k_S P_{21}$.

S ist der *Schnittpunkt* (auch „Durchdringungspunkt") von Gerade und Ebene.

Die Darstellung des Lösungsweges als *Algorithmus*, der in eine Programmiersprache übersetzbar ist, sei für die Lagebeziehungen zwischen Gerade und Ebene – wie auch zwischen zwei Ebenen (s. u.) – den Lesenden überlassen.

Lagebeziehungen zwischen zwei Ebenen E und E'.

Unter Bezugnahme auf die Bezeichnungen für Differenzvektoren auf S. 137 führen wir folgende, nachstehend wiederholt benötigte Namen für dreiseitige Determinanten (in Spatprodukt-Schreibweise) ein:

$$d_{21} = (P_{21}P'_{21}P_{31}), \quad d_{31} = (P_{31}P'_{21}P'_{31}), \quad d'_{11} = (P'_{11}P_{21}P'_{31}).$$

Zunächst betrachten wir folgenden Fall (Fig. 5l):

P_{21} und P_{31} sind von P'_{21}, P'_{31} abhängig, P'_{11} jedoch unabhängig. (8)

Dies ist gleichwertig mit $d_{21} = d_{31} = 0$, $d'_{11} \neq 0$. Wir betrachten irgendeine Gerade in **E**, deren Richtungsvektor dargestellt werden kann durch $aP_{21} + bP_{31}$ ($a, b \in \mathbb{R}$), und bilden die Determinante $(aP_{21} + bP_{31} \quad P'_{21} \quad P'_{31})$; sie läßt sich umformen zu $ad_{21} + bd_{31} = 0$. Für jede Gerade von **E** liegt also bezüglich **E'** die oben unter (5) beschriebene Lagebeziehung vor ($g \parallel \mathbf{E}'$). Somit kann es *keinen gemeinsamen Punkt* von **E** und **E'** geben; **E** und **E'** sind parallel, aber verschieden.

Es gelte nun (Fig. 5m):

P_{21} und P_{31} sind von P'_{21}, P'_{31} abhängig, ebenso P'_{11}. (9)

Dies läßt sich auch ausdrücken durch: $d_{21} = d_{31} = d'_{11} = 0$. Damit liegt für jede Gerade von **E** bezüglich **E'** der obige Fall (6) vor: Alle Geraden von

E, somit alle Punkte von **E**, liegen in **E'** (und umgekehrt): **E** und **E'** haben *alle Punkte gemeinsam*, sie sind *gleich*.

Abschließend ist folgender Fall zu untersuchen:

P_{21} oder P_{31} ist von P'_{21}, P'_{31} unabhängig. (10)

Es gilt also $d_{21} \neq 0$ oder $d_{31} \neq 0$. Wir bestimmen zwei gemeinsame Punkte von **E** und **E'**, indem wir zwei zu **E'** nicht parallele Geraden von **E** mit **E'** schneiden.

Durch passende Numerierung der drei Bestimmungspunkte von **E** kann wegen (10) stets erreicht werden, daß Folgendes gilt:

$P_1 \notin \mathbf{E}'$, und P_{21} ist von P'_{21}, P'_{31} unabhängig.

Diese Voraussetzungen werden durch einen *„Voralgorithmus"* sichergestellt. Sie sind gleichwertig zu

$d'_{11} \neq 0$ und $d_{21} \neq 0$.

Hiermit liegt für die Gerade P_1P_2 von **E** bezüglich **E'** der obige Fall (7) vor, und man erhält folgenden *ersten Schnittpunkt* von **E** und **E'**:

$S_1 = P_1 + k_1 P - 21$ mit $k_1 = d'_{11}/d_{21}$.

Es sind jetzt zwei Fälle zu unterscheiden: $d_{31} \neq 0$ und $d_{31} = 0$. Es sei zunächst

1) $d_{31} \neq 0$ (Fig. 5n):

Es ergibt sich dann als *zweiter Schnittpunkt* von **E** und **E'**:

$S_2 = P_1 + k_2 P_{31}$ mit $k_2 = d'_{11}/d_{31}$.

S_2 ist stets von S_1 verschieden; bei $S_1 = S_2$ ergäbe sich nämlich $k_1 P_{21} = k_2 P_{31}$ mit $k_1, k_2 \neq 0$. P_{21} und P_{31} wären also entgegen der selbstverständlichen Voraussetzung ihrer Unabhängigkeit voneinander linear *abhängig*. Es sei nun

2) $d_{31} = 0$ (Fig. 5o):

In diesem Falle bringen wir die Parallele durch P_3 zur Geraden P_1P_2, also die Gerade mit der Gleichung

$P = P_3 + kP_{21}$

mit **E'** zum Schnitt. Für diese Gerade liegt bezüglich **E'** wieder die unter (7) genannte Lagebeziehung vor. Der eindeutig bestimmte Schnittpunkt ist, wie es Fig. 5o anschaulich zeigt (und auch leicht nachgerechnet werden kann):

$S_2 = S_1 + P_{31}$.

Sowohl im Falle $d_{31} \neq 0$ also auch bei $d_{31} = 0$ ist mit den beiden Schnittpunkten S_1, S_2 eine *Gerade* bestimmt, die beiden Ebenen *gemeinsam* ist („**Schnittgerade**"). Daß jeder Punkt der Verbindungsgeraden S_1S_2 zu **E** und **E'** gehört, kann rechnerisch bewiesen werden. Wir zeigen z. B., daß im Falle $d_{31} \neq 0$ jeder Punkt von S_1S_2 in **E'** liegt. Dabei setzen wir voraus:

> Jeder Punkt mit einem Ortsvektor der Form $P_1' + aP_{21}' + bP_{31}'$ $(a, b \in \mathbb{R})$ liegt in **E'**.

S_1 und S_2 können als Schnittpunkte von **E** und **E'** so dargestellt werden: $S_1 = P_1' + l_1 P_{21}' + m_1 P_{31}'$, $S_2 = P_1' + l_2 P_{21}' + m_2 P_{31}'$. Man erhält jeden Punkt der Verbindungsgeraden S_1S_2 durch

$P = S_1 + kS_{21}$ mit $k \in \mathbb{R}$. Somit gilt:

$P = S_1 + k(L_2 - l_1)P_{21}' + k(m_2 - m_1)P_{31}'$, also

$$P = P_1 + [l_1 + k(l_2 - l_1)]P_{21}' + [m_1 + k(m_2 - m_1)]P_{31}'.$$

Nach der genannten Voraussetzung liegt somit die Verbindungsgerade S_1S_2 ganz in **E'**. Ebenso läßt sich zeigen, daß die Gerade ganz in **E** liegt; der Beweis läßt sich ferner leicht für den Fall $d_{31} = 0$ vervollständigen.

A.3 Lösungen von Übungsaufgaben

Zu Kapitel 2

Übung 2.05

a) $D = (1.5|4|3)$ $\quad V(A, D) = (0|5|1)$

b) $E = (1.5|2.333|2.667)$

Übung 2.06

a) $\frac{1}{|(3|4|2)|}(3|4|2) = (0.558|0.744|0.372)$

b) $\frac{1}{|(3|4|-2)|}(3|4|-2) = (0.558|0.744|-0.372)$

Übung 2.07

a) $\cos\gamma = 0.109 \longrightarrow \gamma = 83.74°$

b) 2 Möglichkeiten: $P_2 = (4|-3|0)$, $P_2' = (-4|3|0)$

Übung 2.08

Links: $(x_1|y_1|z_1) \cdot (x_2 + x_3|y_2 + y_3|z_2 + z_3)$;
rechts: $(x_1|y_1|z_1) \cdot (x_2|y_2|z_2) + (x_1|y_1|z_1) \cdot (x_3|y_3|z_3)$
Nachweis der Übereinstimmung mit Definition von Vektorsumme und Skalarprodukt sowie mit Rechengesetzen für reelle Zahlen.

Übung 2.09

a) Linear abhängig wegen $(-3|9|6) = -1.5(2|-6|-4)$

b) Linear unabhängig, da es kein r mit $(8|6|-12) = r(2|-6|-4)$ gibt.

Übung 2.10

a) P_1, P_2 linear unabhängig, da das Gleichungssystem

$$k(1|-1|2) + l(2|3|1) = 0 \text{ nur lösbar mit } k = l = 0.$$

P_1, P_2, P_3 linear abhängig, da das Gleichungssystem

$$k(1|-1|2) + l(2|3|1) + m(4|1|5) = 0$$

gelöst wird durch beliebiges $m \neq 0$, $k = -2m$, $l = -m$.

b) $P_3 = 2P_1 + P_2$

Übung 2.11

$$d = 9, \qquad d_k = 1.75, \; d_l = -11.5$$
$$k = 0.19\bar{4}, \; l = -1.2\bar{7}$$

Übung 2.12

Es ist $d = d_k = d_l = d_m = 0$:

Unendlich viele Lösungen.

Eine der Gleichungen, z. B. die dritte, kann entfallen, da von den anderen abhängig.

Die Lösungen sind $(0, 0.5m, m)$ mit beliebigen m.

Übung 2.13

$$(k, l, m) = (1, \frac{1}{2}, -2)$$

Übung 2.15

a) $d_x = 0,\ d_y = 3,\ d_z = 3$, somit: $V = (0|-3|3)$

b) $|V| = \sqrt{18} = 4.243$

Übung 2.16

Ansatz: $(P_1 \times P_2)^2 = d_x^2 + d_y^2 + d_z^2$

Hierin werden d_x, d_y, d_z in Komponentenschreibweise ausgedrückt. Man fügt dem Term die Summe $x_1^2x_2^2 + y_1^2y_2^2 + z_1^2z_2^2$ hinzu und subtrahiert sie später wieder („Kunstgriff“). Der entstehende Term läßt sich umformen zu

$$P_1^2P_2^2 - (P_1 \cdot P_2)(P_1 \cdot P_2) = P_1^2P_2^2 - P_1^2P_2^2\cos^2\gamma = P_1^2P_2^2 \cdot \sin^2\gamma, \text{ somit}$$

$$|P_1 \times P_2| = |P_1||P_2|\sin\gamma$$

Übung 2.17

a) Einfachster Lösungsweg: $(P_1P_2P_3) = \begin{vmatrix} 3 & 1 & 2 \\ 1 & 2.5 & 2 \\ 0 & 0 & 2 \end{vmatrix} = 13.$

b) $(P_2P_3P_1) = 13 = (P_1P_2P_3)$; $(P_2P_1P_3) = -13 = -(P_1P_2P_3)$
(Begründung mit Determinantensatz möglich!)

Übung 2.18

Volumen des Spats aus den Vektoren P_1, P_2, P_3 (Fig. Ü 218):

$$\begin{aligned} V &= G \cdot h, \text{ wobei } G = |P_1 \times P_2| \text{ (vgl. Übung 2.16).} \\ h &= |P_3|\cos\delta, \text{ also} \\ V &= |P_1 \times P_2| \cdot |P_3|\cos\delta \end{aligned} \qquad (1)$$

Andererseits (Definition des Spatprodukts):

$$\begin{aligned} (P_1P_2P_3) &= (P_1 \times P_2) \cdot P_3 \text{ also} \\ (P_1P_2P_3) &= |P_1 \times P_2| \cdot |P_3| \cdot \cos\delta \end{aligned} \qquad (2)$$

Durch Vergleich von (1) und (2) folgt $V = (P_1P_2P_3)$

Übung 2.19

a) $P = (1|-1,5|1) + k(1.5|4.5|2.5)$

b) $P_3 = (1.75|0.75|2.25)$; Beispiel für weiteren Punkt: $(k = -1 :)$
$P_4 = (-0.5|-6|-1.5)$

c) $(k = 2 :) P_3 = (4|7.5|6)$

d) P_4 liegt auf der Geraden $(k = -1)$;
P_4' liegt nicht auf der Geraden.

Übung 2.20

Man vergleiche hierzu Fig. Ü 220.

a) $P = (0|1|0) + k(\sqrt{3}|-1|0)$

b) $|P_3M| = \frac{2}{3}\sqrt{3}, |P_4M| = 2\sqrt{\frac{2}{3}}$, somit $P_4 = (\frac{1}{3}\sqrt{3}|0|\frac{2}{3}\sqrt{6}$,
Gerade P_2P_4 (Koordinaten als Näherungsbrüche):

$$P = (0|-1|0) + k(0.577|-1|1.633).$$

Übung 2.21

Richtungsvektor von g und h: $(3|-3|1)$
Gleichung von h: $P = (1.5|0.5|1) + k(3|-3|1)$

Übung 2.22

a) $P = (3|0|1) + k(-3|2|2) + l(-1|4|1)$

b) Beispiel $(k = 1, l = -1) : P_4 = (1|-2|2)$

Übung 2.23

a) P_4 liegt in der Ebene $(k = 2,\ l = 0)$
P_4' liegt nicht in der Ebene (keine Lösung für k, l).

b) $z_5 = -4 \quad (k = 2,\ l = -2)$

Übung 2.24

a) $P = (0|1|0) + k(0|-2|0) + l(\sqrt{3}|-1|0)$

b) $P = (0|1|0) + k(\sqrt{3}|-1|0) + l(\frac{1}{3}\sqrt{3}|-1|\frac{2}{3}\sqrt{6})$

c) $P = (0|1|0) + k(0|-2|0) + l(\frac{1}{3}\sqrt{3}|-1|\frac{2}{3}\sqrt{6})$

Anmerkung: Es können sich andere, damit gleichwertige Parameterdarstellungen ergeben.

Zu Kapitel 3

Übung 3.01

Gleichung der Geraden $g : P = (1|2|3) + k(2|2|-2)$

a) $P = (1|2|0) + k(2|2|0)$ bzw. $y = x + 1$

b) $P = (0|2|3) + k(0|2|-2)$ bzw. $z = 5 - y$

Übung 3.02

Ebenengleichung: $P = (1|1|0.5) + k(-0.5|1.25|-0.5) + l(0.5|-0.5|-0.25)$

a) Durch Nullsetzen der z-Komponente von P erhält man $k = 1 - 0.5l$, also $P' = (0.5|2.25|0) + l(0.75|-1.125|0)$

b) Durch Nullsetzen der y-Komponente ergibt sich $k = 0.4l - 0.8$, also $P'' = (1.4|0|0.9) + l(0.3|0|-0.45)$

Anmerkung: Andere gleichwertige Darstellungen sind möglich.

Übung 3.03

Anmerkung: Wegen Spuren, Höhenlinien und Frontlinien einer Ebene vergleiche man z. B. Fig. 3 p.

a) z. B. Achsenabschnittsform: $\frac{x}{3} + \frac{y}{2} + +\frac{z}{3} = 1$

b) I) $P = (1|0.5|1.25) + k(3|-2|0)$

II) $P = (1|0.5|1.25) + k(1|0|-1)$

Zu Kapitel 4

Übung 4.01

b) Ebenengleichung (Aufstellung mit 3-Punkte-Form naheliegend): $3x - 14y + 20z = 43$. Mit $x_P = 2, z_P = 3$ ergibt sich $y_P = 43 : 14 \approx 3.1$ (Kontrolle der Lösung in a)!)

Übung 4.02

a) Die Strecken $P'Q'$ und $P''Q''$ wurden bis zum Schnitt mit den Grund- bzw. Aufrissen der Dreiecksseiten verlängert, wobei sich ergibt: Die Grund- und Aufrisse entsprechender Schnittpunkte liegen senkrecht übereinander; PQ liegt also in der Ebene $P_1P_2P_3$

b) RQ ist die gesuchte Gerade, denn sie schneidet die Ebene $P_1P_2P_3$, hat aber außer Q keinen Punkt mit der Ebene gemeinsam.
(Läge RQ in $P_1P_2P_3$, müßte jeder Punkt der Geraden RQ in $P_1P_2P_3$ liegen, also auch R, was der Voraussetzung widerspricht.)

c) Q wird mit dem Vektor $V(Q, R)$ verschoben; man erhält S. Die Gerade RS ist das Verschiebungsbild der Geraden PQ, dadurch gilt: RS ist zur Ebene $P_1P_2P_3$ parallel.

Übung 4.04

Hinweise:

Zu a) Der Verschiebungsvektor ist $V(A, D) = (-1.5| - 1|0)$. (Urbild und Verschiebungsbild im Grund- und Aufriß seitenweise parallel).

Zu b) Man wähle G z. B. so, daß G' = E'

Übung 4.08

Hinweise:

Zu a) Als nichtkollineare Punkte zur Projektion in wahrer Gestalt gebe man F, G und I ein.

Zu b) Der gesuchte Winkel ist definitionsgemäß derjenige zwischen den Senkrechten von I auf die Dachkanten EF und GH. Sind die „Fußpunkte“ dieser Senkrechten $F_0 und G_0$, so sind die Koordinaten von F_0 und G_0 zu bestimmen und zur Projektion in wahrer Gestalt die Punkte F_0, I, G_0 einzugeben.

Zu c) Ist J_0 die senkrechte Projektion von I auf die Dachgrundfläche (vgl. Fig. Ü 226_1), so sind die Punkte F, J und J_0 einzugeben.

Zu Kapitel 6

Übung 6.03

b) Begründung: Für Grund- und Deckfläche des Restkörpers gilt nach dem Satz der ebenen Geometrie „Die Seitenmitten eines Vierecks sind die Ecken eines Parallelogramms“: $IJKL$ und $MNOP$ sind Parallelogramme. Da Grund- und Deckfläche des Prismas kongruent sind, sind auch $IJKL$ und $MNOP$ kongruent und seitenweise parallel. Die Ecken der Deckfläche des Restkörpers entstehen also aus denen der Grundfläche durch dieselbe Verschiebung. Damit ist die Definition des Parallelflachs erfüllt.

Übung 6.04

Begründung: Jedes der 4 begrenzenden Dreiecke der Pyramide hat als Seiten je 3 Flächendiagonalen des Würfels. Somit sind es kongruente gleichseitige Dreiecke.

Übung 6.06

a)
$$\begin{aligned}|CY|^2 &= |CX|^2+|XY|^2=\tfrac{l^2+1}{4}\\ |BC|^2 &= |CY|^2+|BY|^2=\tfrac{1}{4}(2l^2-2l+2)\\ |AB|^2 &= l^2\end{aligned}$$

Damit $|AB| = |BC|$, muß gelten $4l^2 = 2l^2 - 2l + 2$, also $l^2 + l - 1 = 0$.

Dieser Term wird tatsächlich Null bei Einsetzen von $\frac{1}{2}(\sqrt{5}-1)$ für l.

Zusatz:

$$\begin{aligned}A &= (0|-\frac{1}{4}(\sqrt{5}-1)|\frac{1}{2}) = (0|-0.309|0.5)\\ B &= (0|\frac{1}{4}(\sqrt{5}-1)|\frac{1}{2} = (0|0.309|0.5)\end{aligned}$$

$$C = (0.309|0.5|0) \qquad E = (0.5|0|0.309)$$
$$D = (\;\;0.300|0.5|0) \qquad F = (0.5|0|\;\;0.300)$$

Die Koordinaten der übrigen Ecken ergeben sich hieraus durch Spiegeln an den Mittelebenen des Würfels, d. h. Vorzeichenwechsel der x-Koordinaten bzw. y-Koordinaten bzw. z-Koordinaten.

Übung 6.07

a) Das Dedekaeder hat 20 Ecken (vgl. Fig. Ü 607_2). Es sei aus dem Einheitswürfel konstruiert, dessen Mittelpunkt im Ursprung des Koordinatensystems liege und dessen Seitenflächen zu den Koordinatenebenen parallel seien. Die Punkte P_1 bis P_8 sind dann Ecken des Einheitswürfels: $P_1 = (0.5|0.5|0.5)$ usw. Durch Einsetzen des Näherungswertes 0.309 für $\frac{l}{2} = \frac{1}{2}(\sqrt{5}-1)$ erhält man folgende weiteren Ecken P_9 bis P_{20}:

$$(0|0.309|0.809) \qquad (0.309|-0.809|0)$$
$$(0|-0.309|0.809) \qquad (-0.309|-0.809|0)$$

$$(0|0.309|-0.809) \qquad (0.809|0|0.309)$$
$$(0|-0.309|-0.809) \qquad (0.809|0|-0.309)$$

$$(0.309|0.809|0) \qquad (-0.809|0|0.309)$$
$$(-0.309|0.809|0) \qquad (-0.809|0|-0.309)$$

Anmerkung: Beim Körper in Fig. Ü 607_2 sind alle Koordinaten verdoppelt.

b) I. Es sei $|BU| = k$. Zu zeigen ist $k = l$.
Da im Dreieck B'YK gilt:$|UB'|^2 = |B'Y|^2 + |UY|^2$, folgt für das Dreieck BB'U;

$$k^2 = \frac{l^2}{4} + |UB'|^2 = \frac{1}{4}(2l^2 - 2l + 2).$$

Es ist also nachzuweisen: $\frac{1}{4}(2l^2 - 2l + 2) = l^2 oder l^2 + l - 1 = 0$.
Die letzte Gleichung ist genau dann erfüllt, wenn $l = \frac{1}{2}(\sqrt{5} - 1)$.
Somit ist $k = l$.

II. Zu zeigen ist: $\alpha = \beta$.
Im Dreieck BB'Y gilt $\tan \alpha = \frac{l}{2} : \frac{1-l}{2} = l : (1 - l)$,
im Dreieck YY'X gilt $\tan \beta = \frac{1}{2} : \frac{l}{2} = 1 : l$.
Man zeigt, daß diese Verhältnisgleichung genau dann erfüllt ist, wenn $l = \frac{1}{2}\sqrt{5} - 1)$. Somit ist $\alpha = \beta$.

Zu Kapitel 7

Übung 7.09

Aus $f_1 + f_2 = 2a$ und $|MB| = b$ folgt $e^2 = a^2 - b^2$.

Indem man in den Dreiecken $P'F_1P$ und $P'F_2P$ die Streckenlängen f_1 und f_2 durch die Koordinaten von P ausdrückt, erhält man die Bedingung

$$2a - \sqrt{y^2 + (e - x)^2} = \sqrt{y^2 + (e + x)^2}$$

Dies läßt sich umformen zu $a^4 + e^2x^2 = a^2y^2 + a^2e^2 + a^2x^2$.
Schließlich ergibt sich $\frac{x^2}{a^2} + \frac{y^2}{b^2} = 1$.

Übung 7.13

Ellipse: $\frac{(x - 2.5)^2}{6.25} + \frac{y^2}{2.25} = 1$; Parabel: $x = \frac{y^2}{2}$

Hyperbel: $\frac{x + 1.5)^2}{2.25} - \frac{y^2}{1.75} = 1$

Übung 7.14

a) Parameterdarstellung: $x = a \cos, y = b \sin \varphi$. Daraus folgt

$$\frac{x^2}{a^2} + \frac{y^2}{b^2} = 1.$$

b) Ist X der Schnittpunkt der Geraden PP_1 mit der x-Achse, so folgt für jeden Punkt P der Kurve $|PX| : |P_1X| = b : a =$ const.

Die Kurve ist daher zum Hauptscheitelkreis (senkrecht-) affin; Affinitätsachse ist die x-Achse.

Entsprechendes gilt für den Nebenscheitelkreis.

Übung 7.15

a) Die Dreiecke $M_1A_1C_1$ und $A_1C_1B_1$ sind zueinander ähnlich. Daraus ergibt sich $r_1 : b = b : a$, also $r_1 = \frac{b^2}{a}$. Entsprechend gilt $r_2 : a = a : b$, also $r_2 = \frac{a^2}{b}$.

Literaturverzeichnis

Folgende Quellen wurden in diesem Buch zitiert:

Brauner, H.: Darstellende Geometrie im Schulunterricht. In: Der Mathematikunterricht, 1981. Heft 3

ders.: Lehrbuch der Konstruktiven Geometrie. Wien 1986

ders.: Zur Methodik der Darstellenden Geometrie. In: Informationsblätter für Darstellende Geometrie der österreichischen Fachvertreter. Geschäftsführend: Prof. J.P. Tschupik, Univ. Innsbruck („IBDG"). Teil II: 1985, Heft 2; Teil VI: 1987, Heft 2

ders.: Darstellende Geometrie in der AHS... In: IBDG 1987, Heft 1

Endl, K. und R.: Computergrafik 1. Eine Software zur Geometrie in TURBO-PASCAL. Biebertal-Vetzberg 1989

Endl, K.: Computergrafik 2. Biebertal-Vetzberg 1991

Gimpel, M.: Zur Methodik der Darstellenden Geometrie. Berlin 1973

Graf, U.-Barner, M.: Darstellende Geometrie. Heidelberg 1978[11]

Knabe, P.: Darstellende Geometrie im Schulkurs und im Mathematiklehrerstudium der DDR. In: IBDG (s. o.) 1987, Heft 2

Maier, P.H.: Räumliches Vorstellungsvermögen. Frankfurt a. M. 1994

Pickert, G.: Die Bedeutung der Darstellenden Geometrie für die Mathematikausbildung. In: Schriftenreihe des IDM (Inst. f. Didaktik der Mathematik, Universität Bielefeld). 1974, Heft 3

Scheid, H.: Elemente der Geometrie. Mannheim 1991

Schumann, H.: Der Computer als Werkzeug zum Konstruieren im Geometrieunterricht. In: ZDM (Zentralblatt für Didaktik der Mathematik), 1988, Heft 6

Schupp, H.: Kegelschnitte. Mannheim 1988

Schwartze, H.: Elementarmathematik aus didaktischer Sicht. Band 2: Geometrie. Bochum 1984

ders.: Was ist „Stereometrie"? Didaktische Betrachtung einer Begriffsentwicklung. In: Postel-Kirsch-Blum (Hrsg.): Mathematik lehren und lernen. Hannover 1991

ders.: Zur Umkehrung axonometrischer Parallelprojektionen. In: G. Pickert - I. Weidig (Hrsg.). Mathematik erfahren und lehren. Stuttgart 1994

Stark, R.: Darstellende Geometrie. Paderborn 1978

Stichwortverzeichnis